2017 年度文化行业标准化研究项目

光之变革

美术馆篇

照明质量评估方法与体系研究

The Change of Light

Lighting Quality Assessment Method and Systems in Artgalleries

艾晶　主编

文物出版社

主　　编　艾　晶

副 主 编　李　晨

项目执笔　艾　晶　罗　明　索经令　胡国剑　陈同乐　程　旭　党　睿
　　　　　蔡建奇　林　铁　孙　淼　邹念育　高　帅　刘　强　姜　靖
　　　　　刘晓希　王志胜　俞文峰　伍必胜　汤士权　吴海涛　黄秉中
　　　　　毛正良　刘宏剑　徐庆辉

图书在版编目（CIP）数据

光之变革. 美术馆篇——照明质量评估方法与体系研究 /
艾晶主编. -- 北京 ：文物出版社，2018.8
　ISBN 978-7-5010-5588-3

　Ⅰ．①光… Ⅱ．①艾… Ⅲ．①发光二极管－应用－美
术馆－照明设计 Ⅳ．①TN383.02

中国版本图书馆CIP数据核字(2018)第106592号

光之变革 **美术馆篇**
——照明质量评估方法与体系研究

主　　编　艾　晶
责任编辑　吕　游　王　戈
责任印制　陈　杰
装帧设计　艾　晶

出版发行　文物出版社
　　　　　北京东直门内北小街2号楼
　　　　　邮政编码　100007
　　　　　http://www.wenwu.com
　　　　　E-mail:wed@wenwu.com
经　　销　新华书店
制版印刷　北京雅昌艺术印刷有限公司
开　　本　889毫米×1194毫米　1/16
印　　张　25.75
版　　次　2018年8月第1版第1次印刷
书　　号　ISBN 978-7-5010-5588-3
定　　价　380.00元

立项单位 文化部科技司
承办单位 中国国家博物馆

项目负责人
艾　晶

项目组专家（按拼音排序）
艾　晶　陈同乐　陈　江　常志刚　蔡建奇　陈开宇　程　旭　党　睿
高　飞　胡国剑　罗　明　李跃进　李　晨　林　铁　荣浩磊　索经令
施恒照　孙　淼　汪　猛　徐　华　张　昕　邹念育

项目组特约人员（按课题工作任务量排序）
高　帅　刘　强　姜　靖　颜劲涛　刘晓希　王志胜　骆伟雄　姚　丽
林　晖　王　超　牟宏毅　周红亮　焦胜军　翟其彦　郑志伟　曹传双

项目组主要成员（按课题工作任务量排序）
俞文峰　郑春平　汤士权　伍必胜　胡　波　冼德照　吴海涛　黄秉中
张　勇　郭宝安

项目其他参与人员（按课题工作任务量排序）
李　培　袁国忠　金绮樱　余　辉　敦　娅

项目文博界支持单位
中国国家博物馆、江苏省美术馆、中国美术馆、广东省艺术博物院、故宫博物院、中国人民革命军事博物馆、中国地质博物馆、海南省博物馆、中国（海南）南海博物馆、首都博物馆、中国文物报、文化部全国美术馆藏品普查工作办公室

高等院校支持单位
浙江大学、天津大学、中央美术学院、清华大学、大连工业大学、同济大学、武汉大学、中国传媒大学、齐鲁工业大学

科研支持单位

北京清控人居光电研究院、中国标准化研究院

项目合作企业

AKZU 深圳市埃克苏照明系统有限公司、WAC 华格照明科技（上海）有限公司、晶谷科技（香港）有限公司、汤石照明科技股份有限公司、三信红日照明有限公司、香港银河照明国际有限公司、赛尔富电子有限公司、上海科锐光电发展有限公司、欧普照明股份有限公司

媒体支持单位

中国文物报、照明工程学报、中国博物馆、画刊、云知光、照明人

序
一

周士琦

中国国家博物馆研究馆员

"光"是视觉艺术的表现形式，也是物显现艺术生命的载体。大千世界要通过光来感知，用"光"来抒发情感，有光才有色，光和影在空间中的变化，也让光成为了一门艺术。在博物馆和美术馆当中，光还需要与技术结合，要有时代特色。美术馆的"光"，不仅要体现高雅艺术的殿堂感，还要能将艺术展品的感染力恰当地在空间中展现，用什么样的光可以提供最佳展示效果，皆需要有较强的理论作技术指导。本书的出版，就是应了当下我国美术馆的实际需求，作为2017年度文化部行业标准研究项目"美术馆照明质量评估方法与体系的研究"成果来呈现，不仅内容丰富而且治学严谨，展现出了强大的学术实力和团队合作精神，很好地诠释了美术馆科学用"光"的重要性和怎样用好"光"的原则，对提高美术馆业务管理工作有帮助。该书用了大量的数据做基础，通过现场调研，对全国13家重点美术馆和29家有社会影响力的美术馆和艺术中心进行考察，借助访谈、观众问卷、现场照明数据采集等方法，全面细致地展现了当前我国最好一批美术馆照明质量研究的新成果。学术上，汇聚了来自全国众多领域的专家和学者参与，以及生产厂家的支持。报告的总结是集大成的学术理论研究成果，具有很强的现实指导意义与参考价值，对我国美术馆和博物馆在用光安全与科学管理上起到巨大的推动作用，是中国设计艺术史上关于美术馆用"光"科学的又一力作。

2016年8月，由中国国家博物馆艾晶主编的《光之变革——博物馆美术馆LED应用调查报告》在文物出版社出版，我也推荐过此书并撰写了书评，在短短不到两年时间，这个团队又推出《光之变革（美术馆篇）——照明质量评估方法与体系研究报告》一书，工程之浩大，时间之短，令人佩服。该研究团队的奋战精神可嘉，又作出了新成绩。研究是立足于大量社会实践与理论研究的基础之上，是适应新时代、新发展在理论成果上的再创新，也开辟了此学科发展的新篇章。

当然，该项目研究与高校和科研院所联合有很大关系，全国10所重点高校和2所国家重点实验室的参与，使其研究成果在很大程度上与高校教学与科学实验完美地结合。整个课题研究成果在学术质量上推向新高度，可以代表国内领先水平。取长补短，发挥优势力量，是团队在研究方法上的重大创新成果。这也让我想起，1996年由中央工艺美术学院韩斌教授编著的《展示设计学》，当时我也曾写信推荐过此书，后来该书被评为高教部优秀教材。书里就有"展示照明"一章，描述了照明技术术语、照明器械及设计程序；展示照明的分类；光色的性质与效果；运用照明器械的技术与艺术；用电安全与展品保护等内容。还有另外一本，即1991年由中央工艺美术学院环境艺术设计系张绮曼、郑曙旸主编的《室内设计资料集》。书里有"室内光环境"章节，涉及照明设计程序，自然采光、光源、灯具、光的艺术效果，展示环境照明的标准，还谈到艺术品照度推荐值、陈列柜照明形式、展览厅照明实例等内容。书中还运用了大量手绘线图，总结了1949年之后三十多年的室内设计教学和设计实践成果，是学习设计专业学生及设计师们喜爱的一本好书。由于高校与科研院所的参与，学术上的认真态度和严谨的作风，为本书《光之变革（美术馆篇）——照明质量评估方法与体系研究》的出版添了光彩。除了总报告以外，大量的分馆调研考察报告和实验专题报告，直接由课题组专家带队完成，这也是本书的一大亮点。

另外，项目负责人艾晶是我的学生，我1947年考入国立北平艺专，后于1951年中央美术学院实用美术系毕业，在校曾得到过张光宇、张仃、周令钊等老师教诲，工作后又得到他们指导。期间，吴劳先生50年代著的《展览艺术设计》一书，对展览艺术事业的发展作出过很大贡献。1955年我从美院展览工作室调到中央革命博物馆筹备处工作，仍得到张仃和吴劳先生指导，师恩难忘。我也希望艾晶能继续沿着美院的优良传统，将知识和学问做扎实，能不断地开拓创新。总之，该书的出版，我一如既往地大力支持，也希望该书能为广大读者提供所需的用光知识，更好地了解美术馆"光"的艺术与技术形式。

序二

中国美术馆馆长

"光"是视觉艺术的表现形式之一，是万物得以显现并被赋予艺术生命的媒介。人的视觉感知可分为生理感知和心理感知，二者均与光有着密切的联系。大千世界是通过光作用于人眼，才感知到艺术的魅力。我们只有通过"光"才可以让世界万物转化为可感知的物，让心灵认知发生情感体验，才能被人的主体所接纳。因为有光才有色，有光才有空间感，光和影才是变换空间最神奇的力量。它让我们体验着万千世界的丰富多彩，成为一门独特的艺术形式，将所有艺术的美用"光"赋予感染力。同时，光与技术需要紧密的联系，才能体现出时代的特色。

特定场馆用光形式会有很大的差异性，美术馆的"光"具有怎样的形态，它的展现形式与人的主观因素有什么影响，观众对艺术作品的欣赏，其本能视觉感受与情感体验，与作者期望形式的吻合度，又发挥着怎样的关联，这些皆需要有理论作指导。评价一个美术馆的用光质量优劣，对于提高美术馆服务水平有很大作用。

美术馆是艺术品展示最高雅的殿堂，整体用光环境必须要具有很强的文化品位。它的质量也决定着整体美术馆的展示水平和建筑空间的感染力。新时期各地方的美术馆，在展览形式上，呈现出越来越复杂的变化，这给策展工作和设计带来巨大挑战，用什么样的光形式，怎样科学用光，才能表达出艺术家们最希望呈现的作品效果，皆需要有较强的理论和方法指导。《光之变革（美术馆篇）——照明质量评估方法与体系研究》这本书的出版，满足了当下全国美术馆实际的工作需求。作为2017年度文化部行业标准研究项目"美术馆照明质量评估方法与体系的研究"课题成果呈现，本书内容翔实而全面，研究方法科学严谨，体现出该课题的学术力量和认真态度，不仅很好地诠释了当今美术馆怎样评价"光"的品质，也诠释了如何在美术馆用好"光"和怎样选"光"用灯的技术管理，对提高美术馆整体的照明业务水平有很大帮助。

他们是基于对全国美术馆大量的实地考察，脚踏实地地通过现场采集数据和访谈结合，尤其将全国13家重点美术馆和一批有影响力的美术馆作研究对象，利用大数据访谈和观众调查，以及系统的模拟实验综合研究手法，集结了当前优秀的研究团队协同工作。课题组专家来自全国的照明领域和展览领域、全国重点高校、科研院所，还有生产厂家。

我相信本书是集大成的学术力作，具有很强的参考价值，对我国未来美术馆的用"光"的科学会产生推动作用。中国美术馆作为重要支持单位，对该课题组给予了大力支持。我本人也希望该书出版后能让广大读者了解到我国美术馆的用"光"科学，提供能满足实际需要的有价值的参考。

序三

中国照明学会理事长

　　光是建筑的容器，也是艺术的语言，"让光来做设计"是贝聿铭先生的名言。设计要以人为本，用光要强化表达形式，才能真正发挥出艺术展品的感染力和时代价值与审美价值。因此，照明工作在博物馆、美术馆中十分重要，照明设备的选择、资金的维护以及科学的运营管理水平，皆会直接影响到整个博物馆和美术馆对公众的服务质量。目前，我国很多博物馆承担着部分美术馆的职能。一些现当代艺术展在博物馆中举办，馆方在加强自身建设的同时，也需要关注照明质量的研究，强化其自身对照明业务的科学管理水平。当然博物馆与美术馆在照明质量要求上，既有共性，也有区别，这皆需要科学的理论研究方法作指导。

　　中国国家博物馆作为2017年度文化行业标准化研究项目"美术馆照明质量评估方法与体系研究"的承担单位，由项目负责人艾晶组织开展了此项研究工作，针对当下全国的美术馆照明现状进行了实地调研，通过采集大量数据信息与制定行业标准草案。用实践先于经验的科学方法，进行了一次全面的研究，力求摸清我国美术馆的具体情况，对未来博物馆、美术馆照明业务的提升起到了理论指导作用。项目集结了全国10多家文博单位，10所全国重点高校的科研团队，2家研究所和9家照明企业的学术力量，借助多领域的知名专家带队参与研究计划，通过实地访谈馆方、数据测试、观众问卷等形式，开展了对全国42家单位，涉及11个省市博物馆、美术馆的大规模预评估调研。这是中国照明史上第一次对美术馆进行大规模调查的学术活动。

　　本书是项目组研究成果的结晶，是推出《光之变革——博物馆、美术馆LED应用调查报告》后，在理论上的再创新，是系列丛书第二部，即《光之变革（美术馆篇）》，是关于美术馆照明质量评估方法与体系研究的总结报告。书中除了对课题研究的总报告，阐述了关于课题开展照明质量评估体系建设与方法的解析外，还收录了20篇照明调查分馆报告，集中展示了我国最优秀的一批美术馆照明现状，包括照明设备的投入情况、照明产品选择、照明业务管理模式、展陈照明效果、观众的评估数据和实地采集数据等研究内容，还有相关专题实验报告等学术前沿新成果，用大量的真实数据做理论支撑，以可考证的实验数据做理论依据。来自全国各地的专家、学生团队、技术人员和志愿者多达400余人参与此项目。在学术上勇于创新和开拓，这些智慧成果将形成新的典范之作，有助于今后推动我国博物馆、美术馆整体照明水平，相信在不久的将来，能用新的文化行业标准"美术馆照明质量的评估规范"进行实践工作，提高照明质量和服务水平。预祝该项目成果被广大读者所接受，为各地方博物馆、美术馆提供有价值的参考。

目录

前言　艾晶

　　本书是"美术馆照明质量评估方法与体系研究"项目的成果汇报。该项目由文化部科技司立项，作为2017年度文化行业标准化研究立项的四个获批项目之一，由中国国家博物馆承办，集结了全国10多家文博单位，其中包括3家美术馆和7家博物馆。另外，还有10所高校，2个研究所和9家照明企业，共同组建了学术团队。团队拥有专家22人，特约人员16人，主要成员10人，参与实地预调研评估工作的还有学生团队、技术团队和美术馆志愿者，人数多达400余人。大家来自全国各地，为了一个共同感兴趣的美术馆照明研究携手同行，用了近两年的时间，攻坚克难，承担了大量的基础性研究工作。本书就是围绕项目的各项研究内容展开。

　　本书共分五个部分，第一部分内容是课题研究的总报告，主要介绍课题的研究思路与方法，以及展现研究所取得的成果；第二部分是课题研究的内容拓展，通过预评估调研实例详细解读方案运行情况；第三部分介绍与课题相关的实验专题报告；第四部分对课题组专家近期的科研成果和专业照明企业技术发展等内容进行全面解析；第五部分主要是与课题研究有关的背景资料的汇总，详细解读课题的开展过程与人员结构等信息。我们本着尽可能细致的工作态度，对现有我国美术馆的照明质量预评估运行进行一次大胆的模拟，用"倒推"的方式来制定行业标准，重在实践中验证真理和标准，旨在提高我国美术馆的整体照明运营水平，充分发挥美术馆对社会公众的服务优势，促进文化行业标准化建设。希望我们的研究工作能提高国内美术馆整个行业的照明质量，对美术馆照明质量的管理、照明的科学化运营起到积极的促进作用。

　　本课题作为文化行业标准研究项目，旨在通过科学研究制定出一部符合我国当今美术馆现况的行业照明质量评估标准。因此，我们研究的目标明确，制定符合三项任务要求的美术馆照明质量评估标准。① 美术馆照明施工合格验收评估；② 照明提升改造审核评估；③ 日常照明业务管理评估。在研究中，我们采取与馆方访谈、观众调研的形式及实地数据采集的方法，立体复合，全方位地开展对美术馆照明质量客观与主观及馆方运营等三方面的综合评估，反映真实情况，用预先设计好的评估细则方案，在实地预调研评估中检测其各项指标的合理性，从中不断地修正与改进方案，将标准草案的制定工作向前推进。在研究中，我们还采取现场评估与专项实验室评估相结合的形式开展工作，用实地预评估检验评估指标的合理性，反映实际美术馆的照明质量评估的客观水平。用实验室模拟的方法再次验证各项指标的设计，补充因现场调研条件的限制，导致一些采集数据不准确的疏漏，科学严谨地完成各项任务。

另外，美术馆照明不仅是一门技术，也是一门艺术。作为技术，它会随着科技的发展不断地更新变化。但作为艺术审美形式，它会保留着大众集体审美的共性。因此，对其进行照明质量的评估，设计上我们重在方法与方式的研究，对于技术的各项具体指标设计，我们原则上采取利用现阶段国内普遍认可的标准作为参考依据，通过遴选优秀的美术馆作为预评估对象，用它们的技术指标和评分作依托，来验证和平衡各项指标的制定工作。目前，课题组已经预评估调研了全国 42 家单位，其中包括 3 家博物馆和 39 家美术馆，全面涵盖了 13 家国家重点美术馆和一些有社会影响力的非重点美术馆和私人美术馆。我们将主要的辛勤劳动凝结在这本书中，希望为广大读者和科学爱好者提供有价值的参考。

总报告

2017 年 6 月 28 日，由文化部科技司立项，中国国家博物馆承办的文化行业标准化研究项目"美术馆照明质量评估方法与体系的研究"成功获批。7 月 2 日，该项目在海南省博物馆的大力支持下启动。经大家共同努力，历时一年时间开展了一系列研究计划。目前，已经完成了对标准草案的编制与试用工作，即《美术馆照明质量评估方法》与《美术馆照明质量评估体系》两套标准文本的制定工作。在此基础上，对全国 42 家单位开展了预评估调研，范围覆盖全国 11 个省市和地区，占我国现有美术馆总量的 1/10 左右（截至 2016 年底，我国美术馆统计数据是 462 家），囊括了全国重点美术馆 13 家。除此之外，还开展了 6 项专题实验工作，对项目研究进行数据支撑。参与人员众多，主要汇聚了来自全国的 22 位博物馆、美术馆及照明领域知名专家进行工作指导，其中还包括了大量在校的高校学生团队、美术馆工作人员和社会志愿者。整个研究项目最终有 400 余人参与。

总报告部分主要是介绍研究思路与方法，以及所取得的研究成果，分三个章节内容介绍。第一章是研究背景资料，包括介绍国内、外照明技术发展情况和制定美术馆标准的社会意义，如何开展研究的思路与方法和参考的理论依据等内容；第二章是全面介绍关于美术馆照明质量评估的方法与体系建设相关内容，也是课题研究的实施计划和设计方案，是开展各项预评估工作与实地数据采集的理论依据；第三章着重对预评估的 42 家单位进行综合分析，从馆方访谈信息的反馈，主观调研数据的分析，到客观采集数据的综合分析，以及主、客观对照研究分析，进而推导相关研究结论性成果，采取层层递进式综合分析，力求全面解读整个研究计划。

第一章　课题研究的背景

在美术馆，首先要保护美术作品，由于不适当的光照会引发作品的变色、褪色问题。因此，我们需要根据各种展品的耐光性来严格限制照明的物理参数，如照度、年曝光量，以及对不同耐光材质的作品，采取不同用光指标的标准来指导实践工作。

另外，良好的美术馆照明也需要满足不同参观者、策展人以及运营馆方人员对主观视觉心理舒适的需求。不仅要使展陈空间照明在使用功能上达到展品清晰度高、展示安全等基本要求，还要能给观众优质的观赏展品的视觉心理与生理满足。同时，还要保护好展品，确保经济效益和可持续发展双赢。这一设计目标，除了要有良好的照明设计以外，还要有严格的施工确保照明质量，专业的评估做保障才是实现美术馆高品质照明的需求。

现阶段我国美术馆展陈空间复杂，展览形式丰富，临时展览较多，这就需要采集不同类型的照明方式，用适宜的光和舒适的感官体验来制定标准。我们的研究工作有利于美术馆照明质量的评估标准推行，也有助于美术馆馆方与策展人做照明工作的参考。

我国美术馆照明现状：① 随着国内 LED 照明产品技术的成熟，在应用方面已经开始普及与推广，很多传统的光源已经停产和面临淘汰的局面，特别像传统的博物馆卤素光源和荧光灯的应用范围正在逐年缩减，各种实际原因导致在美术馆日常维护方面，自然损耗的照明产品和配件大多存在无法替换的困境局面。② 由于 LED 照明技术目前还处在不断完善的过程之中，尽管它在节能和智能化方面有巨大的潜能，尤其紫外线和红外线含量极低，对美术馆的文物有很好的保护作用，这些因素有利于推广、普及。因此，我国很多新建和改扩建的美术馆，基本上都选用 LED 新产品。

随着 LED 在美术馆不断普及后，逐渐暴露了很多问题。① LED 的应用存在大量的问题，诸如蓝光问题、色彩不一致问题，照明频闪等问题也日益突出，特别是色彩还原方面，对红色 R9 的还原值，在我们调研中普遍发现较低现象。② 显然我们现行博物馆规范标准与现实美术馆工作脱节，已经直接影响到正常的业务工作。现行 GB/T 23863-2009《博物馆照明设计规范》主要针对传统博物馆光源来制定，造成大家对 LED 产品各项技术指标参数认识不清，又无技术指标限定，导致工作上盲动和不知所措。

我们的研究成果，是为了进一步制定标准而做的可行性前期研究，最终成果除报告外，还会推出一项标准草案，将会成为未来国际照明委员会（CIE）关于 LED 在美术馆照明新的标准建立的重要参考。新的研究成果，

也有利于我国美术馆整体照明质量的提高，加快淘汰劣质产品，规避它们继续在美术馆流通应用的风险，更好地为保护我们的艺术作品作贡献。

诸如以上原因，由于对美术馆光环境的研究滞后，已制约着我国美术馆的用光品质。因此，我们开展该研究非常必要，刻不容缓。

一　国内外照明技术发展现状与趋势

（一）国内照明技术发展情况

课题组骨干力量承担了 2015～2016 年文化部科技创新项目"LED 在博物馆与美术馆的应用现状与前景研究"的研究，已经对全国博物馆、美术馆实地调研了 58 家，已经获得了丰硕的研究成果，并出版研究专著《光之变革：博物馆、美术馆 LED 应用调查报告》一书，在全国产生一定的影响力。此课题对我国博物馆、美术馆做了大量的照明现状基础调研工作，尤其对新型光源 LED 与传统光源也做了大量的物理实验的比对工作，在理论研究与实践方法上为本项目工作进行了铺垫。

本研究是参考文化部 2008 年颁布的《全国重点美术馆评估办法》和 2014 年中华人民共和国文化部与全国美术馆藏品普查工作办公室联合发布的《全国美术馆藏品普查工作标准工作规程》、GB/T 50378-2014《绿色建筑评价标准》、GB/T 51148-2016《绿色博览建筑评价标准》、GB/T 12454-2017《光环境评价方法》以及 2010 年国家文物局发布的《国家一级博物馆运行评估报告》等纲领性文件为理论基础，制定了关于"美术馆照明质量评估方法与体系研究"的框架体系。

（二）相关研究标准相对滞后

目前，我国有博物馆的照明设计规范，而 GB/T 23863-2009《博物馆照明设计规范》较全面地规定了博物馆照明设计的标准照度、曝光量、均匀度等信息，但对于灯具方面的要求相对滞后，未考虑新型光源 LED 等。另一行业规范 JGJ66-2015《博物馆建筑设计规范》采光和照明是其中一个章节，与前面的规范内容大体一致，在文物细分照明等级方面更充实，但对于灯具方面的要求相对滞后，也未考虑新型光源 LED 等。

GB50034-2013《建筑照明设计标准》中关于美术馆照明部分，确定了不同展品的照度标准值，同时限定眩光值与显色指数的要求，但内容不够翔实。

文化部即将推出《美术馆照明规范》，原设计立意在绿

色与节能方面做规范，增加了对临时展览的要求，即将发布实施。

LED 产品运用的现状与趋势：

① 国内 LED 技术应用普及使很多传统光源面临淘汰，像卤素光源和荧光灯应用逐年缩产，导致美术馆日常照明维护出现困难。

② 现阶段 LED 照明技术，在节能与智能化方面作用巨大，尤其紫外线和红外线含量较低，对文物保护有很好作用，因此很多新建和改扩建博物馆基本选用它为主流产品。

（三）LED 光源来取代传统光源

新的 LED 光源的色温与照度均可调，许多研究在讨论开发各种调光方式。在对美术馆的照明研究方向上，多集中在可依据参数进行照明或氛围指标的控制方面。

课题组的罗明教授目前担任国际照明委员会（CIE）副会长及国际博物馆照明光源（IML）学术会议的副主席。他将最新研究或标准建立的信息提供国内。课题组主要成员参加了 2017 年 9 月英国伦敦召开的"第一届国际博物馆照明高峰研讨会"，LED 光源取代传统光源的趋势也在会上被各国学者认可。

二 美术馆照明质量评估工作的社会意义

美术馆是提高公众文化艺术修养、协助艺术教育、展示传播美术作品及各类艺术作品的机构。在美术馆展陈照度不同的条件下，需要明确各种用光的分布特性、展品照度和色彩外观之间的关系研究，这对美术馆照明设计是极为重要的课题。比如在多高的照度下，其美术作品的颜色最真实；在多低的照度下，即可用于保护展品，又不影响对其色彩的呈现，以及不同光源的色彩再现程度和视觉心理与生理反应如何？我们国家在此方面缺少必要的基础理论研究。在实际工作中美术馆的管理者往往对照明质量的评价，在管理上欠科学，缺少必要的理论研究作指导，只认为视觉舒适就可以，照度多大都行，用什么类型光源照射展品也不清楚，也不知道哪种方式是否可行。这些制约因素，都是由于目前国内没有科学的美术馆照明评价体系造成。所以反映在实际工作中就只能是主观上的盲目认可，缺少必要科学理论作指导，因此对美术馆展陈照明质量评价标准的理论研究，

必将会发挥重要的社会作用。

"美术馆照明质量评估方法"的研究，可参考作为我国今后美术馆照明施工合格评估验收书、照明提升改造审核评估书、照明日常管理业务评估书使用。这有利于推动我国美术馆的照明质量运行水平，发挥美术馆对社会公众服务的质量，促进美术馆事业的全面发展。

三 主要研究思路与方法

课题组制定了研究路线（图1），并对全国美术馆照明质量评估方法与体系展开深入的研究。

（一）课题组研究的工作路线

1. 通过遴选典型案例的美术馆进行预评估数据的采集工作，采集美术馆展陈空间的照明特性，通过物理测试数据的采集，归纳出展陈空间照明环境的类型与种类，以提供实际设计工作的参考。

2. 通过实验室细致分析研究，采集光源的各项技术指标，进行逐一实验比对，将它们对不同绘画作品的展示效果和技术保护指标进行实验分析。

3. 通过采集不同样本人群（观众）在欣赏美术作品时，对不同光源的视觉心理与物理影响数据的采集，配合专业人员的物理指标的数据分析与研究。提炼出观众对不同光源与不同类型美术作品的应用形式和技术保护指标，以满足观众最佳的观赏效果和展示需求。

4. 通过与照明企业交流与产品抽样检验和广泛征求生产企业的意见下，完善各项技术要求，满足现有企业生产条件，能给予必要引导和提高质量的要求，以促进照明行业健康发展。

（二）课题组研究的方式与方法

1. 美术馆的基本属性与功能研究

对美术馆的基本属性和功能进行研究，把握美术馆照明业务工作的特性，掌握对其进行照明设计的特点与需求。

2. 美术馆照明质量评估的方法定位研究

深入了解美术馆基础情况，准确把握美术馆的照明定位，引导美术馆运行照明质量评估的各项具体指标体系和评估规则的建设。

3. 美术馆照明质量评估理论及评估方法的研究

研究美术馆照明质量的评估相关理论和国内外美术

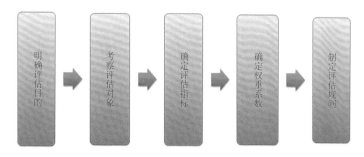

图1 课题研究思路

馆评估的实践活动，特别是美术馆的评估方式、评估主体、评估组织、评估流程、评估指标体系等方面。

4. 运行评估指标项研究

研究并确定美术馆照明质量的运行评估指标体系中主观评估指标体系、客观评估指标体系、对光维护指标体系。在此基础上，进一步筛选确定各指标体系的一级、二级指标项构成，并确定各指标项的考察要点。

5. 指标权重的确定与评分方法研究

根据文献调研和专家采访，运用层次分析法，确定各主观指标、客观指标、对光维护指标的权重，并采用功效系数法制定评分方法。

6. 美术馆照明质量的运行评估规则研究

为了使美术馆照明质量运行评估工作能规范化、有序化地开展，课题组制定了《美术馆照明质量评估体系》和《美术馆照明评估方法细则》两份基础文件，规定了运行评估周期、评估相关主体的职责、评估流程等运行评估工作的重要事项。

四　美术馆照明质量评估的理论参考

课题组在文献调研和专家采访的基础上，对美术馆照明质量评估理论与方法等进行了分析研究。国内、外评估理论与方法的收集与整理对课题组制定美术馆照明质量运行评估方法、评估要点、指标权重、分值和评分方法的确定以及评估规则均具有重要的参考价值。

（一）国家一级博物馆的认定评估

2010 年国家文物局发布的《国家一级博物馆运行评估报告》，为了充分发挥国家一级博物馆运行评估工作的积极作用，建立国家一级博物馆运行评估体系，推动我国一级博物馆的发展。国家文物局开展了国家一级博物馆运行评估，制订了国家一级博物馆运行评估指标体系和评估规则，为国家一级博物馆运行评估工作的开展奠定基础，并逐步建立起对国家一级博物馆进行动态评价、持续引导的机制。

1. 国家一级博物馆评估制度

国家一级博物馆是我国博物馆的龙头和骨干，其业务活动对博物馆行业和社会的贡献、影响力，尤其是对公众心目中博物馆形象的塑造力不容忽视。2010 年以来，国家文物局开展了对国家一级博物馆运行评估工作，包括对其各项业务工作的评估打分与排名，运行评估报告已经成为了解我国博物馆的重要窗口，研究博物馆的重要资料，以评促建，提高我国博物馆整体的工作质量，对自我完善与发展有积极的作用。评估资料也可以帮助公众更好地了解博物馆，发挥对博物馆的监督与指导作用。

① 任务与目标

促进和推动我国一级博物馆的建设与发展，通过国家一级博物馆运行评估，深入了解各一级博物馆的实际运行状况，总结国家一级博物馆运行经验，明确指出发展过程中存在的问题，实现以评促建、以评促改，推动博物馆向更高水平、更高层次发展。

② 明确国家一级博物馆的定位与发展思路

通过国家一级博物馆运行评估的相关研究和评估实践活动，加深对国家一级博物馆在博物馆行业发展和社会经济文化发展中的作用的认识，进一步明确国家一级博物馆的定位，指明未来博物馆发展方向和思路。

③ 为博物馆的分级分类体系建设与完善提供参考依据

《博物馆管理办法》中第六条规定，国务院文物行政部门主管全国博物馆工作。县级以上地方文物行政部门对本行政区域内的博物馆实施监督和管理。第七条规定：县级以上文物行政部门应当促进博物馆行业组织建设，指导行业组织活动，逐步对博物馆实行分级、分类管理。

国家一级博物馆运行评估是对博物馆实施分级、分类管理这一规定的具体实施，是对博物馆分级、分类管理制度的完善，为博物馆分级、分类体系建设积累经验，提供参考依据。

2. 运行评估方法与流程

运行评估开展前两个月发布评估通知。通知下达之日起两个月内，参评博物馆向评估办公室提交"评估申报书"。评估办公室从专家库中抽选评估专家，并对专家进行评估工作培训。评估工作采取主观评估与客观评估相结合的方式进行。主观评估采取专家通信评估的方式。评估工作的主要依据是评估申报材料、主观评估指标体系。评估专家在收到评估材料之日起 20 日内提交评估意见和结果。客观评估由评估办公室工作人员根据客观评估指标体系和评估方法，对申报数据进行处理。主观评估与客观评估结束后进行现场考察。现场考察的主要任务是对一级博物馆运行情况进行现场考察，并复核"评估申报书"中的数据。

现场考察名单采取随机抽取的方法确定，抽取比例一般控制在 10% 左右。

现场考察结束后，运行评估办公室撰写评估报告并报博物馆协会初审，初审通过后报国家文物局审核，国家文物局确定最终评估结果，并予以公示，公示期为 10 天。

3. 国家一级博物馆的运行评估原则

国家一级博物馆的运行评估工作应贯彻以下几个基本原则，以保障运行评估的正向推动作用。

① 贯彻"横向比较与纵向比较相结合"的原则

在考察国家一级博物馆的运行情况时，使用统一的评价体系对不同的一级博物馆进行评价，最终获得的分值能够体现出各一级博物馆之间的横向比较结果。与此同时，对一级博物馆的评估还要从纵向比较出发，即将一级博物馆在该评估周期内的运行状况与前一评估周期进行比较，从而考察一级博物馆是否健康发展。

② 贯彻"主观评估与客观评估相结合"的原则

无论是主观评估还是客观评估，其目的都是考察国家一级博物馆的运行发展情况及所取得的成果。主观评估更多地从质量上对国家一级博物馆所取得的成绩进行考察，客观评估则更多地从数量上对国家一级博物馆所取得成果进行考察。贯彻主观评估与客观评估相结合的原则，可以避免单独采用主观评估造成的主观臆断，或单独采用客观评估而导致的重量不重质结果。

③ 贯彻"资料数据考核与实地考察相结合"的原则

对于国家一级博物馆的评估，首先要通过申报书中所上报的数据资料对国家一级博物馆的运行和发展状况进行评价。其次，也要通过实地考察，进一步核实上报资料的真实性，并综合数据资料和现实状况对一级博物馆进行深入了解。

（二）GB/T 12454-2017《光环境评价方法》

《光环境评价方法》由中华人民共和国国家质量监督检验检疫总局和中国国家标准化管理委员会联合发布，自2017年7月17日起实施。本标准规定了光环境质量评价的基本规定，控制项，评价步骤。适用于公共建筑、居住建筑等室内光环境以及室外作业场地、道路、夜景照明等室外光环境的质量评价。

1. 光环境评价方法的一般规定

本标准对光环境质量应采用实测与评价结合的方式计算光环境指数。评价方法的每类评分项目均包括控制项和评分项，其评定结果应符合以下规定。① 控制项的评定结果应为满足或不满足。② 评分项的评定结果分值应为20、40、60、80、100分5个等级。③ 光环境应按夜间和日间分别进行评价和统计。④ 应在正常使用情况下进行光环境评价。⑤ 评价结果应包括各项目的单项评分值和光环境指数。⑥ 光环境质量可按等级划分。

2. 光环境评价方法与等级划分

建立评价组：① 评价组应包括专家评价组、用户评价组以及光环境测试组。② 专家评价组应由光环境设计与研究方面的专业人员组成，成员不应少于5人。③ 用户评价组应由从实际用户中随机选出的视觉正常的人员组成，成员不应少于10人。④ 光环境测试组宜由具备国家授权资质的机构工作人员组成。

确定评分项目：① 备选评分项目应由专家评价组依据场所使用功能、周围环境、评价目的等实际情况提出。② 入选评分项目应由专家评价组在备选评分项目通过投票产生，投票结果其得票率不应低于50%。专家评价组应根据评分项目及权重，编制评分细则。

现场评价：① 按调查问卷进行编制。② 专家评价组和用户评价组的每个成员应使用评价问卷对评价现场典型工作条件下的视觉状况独立进行观察与判断，根据各评分项目的实际状态给出评分。③ 光环境测试组应根据评分细则完成指定场所评分项目的实测。④ 在进行现场评价的同时还应记录以下内容，评价场所及用途、评价日期及时间、评价人、评价时的天气条件及照明条件、现场外观特征或现场照明。

（三）GB/T 51148-2016《绿色博览建筑评价标准》

《绿色博览建筑评价标准》由中华人民共和国住房和城乡建设部制定发布，自2017年2月1日起实施。为贯彻国家技术经济政策、节约资源、保护环境，推进可持续发展，规范绿色博览建筑的评价，制定了该标准。此标准适用于绿色博览建筑的评价。绿色博览建筑评价应遵循因地制宜的原则，结合博览建筑所在地域的气候、环境、资源、经济及文化等特点，对博览建筑全寿命期内节能、节地、节水、节材、保护环境等性能进行综合的评价。

1. 绿色博览建筑评价标准一般规定

绿色博览建筑的评价以单栋建筑或建筑群为评价对象。评价单栋建筑时，凡涉及系统性、整体性的指标，应基于该栋建筑所属工程项目的总体进行评价。绿色博览建筑的评价分为设计评价和运行评价。设计评价应在建筑工程施工图设计文件审查通过后进行，运行评价应在建筑通过竣工验收并投入使用1年后进行。申请评价方应进行建筑全寿命期技术和经济分析，合理确定建筑规模，选用适当的建筑技术、设备和材料，对规划、设计、施工、运行阶段进行全过程控制，并提交相应分析、测试报告和相关文件。评价机构应按本标准的有关要求，对申请评价方提交的报告、文件进行审查，出具评价报告，确定等级。对申请运行评价的建筑，进行现场考察。

2. 绿色博览建筑评价标准与等级划分

绿色博览建筑评价指标体系应由节地与室外环境、节能与能源利用、节水与水资源利用、节材与材料资源利用、室内环境质量、施工管理、运营管理七类指标组成。每类指标均包括控制项和评分项。评价指标体系还统一设置加分项。

设计评价时，不应对施工管理和运营管理两类指标进行评价，但可预评相关条文。运行评价应包括七类指标。控制项的评定结果为满足或不满足；评分项和加分项的评定结果为分值。绿色博览建筑评价应按总得分确定等级。

评价指标体系七类指标的总分均为100分。各类指标的评分项得分Q1、Q2、Q3、Q4、Q5、Q6、Q7应按参评建筑该类指标的评分项实际得分值除以适用于该建筑的评分项总分值再乘以100计算。

绿色博览建筑应分为一星级、二星级、三星级。三个等级的绿色博览建筑均应满足本标准所有控制项的要求，且每类指标的评分项得分不应少于40分。当绿色博览建筑总得分达到50分、60分、80分时，绿色博览建筑等级应分别评为一星级、二星级、三星级。

（四）国外美术馆照明质量评估理论与方法

1. 国外美术馆照明质量评估研究现状

目前，国外美术馆的照明质量评估基本以主观的评估为主，因每个博物馆或美术馆陈列展品存在差异，其照明的侧重点也存在差异，尚没有统一的量化评价指标。虽然没有统一的标准，但国外学者经过大量的美术馆照明相关实验及研究，提出了影响美术馆照明质量的两大影响要素。

① 美术馆照明中，对于展品的保护与展陈效果始终是一对充满矛盾、需要平衡的难题。一方面，展品保护要求光线对展品的损坏降到最低，但过低的照度会降低

欣赏作品产生的美感；另一方面，令人愉悦的参观体验要求美术馆创造让人舒适的视觉感受，但这容易对展品造成褪色、分化的影响。展品保护与展陈效果这两者的出发点完全不同，目标也截然不同，却需要在同一个空间的光环境中予以解决，所以多年来众多研究者针对这两个影响因素的研究也在不同层次、不同方面进行了深入的研究。

2. 美术馆照明对展品保护的影响因素

光可以说是造成展品恶化的重要原因之一，主要由曝光量及光谱分布决定。曝光量是指受光照的强度和持续时间的叠加影响，而不同的光谱则会对展品产生不同方面的影响。

① 曝光量对展品保护的影响

博物馆藏品暴露在由三个部分组成的光线中，紫外辐射在光谱的一端，中间为可见光，另一端为红外线辐射。一个常见的误解是消除紫外线可以解决光损伤的问题。但是所有的光都有能量，并驱动化学物质的能量反应，导致物质衰退中消失。高能紫外线在人类视觉范围之外，所以可以尽量消除并不影响人的视觉观看效果。在光谱的另一端是红外线，可产生热损伤，同时对美术馆恒温、恒湿的环境造成影响。位于光谱中间的可见光只能通过降低照度和减少光照时间来减少其对文物的损害。光线对文物的损害是在物体的生命周期中累积，并且往往是不可逆转的。所以，国外博物馆对不同材料展品的年度曝光量已有一套较为成型的标准（见表1）。

总结起来，影响的因素主要有以下五方面，物体的光敏感度；曝光时间；光照度水平；光源类型；物体的颜色和对比度。

② 光谱对展品保护的影响

光谱中不同波长的光线会对展品保护产生不同方面的影响，其中分化和褪色是展品保护中尤为看重的方面。国际上普遍采用的方法是ISO的蓝色羊毛标准卡，它们是经过特殊染色的纺织品，对光较为敏感，可在有效地实验时长内得出较为明显的褪色结果。已有多个实验研究基于这种方式进行，并得到了影响展品保护的重要光谱指标，其中紫外光UV-A(315nm ~ 400nm)和可见-近红外光VIS-NIR（380nm ~ 1000nm）这两个波段的能量被特别关注。同时，不同的光谱形成了不同的色温CCT和显色性CRI，这同时又影响到了照明光环境对观众欣赏作品的视知觉影响。多项实验表明，紫外光对展品的损伤较大，并且蓝光波长较多的高色温光源也显示出相对更大的伤害能力。

③ LED新技术对展品保护的影响

在博物馆传统灯具中，会采用UV滤镜来过滤紫外光。随着LED大量应用在博物馆、美术馆的展陈空间内，基于其可调光谱的特性，针对LED光谱对展品保护的研究也有深入的突破和发展，关注的焦点在不同的光谱对展品造成的破坏程度。由于LED技术的发展，LED在美术馆空间的应用优势正在逐步增强。2004年CIE报告中，日本照明委员会在白光LED对天然染料染色布褪色的实验研究中发现，LED比传统光源对展品的破坏更加严重。Gabriele在2015年发表的文章Study on conservation aspects using LED technology for museum lighting（《博物馆照明的LED技术对于展品保护的研究》）中，指出白光LED已比传统的卤素光源更能保护展品防止褪色。可见，LED通过光谱的优化，正在逐步取代并超越传统灯具在博物馆中的应用。

2. 美术馆照明对展品展示（观众欣赏）的影响因素

照明是联系观众与展品的必要媒介，有了光，观众才能看见展品，并在一个舒适的环境下进行欣赏。所以，在保护展品的前提下，如何争取最舒适的视觉光环境，也是研究者近年来反复探讨的问题。

总结数个研究的结论，美术馆光环境对于人视知觉的影响因素主要有以下几方面，色温CCT(冷光、暖光)，显色性CRI（色彩渲染的精确性和丰富性），视觉清晰度，眩光影响。

① 色温对展品展陈的视觉影响

色温对展陈空间氛围的影响巨大，营造了整体光环境的总体色调，并对观众的视知觉产生了不容忽视的影响。通过大量的实验及调研跟踪，多份文献资料表明，色温的标准并不能统一界定，而是根据不同的陈列展品所需要的氛围、总体的光环境亮度等因素进行调整。总

表1 可见光最大年曝光量标准表

材料	曝光时间限制	光照水平
极其光敏材料：蛋彩画、蓝图、极易褪色的颜料和染料、高度退化的造纸和丝绸、19世纪前日本彩色的印刷品	5年中不得超出3个月的展陈时间	50lx
光敏感材料1：书籍、有机材料如生物标本、染色的篮筐或其他植物材料、羽毛、皮毛、皮革、手稿、羊皮纸、纸张（文件、纸张艺术品、墙纸）、有机绘画、颜料和染料、塑料、龟甲、具有历史意义的照片、状态不好的纺织品或有机染料纺织品、任何介质上的水彩画	5年中不得超出6个月的展陈时间	50lx
光敏感材料2：有机材料包括骨、角、象牙、无颜色的篮筐或植物材料、牙齿、有矿物颜料、染色的皮革绘画、彩粉、纺织品的状况良好、苯胺染料、漆器、蛋彩画	5年中不得超出12个月的展陈时间	100lx
适度敏感材料：珐琅、家具和成品木表面、皮革(未染色)、有涂料表面的物品、绘画(油画、丙烯画)	5年中不得超出24个月的展陈时间	150lx
非敏感材料：陶瓷、玻璃、金属、石头、金属和宝石首饰	无限制	无限制

＊摘自美国博物馆手册第一部分（2016）博物馆到环境第四章。

体来看，现代美术馆中观众更偏向于高色温的空间，与之配合的是整体明亮的空间，对于展示中世纪画作的展厅而言，由于展品保护的原因，整体空间较暗，偏低的色温更加能够被接受。这都与不同色温给人带来的视知觉影响有关。

② 显色性对展品展陈的视觉影响

显色性无疑是美术馆照明最重要的指标之一，几乎所有关心光质量的人都知道显色指数 (CRI)，CRI 是指一个光源来渲染原始的颜色的能力。目前，国际范围内通常用 R_a 的分数来评估 CRI，R_a 的范围是 0 ~ 100，越高越好。基本上美术馆对照明灯具 CRI 的要求均在 90 以上，部分高级展馆需要 CRI 高于 95。

需要注意的是，某些 LED 光源，虽然 CRI 分值很高，其 R9 的分值却往往很难达到较高的分值。R9 是表现红色的重要指标，尤其需要重视，所以在采用 LED 美术馆照明指标中，R9 往往成为需要单独审核的指标。

③ 视觉清晰度对展品展陈的视觉影响

观众在美术馆能够清晰地欣赏展品，表达展品应有的质感、细节以及立体感，是展陈照明的基本需求。但是由于一些展品的光敏特性，决定了其照度不能超过特定的数值。偏低的照度可能会对视觉清晰度造成影响，所以需在照度无法提高的情况下，尽量使观众更加清晰地观赏画作。一是在展品和背景之间，需要一定程度的亮度对比来突出展品；二是在进入较暗展厅前，需要设置一定流线长度的前厅，使观众经过一段时间的暗适应后，能够在较暗的环境中分辨更多细节。

④ 眩光对展品展陈的视觉影响

眩光在博物馆里需要尽量避免的，除了严格控制直射眩光以外，需特别注意在画布表面或表框玻璃表面上产生的眩光影像，其影像若落在画布上，必然会对画作的欣赏产生负面的影响。所以须格外关注轨道灯的投射角度，以及对其产生影响的灯具安装高度、灯墙间距等指标。

（国外美术馆照明质量评估理论与方法部分由胡国剑、全绮樱撰写）

第二章　美术馆照明质量评估方法与体系建设

一　美术馆照明质量基本状况分析

（一）美术馆的分类

美术馆是提高公众文化艺术修养、协助艺术教育、展示传播美术作品及各类艺术作品的机构，具有收藏、展示、研究、教育、传播的职能。根据全国美术馆藏品普查工作标准，我国现有美术馆藏品分为绘画、书法篆刻、雕塑、工艺美术、设计艺术、民间美术、摄影、现代装置、多媒体、综合艺术、其他十一个类别。

美术馆对艺术进行有组织的展示基本方式有两类，一是馆藏陈列，二是临时展览。目前，我国美术馆分公立和私人性质两类。

文化部于 2008 年颁布了《全国重点美术馆评估办法》，并于 2010 年开展了首次全国重点美术馆评估工作。第一批 9 家国家重点美术馆业已于 2011 年 1 月 11 日公布。中国美术馆、上海美术馆（中华艺术宫）、江苏省美术馆、广东美术馆、陕西省美术博物馆、湖北美术馆、深圳市关山月美术馆、北京画院美术馆、中央美术学院美术馆。第二批 4 家全国重点美术馆已于 2015 年 12 月 18 日公布。浙江美术馆、广州艺术博物院（广州美术馆）、武汉美术馆、中国美术学院美术馆。目前，全国重点美术馆总量共 13 家。

（二）我国美术馆的发展水平

美术馆是公共文化服务体系建设的重要内容和保障人民群众基本文化权益的重要阵地，承担着对于国家近现代以来视觉文化成果的研究梳理、收藏展示、公共教育等重要职责，是一个国家文化底蕴和品位的象征。随着互联网新技术深化应用以及现代公共文化服务体系的构建完善、人民群众美术文化需求的不断提升，美术馆事业迎来了快速发展的机遇期。当今的美术馆不再被动地展示艺术家完成的作品，而是通过展览向公众传达一种艺术标准和价值取向，不断追求美、创造美、传递美，为提高公众文化艺术修养、辅助艺术教育、为艺术家创作活动交流等公众文化提供更优质的服务。比对新中国美术馆事业的发展轨迹，1958 年中国美术馆建馆，经过近 60 载春秋，截至 2016 年年底，全国美术馆已有 462 家，是 1986 年全国美术馆数量（共 12 家）的 38.5 倍，藏品总数达到 446519 件，从业人员 4597 人。从美术馆的隶属性质划分，截至 2016 年年底，共有美术馆 462 家，其中 444 家免费开放，国有 449 家，集体 4 家，其他类型 9 家，直属中央 2 家，属省区市 26 家，属于地市 145 家，县市级 289 家（图 2）。

中国美术馆的繁荣发展之势，不仅体现在美术馆数量上，在藏品数量、从业员工数量、年均办展数量、年均参观人次数量，也大幅增长提高。在收集藏品种类方面也在不断增加，除了传统的国画、油画等画作，还加入了设计、多媒体等多种艺术类型（见表 2，图 3、4）。从规模上看，近年来美术馆建筑规模逐年扩大，2000 年以后，公立美术馆中建筑面积在 1 万平方米以上的有 20 多家，多为省（副省）级美术馆。从美术馆的内部设施配置上分析照明部分。美术馆照明质量评估方法与体系研究课题组通过对 11 个省、直辖市的 3 家博物馆和 39 家美术馆进行实地调研。目前，照明投入 500 万元以上的馆占 32%，投入 100～500 万元的馆占 38%，投入 50～100 万元的馆占 12%，50 万元以下的占 18%。

我国美术馆发展速度虽然很快，但是并不均衡，西部地区发展相对缓慢。从区域分布看，截至 2013 年年底，

表 2　2016 年全国美术馆藏品分类情况表（非文物藏品）

藏品分类	单位数量（件）
国画	91558
油画	18992
版画	36278
雕塑	5672
水粉、水彩	20908
设计类	7385
连环画	13585
民间艺术	95021
书法	50166
摄影、多媒体	53516
漆艺	3295
陶艺	3145

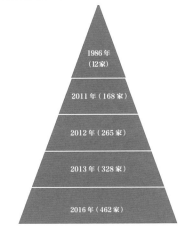

图2　1986年至2016年美术馆数量比对图

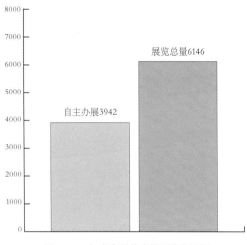

图3　2016年度全国美术馆展览统计图

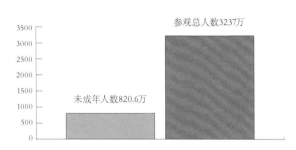

图4　2016年度全国美术馆参观人群统计图

据全国美术馆藏品普查工作统计，全国各级各类美术馆共 328 家，其中文化系统归口管理国有美术馆 268 家。这 268 家公共美术馆中，国家级美术馆 1 家，省级 19 家，副省级 11 家，地市级 91 家，县区级 146 家，有 141 家为 2000 年以后建成。全国 31 个省级行政区（不含港澳台地区），除海南、贵州、青海、西藏自治区外，基本都建设了美术馆。华东地区 68 家，华南地区 17 家，华中地区 39 家，华北地区 34 家，西北地区 75 家，西南地区 26 家，东北地区 9 家（见表3）。拥有公私立美术馆最多的为江苏省 34 家，拥有美术藏品最多的省份是北京市（126236 件），其次是广东省（92325 件）和湖北省（52387 件）。藏品数量最少的省份是贵州省（175 件），其次是云南省（620 件）和广西壮族自治区（927 件）。拥有藏品最多的是中国美术馆，有 103810 件藏品，约占全国总量的 18.62%，而大约 80% 的美术馆藏品数量低于 1000 件。由此可见，我国美术馆发展并不平衡，有近 1/3 的省份没有省级美术馆，多为地市和县市级美术馆，藏品资源有待丰富。

综上所述，我国美术馆在藏品管理、业务建设、资源配置上有一定基础和优势。但随着美术馆数量和藏品数量的飞速增长，我国美术馆建设缺少相应的法规和标

表3　2013 年全国美术馆分布表

省份（包括直辖市）	美术馆数量（家）	百分比（保留小数点 1 位）
江苏省	34	10.3%
江西省	30	9.1%
浙江省	29	8.8%
新疆维吾尔自治区	29	8.8%
北京市	3	0.9%
天津市	2	0.6%
河北省	2	0.6%
山西省	17	5.2%
内蒙古自治区	11	3.4%
辽宁省	7	2.1%
吉林省	6	1.8%
黑龙江省	5	1.5%
上海市	14	4.2%
安徽省	9	2.7%
福建省	4	1.2%
河南省	4	1.2%
山东省	18	5.5%
湖北省	11	3.4%
湖南省	13	3.9%
广西壮族自治区	3	0.9%
广东省	21	6.4%
四川省	15	4.6%
重庆市	10	3%
贵州省	1	0.3%
云南省	2	0.6%
陕西省	5	1.5%
甘肃省	19	5.8%
宁夏回族自治区	4	1.2%
美术馆总数	328 家（海南省、青海省和西藏自治区目前尚未有美术馆）	

准保障，问题开始凸显。特别是新建馆，在规模和设备配置上出现盲目攀比，求大求新，随意性较大，在设计细节中（如灯光照明系统）缺乏专业标准指导，与当今美术馆建设发展严重脱节。美术馆的照明设计有很高的工艺要求，单一的建筑学和照明学设计不能满足展览的要求，必须考虑技术、效果、参观者心理等方面。因此，我们将以 2017 年文化行业标准化研究项目《美术馆照明质量评估方法与体系的研究》课题为契机，用科学的方法和理论，促进美术馆照明行业提升业务水平，强化科技应用，加速全国美术馆实行标准化、信息化建设，使美术馆的管理更加科学、合理。

（美术馆照明基本状况分析部分由姜靖撰写，陈岩提供部分研究资料）

二 美术馆照明质量评估指标体系编制的目的、原则与步骤

1. 编制目的。美术馆照明质量的评估指标体系的编制目的主要包括两点。一是为我国美术馆的照明质量的评估工作提供标准和依据，规范运行评估工作；二是通过确立运行评估指标体系，进一步明确我国美术馆照明工作的健康发展，也有利于我国美术馆整体照明质量的提高，加快淘汰劣质产品，规避它们继续在美术馆流通应用的风险，为更好地保护我们的艺术作品作贡献。

2. 编制原则。课题组在编制美术馆照明质量评估指标体系的过程中，始终遵循以下基本原则，确保评估指标体系的合理性和专业性。

① 系统性原则。明确美术馆照明的定位，把握美术馆的基本属性与功能，以确保指标体系内部各指标之间具有严密的逻辑关系，使该指标体系能够全面地评判我国美术馆照明质量的实际状况。

② 科学性原则。指标体系总体结构设计是否合理，直接关系到评估的质量，因此，本课题在设定指标时严格遵守在理论上有科学依据和在实践上切实可行的科学性原则。指标体系的科学性主要体现在特征性，指标应能反映评价对象的特征；准确性，指标的概念要清楚，含义要清晰，内部各指标要协调统一；独立性，指标体系中各指标间不应有很强的关联性，不应出现过多的信息包容、涵盖。

③ 导向性原则。根据"以评促建、以评促改"的运行评估目的，各指标体系设置应具有较强的导向性，反映国家和社会对国家重点美术馆的发展要求，引导、规范美术馆照明质量的发展方向，同时带动其他美术馆的发展。

④ 可比性原则。指标体系设置应具有可比性。首先，各指标体系应确保美术馆对自身照明质量的运行状况进行纵向对比；其次，各指标体系应确保所有美术馆都能进行横向对比，从而充分实现运行评估的目的。

⑤ 可行性原则。各指标体系的设计必须考虑现实可行性，各指标体系应适应评估的方式，适应评估活动的时间、成本的限制，适应指标使用者对指标的理解接受程度和判断能力，适应信息基础。

⑥ 动态性原则。美术馆照明质量评估本身是一个动态的过程，而且美术馆照明质量的评估体系也处在不断建设和发展过程当中。因此，我国美术馆照明质量的指标体系应根据美术馆的实际发展阶段和变化在一定范围内可进行动态调整。

3. 编制步骤。课题组通过搜集分析《国家一级博物馆运行评估报告》《光环境评价方法》《绿色博览建筑评价标准》等相关信息和资料，明确美术馆照明质量评估的定位。

理论研究与实证研究相结合。一方面通过研究对比国际上现有的研究成果，总结出美术馆的基本属性和功能，以此为美术馆照明指标体系制定的基本出发点，同时，根据有关运行评估的成熟理论以及各国美术馆评估方式，提出指标体系框架。另一方面，依据我国重点美术馆照明质量的现状和发展方向，调整指标体系框架并充实内容。

依据评估理论的发展趋势和我国美术馆事业的发展进程，通过实地预评估、调查问卷等方式，确定各指标体系初始权重。通过调查问卷、现场访谈，针对初始指标权重，广泛征求美术馆行业专家及其他领域专家的评估意见。综合反馈意见和建议，对调查问卷运用层次分析法进行处理，最终确定各指标体系及其权重。

起草编制《美术馆照明质量评估体系》和《美术馆照明评估方法细则》两份基础文件，对其中各指标考核要点进行说明，明确每项考核指标的具体内涵和考核标准，以便于专家操作，提高评估的准确性。

三 美术馆照明质量评估体系构成

1. "陈列空间"主观评估指标体系框架（图5）

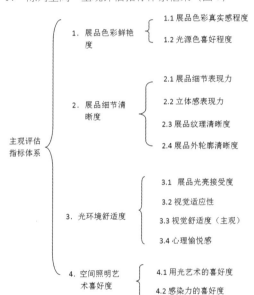

图5　陈列空间主观评估指标体系框架图

2. "非陈列空间"主观评估指标体系框架（图6）

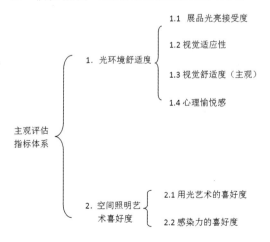

图6　非陈列空间主观评估指标体系框架图

3．"陈列空间"客观评估指标体系框架（图7）

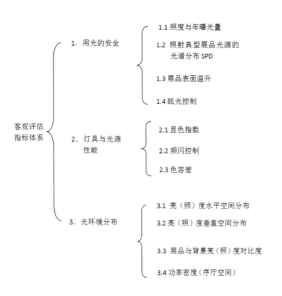

图7　陈列空间客观评估指标体系框架图

4．"非陈列空间"客观评估指标体系框架（图8）

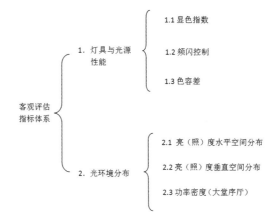

图8　非陈列空间客观评估指标体系框架图

5．对光维护指标体系框架（图9）

图9　对光维护评估指标体系框架图

6．指标体系的具体内容及说明（见表4～8）

表4　"陈列空间"主观评估指标体系

一级指标	二级指标	考察要点
展品色彩鲜艳度	展品色彩真实感程度	符合日常测试者对展品真实颜色的判断
	光源色喜好程度	1. 测试者能认可光源冷－暖色的选择效果 2. 光源色彩与被评价者的心理预期契合度较高
展品细节清晰度	展品细节表现力	1. 光环境能清楚地看到展品的细节（人物画，如脸部特征；山水画，如山水笔触等） 2. 光环境对展品细微处表现精细，令人满意
	立体感表现力	1. 展品的立体效果明显，光色对比舒适合理 2. 展品的立体效果表现丰富，能够提高艺术审美的效果
	展品纹理清晰度	1. 展品材料质感细节表现清楚 2. 展品材料质感表现丰富，起到美化作用
	展品外轮廓清晰度	1. 评判展品整体轮廓能否清晰可见 2. 评判展品轮廓的表现是否容易辨识
光环境舒适度	展品光亮接受度	1. 评判文物级书画展品在降低照度后，被测试者心理与视觉接受程度 2. 评判光环境在符合展品用光安全的要求下，还能具有丰富的艺术感染力
	视觉适应性	1. 测试者对光环境明暗的变化，在视觉感知上的适应评分项目 2. 测试者对光环境的明暗变化，在心理上产生作用力的评分项目
	视觉舒适度（主观）	1. 对美术馆展场总体空间光影以及空间色彩搭配的协调性，在心理上的感受程度 2. 测试者在参观结束后，视觉上的疲劳程度
	心理愉悦感	1. 对被评价空间中是否存在由于视野中的亮度分布不适宜，或存在极端的亮度对比，而引起不舒适感觉或降低观察细部或目标能力的视觉现象的评分项目 2. 对展示空间地面与墙面有无不舒适的阴影，以及对比过于强烈的阴影或过于混乱的阴影评分项目
空间照明艺术喜好度	用光艺术的喜好度	1. 照明整体艺术效果突出，测试者视觉舒适度高 2. 有精彩的照明表现效果，令人流连忘返、记忆深刻 3. 用光的设计为整个建筑环境增色，已成为经典案例
	感染力的喜好度	1. 符合美术馆自身的定位及馆藏特点 2. 展览用光形式紧扣主题，与展览内容形成统一协调的整体，用光的形式能够传达良好的效果 3. 对展场有深层次的表现、烘托和演绎

表 5　"非陈列空间"主观评估指标体系

一级指标	二级指标	考察要点
光环境舒适度	展品光亮接受度	1. 评判非文物展品在照明后，被测试者心理与视觉接受程度 2. 评判光环境在符合视觉和安全的要求下，还能具有丰富的艺术感染力
	视觉适应性	1. 测试者对光环境明暗地变化，在视觉感知上的适应评分项目 2. 测试者对光环境的明暗变化，在心理上产生作用力的评分项目
	视觉舒适度（主观）	对美术馆场所总体空间光影，以及空间色彩搭配的协调性，在心理上的感受程度 2. 测试者在参观结束后，视觉上的疲劳程度
	心理愉悦感	1. 对被评价空间中是否存在由于视野中的亮度分布的不适宜，或存在极端的亮度对比，而引起不舒适感觉或降低观察细部或目标能力的视觉现象的评分项目 2. 对展示空间地面与墙面有无不适的阴影，以及对比过于强烈的阴影或过于混乱的阴影评分项目
空间照明艺术喜好度	用光艺术的喜好度	1. 照明整体艺术效果突出，测试者视觉舒适度高 2. 有精彩的照明表现效果，令人流连忘返、记忆深刻 3. 用光的设计为整个建筑环境增色，已成为经典案例
	感染力的喜好度	1. 符合美术馆自身的定位及馆藏特点 2. 用光形式紧扣场馆主题，与场馆内容形成统一的整体，用光的形式能够良好地传达效果 3. 对场所有深层次的表现、烘托和演绎

表 6　"陈列空间"客观评估指标体系

一级指标	二级指标	考察要点
用光的安全	照度与年曝光量	对被评价空间中的展品是否符合相关照明规范的照度与年曝光量评分项目
	照射典型展品光源的光谱分布 SPD（红外、紫外、可见光）	1. 评判被评价空间中的展品是否符合照明规范中红外、紫外的防护要求的评分项目 2. 评判被评价空间中主要光源的光谱分布形式，对展品安全性能的评分项目
	展品表面温升	1. 评判展品表面温升值，是否符合对展品的保护要求的评分项目 2. 评判展品有无额外热辐射的评分项目
	眩光控制	对被评价空间中是否存在由于视野中的亮度分布的不适宜，或存在极端的亮度对比，而引起不舒适感觉或降低观察细部或目标能力的视觉现象的评分项目
灯具与光源性能	显色指数	1. 表征光源颜色还原能力的评分项目 2. 对特殊艺术表现效果，对某色彩进行艺术加工的评分项目
	频闪控制	对亮度或颜色分布随时间波动而引起的不稳定的视觉现象的评分项目
	色容差	评判主光源的色容差偏离的评分项目
光环境分布	亮（照）度水平空间分布	1. 评判被评价空间亮（照）度水平空间分布的合理性评分项目 2. 评判被评价空间亮（照）度水平空间分布有无干扰因素的评分项目
	亮（照）度垂直空间分布	1. 评判被评价空间亮（照）度垂直空间分布的合理性评分项目 2. 评判被评价空间亮（照）度垂直空间分布有无干扰因素的评分项目
	展品与背景亮（照）度对比度	1. 评判被评价空间中典型展品的展示，是否符合照明规范对比要求的评分项目 2. 评判被评价该展品与背景的对比度是否满足测试者心理预期的评分项目
	功率密度（序厅）	评判被评价序厅空间的功率密度是否符合照明规范相应空间要求的评分项目

表 7　"非陈列空间"客观评估指标体系

一级指标	二级指标	考察要点
灯具与光源性能	显色指数	1. 表征光源颜色还原能力的评分项目 2. 对特殊艺术表现效果，对某色彩进行艺术加工的评分项目
	频闪控制	对亮度或颜色分布随时间波动而引起的不稳定的视觉现象的评分项目
	色容差	评判主光源的色容差偏离的评分项目
光环境分布	亮（照）度水平空间分布	1. 评判被评价空间亮（照）度水平空间分布的合理性评分项目 2. 评判被评价空间亮（照）度水平空间分布有无干扰因素的评分项目
	亮（照）度垂直空间分布	1. 评判被评价空间亮（照）度垂直空间分布的合理性评分项目 2. 评判被评价空间亮（照）度垂直空间分布有无干扰因素的评分项目
	功率密度（大堂序厅）	评判被评价公共空间的功率密度是否符合照明规范相应空间要求的评分项目

表 8　对光维护运营评估指标体系　　　　　　　　　　　　　　　　　　23

对光的维护	专业人员管理	1. 配置专业人员负责照明管理工作 2. 有照明设备的登记和管理机制，并能很好地贯彻执行 3. 能够配合馆内布展调光和灯光调整改造工作 4. 能够与照明顾问、外聘技术人员、专业照明公司进行照明沟通与协作 5. 有照明设计的基础、能独立开展这项工作，能为展览或照明公司提供相应的技术支持
	定期检查与维护	1. 制定照明维护计划，分类做好维护记录 2. 定期清洁灯具、及时更换损坏光源 3. 定期测量照射展品的光源的照度与光衰问题，测试紫外线含量、热辐射变化，以及核算年曝光量并建立档案 4. 有照明设备的登记和管理机制，并严格按照规章制度履行义务
	维护资金	1. 有规划地制定照明维护计划，开展各项维护和更换设备的业务 2. 可以根据实际需求，能及时到位地获得设备维护费用的评分项目

四　各项评估指标的选择依据

（一）主观评估指标体系——一级指标选取依据

美术馆的照明包括展示照明和空间照明。为了更好地服务于观众，了解和分析观众在参观时的感受，设置了该套主观评估评价体系。为保证评价指标更具有普适性，应选取参与评价的观众均为随机参观者，而不是有组织的专业人士。另外，为保证参与评价的空间场所能够反映美术馆的真实照明现状，特别选取了常设展厅、临时展厅、大堂序厅、过廊和辅助空间（例如售卖区等）五个功能区的照明作为评价区域。从主观角度评价照明对展品本身的颜色、形态、材质的表现力和空间环境照明效果的艺术性、舒适性，经过综合考量，选取展品色彩鲜艳度、展品细节清晰度、光环境舒适度和空间照明艺术喜好度四项指标作为一级主观评估指标。

1. 展品色彩鲜艳度

展品的色彩是其本身具有的主要特征，是观众欣赏艺术和有效传达展品信息的重要组成部分。因此，真实地呈现展品颜色，向观众传达准确的色彩信息，是展览照明的基本要求。

光源的颜色对于展品颜色的表现有一定影响，不同光源的色彩基调，如暖色或冷色，还可起到调控情绪氛围的作用，对观众的参观心理有一定的影响。

考虑到光源的光色具有色彩表现力，对展品和视觉心理有影响。此次从展品色彩真实感程度和光源色喜好程度两个二级指标进行考核。

2. 展品细节清晰度

展品的清晰度是指光对人眼观看展品各细部及其边界的清晰程度的影响。

这部分主要是衡量在正常展览照明条件下，展品特征的表现程度和观众通过视觉获取展品的形态、色彩、质感和工艺等信息的难易程度，能够让观众比较容易地观察到展品的各种特征信息。

展品的细节需要全方位观看，是理解展品的重要依托，在保证整体照明效果的情况下，将展品的细节通过照明手段来传达给观众，体现了美术馆照明的专业水平。如何能够把展品细节清晰地展现给观众，主要从展品细节表现力、立体感表现力、展品纹理清晰度和展品外轮廓清晰度四个二级指标进行考核。

3. 光环境舒适度

光环境的舒适度主要是衡量观众在美术馆各种功能空间光环境之间不断转换时的视觉舒适程度。光存在的状态、明亮程度及规模大小、色温基调等与人的视觉和感官有着密不可分的依存关系。光的亮度和色彩对人的视觉功能起到重要作用，它能够提升参观者的视觉兴趣和色相心理。这是一个主观指标，合理的照度、亮度水平、光色和光的方向性是衡量观众对美术馆光环境进行视觉作业的难易程度和满意程度的指标。

在"光环境舒适度"指标下，从展品亮度接受度、视觉适应性、视觉舒适度（主观）和心理愉悦度四个二级指标进行考核。

4. 空间照明艺术喜好度

照明用它特有的"语言"塑造了美术馆的建筑和环境空间的结构特征。运用光影塑造出建筑的形体，构筑建筑空间，渲染建筑的意境，表达展览内在精神，营造出恰当、协调的氛围。

美术馆建筑的空间照明一方面是塑造建筑本身和不同功能空间的特性；另一方面通过照明与空间和功能主题的结合，充分体现出建筑和主题空间所要表达的内在感染力。通过光的影响使观众的视觉和心理与周边建筑空间产生互动体验。

在"空间照明艺术喜好度"指标下，从用光艺术的喜好度和感染力的喜好度两个二级指标进行考核。

（二）主观评估指标体系——二级指标选取依据

将各一级指标作为一个考核单元，在选取二级指标，让其内容与一级指标对应，并能够深化一级指标，使其内容便于理解和进一步诠释，也将指标内容变得简单易于接受，同时，二级指标也更容易被受访者操作。

在遵循以上二级指标选取原则的基础上，以美术馆照明主观一级指标为主线，选取了相应的二级指标及考核要点，其选取依据如下。

1. 一级指标"展品色彩鲜艳度"下的两个二级指标

（1）展品色彩真实感程度

美术馆展览照明中，展品的颜色是观众观看的重要部分之一，能够最大限度地表现展品最本真的色彩是对照明的要求，这就要求光源具有较好的色彩还原能力，这种能力就称为光源的显色性。光源的显色性越高，越接近原色，对展品的色彩还原能力越强，可以将展品的颜色更为准确地呈现给观众，使观众能够获取到最真实的展品信息。

（2）光源色喜好程度

光的颜色取决于光源的色温，不同的光源会因为色温的不同而有着视觉可辨的色彩差异。色温由低—高即由冷—暖的选择，要与展览效果和展品相契合，同时也会对观众的参观心理产生影响。

2. 一级指标"展品细节清晰度"下的四个二级指标

（1）展品细节表现力

展品的细节表现力是衡量在正常展览照明条件下，展品的外观、颜色、纹饰图案、质地等特征，参观者能获取以上信息的难易程度。

（2）立体感表现力

展品在光的照射下产生受光面、背光面、高光和阴影，其立体感由这四者之间的关系确定。受光面亮度与背光面亮度对比的强弱决定立体感的表达，因此，合理控制展品受光面和背光面的亮度对比十分重要。

（3）展品纹理清晰度

展品的材质因其物质组成、结构、物理、化学等不同特征而呈现出不同的质地，即称之为质感。不同的材质产生不同的表现肌理和属性，视觉获取对材料质感的认知主要是以辨别其表面肌理来辨识，光从照度、色温等方面都会对展品的可视属性产生渲染作用。

（4）展品外轮廓清晰度

展品外轮廓清晰度主要是指展品的边界整体上能够从周围的环境中很明确地区分出来，并且能够完整地呈现出展品外轮廓的细节特征。

3. 一级指标"光环境舒适度"下的四个二级指标

（1）展品光亮接受度

为保护展品，按照对光非常敏感、对光敏感和对光不敏感三个类别对展品进行了分类，并分别限定了照度标准。但是照度高低与观众观看清晰度之间相矛盾，及照度的高低决定了展品与观众视觉的舒适度密切相关，照度提高能够增加对比度，可以提供更适应人眼的条件。为了保护展品要使照度保持在合理的范围，所以展品的照明在满足保护的前提下，通过限定照度范围内来平衡展品本身、展品与背景、展品与空间环境之间的亮度分布，从而提供给观众相对安全、合理的光环境。

（2）视觉适应性

视觉适应性是指人眼在不同亮度空间以及过渡空间中的光环境的视觉调节能力和随外界亮度的刺激而变化的过程。良好的光环境分布，能够缩短观众视觉调节时间和调节程度。

（3）视觉舒适度（主观）

视觉舒适度是指人在视觉作业中，随着观看时间的增加或是受视域光线的影响，对视觉器官的超负荷运用。在观众参观过程中，拥有合适的光线环境和良好的视觉分布，一定程度上会减轻视觉疲劳，有助于延长观众的参观时间。

（4）心理愉悦感（主观）

不同形式的光环境所产生的氛围能够引起参观者相应的视觉感受和情绪反应。美术馆的照明效果直接影响到参观者对展览空间、展品形状、色彩的心理和生理体验感受。因此，营造出轻松愉悦的视觉环境，使亮度、色彩与背景达到平衡，避免眩光以及产生令观众的视觉不舒适的照明。

4. 一级指标"空间照明艺术喜好度"下的两个二级指标

（1）用光艺术的喜好度

通过光来渲染美术馆建筑空间和展示环境，借助于光的色彩、明暗等表现方法来影响展览氛围和参观者的视觉心理体验。无论是空间还是展品，在光的作用下呈现出其独特的形体美感和内涵，带给观众更丰富的视觉艺术效果。因此，观众对用光艺术的喜好度评价，代表了馆内照明设计的水平。

（2）感染力的喜好度

利用光可以创造出多样的视觉感受，在符合展示安全和展品保护的前提下，在深刻理解空间和展览理念的基础上，运用光线将参观环境氛围艺术化、感情化，恰如其分地营造空间氛围和展示主题气氛，将参观者更快地带入展览，并沉浸于体验中，这是对照明设计者提出的更高要求，也是需要着重去考核的部分。

（三）客观评估指标体系——一级指标选取依据

客观评估指标是对主观评估指标的补充，与主观指标相辅相成，因此其选取的依据一方面与主观评估指标选取依据相一致，另一方面还要保证其能够发挥对主观指标的补充作用。在选取客观评价指标时，从保护和展示入手，并为观众创造高品质的光环境为基本要求，经过综合衡量和比较，选取用光的安全、光源与灯具性能、光环境分布3项指标作为一级客观评估指标。此次设置的客观指标，主要是依据国家现行相关照明技术标准，参考国际现行相关照明标准，通过仪器对数据的采集，经过专业人员对测试结果的总结和分析，对用光的安全、光源与灯具的性能做出评价，对展品展示效果和光环境分布做出数据和技术上的支持。为保证客观指标和主观指标的对接，客观数据采集的场所同主观指标采集的场所一一对应，同样选取常设展厅、临时展厅、大堂序厅、过廊和辅助空间（例如售卖区等）五个功能区域作为照明环境的评价指标。

1. 用光的安全

展品展示的首要条件是用光的安全。展品的安全是用光的根本，对能够产生化学效应的紫外辐射的数量、能够产生热效应的红外辐射的含量和其他能引起热效应的发热电器部件的摆放位置进行限定。另外，对同样能够产生化学效应和热效应的可见光的数量和年曝光量进行限定。因此在选择光源和配套电器时，要综合考虑上述内容以减少其对展品的破坏和损伤。用光的安全主要考虑光对部分展品可能造成的损坏，从照度和年曝光量、典型光源光谱分布SPD值（红外、紫外、可见光）、热效应三个二级指标进行考核。

2. 光源与灯具性能

光源与灯具的性能是否安全、真实地展示展品是最重要的照明保障。从体现展示效果要求出发点，光源与灯具的性能，主要选取光源色温、显色指数、频闪控制、眩光控制和色容差五个方面进行考核。其中光源色温、色容差和显色指数这三方面主要是从光源本身的性能进行考核，光源优秀的显色指数和与空间效果相适应的色温选择是保证照明效果的根本。频闪控制和眩光控制是对灯具电器和配光的控制，二者是保证照明品质两个必要指标。

3. 光环境分布

光环境分布主要体现设计意图和方案的实施效果。光环境分布，主要从亮（照）度水平空间分布、亮（照）度垂直空间分布、展品与背景亮（照）度对比度、功率密度和照明控制方式五个二级指标进行定量统计。其中亮（照）度水平空间分布、亮（照）度垂直空间分布、展品与背景亮（照）度对比度三个部分主要是衡量空间光环境效果的重要指标。功率密度是表示在该灯光效果下，单位面积上的照明装置安装功率，是能源消耗的指标。照明合理控制方式是照明效果达到节约能源的保障。

（四）客观评估指标体系——二级指标选取依据

客观二级指标的选择依据和原则与主观二级指标基本一致，另外还需要满足可操作性。因为客观二级指标很多需要用仪器现场测试和采集数据，首先要有合适的测量仪器，其次还要便于携带。在遵循二级指标选取原则的基础上，以美术馆照明客观一级指标为主线，选取相应的二级指标进行考核，其选取依据如下。

1. 一级指标"用光的安全"下的三个二级指标

（1）照度和年曝光量

可见光作为提供人类视觉的能量形式，能够激发热效应和化学效应，导致对展品的损害。在对展品进行照射时，为减少其对展品的损伤，一般根据展品的类型来限定照射到展品上的可见光数量，传统光源为主的展览主要参考GB50034-2013《建筑照明设计标准》中对藏品的照度和曝光量的规定，现摘录此规范中的表5.3.8-3如下（见表9）。

照度标准制定的限定最大数值，只是在满足视觉和艺术效果要求的前提下，规定了能够容忍的最大损坏程度。照度水平低于国家规范要求的标准值并不意味着对感光材料破坏的停止，而只是减缓。

（2）典型光源光谱分布SPD（紫外、可见光、红外）

为保证展品安全，首先从光源着手，对提供展品照明的典型光源的光谱进行选择和限定，选择紫外辐射和红外辐射含量低的光源。光辐射中主要的危害是紫外辐射，光中的紫外辐射会导致各种对光稳定性弱的光敏物质的老化变质，导致纸制品、皮毛制品、棉麻制品、漆木竹器等文物的褪色、发黄、翘曲、糟脆。这是由于对光敏感的文物展品大多都是有机高分子质地材料，而紫外辐射具有足以使有机物化学键断裂的能量，使有机质地藏品损坏。紫外光不仅严重危害有机高分子材料类光敏性文物展品，对铜、铁、银等金属类文物的氧化、锈蚀破坏也相当严重。GB/T 23863-2009《博物馆照明设计规范》中有明确阐述"7.1 应减少灯光和天然光中的紫外辐射，使光源的紫外线相对含量小于20μW/lm"。

（3）热效应

红外辐射对文物展品的破坏虽远小于紫外辐射，但仍有一定程度的破坏作用。红外辐射是热辐射，其热效应一方面能够使被照射的文物展品表面温度急剧上升，产生内应力，使之出现翘曲、龟裂、开裂现象。另一方面为化学效应提供动力，加速文物展品的破坏进程。红外辐射在规范中并没有明确的数值限定，但在为展品提供照明时还是要考虑最大可能地减少其含量。

另外，如果能够产生热效应的灯具电器元件和散热附件放置在展示区内，其产生的热效应也会对文物展品产生一定的破坏，所以照明装置要设置单独的空间来安装。这些皆需要进行评估考核。

2. 一级指标"光源\灯具性能"下的五个二级指标

（1）光源色温

光源色温的选择要与空间效果和展品的表现相契合。一般来讲，冷色的光源适合表现冷色系列的展品，暖色的光源适合表现暖色系列的展品。这是由于此时展品的

表9 展厅展品照度标准值

展品类型	参考平面及其高度	照度标准值（lx）	年曝光量（lx·h/a）
对光特别敏感的展品：纺织品、织绣品、绘画、纸质物品、彩绘陶（石）器、染色皮革、动物标本等	展品面	≤ 50	≤ 50000
对光敏感的展品：油画、蛋清画、不染色皮革、角制品、骨制品、象牙制品、竹木制品和漆器等	展品面	≤ 150	≤ 360000
对光不敏感的展品：金属制品、石质器物、陶瓷器、宝玉石器、岩矿标本、玻璃制品、搪瓷制品、珐琅器等	展品面	≤ 300	不限制

表 10　光源色表分组

色表分组	色表特征	相关色温（K）	适用场所
I	暖	<3300	接待室、寄物处、对光线敏感展品展厅
II	中间	3300～5300	办公室、报告厅、售票处、鉴赏室、阅览室、一般展品展厅
III	冷	>5300	高照度场所

表面光谱反射率和光源的光谱发射率一致，入射光主要由物体表面最强反射光波组成，所以色彩的呈现最真实。在保证良好显色性的基础上，根据展品的色彩选择具有合适色温的光源，可以将展品的色彩呈现得更具吸引力。空间中同一类型光源的色温最好保持一致性，避免不同色温的光源混杂，影响视觉效果。在某些场合下，为达到某种表现效果，会对光的颜色做特殊要求。

另外，在同等条件下，偏冷色的光源，短波成分多，对有机展品损伤相对大一点；偏暖色的光源，短波成分少，对有机展品损伤相对少一点。

JGJ66-2015《博物馆建筑设计规范》中将室内照明光源色表按其相关色温分为三组，现摘录规范中表8.2.10如表10。

（2）显色指数

由于不同光源发出的光的光谱不同，所以它们对物体色彩的还原能力会有差别，这种差别可以用显色指数来衡量。在陈列绘画、彩色织物以及其他多色展品等对色彩还原要求高的场所，光源一般显色指数（R_a）不应低于90；对色彩还原要求不高的场所，光源一般显色指数（R_a）不应低于80。R_a是一般显色指数，是光源对国际照明委员会规定的第1～8种标准颜色样品的显色指数。对LED光源而言，仅对R_a的数值做出要求已不能满足展品色彩还原的需要，还要对国际照明委员会选定的第9～15种标准颜色样品的显色指数R_a的数值进行要求。例如有的LED光源，平均显色指数很高，但其中R9（饱和红色）的数值却很低，有的甚至是负数，此时就要对该特殊显色指数的数值作规定。另外，此次在数据采集时，还增加了北美照明工程协会（IESNA）光源显色性评价方法（IES TM-30-15）中色保真度（R_f）和色域指数（R_g）两个指标的数据采集。其中，色保真度用于表征各标准色在测试光源照射下与参考光源相比的相似程度；色域指数则代表各标准色在测试光源下与参照光源相对饱和度的改变。

（3）频闪控制

频闪是光的亮度或者颜色分布随时间波动而引起的不稳定的视觉现象。频闪光会使人眼的调节器官，如睫状肌、瞳孔括约肌等处于紧张的调节状态，导致视觉疲劳。例如在现有的一些LED光源产品中，其频闪即使人眼察觉不到，但是在用高分辨率设备拍摄时，会出现跳屏现象，无法保证拍摄效果，对电视转播和照片的拍摄都会带来不良的影响，所以在选用LED光源产品时要特别注意。

（4）眩光控制

眩光指由于视野中的亮度分布或亮度范围的不适宜，或存在极端的对比，导致引起不舒适感觉或降低观察细部或目标能力的视觉现象，一般分为直接眩光和反射眩光。直接眩光指在靠近视线方向存在的发光体所产生的眩光；反射眩光指在靠近视线方向看见反射像所产生的眩光。对于直接眩光可以通过灯具自身具有的降低眩光构造，或者在灯具上附加防眩光配件，或者采用降低光源表面亮度的措施来避免。对于反射眩光可以通过降低照射光源的表面亮度，或者通过降低反射面材料的反射率来降低或避免。

统一眩光值UGR（unified glare rating）是国际照明委员会（CIE）用于度量处于室内视觉环境中的照明装置发出的光对人眼引起不舒适感主观反应的心理参量。美术馆重点场合的统一眩光值见表11。

表 11　美术馆建筑照明标准值

房间或场所	参考平面及其高度	照度标准值（lx）	UGR	U_o	R_a
会议报告厅	0.75m 水平面	300	22	0.60	80
休息厅	0.75m 水平面	150	22	0.40	80
美术品售卖	0.75m 水平面	300	19	0.60	80
公共大厅	地面	200	22	0.40	80
绘画展厅	地面	100	19	0.60	80
雕塑展厅	地面	150	19	0.60	80
藏画库	地面	150	22	0.60	80
藏画修理	0.75m 水平面	500	19	0.70	80

在眩光的测量取点方面，根据常规展览动线，选取了不同展览空间有代表性的位置来采集数据。测量方法将在《美术馆照明质量评估标准》新规范中体现。

（5）光源色容差

表征一批光源中各光源与光源额定色品的偏离，用颜色匹配标准偏差SDCM（standard derivation of colour matching）表示。GB50034-2013《建筑照明设计标准》中有相关限定"选用同类光源的色容差不应大于5 SDCM"。同类光源的色容差过大，可能会出现可视颜色上的差异，进而影响视觉表现和效果。

3. 一级指标"光环境分布"下的五个二级指标

（1）亮（照）度水平空间分布

空间亮（照）度水平空间分布情况，主要指被测空间中的地面、水平作业面等的亮（照）度的空间分布。

空间亮（照）度水平空间分布对于水平方向的信息获取，观测者的身体的方向和定位以及观测角度都起着重要作用，所以合理的空间亮（照）度水平空间分布可以给我们创造一个安全、舒适的空间环境。

GB50034-2013《建筑照明设计标准》中对美术馆各场所照度值有明确标准，现摘录规范中表5.3.8-1如表11。

（2）亮（照）度垂直空间分布

空间亮（照）度垂直空间分布情况，主要指被测空间中的垂直面、垂直作业面等的亮（照）度的空间分布。人类通过视觉获得的信息约占80%是来自于垂直方向，所以垂直方向照明如果分布合理，就能够创造良好舒适的视觉环境，为信息的获取创造良好的视觉条件。

（3）展品与背景亮（照）度对比度

眼睛能够辨别背景（指与对象直接相邻并被观察的表面）的被观察对象（背景上的任何细节），二者之间必须要有一定的对比，或者是对象与背景具有不同的亮度比，或者对象与背景具有颜色差异。所以空间的照明要根据建筑的空间特点合理设置，利用明暗对比或颜色对比创造良好的视觉效果，为观众获取空间信息创造舒适的照明光环境。对于展品来说，要塑造出展品的形态、色彩和质感，就必须要在光源、展品、背景之间综合考量，包括灯光的颜色、亮度、背景材料的材质、反射率、颜色，以及展品本身的材质、反射率和颜色等，还要从灯光的位置和照射方向去调整。总之，就是要调整展品和背景之间明暗和颜色的关系，以及展品本身不同部分之间的明暗和颜色的对比，既达到突出展品，又与周围环境良好融合的效果。

GB50034-2013《建筑照明设计标准》中关于照明质量有以下描述"作业面背景区域一般照明的照度不宜低于作业面邻近周围照度的1/3"。JGJ66-2015《博物馆建筑设计规范》中关于照明质量有以下描述"展品与其背景的亮度比不宜大于3：1"。

（4）功率密度

功率密度是指单位面积上一般照明的安装功率（包括光源、镇流器或变压器等附属电器件），单位为瓦特每平方米（W/m²）。照明功率密度值LPD（lighting power density）是衡量照明节能的评价指标。

表12　美术馆建筑照明功率密度限值

房间或场所	照度标准值（lx）	照明功率密度限值（W/m²）	
		现行值	目标值
会议报告厅	300	≤9.0	≤8.0
美术品售卖区	300	≤9.0	≤8.0
公共大厅	200	≤9.0	≤8.0
绘画展厅	100	≤5.0	≤4.5
雕塑展厅	150	≤6.5	≤5.5

GB50034-2013《建筑照明设计标准》中对美术馆建筑相关场合的功率密度限制有明确的要求，现摘录规范中表6.3.8-1如表12。

（5）照明控制方式

照明控制要与整个馆的功能相结合，做到控制方便、合理、适用。既满足效果要求又能够节约能源，另外控制界面要尽量简单，并且能够与消防、安防等其他楼宇系统联动。美术馆的展厅、接待大厅、多功能厅、放映厅、餐厅及其他公共区域建议采用智能照明控制系统集中控制；单独房间采用独立控制。采用集中控制区域的照明设施应分组或单灯控制，可采用红外声控，时控等适宜的控制方式，并具备手动控制功能。对光敏感的展品，可设置感应传感器，自动控制照明的明、暗状态，减少展品的曝光时间。展厅应根据使用情况设置布展、清扫、展览、闭馆等不同的照明控制模式，其余场所可根据实际使用要求设置照明场景控制模式。照明控制方式不作为评估指标项，但在现场采集客观指标时，可作为附加项。

（五）对光维护评估指标体系——指标选取依据

照明效果的维护、保持和提升体现了美术馆在照明方面的专业管理水平。为保证整个场馆的照明效果，并在此基础上有所提升和发展，经过协商，将专业人员管理、定期检查与维护资金三个指标作为"对光的维护"评估的一级考核项。其中，专业人员的管理是其中相对重要的一个内容，维护工作均要通过人来进行，所以管理人员的专业素养、知识和技能对场馆的照明效果的保持和提升起着重要的作用。维护管理制度和计划是对管理人员操作的规范和指导，对照明设备的管理、照明维护计划和内容的制定等均是对照明效果提出的具体要求。维护资金是最根本的保障，没有资金的投入和支持，照明效果的保证和提升就无从谈起。所以上述三个方面是光的维护最基本的也是最重要的评估内容。

以下是对光维护评估指标体系——指标选取依据的阐述。

1. 专业人员管理

要做好照明的维护与管理工作，美术馆内配置专业人员来负责，制定相关制度（例如，照明设备的登记和管理制度），并且要保证制度能够很好的贯彻执行。馆内配置的照明管理人员必须具备一定的专业素养、知识和技能，能够配合馆内布展调光和灯光调整、改造工作；能够与照明顾问、外聘技术人员、专业照明公司等进行沟通交流，满足馆内各类照明的要求；最好还能有照明设计的基础，能进行灯具选择、安装和照明效果的调试工作。在可能的情况下，还可为外单位提供技术支持。我们提供科学的管理方式、方法，用各条款内容做引导。

2. 定期检查与维护

要保证场馆的照明效果和展品的用光安全，必须要制定照明维护计划，分类做好维护记录。首先，要做到定期清洁灯具，及时更换已损坏光源。其次，定期测量展品上的照度、照明装置的紫外线含量、检查辐射热效应、核算年曝光量并定期测量展馆空间各区域照度数值。最后，应将所有测量数据汇集、记录、建立档案。用各指标内容规范工作的科学化管理。

3. 维护资金

照明的维护与管理，归根结底还是要有资金的支持。所以根据实际需求，能及时到位地获得设备维护费用是保证照明效果的基础。另外，随着新技术、新设备的不断成熟和应用，分步投入合理的资金购买新的设备是必需的，也是发展的需求。维护资金有计划的投入，体现了该馆的业务管理水平。

(此评估数据的选择依据部分内容，主要由索经令、倪翀撰写)

五 采用网路数据统计与设计依据

为加强我国美术馆的照明质量评估工作的管理，规范美术馆照明的科学化运营，提高美术馆照明状况的运行水平，充分发挥美术馆对社会服务的功能，促进美术馆行业的发展。课题研究以调研数据为基础进行分析和研究，从而建立并完善美术馆照明质量评估方法细则与评估体系草案。

针对全国42家重点美术馆的照明质量运行状况进行调研及其数据采集，这是整个项目研究基础和重要组成部分，包括运营评估、主观评价、客观评价等。调研小组采取专家带队加课题组成员实地调研的形式，通过观众调研、照明数据采集、馆方访谈及专家评估，最终整理成多项数据表及调研报告。系统收集和整理的有效数据样本的多少是研究的普遍性和代表性的关键因素之一，数据分析的科学性与准确性则同样对研究的深入与发展有深刻影响。利用互联网技术开展照明数据调查，特别是对美术馆观众照明的主观感受的量化和分析是此次研究项目的一项创新。

（一）网络数据分析的思考

1. 广泛性

调研选取的美术馆照明质量调研样本数要尽可能多，因为统计学的"大数原则"告诉我们，样本越大，统计结果越接近真实情况，特别是有多个计算参数时，足够大量的数据才能避免数据特殊而无代表性，也可避免数据分布过于分散、精度不足等问题。

2. 方便性

对于大量的美术馆照明数据进行准确的收集记录和以各种形式算法的分析研究，若采用传统纸质调查问卷的方式进行，工作量大，流程多，容易造成计算的差错；采用互联网收集现场调研数据，调研对象的反馈数据直接记录后台数据库，而预先编制好的算法程序可以自动即时地根据收集到的调研数据直接分析出研究需要的结果。将大量的工作进行简化，使研究人员能从大量烦琐的基础性的数据记录工作中解放出来，节省出更多的时间和精力进行专业领域的研究。

3. 针对性

根据本项目研究的需要，调研的美术馆对象较多，对美术馆的照明评估空间分陈列空间和非陈列空间进行，且陈列空间和非陈列空间又进一步细分成基本陈列、临时展览、大堂序厅、过廊和辅助空间五个子类，每个空间所设计调研参数及评价权值既有共性的，也有相异的，因此需对不同美术馆，不同空间类别的调研数据进行多向分类，并能根据不同的分析需求进行不同的组合计算。

4. 灵活性

随着项目的推进发展及研究的深入，其一，调研的美术馆可能会增加，某些不符合调研需求的美术馆可能调整；其二，研究需要的调研参数如评估指标，指标的计算权值等可能需要调整、修改、增加等；其三，分析计算的方法和体系可能需要调整或增加新的算法等，设计需灵活应对变化。

5. 安全及便利性

虽然本研究并非机密项目，但数据泄露可能对某些人或团体产生不必要的影响，给调研的美术馆带来不必要的困扰和麻烦，因此对调研数据的保密和安全性必须有充分的重视和保障。另外，由于项目小组工作地点分散多变，需考虑研究人员数据和分析结果的获取和使用能够便利。

（二）数据平台应用的功能特征

针对上述美术馆照明质量调研数据分析的需求，本团队对调研数据应用平台的功能进行了一系列规划，并进行了相应的程序开发，基本达到预期的效果。图10所示为网络调研平台基本结构及原理图。

1. 管理数据有独立性且可灵活添加

根据应用需求，管理员可在数据管理平台中对调研对象（美术馆）自由添加、删除、修改、生成用于客户端数据采集的二维码调研链接、查询与分析客户的调研结果，对各馆设置不同的小组授权，也可对所有调研数据进行综合统计与分析，各馆调研数据相互独立又综合运算，为研究工作提供更多、更灵活的数据方案；调研各馆的小组成员凭管理员下发的授权密码，可对对应的单个美术馆的数据及统计结果进行分析，亦可自行下载输出该馆的二维码调研链接用于现场调研。

2. 各项参数设置灵活

数据管理平台中，允许管理员对多项调研参数进行灵活的设置。可添加或删除评分等级，修改评分等级之描述和计算分值；可添加或删除调研空间的类别，修改各调研空间在评价体系计算中的权重；可添加或删除不同类别调研空间的评价指标，修改各指标的名称、释义及计算权重；而且与研究体系的细则描述完全对应，填表式操作十分便携，简单易懂。

3. 调研受众的操作便利性

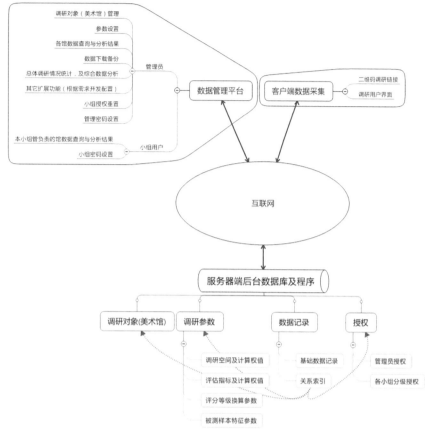

图10　网络调研平台基本结构及原理图

　　客户端数据采集的应用方案设计考虑用户操作尽量便利，随着智能手机，平板电脑，移动互联网的普及，绝大多数美术馆的参观者都会习惯使用数字化的调研方式，简明的调研页面，使用户方便阅读、理解和操作，不需要用户填写开放式问题，不需要回答模棱两可的问题；客户端应用设计使被调研者用微信等方式，扫描调研二维码链接到一步步根据页面提示点击完成调研项目，所用时长不超过一分钟，尽量少占用被调研人时间（图11）。

　　设计考虑用户隐私，调研程序不直接从用户客户端中获取用户的个人信息（如微信用户信息等），这也使同

图11　二维码调研数据采集流程示例

一客户端设备能用于多人的调研数据采集。从操作层面考虑，美术馆的志愿者可手持平板电脑不断引导收集调研数据，提高调研的工作效率。

　　4.收录及数据分析实时性与同步性

　　由网络调研平台基本结构及原理图可知，本调研数据应用平台工作流程完全基于互联网及所连接的服务器数据库。客户端采集到的调研数据实时直接通过互联网

传送到服务器的数据库中，且根据前期项目组研究确定数据计算方案预先编写好的数据分析程序，可根据收集到数据自动的计算出分析结果。管理员及负责调研小组成员，可随时随地通过互联网接入数据管理平台，同步获取相关数据及分析结果。

　　5.数据分析原理及方法

　　根据本项目专家前期研究的美术馆照明质量评估细则和评估指标体系（以下简称指标体系与评估细则）的规划调研工作，对美术馆的空间以陈列空间和非陈列空间进行分类，并进一步细分成5个子类。5个子类空间的评价指标与计算权重各不相同，数据库结构设计时，已考虑各美术馆的各类型空间的数据的相互独立，分别以特区字段进行标记。数据采集的客户端根据所扫的二维码链接，传递的参数对应不同的美术馆，且对各个美术馆各类空间根据不同的分类及评价指标动态生成调研界面。在调研数据上传到后台数据中时，单个样本记录主要包含具体单个馆单个空间的对应的一组评价指标得

图12　评价计算及数据统计范例

分，同时传递用于标记美术馆和空间类型的参数及样本主体特征数据及时间等信息；分析计算时，以标记字段进行索引筛选后分组计算（图12）。

指标体系与评估细则中，各不同调研空间的一二级指标以 A+、A−、B+、B−、C+、C−、D+、D− 进行评价，分别对应 10 到 0 的不同的评价分值，对应优秀、良好、一般和较差四个评价等级；各评价指标占从 5% 到 40% 不等的计算权重；对每类空间的各评价指标的调研所得的评价等级，对应转换成该评价指标的评价分值，以该指标评价的计算权重进行加权后求和得该空间的评价得分；对每馆中各类空间的评价得分，以该空间的计算权重进行加权得到该馆的总得分。

因为调研数据是多人的评价，且不同空间的调研数据样本可能来自不同的人，不同空间的样本数也不同，计算时应对各评价指标的得分先进行加权平均；后台程序的具体做法是（以单一美术馆为例）先统计该馆某一类空间评价指标的各评价分值的样本数，其次，对各评价指标的各分值，以人数加权平均取得的分值为各评价指标的得分；再对各类空间对应的各评价指标的得分，以该指标评价的计算权重进行加权后，求和得该空间的评价得分；最后，对该馆中各类空间的评价得分，以该空间的计算权重进行加权，得到该馆的总得分。在这个过程中，对各指标评估分值的样本数统计，如果加以深入分析，可以取得额外的数据和收获，如可以研究其样本分布人群评价偏好，研究数据方差可以分析数据的准确性等。

6. 调研参数的数据分析可扩展

本网络调研数据平台采用微软 ACCESS 数据库，移植性强，兼容标准 SQL 数据库语言，主体后台程序采用经典 ASP 语言，服务器平台亦可支持 .NET 语言，扩展性强，前端采用 Javascript、CSS 脚本，整体结构严谨，逻辑性强，代码条理清晰，体积小，运行稳定，为后续修改和延伸功能开发做了准备。

考虑项目研究的深入或调研数据亦可供行业内其他研究项目参考，可开发不同方向的程序，如当前项目下的更多算法，不同馆的对比，同一馆照明改进前后不同时间的对比等，更可对计算结果进行图形化使分析更为直观与方便，图 12 中左侧表格对评价等级对应的人数进行统计后，通过简单柱形图可直观反映出样本的分布状态。

7. 数据管理

出于对数据安全考虑，本调研平台数据仅可供项目授权管理员在管理后台下载备份，而且数据文件并不体现计算结果和算法关系，需结合服务器端程序使用才有意义。当前服务器端寄存于"中国互联网基础服务最佳渠道"服务商的多线 BGP 线路国家 5A 级高品质数据中心，通过工业和信息化部审核与备案。根据项目需求，整个平台及数据库亦可迁移至其他可靠的服务器中。

（三）大数据平台应用展望

随着移动通信和行动装置普及、物联网和网络发展，以及云端技术的不断进步，现今数据的搜集和储存方式比以往更为方便。用适当的统计分析方法，对收集来的大量数据进行分析，提取有用信息和形成结论，数据的挖掘与大数据分析可以从海量数据中找到有价值的信息，创造更多新成果。

在美术馆照明质量评估方法与体系研究的实践中，可通过调研所得到的大数据中发现更多规律和信息。例如，在前期调研时，现场网络调研已收集被调研观众的人群信息特征数据（如年龄、职业、教育背景等），对各类特征与调研数据的相关性分析或可发现不同特征观众对照明的不同理解和认识，有助于了解照明改进的方向；又如，简单的数字分析，可了解美术馆观众的特征分布，帮助美术馆调整展览规划或文创设计等。

调研的方法形式多样，庞大的数据需要进行剥离、整理、归类、建模、分析等操作，通过这些设计，可以开始建立数据分析的多维度，通过对不同的维度数据进行分析，最终才能得到我们想要的结果。工具只是手段，用大数据分析，才能更加准确。

设计参考《大数据》《概率论与数理统计》《统计思维：大数据时代瞬间洞察因果的关键技能》《云计算：概念、技术与架构》。

（采用网路数据统计与设计依据部分内容由俞文峰撰写）

第三章 美术馆照明质量预评估数据分析

一 馆方基本信息反馈综述

（一）基本信息设计背景

我国美术馆的建设无论规模还是整体研究水平，由于起步晚，发展迟缓一些，到目前为止，研究资料相对匮乏，很难从档案资料中获得有效反映我国美术馆照明发展状况的信息。因此，在我们预评估调研中，对采集各美术馆的基本信息才有了重要现实意义。

首先，我们设计了基本信息采样表，要能让馆方提供我们研究需要的各项信息，运营管理也纳入我们评估工作的一项重要内容。具体基本信息采样表我们分为四项内容：一是对美术馆总体概况的采集设计，了解该馆的工程属性类型，陈列施工单位，还有照明设计单位信息，从中可以反映出该馆是否有专业施工做基础保障。另外，如竣工时间和工程总造价设计，目的重在了解该馆对照明工程的重视与投资情况，还有对该馆建筑室内空间的类型设计，如何划分空间类型和展览及展品情况；第二项内容是，建筑的一些基本信息设计，包括建筑楼层层数，建筑高度，最大公共空间的面积与高度，建筑面积，展厅面积，公共空间面积，以及展厅数量类型等信息。尤其照明设计有无采用专业产品和专业设计，陈列空间和非陈列空间的照明资金投入情况进行分别采集，进一步了解和反馈该馆与建筑照明相关的信息数据；第三项内容是，馆方照明运营管理方面的内容设计采集，反映馆方专业人员的配置情况和业务水平的设计，包括是否定期维修与维护照明产品的状况，以及资金维护投入的详情，包括资金拨款时间，资金来源，我们都做了一一收集；第四项内容是进一步细化了解该馆的照明业务水平，包括有无照明设计，馆方对照明产品关注了哪些内容，包括招投标的方式与方法，以及馆方目前对自己照明业务的自我评估，如展陈照明效果和业务管理的自我评估，从而全面地反馈出该馆的照明业务基本情况。下面是我们对预评估的42家单位各项数据的分析结果。

（二）预调研综述与分析

1. 总体情况分析

本次调研的预评估工作，我们已经在全国开展了42家单位，其中有13家重点美术馆，18家非重点美术馆，11家私人美术馆。这些单位皆是我们课题组精细筛选的结果，参考了近些年全国美术馆的展览状况与社会影响力进行的优选，也经过了专家推荐和文化部艺术司领导的审阅，它们代表性强也有标杆的作用。特别指出，在18家非重点美术馆中有3家博物馆，即中国国家博物馆、

故宫博物院，还有辽宁省博物馆。中国国家博物馆作为课题承办单位，可以方便地开展各项研究工作。故宫博物院拥有绘画馆，对展陈照明工作和古建照明工作十分重视，而且在古建中做陈列照明属于特例，我们也将其纳入预评估计划之中。此外，辽宁省博物馆是新中国第一座综合性博物馆，馆藏书画作品丰富，我们也将其作为一个特例进行采集资料与预评估。希望我们的美术馆评估与博物馆照明评估之间，能嫁接起桥梁的作用，既可以比对寻找差异，也可以试着找一些共性，为今后进一步开展研究工作做铺垫（图13）。

在我们预评估的42家单位统计结果中，仅竣工时间

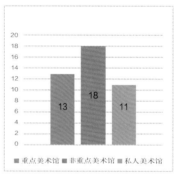

图13 美术馆类型图

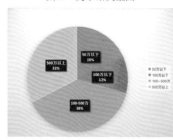

图14 美术馆照明总投入图

可以反映出我国美术馆建设的进程，大致出现了三个阶段的快速增长。数据显示1997～1998年竣工的美术馆有12家，是第一次建设高峰。随后在2011～2012年又新竣工美术馆7家，是第二次建设高峰。到了2013～2016年新竣工的美术馆数量达到15家，显然又进入新一轮快速增长期，建设规模也越来越大，速度也越来越快。另外，在照明预评估调研中，从照明资金单项投入统计结果显示，资金在100～500万的占38%的比重，500万以上的投入资金有32%，这两个加起来是70%的占比，从单项照明投入方面可以认为相对较好，但与整个工程总投入比较，普遍不足十分之一来看还是略微不足，因此我们希望今后我国美术馆对照明资金的投入需进一步加

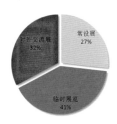  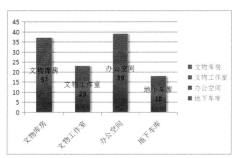

图15　美术馆展厅类型图　　图16　美术馆展品类型图　　　　　　图17　美术馆办公区间分类图

强（图14）。

从调研分析结果可以看出，被调研的美术馆中，常设展数量不到1/3，展厅类型基本上以临时展览和对外交流展占主流，尤其是临时展览数量占到41%（图15）。这也可以说明对美术馆的照明设计，需要运用灵活方便的照明形式，才能满足对美术馆的实际需求。被调研的评估单位中，反映出当前我国的美术馆展品类型，主要以现当代艺术品展示为主，占到70%的比例，而古代书画仅有30%的比重（图16）。不同的展示内容，照明方式也会大不相同，另外，相对博物馆中以古代文物为主的展示，对光敏感度也不同，照明手法上会适度亮一些，表现的氛围也以现代感为主，不会刻意强调戏剧化表现为主。当然设计上，还需要根据作品的表现内容、作者兴趣与设计师风格来决定设计最后照明效果。

在各美术馆办公空间的分区情况中，文物库房基本上齐备，但文物工作室相对少一些，仅23家，这也说明在建筑设计上，很多设计单位没有考虑后期美术馆的使用问题，对此需要加强认识，提高工作利用上的便捷（图17）。另以公共空间分析数据显示，各美术馆基本上都有公共大厅和报告厅的设置。但对于公共服务空间像咖啡厅和餐饮服务设施数量稀少，尤其不提供餐饮服务不足1/2，尤其近些年美术馆建筑空间与规模越来越大，观众在美术馆停留的时间会比较漫长，还有近些年随着美术馆的免费开放，观众越来越将美术馆当成重要的社交活动场所，提供必要的休闲服务，必将会提升服务公众的质量。尤其是休息期间和销售空间的设置，也可以

为美术馆的运营带来经济效益（图18）。

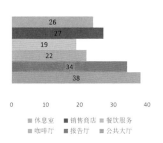

图18　美术馆公共空间使用分析图

2.建筑概况分析

预评估调研的42家单位，建筑面积在2万平方米以上的有24家，也体现出我们所遴选的美术馆场馆的规模多属于较大场馆。这些场馆在展陈空间和公共空间也基本采用了照明设计和专业照明产品，仅5家美术馆没有专业照明设计和使用专业照明产品，在照明资金投入方面显示，美术馆普遍对陈列空间经费投入较多，资金使用在100万～500万的有14家，资金使用在500万以上的有12家，而在非陈列空间相对投入比例较少。50万以下居然有10家（图19～21）。建筑空间高度以3.5～4.5m的居多，这一数据显示照明产品的最大适用范围。临时展厅建筑设计多于固定展厅的数量有17个，固定展厅建筑设计多于临时展厅的数量有25个，固定展

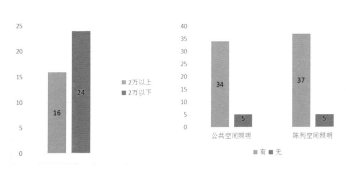

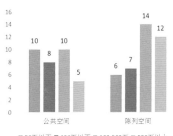

图19　美术馆建筑面积统计图　　图20　美术馆照明设计情况图　　图21　美术馆照明设备资金投入图

厅保有量显然多于临展美术馆居多。各美术馆的实际运营常设展的比例仅占27%，而固定展厅数量多，并不利于美术馆后期展览使用。从照明设计上，也要更多指向风格多变的临时展览实用需求的引导。

3．运营管理概括分析

本部分设计有针对性，是对美术馆照明业务运营评估的内容，与我们评估指标的具体采集项相关联，也是我们评估草案设计的一项重要内容，是为了直接向馆方反馈。收集一手资料，经整理后，可直接获得评估指标。进行量化评估可反映出该美术馆的照明运营管理水平。我们可以通过馆方人员的参与，从指标的设定内容方面，引导他们今后如何提高照明业务的管理水平。

从调研信息数据反映，有专业人员管理，但无具体业务管理人员的有4家，人员设置在1个以上的有5家，人员设置在2个以上的有10家，人员设置在3个以上的有20家，配置专业人员负责照明管理的美术馆有36家。从人员配置上，基本都有专人管理的岗位。但数量和质量还是有差距的，从我们预评估调研的美术馆获悉，各美术馆的临展业务都很多，照明业务工作相对繁忙，但人员3人以上设置的只有20家还不到半数，而且很多馆的工作人员主要是配合调光和照明改造，协助照明顾问或外聘的技术人员和专业公司进行沟通与协作。自身能够独立开展照明设计工作的21家，占被调研单位的半数（图22）。今后各美术馆还需要根据各馆的展览任务量适当增加人员的配置，才能更好地开展此项业务工作。

照明业务运营管理方面，在定期检查与维护一组调研数据显示，制定照明维护计划，并分类做好维护记录的有24家。定期清洁和维护损坏光源的有32家，精细进行档案制作、档案管理的仅有8家，即定期测量照射展品的光源的照度与光衰问题（测试紫外线含量、热辐射变化，以及核算年曝光量），并建立档案的非常少。能定期清洁灯具，及时更换损坏光源的，有照明设备登记和管理机制，并严格按照规章制度履行义务的有28家。看来各美术馆在照明设备的检查与维护方面，基础工作和保障设备正常运营方面的表现基本满足需求，但在专业化和精细程度上普遍还存在不足，需要进一步加强科学管理（图23）。另外，在维护资金问卷调研中显示，能有计划更换设备的有26家，能及时到位的有22家，仅占调研总数的一半，这说明很多馆在照明设备维护资金方面，有待加强（图24）。

在照明产品选择调研中，美术馆馆方对照明产品质量非常重视，有38家选了照明质量。排第二的是安全问题，其次是照明产品的灵活使用，再次是信用问题和节能。从调研表中还可以看出大家对智能化、品牌重视程度不是特别高，不像目前照明行业推崇的那样，与照明设计师和生产厂家的期望有落差，这说明经久耐用的照明设备与产品，一直会是各美术馆最切合实际的需求，还有安全性问题，其他因素相对弱（图25）。

在寻求照明产品采购渠道的调研中显示，被调研的美术馆，通过招投标形式的要占60%，由专家推荐形式的有22%，自主采购仅18%（图26）。在招标情况调研中，中标主要依据照明厂家的技术承诺的有17家，无技术承诺的有21家。馆方核实照明设备是否符合标准的有32家，无核实标准的有10家。这显然对照明技术招标的严谨度不够，尤其是符合国标照明标准方面无核实的比例占调研的1/4，如果调研范围扩大这比例还要高，显然存在隐患问题，对于美术馆行业来说，照明质量的评估整

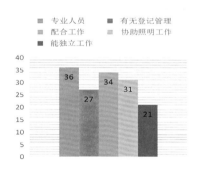

图22　美术馆照明专业人员类型图

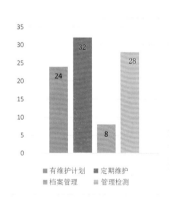

图23　美术馆照明管理分布图

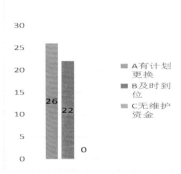

图24　美术馆照明维护资金分析图

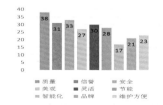

图25　美术馆照明产品选择分析图

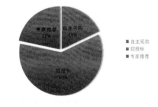

图26　美术馆照明产品选择渠道图

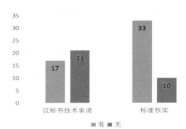

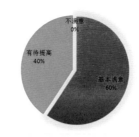

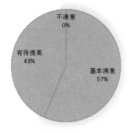

图27　美术馆照明产品中标形式图　　图28　美术馆展陈照明效果满意度图　　图29　美术馆照明业务管理满意度图

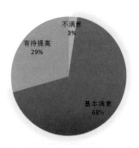

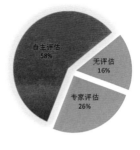

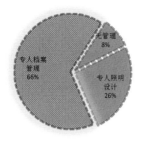

图30　美术馆照明设备投入满意度图　　图31　美术馆照明评估类型图　　图32　美术馆照明业务管理类型图

体需要加强（图27）。对美术馆照明效果的自我评估中，大家普遍认为，馆方目前状况基本满意的占60%，有待提高的占40%，还是存在提高照明效果的愿望（图28）。在照明业务管理调研分析数据中显示，回答基本满意的有57%，有待提高的占43%，这个比例大家显然高于照明效果提升的诉求，在业务管理方面，大家还是对目前状态不够满意（图29）。

在照明设备的投入调研分析中显示，回答基本满意度占68%，有待提高的仅29%，大家在资金投入方面，满意度相比其他业务评估比值高很多（图30）。各馆在招投标的评估过程中，调研分析显示，馆方主要是以自主评估占比最大58%，通过专家的形式进行照明评估的仅有26%，无评估的占16%以上（图31），另在业务管理调研分析数据中显示，各美术馆基本上都有专业人员负责照明设备管理的占66%，无管理的仅8%，有专业人员进行照明设计有26%的比例。这说明各馆在照明人才储备上，主要工作职责还是仅限于管理层面，在技术管理层面上，有待提高业务人员的素质（图32）。

二　主观评估数据综合分析

（一）主观基本信息设计背景

要针对全国42家单位进行照明质量的运行预评估调研，其主观数据采集是整个项目研究的基础，内容包括运营评估、主观评估、客观评估三大项。运营评估和客观评估我们采取专家带队加课题组成员实地调研来完成，而主观评估主要是采集观众信息，如何进行系统收集和整理有效数据是我们研究的任务关键。数据分析的科学性与准确性，对我们的课题研究有着深远的影响。因此，我们本次研究工作，是采取传统纸质问卷与利用互联网技术相结合的综合数据采集方式，力求能收集大量的美术馆观众主观有效信息，进行合理地分析这也是我们项目研究工作的一项创新点。

主观调研，我们采取三种形式，①采取粘贴的方式；②组织观众的方式（学生团、工作人员团、志愿者团）；③定期收集问卷的方式。力保在短期时间内能收集到大量的有效数据，实践显示，组织观众的方式最为有效，调研的合格率高。其他形式相对时间长，如果没有合理地引导观众调研，信息采集会不够全面，容易造成评估的结果不理想。

我们本次调研的主观数据，截至2018年3月累计接收了观众的调研数据2502条，针对我们要考察的5项考察点，即陈列空间（基本陈列、临时展览）光源；非陈列空间，如大堂序厅、过廊和辅助空间。实际每项考察数据参与人数在500条左右，基本可以满足我们的统计研究要求，能够完整地反映美术馆的整体水平。

（二）总体情况分析

我们课题开展做了大量观众主观调研工作，观众是美术馆整体工作服务的对象，他们对美术馆照明质量的满意度，对美术馆照明质量的评估工作至关重要，我们将主观评估作为重要评估项进行方案设计。调研采取传统纸质调研问卷与二维码采集两种方式进行，二维码的形式操作方便而快捷，后期一些纸质问卷也采取二维码来统计评估分值。参与预评估单位42家，采集样本数2502组，分陈列空间和非陈列空间两个评价体系进行样本采集。最终所有预评估美术馆的主观评估综合分值为81分，符合我们的设计要求，我们是通过甄选和推荐形式优选的这42家美术馆，皆是具有社会影响力和受公众欢迎的，综合评估的分值也体现出这批美术馆整体的照明水平和观众满意度（图33）。

从统计结果中也可以反映一些问题。完全符合我们主

综合概要
所有馆综合主观定性调研
调研馆数　42个
采集样本数　2502组
各空间主观定性得分
展陈空间

空间类别	样本数	得分	权值	最终得分
基本陈列	675	82.4	40	33.0
临时展览	638	81.1	20	16.2

非展陈空间

空间类别	样本数	得分	权值	最终得分
大堂序厅	558	81.3	20	16.3
过廊	332	75.9	10	7.6
辅助空间	299	78.2	10	7.8

所有馆综合 主观定性调研 总得分: 81

图33　美术馆主观综合评估图

观评估的观众采集问卷只有12家，占总评估美术馆数量的四分之一强。主观评价较好反映实际情况的评估数据，但仍有缺项或部分受访人数指标不达标的有10家，占评估总量接近四分之一。在合格的主观评估12家中，评估分值在80分以上优秀的美术馆有9家，在70分以上有3家，符合我们设计要求的分值预设。表现突出的两个馆目前是上海美术馆和木心美术馆，他们的主观评估分值分别是89和87分，这两个馆的评估水平也体现出较高水准，反映出该馆对照明工作的重视和较高管理水平。

1. 样本来源人群概况分析

从本次样本人群采集数据显示，参与问卷调研的观众以18～25岁的人群为主，其次是26～35岁人群，这两组人群已达到了57%的采集数量，除了我们特意安排的4批学生参观人群，数量约100人外，也有可观的受访数量。另外，12岁以下的儿童和36～45岁的人群也相对比较多，美术馆作为社会艺术教育的基地作用凸显，年轻人群的确是参观美术馆人群的主力（见表13）。受教育程度普遍较高，以本科以上学历为主，其次是中小学生（见表14）。职业以学生为主占了28%，另外就是照明技术相关专业比例是15%，男士略多于女士，这与我们开展调研工作，组织自己团队力量参与主观评估有直接的关联。详细情况（见表15、16）。

2. 陈列空间概况分析

对陈列空间我们主要采集两个区域的光环境，分别是常设展和临时展览，主要考量观众对展品色彩鲜艳度、展品细节清晰度、光环境舒适度以及整体空间照明艺术表现等4个维度（包含12个指标）进行主观评估。从8个等级进行评估换算，为优秀（A+、A-）、良好（B+、B-）、一般（C+、C-）、较差（D+、D-）。常设展一般代表着某个美术馆的陈列水平，体现着馆藏实力和研究水平，在设计和制作方面投入最多，因此在照明设备选用上和照明设计上水平较高，在实际调研出来的数据，

表13　样本人群年龄分布表

年龄分布	样本数量	所占比重
12-	350	14%
13～17	98	4%
18～25	827	33%
26～35	609	24%
36～45	395	16%
46～55	126	5%
56～70	92	4%
70+	5	0%

表14　样本人群教育背景分布表

受教育程度	样本数量	所占比重
博士及以上	139	6%
硕士	409	16%
大学本科	1135	45%
大学专科	237	9%
高中	228	9%
初中及以下	354	14%

表15　样本人群职业背景分布表

职业	样本数量	所占比重
学生	700	28%
文博事业相关	222	9%
设计艺术相关	232	9%
照明技术相关	384	15%
建筑工程相关	84	3%
党政机关相关	69	3%
新闻媒体相关	41	2%
其他	770	31%

表16　样本人群性别分布表

性别	样本数量	所占比重
男	1433	57%
女	1069	43%

也显示它的实际水平高于临时展览，但差距不是太大。从调研评估数据显示得知，常设展的观众，普遍对用光环境的展品纹理清晰度和空间用光的心理愉悦感评分最差。临时展览则体现在陈列光环境的展品立体感表现力弱和光环境艺术感染力差。

临时展览运作周期一般较短，时间仓促，如果美术馆的基础照明设备不好，很难在短时间内将照明光环境达到令人满意的艺术效果。我们的调研数据也显示，艺术品位不高，手法平平的用光设计。这些具体的表现还

要看各个馆的实际情况来判断，这里只反映整体情况，但这些方面的问题较突出，是我国整个美术馆的现状（见表17、18）。

3. 非陈列空间概况分析

对非陈列空间的3个光环境，主要考量观众对光环境舒适度以及整体空间照明艺术表现等2个角度（包含6个指标）进行评估。共8个评估等级，为优秀（A+、A-）、良好（B+、B-）、一般（C+、C-）、较差（D+、D-）。大堂空间是一个美术馆最重要的公共空间，是观

表 17　常设展样本主观评估项数据表

项目 \样本数| 分值	A +:10	A-:8	B+:7	B-:6	C+:5	C-:4	D+:3	D-:0	均值	二级权值	加权x10
展品色彩真实感程度	272	213	137	39	15	4	4	2	8.3	20%	16.6
光源色喜好程度	249	204	147	57	19	6	3	1	8.2	5%	4.1
展品细节表现力	276	167	147	58	27	7	3	1	8.2	5%	4.1
立体感表现力	253	181	146	71	23	8	1	3	8.1	5%	4.1
展品纹理清晰度	259	189	124	78	26	5	2	1	8.2	5%	4.1
展品外轮廓清晰度	284	174	140	56	24	4	4	0	8.2	5%	4.1
展品光亮接受度	273	175	150	54	22	11	1	2	8.3	5%	4.2
视觉适应性	270	185	144	57	19	6	5	0	8.3	5%	4.2
视觉舒适度（主观）	274	171	131	74	23	9	2	2	8.2	5%	4.1
心理愉悦感	257	179	149	60	29	11	3	2	8.2	5%	4.1
用光艺术的喜好度	277	182	130	62	18	13	3	1	8.2	20%	16.4
感染力的喜好度	257	192	139	57	24	12	2	2	8.2	10%	8.2
合计										100%	82.4

本项共收集686组数据样本，得分:82.4

表 18　临时展样本主观评估项数据表

项目 \样本数| 分值	A +:10	A-:8	B+:7	B-:6	C+:5	C-:4	D+:3	D-:0	均值	二级权值	加权x10
展品色彩真实感程度	239	191	148	40	21	7	0	1	8.2	20%	16.4
光源色喜好程度	229	159	154	59	27	13	4	2	8.0	5%	4.0
展品细节表现力	238	175	136	65	20	7	3	3	8.1	10%	8.1
立体感表现力	247	164	120	77	28	6	2	3	8.1	5%	4.1
展品纹理清晰度	237	157	145	71	24	8	2	3	8.1	5%	4.1
展品外轮廓清晰度	242	179	134	59	22	6	4	1	8.2	5%	4.1
展品光亮接受度	246	169	126	63	30	9	3	1	8.1	5%	4.1
视觉适应性	221	188	138	65	31	3	0	1	8.1	5%	4.1
视觉舒适度（主观）	235	189	113	67	33	6	3	1	8.1	5%	4.1
心理愉悦感	231	188	113	72	29	13	1	0	8.1	5%	4.1
用光艺术的喜好度	223	175	130	65	33	14	5	2	8.0	20%	16.0
感染力的喜好度	211	176	146	63	31	13	4	3	7.9	10%	7.9
合计										100%	81.1

本项共收集647组数据样本，得分:81.1

的被调研美术馆皆存在过廊艺术感染力差、用光设计缺少艺术性表现，这也反映大多数美术馆的客观真实情况。另外，在评估设计中，将公共空间的辅助空间作为又一重要评估选项进行设计，现在各美术馆都普遍重视文创产品的开发和利用工作，包括一些咖啡厅的设计和报告厅等辅助公众空间的开放利用，因此它的照明光环境，也反映着一个美术馆的整体用光水平，通过我们的预评估调研工作，反映出这些辅助空间目前的状况，并不是理想，整体光环境的设计水平不高，主要体现在观众对

表 19　大堂序厅样本主观评估项数据表

项目 \样本数| 分值	A +:10	A-:8	B+:7	B-:6	C+:5	C-:4	D+:3	D-:0	均值	二级权值	加权x10
展品光亮接受度	82	93	107	37	15	5	0	0	7.8	10%	7.8
视觉适应性	83	99	84	51	16	6	0	0	7.7	10%	7.7
视觉舒适度（主观）	88	95	92	43	12	8	1	0	7.7	10%	7.7
心理愉悦感	90	88	86	47	16	9	3	0	7.7	10%	7.7
用光艺术的喜好度	82	88	92	38	12	25	2	0	7.6	40%	30.4
感染力的喜好度	82	88	80	44	17	24	3	1	7.5	20%	15.0
合计										100%	76.4

本项共收集339组数据样本:得分:76.4

表 20　过廊样本主观评估项数据表

项目 \样本数| 分值	A +:10	A-:8	B+:7	B-:6	C+:5	C-:4	D+:3	D-:0	均值	二级权值	加权x10
展品光亮接受度	94	83	72	40	11	3	1	1	7.9	10%	7.9
视觉适应性	83	89	77	43	8	4	0	1	7.9	10%	7.9
视觉舒适度（主观）	101	71	74	43	8	4	0	4	7.9	10%	7.9
心理愉悦感	101	69	66	53	11	0	1	4	7.9	10%	7.9
用光艺术的喜好度	91	77	75	46	9	4	1	2	7.8	40%	31.2
感染力的喜好度	90	84	61	49	8	5	1	2	7.9	20%	15.8
合计										100%	78.6

本项共收集305组数据样本:得分:78.6

表 21　辅助空间样本主观评估项数据表

项目 \样本数| 分值	A +:10	A-:8	B+:7	B-:6	C+:5	C-:4	D+:3	D-:0	均值	二级权值	加权x10
展品光亮接受度	210	157	128	47	14	6	1	2	8.2	10%	8.2
视觉适应性	204	165	111	59	19	6	1	0	8.2	10%	8.2
视觉舒适度（主观）	200	155	106	64	30	6	2	2	8.2	10%	8.2
心理愉悦感	211	135	126	52	29	8	4	0	8.1	10%	8.1
用光艺术的喜好度	216	143	112	61	24	7	1	1	8.2	40%	32.8
感染力的喜好度	204	146	111	60	30	6	4	4	8.0	20%	16.0
合计										100%	81.3

本项共收集565组数据样本,得分:81.3

众进入美术馆参观的必经之路，起着室内外光环境的衔接作用，以及观众视觉平衡的调节作用。它的光环境设计水平决定这个美术馆的观众第一视觉印象，从调研的统计结果来看，整个分值相对较好，也反映大家都普遍重视，精心营造着大堂序厅的光环境。但依然反映着一些实际问题，如观众的视觉舒适度相对薄弱，还有光环境的艺术感染力喜好方面存在不足的问题，尤其是用光艺术的感染力方面，普遍认为还是薄弱。过廊空间是公共空间次要重要场所，主要起着调解和舒缓观众视觉舒适度的作用，在我们的调研评估调查中发现，大家对它的重视程度不够，很多馆对此功能空间仅是满足照亮的作用，没有投入大量精力去设计和维护照明。从我们调研的统计人数也可以反映出观众对此也没有太多印象，回收问卷的比例相对其他选项较少，这也与设计功能不强、心理作用不大所造成的结果相关。分析数据显示，普遍

它的视觉心理愉悦感差，和用光的艺术感染力不强两个方面。这也反映着这些辅助设施目前只能是使用型和功能型的照明设计，还没有进入品位设计的高品质用光的层次阶段，今后各馆还有很大一块工作要做，详细情况（见表19～21）。

三　客观采集数据综合分析

（一）客观基本信息设计背景

我们研究工作整体采取"倒推论证"构思，经过课题组协商确定的方案，可行性是通过实施预评估来验证它，此设计模式是符合我国当前美术馆发展现状的。如果按常规模式制定一项新标准，要推行它需要漫长的时间，也困难重重，而涉及照明技术，时间就是生命，它也会日新月异发展，如果标准文件当收藏品放置档案室无人问津，很快我们的研究就丧失了作用与价值。因此

我们在采取标准草案设计上，采取让制定工作走在前，先不考虑它的全部合理性，力求在实践中验证它，快速完善标准文件。即我们先制定"美术馆照明质量评估指标体系"和"美术馆照明评估方法细则"两个基础文件，用它进行预评估。当然前期方案由课题组10位核心专家参与完成，也广泛征询了意见，与此同时，也收集和整理了国内外相关标准参考设计，在大家集体智慧下完成。为确保标准的科学性与合理性，随后，我们还进行了小范围评估来验证其可行性，首选中国美术馆、江苏省美术馆、广东省艺术博物院试评估，用团队优势力量来开展验证工作。张昕教授带队中国美术馆、荣浩磊先生带队江苏省美术馆、程旭先生带队广东省艺术博物院，经第一轮预评估，将草案设计中的主要问题暴露出来，尤其是与实操相脱节的问题查找了一遍，应对难题，我们及时召开了课题组"第一次阶段性工作会议"在清控人居光电院举行，通过大家集体探讨，借助团队的集体力量共同公关克难，进一步完善草案的设计。经第一轮对3家美术馆预评估"试水实验"和修正方案，我们已初步认定了标准草案的可行性，增强了后续任务的信心。随后，我们才开始遴选全国40余家美术馆进行第二轮预评估调研，范围覆盖到全国11个省市与地区，预评估总量接近我国现有美术馆总量的1/10，全部囊括了重点美术馆13家和有特色的美术馆，这次大范围的预评估工作，基本掌握了当前我国最好一批美术馆的照明现状，让它们来验证标准的合理性，也起标杆作用，从标准制定起点开始拔高。

对全国42家单位进行照明预评估数据采集工作，我们采取专家带队和多名技术人员组合的形式，成立了8个工作组，铺开对全国各地方美术馆的调研工作。具体客观的各项指标选取依据（请参见总报告第二章的二、三、四节内容）。客观物理数据采集，一级指标主要三个内容，一是用光的安全，二是灯具与光源性能，三是光环境分布。客观数据的采集区域与主观评估内容范围一致，让主观调研与客观数据进行相关性研究，调研区域选择即陈列空间（常设展和临时展览）和非陈列空间（大厅、过廊和典型场所）五个功能区进行。在实际调研的42家单位，最终获取了36家的客观数据。没有取得所有结果的原因，有我们自身原因，如专家搭配不合理，技术人员在采集客观数据时设备不齐全等原因所致。当然还有馆方的原因，在调研期间，没有好的展览供我们采集客观数据，最终我们碍于结果不能真实反映该馆平时的照明水平，也放弃了对部分馆的客观数据整理。但现有的预评估调研资料，足以满足我们的要求，也取得了较理想的验证结果，尤其各地方美术馆馆方的大力支持，让整个预评估工作在短时间内迅速完成起到了关键作用。

（二）整体情况分析

我们整个预评估工作有两个环节，前期用了两个月时间进行第一轮论证实验，后才进行大规模预评估实地

调研，又经历了5个月时间来完成整个预评估计划。先后两轮工作，在短时间内，进行了一次科学而严谨的研究。这些工作结束后，预评估成果通过认真地整理直接转化为各项预评估报告，梳理后能方便我们进一步完善标准。整体研究计划是"倒推式"的推进，是一次马克思主义哲学思想"理论联系实际，在实践中检验真理"的运用。我们遴选全国最优秀的一批美术馆开展预评估调研，再结合各项指标来调整标准，用现实数据验证理想数据，防止了理论与实践脱节，让标准草案趋于合理。在研究中，不仅有现场评估，同时还进行了6项专项实验相结合的互补模式，实地评估检验标准的实施可行性，再用专项实验验证各指标的划分合理性问题，可以弥补因现场情况复杂无法判断新标准合理性的弊端，通过各项数据的综合考量，使设计上无瑕疵，更有益于完善标准的设计。另外，这些预评估工作，对今后宣传和推广美术馆的照明质量评估标准也起预演作用，让各地方美术馆提前了解怎样使用新标准，未实施标准前，就已经让它深入人心，这也是一种创新方式。

在预评估工作中，我们采取专家带队的形式，组织课题组成员进行三项主要内容的综合评估"运营评估、主观评价、客观评价"。其中客观评价即"现场数据采集评估"，是通过预先设计好的采集数据文件，用规定好的仪器设备进行数据采集与测试，每个馆采集5个空间的光环境评估。陈列空间从用光的安全、灯具与光源性能、光环境分布等3个角度、12个指标进行评价。非陈列空间从灯具与光源性能、光环境分布，两个角度评价7个指标，新增加功率密度进行测评。通过以上三项主要内容的评估采集，最终形成调研报告（详见"分报告"内容）。

1. 前期计划细节分析

前面已提到过，我们实施计划先采取草案制定工作在前，实施计划在后的形式，通过前后两轮预评估调研来完善标准，第一轮试评估计划是在小范围内进行，首选了三个馆来实验，经第一轮修正与完善草案，调整草案的设计内容具体如下。

① 原设计指标为定量和定性指标，改为国际通用的"主观"和"客观"指标。评估整体测评调整为3大类型，除了原有的定量和定性指标外，新增加一个"对光的维护"类型评估。权重比为主观40%、客观30%、对光维护30%。对美术馆照明质量的评估范围，室内评估主要锁定为对基本陈列或常设展的评估。非展区，公共空间序厅和过廊为此选项，其他临时展览和辅助空间再次之。权重比为常设展或基本陈列50%、序厅为20%、过廊为10%、临时展览10%、辅助空间10%。

② 测量方法统一（见表22）。

③ 分数等级确立上线和下线范围，给出具体分值和具体划分界限描述。不再分为8类分值。

④ 明确说明测试方法（后续标准文件中会体现，在

表22 常用测试仪器

测试项目	仪器类型	仪器品牌	计量要求
照度	照度计	远方SPIC-200光谱彩色照度计	根据标准规定的该设备所需精度,进行定期计量
		远方PHOTO-20000EZ多功能光度计	
		新叶XYI-Ⅲ全数字照度计	
		美能达T10高精度手持式照度计	
亮度	点试亮度计	美能达CS200彩色亮度计	
	面试亮度计	杭州远方CX-2B成像亮度计	
		LMK Advanced Mobile	
色温、显色性	光谱彩色照度计	远方SPIC-200光谱彩色照度计	
		照明护照	
紫外辐射	紫外含量检测仪	紫外含量检测仪R1512003	
反射率	分光测试仪	美能达CM-2600d	
距离、尺寸	测距仪或卷尺等	classic5a（不限定品牌）	
环境	湿温度计	KT-908（不限定品牌）	

此不做具体介绍）。

⑤计算方法确认，直接给出上线和下线分值（见表23）。

⑥具体细节问题：如热效应保留，建议对展品的热辐射进行测量，测试数据（见表24）。

⑦专项实验计划落实与实施（主要6项专题实验，详

表23 评分等级换算关系表

评分等级	优秀		良好		一般		较差	
分数等级	A+	A-	B+	B-	C+	C-	D+	D-
对应分数	10	8	7	6	5	4	3	0

细报告内容见"实验报告"章节）。

眩光模拟实验由浙江大学承担设计，具体实验方式方法由罗明教授负责。

视觉人因实验由中国标准化研究院承担，蔡建奇先生负责实施，由中国国家博物馆提供实验场所，项目负责人艾晶和成员姜靖负责召集志愿者参与实验，并负责组织实施。

采集各项光源技术指标的实验由北京清控人居光电研究院承担，参与企业提供测试光源，由项目负责人艾晶负责征集产品和协助工作，高帅负责实施，荣浩磊先生指导工作。

光致损伤性实验由天津大学承担，具体实验方式方法由党睿教授负责，他们希望提供古颜料进行光损害分析实验，待确定馆方能否提供。经项目负责人艾晶与中国国家博物馆科技保护部潘路沟通，并同意为此项专项实验工作召开了一次部门协调会议在中国国家博物馆举行。

光品质实验由武汉大学承担，参与企业提供测试光源，由项目负责人艾晶负责征集产品和协助工作，刘强教授全面负责该项工作。

光环境与书法展品喜好程度实验由大连工业大学邹念育教授负责。

待实验计划调整后，我们才遴选全国各地美术馆42家，进行第二轮预评估计划实施，这次大范围预评估工作，也将整体计划向前推进了一大步。

2. 实地调研综合分析

在制定各项评估标准之初，我们会首先明确立场，并树立正确的导向观，希望通过我们制定标准来正确引导美术馆照明质量的评估方向，发挥评估工作的社会意义。譬如，为提升美术馆的照明质量，用各项评估指标的差异比值做方向引导，用具体考察的细节内容来指引评估方向。按美术馆的功能分陈列空间和非陈列空间两

表24 灯具热效应数据表

类别	环境温度	展品表面平均照度	灯具安装条件			展品表面温度			备注
			灯具到展品距离	灯具与展品照射角度	温升测试时间	卤素灯具（50W）	全卤灯具（35W）	LED灯具（20W）	
柜内环境	22℃	50lx	2m	30°	2h	22.5℃	22.2℃	22℃	因实验条件，卤素灯直接用光源测试的，灯体温度还没进行对比
		200lx				22.8℃	22.3℃	22℃	
柜外环境	25℃	50lx	4m	30°	2h	25.4℃	25.2℃	25℃	
		200lx				25.6℃	25.2℃	25℃	

类型考察范围。对非陈列空间在一级指标的设计上，侧重反映用光的安全指标，对非陈列空间则省略它，防止馆方投入资金的误区，如果强调用光的安全，那么其光源的性能与质量必然提高，会大幅增加美术馆的建设成本。因此从指标设计上，我们省略它便可以减少使用成本，避免浪费，但会强调灯具与光源性能，功率密度指标的导入，有利于国家提倡的节能环保。

我们实地调研总计 42 家单位，从客观指标上进行采集，分陈列空间与非陈列空间两类功能区。在陈列空间优选两个展区进行数据采集，推荐 1 个常设展和 1 个临时展览（馆方自主推荐两个展区），采集用光安全、灯具与光源性能、光环境分布 3 个维度（包含 11 个指标）物理参数。在"非陈列空间"则降低评价指标范围，只采集灯具与光源性能、光环境分布两个维度（包含 6 个指标）的物理数据。评估换算分 8 个等级进行，优秀（A+、A-）、良好（B+、B-）、一般（C+、C-）、较差（D+、D-）计算指标。陈列空间因涉及展品保护，因此在用光安全上严加控制，在评估分值上也会有侧重。

从表 25、26 的数据分析可知，我国重点美术馆仅 5 家采用 LED 光源为主光源，其他仍继续使用传统光源如卤素灯、荧光灯等，而非重点馆已经超过一半以上使用 LED 光源为主光源，个别馆还全部采用 LED 产品。重

表 25　13 家重点馆照明概况表

调研单位	光源类型	照明方式	照明控制
重点馆 1	卤素灯为主、部分光纤	轨道射灯为主	
重点馆 2	卤素灯为主、荧光灯为辅	轨道射灯和灯槽间接照明为主、部分线性洗墙灯	独立控制、手动开关
重点馆 3	LED 光源为主	轨道射灯为主，局部筒灯	分回路控制
重点馆 4	卤素灯为主、部分 LED 光源	轨道射灯为主	
重点馆 5	LED 光源为主、荧光灯为辅	轨道射灯为主，局部筒灯与线性洗墙灯	独立控制、手动开关
重点馆 6	卤素灯为主、荧光灯为辅，少量 LED 光源	发光顶棚，轨道射灯、灯槽间接照明、线性洗墙灯	独立控制、手动开关
重点馆 7	自然光、卤素灯为主、部分 LED 光源	自然光与人工光结合为主、部分灯槽间接照明	独立控制、手动开关
重点馆 8	LED 光源为主、荧光灯为辅	轨道射灯为主，局部筒灯	分回路控制
重点馆 9	LED 光源为主、荧光灯为辅	轨道射灯为主，局部筒灯	独立控制、手动开关
重点馆 10	LED 光源为主、部分展厅卤素灯，公共空间金卤灯、荧光灯为主	发光顶棚，轨道射灯为主	分回路控制
重点馆 11	LED 光源为主、荧光灯为辅	轨道射灯为主，局部格栅荧光灯	独立控制、手动开关
重点馆 12	自然光、卤素灯为主、部分 LED 光源	发光顶棚、轨道射灯为主、筒灯、灯槽间接照明为辅	
重点馆 13	LED 光源、卤素灯、荧光灯混用	轨道射灯为主，局部筒灯	独立控制、手动开关

表 26　21 家非重点馆照明概况表

调研单位	光源类型	照明方式	照明控制
非重点馆 1	LED 光源为主	轨道射灯为主	分回路控制
非重点馆 2	LED 光源为主，卤素灯为辅	轨道射灯为主，辅以线性灯具	分回路控制
非重点馆 3	LED 光源为主，卤素灯为辅	轨道射灯为主	独立控制，手动开关
非重点馆 4	LED 光源为主，部分荧光灯	轨道射灯为主，辅以嵌入式筒灯	独立控制，手动开关
非重点馆 5	金卤灯、卤素灯为主	轨道射灯为主，嵌入式筒灯	分回路控制
非重点馆 6	LED 光源为主，部分自然光	轨道射灯为主，发光顶棚	独立控制，设有智能感应和手动开关
非重点馆 7	LED 光源、卤素灯为主，荧光灯为辅	轨道射灯为主	独立控制，手动开关
非重点馆 8	LED 光源与荧光灯为主、部分自然光、卤素灯	轨道射灯为主，辅以嵌入式筒灯	独立控制，手动开关
非重点馆 9	LED 光源为主，卤素灯为辅	轨道射灯为主，辅以嵌入式筒灯	分回路控制
非重点馆 10	LED 光源、卤素灯为主，荧光灯为辅	轨道射灯为主	分回路控制
非重点馆 11	LED 光源为主	轨道射灯为主，嵌入式筒灯	独立控制，手动开关
非重点馆 12	卤素灯为主，LED 光源、荧光灯为辅	轨道射灯为主	独立控制，部分采用智能分场景控制
非重点馆 13	LED 灯源为主，辅以金卤、荧光、卤素灯	轨道投光为主，辅以线性灯具及引入自然光	分回路控制
非重点馆 14	LED 光源、卤素灯为主	轨道射灯为主	独立控制，手动开关

调研单位	光源类型	照明方式	照明控制
非重点馆15	卤素灯为主，荧光灯为辅	轨道射灯为主，灯槽间接照明、嵌入式筒灯	独立控制，手动开关
非重点馆16	卤素灯、陶瓷金卤灯为主，荧光灯、LED 光源为辅	轨道射灯为主，辅以线性灯具、嵌入式筒灯、自然光为辅	独立控制，手动开关
非重点馆17	LED 光源为主	轨道射灯为主，辅以线性灯具	调光控制系统
非重点馆18	LED 光源为主	轨道射灯为主	手动开关
非重点馆19	LED 光源为主	轨道射灯为主	独立控制，手动开关
非重点馆20	卤素灯为主，LED 光源、荧光灯为辅	轨道射灯为主	
非重点馆21	LED 光源为主，部分荧光灯、自然光	轨道射灯为主	

点馆在年代上一般较早，建筑规模也相对较大，因此在使用新型光源方面会体现出更加保守和审慎的态度，但LED 光源在美术馆应用范围上正逐步扩大，已毋庸置疑。在新标准设计上，重点考虑对 LED 光源指标参数上设计的合理性。在照明方式上，大多数美术馆以轨道射灯为主，其他照明形式为辅。在公共空间上，很多馆采用嵌入式筒灯的照明形式，而大堂空间则更多表现为采用自然光与人工相结合的形式。在照明控制应用方面，各馆基本采用独立控制和手动开关相结合的传统控制形式，很少有美术馆利用智能控制系统。因此，在智能化方面，我国美术馆将会有漫长的路要走。

从图 34、表 27 分析可知，我们调研的 13 家重点美术馆，调研数据各项基本数据齐全，仅有两家没有取得最后结果，也反映出我们课题组人员的重视，以及馆方配合的力度。从评估结论上看出各馆的评估综合指标差

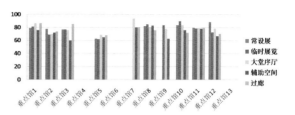

图34　13家重点美术馆评估区间分值分布图

术馆中，各项调研数据基本齐全，仅有 6 家馆没有取得最后结果，各馆之间存在明显起伏差异，有个别馆整体照明评价指标皆较差。在单项指标分析上，临时展览有一半以上高于常设展照明指标，辅助空间照明也明显略低

表 27　13家重点美术馆总体照明评分表

调研单位	陈列空间		非陈列空间		
	常设展	临时展览	大堂序厅	辅助空间	过廊
重点馆1	79.1	81.26	86.6	75.8	86.6
重点馆2	77.8	69	70	72.1	74
重点馆3	77	77	76	60	85
重点馆4					
重点馆5	63	62	69	65	68
重点馆6					
重点馆7			94	80	80
重点馆8	82	85	80	83	76
重点馆9		84	78	63	
重点馆10	84	90	84	76	72
重点馆11	79.6	78.7	79.1	78	79.5
重点馆12	88.6	72.3	78.5	67	70.1
重点馆13			70.5		74.5

表 28　21家非重点馆总体照明评分表

调研单位	陈列空间		非陈列空间		
	常设展	临时展览	大堂序厅	辅助空间	过廊
非重点馆1	75.1	83.6	74	84	74.5
非重点馆2	75.3	80.7	76	73.5	73.7
非重点馆3	82		81	72	81.5
非重点馆4	73.8	75		65	
非重点馆5	88.5	88.5	96	90	83
非重点馆6					
非重点馆7					
非重点馆8					
非重点馆9	82	85	77	67	65
非重点馆10		79.3	93	88	73.75
非重点馆11	77	80	78.35	71	79.6
非重点馆12	78.5				
非重点馆13					
非重点馆14	63	61	58.7	48.7	68.8
非重点馆15		94	86		
非重点馆16	74.6	87.1	95.9	90.5	90.5
非重点馆17	80.3	74	73.5	70	68.5
非重点馆18	80.7	75.1	75.6		
非重点馆19	80.7	76.5	73.3	75.7	71.6
非重点馆20					
非重点馆21					

距不大，趋向接近水平，只有个别馆指标相对落后，在单项指标上，辅助空间比其他空间综合指标较落后，但常设展没有比临时展览在照明指标上有明显优势，整体照明水平基本处在良好状态，鲜有指标超过 80 分以上。

从图 35、表 28 分析可知，在调研的 21 家非重点美

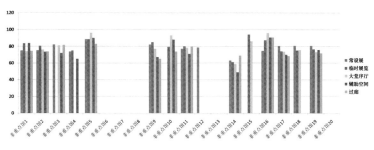

图35 非重点美术馆评估区间分值分布图

于其他空间照明分值。就整体照明水平基本处在良好状态，还有 12 家馆个别展陈空间单项或多项评估分值超过或接近 80 分，处在优秀水平。虽然整体情况相比重点美术馆整体分值表现良莠不齐，但不妨碍个别馆照明质量优益，还高于一般重点美术馆的照明水平。

3. 专项实验综合分析

整个实验计划的开展，是一项整体统筹后的计划实施，不仅"关注了人"也"关注了物"，从人的主观心理与物理指标来反映美术馆光环境的人的"主观心理与物理状况"，也从客观物理各项技术指标来验证照明产品的物的"质量优劣"，各项实验即相互支撑与相互配合，能综合地反映我们对美术馆照明质量的评判设计，通过我们各项实验工作的开展，为课题提供了必要的指标验证工作与设置依据。

前期预设计了四项实验，针对美术馆照明的光品质进行实验；针对观众的视觉舒适度进行研究；还有针对各种光源的综合品质进行模拟实验；以及对美术馆照明的文物损伤性研究。后又拓展了"反射眩光评价"和"书画展品光环境喜好度"两项实验，共计六项研究成果。他们分别由浙江大学、武汉大学、天津大学、大连工业大学四所高校，清控人居光电研究院和中国标准化研究院实验中心两个国家级实验室共同担当。计划实施仅约定了完成任务时间，项目负责人起配合实验和负责协助的作用，实验进度皆由各承担单位自行安排。我们通过有目的地征集实验样品和规定研究方向，为美术馆照明质量的评估标准提供有价值的参考依据，当然这些研究成果对我国美术馆照明标准与工程设计有引导作用，也会对今后博物馆的照明质量评估起拓展研究价值，不仅具有先进性，还具有独创性，填补了我国在此领域的多项空白，整个实验成果意义重大。

下面对这六项实验成果进行概述。

① 光致损伤性实验。实验用 3 种单色光对中国传统绘画色彩影响进行分析（传统光源：金卤灯、卤钨灯；新型光源：WLED），在全暗光学实验室中，统一的温湿度、空气质量和被照面辐照度相等情况下，进行了为期 16 周的测量色坐标。结果如下，这 3 种光源都对色彩有影响，整体受光照射后颜料的色相整体向低波段方向偏移。重彩绘画颜料的兴奋纯度上升，淡彩绘画颜料下降。而浅色颜料的亮度值整体下降，深色颜料的亮度值上升。尤其在第四周期，发生较明显的突变。实验证明最低

损伤光源选择是 WLED 光源。

② 反射眩光的评价实验。实验运用相机的测量技术，模拟人在相同位置下对图像眩光的感知程度。实验研发出一种反射眩光指数（RGI）用于评价绘画作品的眩光指标。并进一步研发彩色图像处理软件，逐步构建亮度图并计算 RGI。还进行了心理物理实验，以建立量表及格 / 不及格限制范围。实验结果证明，现有标准（UGR > 19）的限定值不适用于对绘画作品的眩光质量评估，对其正确评价应重新建立标准方法。可以采取主观和客观相结合的方式，两种评价皆较好地适用于美术馆。

③ 视觉健康舒适度人因实验。为量化客观评价博物馆、美术馆照明对于人眼的视觉系统影响，实验在中国国家博物馆现场采集，通过招募 40 岁以下的健康人群参与，被试者眼睛近视度数不高于 600 度，散光低于 100 度，无白内障、青光眼等眼科疾病的人员参与，本实验实际招募 40 余位，通过筛查视力后 24 位被测试者进行了 45 分钟的现场参观，对比了其测试观展前后的视觉功能变化，得出该馆照明对于人眼视功能的生理影响变化指标，量化评测出博物馆照明对于人眼视觉疲劳的影响情况。通过视觉舒适度（VICO）指数 5 级的视觉感知表征，判断出人的视觉健康舒适度指标，评价出该馆照明场景的人眼视觉疲劳度程度。

④ 采集各项光源技术指标的实验。通过实验可以了解到博物馆、美术馆照明产品的技术参数水平，由课题参与企业提供测试光源，征集 7 个厂家 14 款灯具产品进行比对测试，要求灯具产品 3000K 和 4000K 光源各一套，导轨一个，功率 30W，角度 30°，0 ~ 100 明暗可调光灯具。实际征集到的光源功率和角度略有偏差，实验采取通过统一调节展品亮度与高度的形式实验。具体指标为紫外含量均不大于 $0.7 \mu W/lm$，最优值 $0.3 \mu W/lm$；数据多集中在 $0.7 \sim 0.5 \mu W/lm$，两色温灯具总体相差不大；红外含量均不大于 $0.01 \mu W/m^2$，最优值 $0.004 \mu W/m^2$，数据多集中在 $0.006 \sim 0.008 \mu W/m^2$ 区间，与色温差异无明显相关；多数光源显色指数在 90 以上，但 R9 指数差异较大，与色温差异无明显相关；色彩保真度 Rf 测试数据均在 86 以上，4000K 灯具整体色彩保真度数值略低于 3000K 灯具；频闪差异较大，多数光源无频闪，与色温差异无明显相关；色容差光源之间差异较大，整体 3000K 灯具色容差数值略低于 4000K 灯具。立面测试均匀度在 0.4 ~ 0.7 之间，与色温差异无明显相关。

⑤ 光源颜色品质实验。结合目前国际照明领域最新研究成果确定代表性客观指标，通过对各指标

关联性进行讨论，为标准制定提供参考。由课题参与企业提供测试光源，实验灯具与"各项光源技术指标的实验"为同一批灯。研究用了六类指标作为代表性评价维度进行实验分析，其中基于绝对色域的 GAI 以及 GVI 指标受色温影响较大，不同品牌光源统一显现出 4000K 色温分值（对应颜色喜好）高于 3000K 色温的趋势。另各测试光源厂家之间也存在较大差异。

⑥ 光环境与书法展品喜好程度实验：通过心理与物理学实验，对书法类展品在不同照度和光源色温下人的喜好程度相关性研究。实验选取 30 名观察者，使用 LED 智能光源，显色指数 R_a=92，色温及光通量可调实验。书法展品在 150lx ~ 200lx 照度和 3500K ~ 4500K 光源色温下的喜好程度更高，光源色温对于书法展品的喜好影响，显著强于照度影响（详细实验见"实验报告"内容）。

四　主观与客观的综合分析

（一）研究背景分析

随着 LED 技术的飞速发展，美术馆照明质量越来越被社会所广泛重视。为满足美术馆的特殊应用需求，比如低辐射损伤，高清晰度和高色彩保真度，美术馆光源的颜色质量得到了广泛的研究。许多研究表明，照度、相关色温（CCT）、色偏差（Duv）以及光源显色指数（CRI）等，都对美术馆照明的评估存在影响。国际照明委员会（CIE）建议，应用于美术馆较敏感物品的传统光源，其照度不应超过 50lx。考虑到 LED 灯的一些特征，如光谱可调性以及紫外辐射（UV）和红外辐射（IR）（艺术品辐射损伤的主要来源）的易切断性，该照度可能高于 50lx。

1941 年，Kruithof 最先提出照度-CCT 概念，低照度的低色温光源和高照度的高色温光源被认为是舒适的照明。之后，Yoshizawa、Luo 等人相继提出了不同的照度-CCT 范围（称之为舒适区域）。我们的研究表明，3000K ~ 4000K 是一个比较受喜欢，或者视觉舒

适度比较高的色温区间，会让人感觉到画面更加的舒适和明亮。结果表明，所有的评价指标可以归结为两个维度，"清晰度"和"暖度"。在欧洲，匈牙利一个研究组做了大量相关实验，寻找美术馆 LED 照明的最适宜参数条件，他们发现保证画作显色效果的最佳色温是 5500K，适宜照度为 200lx，而被试最喜好的色温是 4200K。另一个葡萄牙研究组的结论则为色温 5700K。近年，另一个国内研究使用了较多种类的画作作为样品，发现针对一般日常彩色物品最受喜好的色温约在 4500K，而针对文物或艺术品则在 3500K ~ 4000K 之间。以上实验结果证明东西方对色温喜好性有明显差异。亚洲较喜好暖色温，欧美喜好偏冷的色温甚至自然日光的色温。武汉大学的团队则运用更多 CCT 水平的 LED 光源，并综合中国字画和熟知记忆色物品（如蔬菜水果），进行心理物理实验后也发现光源的喜好度在某个色温区间存在峰值，对于不同样品这个峰值的所处 CCT 不太相同，照射中国字画样品时在 3500K ~ 4500K，照明熟知果蔬类样品时在 4500K ~ 5500K。总结近年来的研究，主观评价是一种很好地评价照明品质和喜好度的方法，光源的喜好度在某个色温区间存在峰值，过高或过低的色温均降低喜好度或光源照明品质，美术馆照明的照度和 CCT 的舒适区应该在 200lx 以上且 3000K ~ 6000K 之间，最适宜色品可能会为负的色偏差值。光源亮度和色品以外的因素，如色域大小和形状对色貌和视觉喜好度确有较大影响，而保真度高则会适当提高喜好度。

本节内容主要针对国内美术馆进行照明的物理参数测量和主观视觉评价数据收集。测量的物理数据包括亮度、照度、色温、显色指数（R_a、R9、R_f 等）、闪烁指数、色容差、均匀度。主观视觉评价则由一般参观者、课题组成员和馆方工作人员作为被试者对展厅内艺术品照明效果进行问卷评价。

通过统计学方法分析了解哪几个主观评价指标在美术馆照明中最为重要。客观物理参数与主观评价之间的

表 29　美术馆一各陈列空间照明光源数据表

类型	用光的安全			光环境分布					
	照度光谱	亮度光谱	表面温度 (℃)	亮度 (cd/m²)	照度 (lx)	亮度对比度	亮度均匀度 (%)	照度均匀度 (%)	照片
2 展厅			17	7.29	53.151	0.13	16.1	20.5	
3 展厅			16,2	253.76	166.6	———	7.7	69.7	

6 展厅			14.6	68.37	296	0.64	66.8	78.9
大堂			———	11.76	56.02	———	84.3	37.6
走廊			———	44.45	190.198	———	69.7	44.2

表30　美术馆一各陈列空间照明光源品质指标表

类型	灯具与光源性能							
	CCT	R_a	R9	R_f	R_g	Rcs,h1	闪烁指数	闪烁百分比 %	色容差
2 展厅	2631 K	99.0	97.4	97.9	98.7	−0.0038	0.00012	10.011	5.9
3 展厅	3453 K	80.8	38.8	76.7	101.3	−0.0791	0.00004	4.176	6.4
6 展厅	4998 K	78.0	27.4	77.3	96.0	−0.0969	0	1.4	10.1
大堂	3546 K	92.5	34.6	92.7	98.3	0.0665	0.0003	16.37	5.0
走廊	3163 K	86.2	22.4	85	97.8	−0.0954	0.00026	10.42	5.0

注：2、3、6号展厅内是垂直测量结果，大堂、走廊、休闲区是水平测量结果。

关系。

（二）预实验分析

为更好地分析主观与客观数据，浙江大学研究团队，还专门进行了一次实验工作，内容如下。

1. 美术馆一

共有 21 名被试当天参与调研，陈列区域为 2 号厅纺织品区域、3 号厅手工艺品展柜、6 号厅画作区域，非陈

表31　陈列空间21位观众测评平均分一览表

测试要点		2 号展厅	3 号展厅	6 号展厅
展品色彩表现	展品色彩还原程度	6.67	6.14	6.33
	光源色喜好程度	6.71	5.67	5.81
展品细节清晰度	展品细节表现力	6.43	6.10	6.62
	立体感表现力	6.95	6.43	5.95
	展品纹理清晰度	6.62	6.76	6.76
	展品外轮廓清晰度	6.29	6.81	7.24
光环境舒适度	展品光亮接受度	6.57	5.81	6.33
	视觉适应性	6.90	5.90	6.81
	视觉舒适度（主观）	6.86	5.86	6.29
	心理愉悦感	6.43	5.95	6.38
整体空间照明艺术表现	用光的艺术表现力	6.62	5.52	5.38
	理念传达的感染力	6.81	5.90	5.67

表32　非陈列空间（走廊）17位观众测评平均分一览表

	光源色喜好度	6.71
光环境舒适度	视觉适应性	7.06
	视觉舒适度（主观）	7.88
	心理愉悦感	7.35

图36　陈列空间的主观评测结果

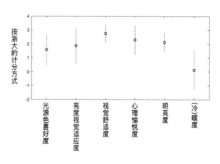

图37　非陈列空间的主观评测结果

表33 美术馆二各陈列空间照明光源数据表

类型	用光的安全			光环境分布				
	光谱分布图	亮度光谱	表面温度（℃）	亮度（cd/m²）	照度（lx）	亮度对比度	亮度均匀度%	照度均匀度
油画			24.5	17.17	96.5	0.63	65.4	83.9
书法			20.1	92.84	460.9	0.83	84.7	84.9
画扇			23.1	150.24	——	0.22	29.7	——
蜡像			18.3	21.08	63.7	1.78	58.2	36
大堂			——	73.29	258.1	——	69	69
走廊			——	96.61	403.9	——	91.2	93.8
休闲			——	64.08	——	——	83.2	——

表34 美术馆二各陈列空间照明光源品质指标表

类型	灯具与光源性能							
	R_a	R9	R_f	R_g	Rcs, h1	闪烁指数	闪烁百分比%	色容差
油画	98.8	96.8	98.0	98.7	−0.0039	0.0071	4.76	0.4
书法	88.8	85.4	87.1	105.0	−0.0234	0.0060	3.77	0.4
画扇	95.2	78.1	93.8	99.9	−0.0255	——	——	0.4
蜡像	99.1	99.7	96.7	98.2	0.0001	0.0073	4.61	0.4
大堂	94.4	71.5	95.2	96.5	−0.0330	0.0052	3.23	0.4
走廊	84.5	15.9	83.1	95.4	−0.1131	0.0028	2.03	0.3
休闲	94.0	69.6	95.0	96.4	−0.0349			

注：4、6、8、10号展厅内是垂直测量结果，大堂、走廊、休闲区是水平测量结果。

列区为大堂以及二楼走廊。客观测量结果如表29、30所示，从表中可以看出绝大部分光源的 R_a 都大于80，但是R9和亮度相差较大。

3个陈列空间的主观测评结果如表31所示，非陈列空间的主观测评结果如表32所示。从表中可以看出，2号展厅的各项评分都在6~7之间，评分之间的差距是3个展厅中最小的。同一指标在不同展厅间的区别不明显，其中光源色喜好程度、用光的艺术表现力以及理念传达的感染力的差距最明显。图36展示了陈列空间的主观评测结果，其中红色圆点是2号展厅，黑色圆点是3号展厅，蓝色圆点是6号展厅。图37展示了非陈列空间的主观评测结果。

2. 美术馆二

共有20名被试者参与，陈列区域为某美术馆的油画区域、书法区域、展柜区域、蜡像区域，非陈列区为大堂。客观测量结果如表33、34所示。从表中可以看到，所有光源的 R_a 都大于80，除了书法和走廊两处的光源，其余光源的 R_a 都大于90。

4个陈列空间的主观测评结果如表35所示，非陈列空间的主观测评结果如表36所示。书法区域的各项评分基本上都高于其他3个展厅，油画区域的各项评分间的差距最小。图38展示了陈列空间的主观评测结果，其中红色圆点是4号展厅，黑色圆点是书法区域，粉色圆点是展柜区域，蓝色圆点是蜡像区域。表现展品细节清晰度的4个指标以及整体空间照明艺术的2个指标在不同展厅间的评分波动较大。图39展示了非陈列空间的主观评测结果。

3. 预实验数据分析

为了分析各指标之间的关联性并提取出若干个具有代表性、概括性的指标，我们结合以上主观测评数据（只针对陈列空间）进行了因子分析。从表37中可以看

表35　陈列空间20位观众测评平均分

测试要点		4号展厅	6号展厅	8号展厅	10号展厅
展品色彩表现	展品色彩还原程度	7.10	7.35	6.35	6.30
	光源色喜好程度	7.30	7.20	6.80	6.35
展品细节清晰度	展品细节表现力	7.25	7.90	6.45	6.60
	立体感表现力	7.55	6.85	6.30	6.55
	展品纹理清晰度	7.40	7.95	6.40	6.55
	展品外轮廓清晰度	7.40	8.10	6.70	6.75
光环境舒适度	展品光亮接受度	7.30	7.20	6.30	6.70
	视觉适应性	7.75	7.80	6.65	7.00
	视觉舒适度（主观）	7.35	7.40	6.45	6.80
	心理愉悦感	7.35	7.00	6.30	6.55
整体空间照明艺术表现	用光的艺术表现力	6.95	7.00	6.30	6.55
	理念传达的感染力	7.45	7.00	6.15	6.55

表36　非陈列空间（大堂、走廊）12位观众测评平均分

	光源色喜好度	5.00
光环境舒适度	视觉适应性	7.00
	视觉舒适度（主观）	6.92
	心理愉悦感	6.75

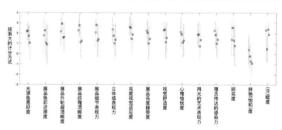

图38　陈列空间的主观评测结果

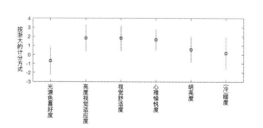

图39　非陈列空间的主观评测结果

出，公因子1得分越高，除了展品明亮度以外的所有指标都会越高，和用光在理念传达上的感染力、视觉舒适度、展品亮度接受程度以及用光的艺术表现力的正相关性很强，可以称为"舒适度"；公因子2得分越高，用光的艺术表现力与理念传达的感染力越差，是整体空间照明艺术的反向指标，和展品细节表现力、展品外轮廓清晰度、展品明亮度、展品纹理清晰度的正相关性很强，所以该

表37　旋转后的成分矩阵

评价类型	成分	
	1	2
用光在理念传达上的感染力	0.985	−0.118
视觉舒适度	0.968	0.128
展品亮度接受程度	0.963	0.149
用光的艺术表现力	0.962	−0.136
心理愉悦度	0.944	0.242
光源色喜好度	0.928	−0.076
立体感表现力	0.895	−0.159
亮度视觉适应程度	0.890	0.274
展品色彩还原度	0.832	0.362
光照下展品鲜艳度	0.785	0.281
展品细节表现力	0.765	0.617
展品外轮廓清晰度	0.330	0.931
展品明亮度	−0.077	0.881
光源色冷暖	0.465	−0.779
展品纹理清晰度	0.620	0.743

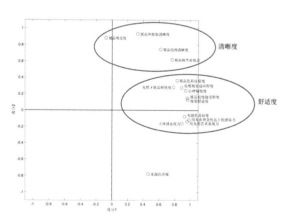

图40　旋转后的空间中的组件图

因子可以称为"清晰度"。

从图40中可以看出，所有指标可以提炼为2个成分，成分1以感染力、视觉舒适度等指标为主要组成部分，称之为"舒适度"。成分2以展品外轮廓清晰度、明亮度等指标为主要组成部分，称之为"清晰度"。

通过计算各主观测评指标和各颜色质量参数之间的相关系数，探究他们之间的相关性，结果如表38所示。亮度视觉适应程度、展品亮度接受程度以及视觉舒适度与亮度具有较强的负相关性，亮度越高，越让人感到不适；展品外轮廓清晰度、展品纹理清晰度以及展品细节表现力与亮度均匀度（UncertaintyL）具有较强的正相关性，亮度均匀度越大，展品的细节越清晰。用光的艺术表现力、用光在理念传达上的感染力、光源色喜好度以

及（冷）暖度与 R_a、R9、R_f 以及 $R_{cs,hl}$ 具有较强的正相关性，证明我们在标准建议的光品质指标是正确的。同样的分析方法，也将在下节"大数据分析"中采用。

对预试验主观评价数据进行建模。

由之前研究的总结，欲达到一个喜好性显指，需集合多个颜色质量参数对主观评价指标进行建模。选取的标准为颜色质量参数与主观评价指标存在较强的相关性；建模使用其他团队发表提议的颜色质量指标。

使用的模型如下：

① $M1 = C_0 + C_1 CCT + C_2 R_f + C_3 R_{cs,hl}$

② $M2(\text{Mark Rea et al}) = C_0 + C_1 R_a + C_2 GAI$

③ $M3(\text{Zhang et al}) = C_0 + C_1 R_f + C_2 R_g + C_3 R_{cs,hl} + C_4 R_g R_{cs,hl}$

④ $M4 = C_0 + C_1 R_f + C_2 R_{cs,hl}$

⑤ $M5 = C_0 + C_1 CCT + C_2 R_a + C_3 GAI$

⑥ $M6 = C_0 + + C_1 R_f + C_2 R_g + C_3 R_{cs,hl} + C_4 R_g R_{cs,hl} + C_5 CCT$

对 F1 舒适度和 F2 清晰度建模得到的参数如表 39 所示。

将颜色质量参数代入模型，得到建模后的主观评测数据。计算视觉实验得到的主观评测数据与建模得到的主观评测数据间的相关性，如表 40 所示。

表38 主观测评指标和颜色质量参数之间的相关系数

测评指标	R_a	R9	R_f	R_g	$R_{cs,hl}$	L	Uni.(L)
光源色喜好度	0.70	0.81	0.72	0.48	0.80	−0.39	0.31
展品色彩还原度	0.27	0.49	0.32	0.54	0.44	−0.42	0.55
展品外轮廓清晰度	−0.36	−0.14	−0.32	0.45	−0.18	0.00	0.85
展品纹理清晰度	−0.13	0.12	−0.10	0.57	0.07	−0.13	0.71
展品细节表现力	0.15	0.39	0.19	0.57	0.34	−0.33	0.83
立体感表现力	0.64	0.74	0.63	0.35	0.73	−0.41	0.18
亮度视觉适应程度	0.49	0.64	0.55	0.17	0.60	−0.73	0.79
展品亮度接受程度	0.60	0.75	0.65	0.24	0.72	−0.70	0.68
视觉舒适度	0.61	0.77	0.65	0.31	0.74	−0.69	0.64
心理愉悦度	0.52	0.66	0.57	0.24	0.63	−0.65	0.71
用光的艺术表现力	0.78	0.92	0.78	0.43	0.90	−0.55	0.38
用光在理念传达上的感染力	0.77	0.89	0.78	0.35	0.87	−0.56	0.39
明亮度	−0.65	−0.49	−0.66	0.56	−0.51	0.57	0.44
鲜艳（饱和）度	0.31	0.41	0.33	0.37	0.40	−0.16	0.45
（冷）暖度	0.85	0.75	0.80	0.11	0.79	−0.12	−0.43
F1 舒适度	0.70	0.83	0.72	0.36	0.80	−0.58	0.48
F2 清晰度	−0.67	−0.48	−0.63	0.36	−0.52	0.20	0.70

表39 对F1、F2建模得到的参数

	编号	C0	C1	C2	C3	C4	C5
F1 舒适度	M1	7.710	0.0007375	−0.09230	55.482		
	M2	−29.881	0.25332	0.114			
	M3	−24.424	0.00975	0.24321	−336.736	3.604	
	M4	7.038	−0.06531	35.665			
	M5	−28.048	−0.0002057	0.23961	0.11580		
	M6	−57.492	0.45052	−0.01231	1862.211	−18.865	0.0055200
	编号	C0	C1	C2	C3	C4	C5
F2 清晰度	M1	17.455	0.0015315	−0.22564	67.013		
	M2	−19.725	0.13022	0.133			
	M3	−17.316	−0.15915	0.32695	−682.769	7.187	
	M4	16.061	−0.16959	25.861			
	M5	−21.391	0.0001871	0.14269	0.13140		
	M6	−52.562	0.31065	0.05461	1661.012	−16.762	0.0058835

表40　视觉实验得到的主观评测数据与建模得到的主观评测数据间的相关性

编号	M1	M2	M3	M4	M5	M6
F1 舒适度	0.87	0.93	0.89	0.82	0.94	0.97
F2 清晰度	0.89	0.98	0.91	0.69	0.99	1.00

M1、M5、M6 包含 CCT，M4、M2、M3 不包含 CCT，从 M1 与 M4、M5 与 M2、M6 与 M3 的对比中可以发现，模型中加入 CCT 可以有效提高视觉实验得到的主观评测数据与建模得到的主观评测数据间的相关性。

（三）综合大数据分析

共有 39 家美术馆及 3 家美术馆参与了此次美术馆照明质量评估方法与体系的研究，每个美术馆选取 5 个区域进行照明评估，分别为陈列空间的基本陈列和临时展览照明，非陈列空间的大堂序厅、过廊和辅助空间照明。这是有史以来参加美术馆数目最多，收集数据最详尽的研究项目。其中 13 家进行了多于 10 名被试（观察者）且有照明光源光谱数据的评价与测量，筛选出近 2800 份样本数据进行分析。这 13 家美术馆分别为北京时代美术馆、何香凝美术馆、木心美术馆、中华艺术宫（上海美术馆）、上海喜玛拉雅美术馆、上海油画雕塑院美术馆、深圳市越众历史影像馆、苏州美术馆、烟台美术馆、尤伦斯当代艺术中心、中国美术馆、中央美术学院美术馆以及中国美术学院美术馆。在评价时，对陈列空间的 2 个光源，观察者要从展品色彩鲜艳度、展品细节清晰度、光环境舒适度以及整体空间照明艺术表现 4 个维度（包含 12 个指标）进行评估。共 8 个评估等级，为优秀（A+，A−）、良好（B+，B−）、一般（C+，C−）、较差（D+，D−）。观察者对非陈列空间的 3 个空间，要从光环境舒适度以及整体空间照明艺术表现 2 个维度（包含 6 个指标）进行评估，评估等级同上。8 个评估等级对应的分数依次为 10、8、7、6、5、4、3、0，计算每个空间照明指标分数的平均值。

1. 颜色质量参数与主观评价指标之间的关系

一般来说，现有的颜色质量参数可以根据其设计意图分为三类，即基于色保真度的参数，基于色域的参数，以及基于喜好度的参数。

在这项研究中，使用 14 个典型颜色质量参数（包含

表41　14个光源质量参数

编号	CCT	Duv	R_f	R_g	$R_{cs,h1}$	R_a	R_9	Q_a	Q_f	Q_p	Q_g	FCI	GAI	MCRI
1	3467	0.0034	82.7	95.3	−0.1169	81.8	8.5	82.9	83.4	81.8	92.5	103.3	59.8	85.7
2	3465	0.0039	83.2	94.6	−0.1156	82.2	9.9	83.4	84.0	81.9	91.9	103.3	58.8	85.9
3	3919	0.0050	84.5	96.2	−0.1001	83.3	19.9	84.7	85.1	83.7	93.3	102.0	67.5	85.9
4	3153	−0.0019	82.3	96.5	−0.1046	82.8	17.7	82.4	82.2	83.2	94.9	107.1	60.1	87.1
5	2989	0.0015	89.9	98.9	−0.0521	91.1	54.9	91.4	91.4	91.5	97.7	116.9	53.7	88.8
6	2758	0.0003	98.8	99.9	−0.0072	99.0	91.7	98.9	99.0	98.8	99.6	122.1	49.3	89.2
7	3600	0.0121	77.2	97.2	−0.1015	78.3	4.5	80.6	80.1	80.1	94.8	107.0	57.0	78.1
8	2915	0.0021	86.5	100.1	−0.0587	90.3	28.5	89.9	89.8	90.1	99.2	115.1	53.8	86.4
9	2958	0.0008	88.9	99.9	−0.0585	90.3	45.7	90.4	90.1	91.1	98.8	116.7	54.7	88.3
10	2865	0.0022	85.3	99.1	−0.0854	86.1	25.9	87.0	87.2	86.5	96.0	111.1	48.3	86.1
11	3479	−0.0013	92.2	99.8	−0.0451	93.7	64.1	93.0	92.6	93.8	99.5	114.2	69.8	90.3
12	2971	0.0043	90.1	97.5	−0.0564	90.1	51.5	91.8	91.8	90.2	94.8	114.7	47.6	87.8
13	4544	0.0036	90.6	95.5	−0.0686	90.1	47.5	90.3	90.7	88.8	93.9	101.4	78.3	88.2
14	2703	0.0010	98.8	99.1	−0.0052	98.7	95.4	98.5	98.6	98.5	98.5	122.3	45.9	88.8
15	2991	−0.0004	81.0	104.3	0.1026	75.8	20.5	85.2	80.1	95.4	108.8	143.3	62.8	91.8
16	2977	0.0033	91.7	99.1	−0.0481	92.0	56.9	92.9	93.1	92.1	96.8	116.5	50.3	88.3
17	2641	−0.0002	99.6	100.2	0.0022	99.5	98.3	99.8	99.6	100.1	100.3	124.3	46.5	89.1
18	4310	0.0039	80.1	94.4	−0.1335	79.5	−3.6	79.9	80.3	79.3	91.4	96.0	72.9	84.6
19	3879	−0.0041	91.5	103.6	−0.0222	95.0	81.9	93.2	91.6	96.3	103.3	114.9	82.8	91.5
20	3853	−0.0057	92.1	105.3	−0.0050	95.9	95.2	94.2	91.7	98.6	105.6	117.9	85.7	92.2
21	3471	−0.0124	79.4	105.6	−0.0338	91.3	83.7	81.5	77.1	90.1	109.6	131.0	88.1	92.2
22	2499	−0.0056	90.1	101.9	−0.0475	92.0	58.1	92.6	89.0	98.8	104.1	122.8	52.2	89.4

表42　14个颜色质量参数与主观评价指标之间的皮尔逊相关系数

主观评价指标	CCT	Duv	R_f	R_g	$R_{cs,h1}$	R_a	R_9
展品色彩真实感程度	0.50	0.30	−0.39	−0.54	−0.66	−0.40	−0.50
光源色喜好程度	0.38	0.11	−0.47	−0.19	−0.26	−0.48	−0.44
展品细节表现力	0.38	0.18	−0.46	−0.29	−0.40	−0.47	−0.50
立体感表现力	0.45	0.21	−0.37	−0.28	−0.51	−0.30	−0.40
展品纹理清晰度	0.32	0.12	−0.36	−0.22	−0.36	−0.34	−0.38
展品外轮廓清晰度	0.48	0.22	−0.48	−0.28	−0.42	−0.47	−0.49
展品光亮接受度	0.31	0.20	−0.42	−0.24	−0.30	−0.45	−0.47
视觉适应性	0.36	0.14	−0.28	−0.15	−0.20	−0.32	−0.33
视觉舒适度（主观）	0.32	0.16	−0.52	−0.15	−0.23	−0.57	−0.52
心理愉悦感	0.44	0.19	−0.52	−0.21	−0.33	−0.52	−0.52
用光艺术的喜好度	0.46	0.24	−0.31	−0.32	−0.35	−0.36	−0.40
感染力的喜好度	0.52	0.32	−0.30	−0.29	−0.40	−0.26	−0.37
主观评价指标	Qa	Qf	Qp	Qg	FCI	GAI	MCRI
展品色彩真实感程度	−0.49	−0.36	−0.63	−0.59	−0.67	0.18	−0.39
光源色喜好程度	−0.48	−0.47	−0.41	−0.19	−0.28	0.27	−0.12
展品细节表现力	−0.50	−0.44	−0.52	−0.35	−0.41	0.21	−0.24
立体感表现力	−0.40	−0.31	−0.48	−0.37	−0.52	0.25	−0.30
展品纹理清晰度	−0.40	−0.34	−0.43	−0.29	−0.36	0.19	−0.17
展品外轮廓清晰度	−0.51	−0.45	−0.53	−0.34	−0.44	0.29	−0.26
展品光亮接受度	−0.45	−0.40	−0.46	−0.28	−0.32	0.15	−0.23
视觉适应性	−0.30	−0.27	−0.30	−0.15	−0.27	0.21	−0.12
视觉舒适度（主观）	−0.52	−0.52	−0.43	−0.17	−0.23	0.19	−0.18
心理愉悦感	−0.53	−0.50	−0.49	−0.25	−0.35	0.27	−0.24
用光艺术的喜好度	−0.37	−0.29	−0.44	−0.37	−0.43	0.23	−0.20
感染力的喜好度	−0.32	−0.23	−0.44	−0.37	−0.49	0.25	−0.32

CCT、Duv）来表征主观评价结果，具体包括 IES R_f、R_g、$R_{cs,h1}$（红色方向的彩度偏移），CIE R_a、R9、CQS Q_a、Q_f、Q_p、Q_g、对比的感觉指数（FCI）、MCRI 以及色域面积指数（GAI）。它们的表征性能可以通过皮尔逊相关系数来评价，因为它采用了一种不受限制的线性模型，具有截距。表41列出了所有光源的颜色质量参数。

表42总结了14个颜色质量参数与主观评价指标之间的皮尔逊相关系数，从中可以看出，这些常用的颜色质量参数确实难以令人满意地表征12个主观评价指标，几乎所有的皮尔逊相关系数都小于0.50，说明这些数据比浙大预实验的数据更加分散。在预实验中，大部分被试者是浙江大学颜色工程实验室的学生，具有丰富的评估视觉表现的经验。

在所有的主观评价指标与基于色保真度的参数（IES R_f、R_a、CQS Q_f）之间的相关系数都为负数，视觉舒适度（主观），心理愉悦度与以上参数的负相关性最强。此外，基于色域的参数（IES R_g、$R_{cs,h1}$、CQS Q_g、FCI、GAI）中，除了GAI以外的四个参数与主观评价指标之间的相关系数均为负数，GAI与这些主观评价指标间的相关

性较小，均小于0.30，展品外轮廓清晰度与GAI的相关性最强。因为实验中所选用光源的 IES R_g、$R_{cs,h1}$、CQS Q_g 分布的区间较集中，分别为99.05±3.39，−0.06±0.05，98.12±5.28，几乎没有梯度，因此计算出来的相关系数不具有参考意义。基于喜好度的两个参数（CQS Q_p，MCRI）之间的相关性较强，为0.79。主观评价指标均存在一般的负相关性，MCRI存在较弱的负相关性，其中展品色彩真实感程度与 Q_p，MCRI的负相关性最强。在所有颜色质量参数中，CCT与主观评价指标之间的相关性最强，且CCT范围在2000K～5000K之间，具有参考价值。

2. 颜色质量参数与综合主观评价指标之间的关系

为了探究各主观评价指标之间的关系并提取出综合主观评价指标（公因子），对主观测评数据进行因子分析，旋转后的空间中的组件图如图41所示，旋转成分矩阵如表43所示。

可以看出，公因子1得分越高，所有指标都越高，和立体感表现力、展品细节表现力、展品纹理清晰度以及视觉适应性的正相关性很强；公因子2和光源色喜好程度、视觉舒适度（主观）以及心理愉悦感的正相关性很

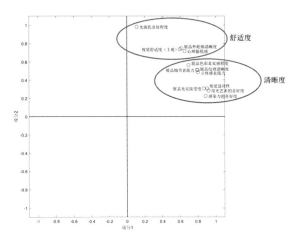

图41　旋转后的空间中的组件图

强；总体而言，公因子1可以解释为"清晰度"，与展品的明亮、立体、细节、纹理等紧密相关；公因子2可以解释为"舒适度"，与整体的舒适感和愉悦感相关。

此外，也可以将光源色喜好程度和其他指标区分开来，光源色喜好程度与公因子1的相关系数仅为0.11，与公因子2的相关系数高达0.98。因此，公因子2可以解释为"光源色喜好度"，仅与光源色本身相关；公因子1可以解释为"显示效果"，与展品相关。但是，我们主要研究舒适度与愉悦度。

当进行分析时发觉，各个单一主观评价指标与颜色质量参数间的相关系数均较低（小于0.50），决定采用提取出的成分，计算其与各参数之间的相关性，但是提取出的成分F1、F2与参数的相关性未得到有效提升。R_f、R_a、R9、Q_a、Q_f勉强对F2的相关性比其他参数的相关性高些。

3. 对主观评价数据进行建模

为了进一步提升客观数据与主观评价之间的相关性，我们集合多个颜色质量参数对主观评价指标进行建模。选取的标准为颜色质量参数与主观评价指标存在较强的相关性；建模使用其他团队发表提议的颜色质量指标。

使用的模型如下：

① $M1=C_0+C_1CCT+C_2R_f+C_3R_{cs,h1}$

② $M2(Mark\ Rea\ et\ al)=C_0+C_1R_a+C_2GAI$

③ $M3(Zhang\ et\ al)=C_0+C_1R_f+C_2R_g+C_3R_{cs,h1}+C_4R_gR_{cs,h1}$

④ $M4=C_0+C_1R_f+C_2R_{cs,h1}$

⑤ $M5=C_0+C_1CCT+C_2R_a+C_3GAI$

⑥ $M6=C_0++C_1R_f+C_2R_g+C_3R_{cs,h1}+C_4R_gR_{cs,h1}+C_5CCT$

对F1清晰度和F2舒适度建模得到的参数如表44所示。

将颜色质量参数代入模型，得到建模后的主观评测数据。计算视觉实验得到的主观评测数据与建模得到的主观评测数据间的相关性，如表45所示。

从表中可以看出，建模后，客观数据对主观数据的相关性得到提升，基本上达到0.50左右。M1、M5、M6

表43　旋转后的成分矩阵

评价类型	成分	
	1	2
用光艺术的喜好度	0.919	0.283
展品光亮接受度	0.906	0.306
感染力的喜好度	0.887	0.224
视觉适应性	0.867	0.307
立体感表现力	0.801	0.485
展品细节表现力	0.798	0.509
展品纹理清晰度	0.794	0.512
展品色彩真实感程度	0.696	0.563
光源色喜好程度	0.111	0.982
展品外轮廓清晰度	0.614	0.747
视觉舒适度（主观）	0.597	0.737
心理愉悦感	0.652	0.716

表44　对F1、F2建模得到的参数

	编号	C0	C1	C2	C3	C4	C5
F1 清晰度	M1	−1.578	0.0004353	−0.00108	−3.967		
	M2	2.036	−0.02922	0.009			
	M3	−16.849	0.02970	0.13499	−172.212	1.622	
	M4	0.745	−0.01196	−5.389			
	M5	−1.490	0.0010357	−0.00476	−0.02495		
	M6	−11.866	0.02133	0.08397	−104.255	0.970	0.0003256
	编号	C0	C1	C2	C3	C4	C5
F2 舒适度	M1	5.086	0.0002083	−0.06583	0.161		
	M2	4.971	−0.06488	0.013			
	M3	−1.588	−0.05145	0.05869	−80.533	0.781	
	M4	6.198	−0.07103	−0.519			

续表44

| | M5 | 5.137 | −0.0000489 | −0.06603 | 0.01425 | | |
| | M6 | 0.757 | −0.05539 | 0.03468 | −48.552 | 0.474 | 0.0001532 |

表45　视觉实验得到的主观评测数据与建模得到的主观评测数据间的相关性

编号	M1	M2	M3	M4	M5	M6
F1 清晰度	0.40	0.25	0.39	0.34	0.41	0.41
F2 舒适度	0.48	0.50	0.48	0.47	0.50	0.49

包含 CCT、M4、M2、M3 不包含 CCT，从 M1 与 M4、M5 与 M2、M6 与 M3 的对比中可以发现，模型中加入 CCT 可以有效提高视觉实验得到的主观评测数据与建模得到的主观评测数据间的相关性。这是因为在所有颜色质量参数中，CCT 与主观评价指标之间的相关性最强，且 CCT 范围在 2000K ～5000K 之间，范围广，梯度多。对于 F1 清晰度，使用 M5、M6 建模得到的数据最接近原始数据；对于 F2 舒适度，使用 M2、M5 建模得到的数据最接近原始数据。

（主观与客观的综合分析由罗明、沈佳敏、翟其彦撰写）

五　结论与展望

（一）工作总结

本次实地调研预评估中，在主观评估方面，我们共收集了 2800 份数据样本，实地调研 42 家单位，详细撰写评估报告 34 篇，其规模之大前所未有。在庞大的数据基础上，我们进行了大量分析工作，研究光源的颜色品质指标能否影响观众对展品的主观评价，经过数据统计分析，其舒适度及清晰度二项指标，可代表实验中的所有评价指标。测试的几个混合颜色品质指数模型，模型由色保真度的参数（如 R_a、R_f），色域参数（$R_{cs,h1}$，R_g，GAI）所组成，与之前研究实验相似。实地评估结果显示，客观数据 CCT（相关色温）十分重要，它反映着与主观评估之间有明显关联的价值。另外，整个研究成果，还表现在实地预评估客观数据采集方面，反映着我国当前全国最好一批美术馆的发展整体水平，也体现了我们研究团队的学术水平，他们也代表着我国目前最好的一批研究美术馆照明的学术力量。实地预评估工作的开展皆由这批专家来带队，各项数据采集能够在技术人员的支持下，全面而细致地开展，很多评估指标的采集内容，已远远超出我们标准草案的预设范围，如全光谱（SPD）数据的采集，展品与背景对比度、眩光指标的数据采集方式方法，展品材质的反光度数据采集、色彩饱和度（R_g）、保真度（R_f）、色域等数据采集、展品水平和垂直面照度与亮度对比等采集，内容信息非常庞大，采集数据范围，已具有前瞻性和广泛的学术参考价值，这些数据的取得与完整呈现，必将会对我国今后博物馆、美术馆照明工作，在科学运营和标准化建设方面发挥深远影响。

我们预评估调研了 42 家单位，撰写了 34 份调研评

估报告，由于各种原因，最后提炼出三项评估指标的目前有 16 家，多为重点美术馆，这部分美术馆评估指标在主观、客观以及对光维护三项分值如图 42 所示。分析得出，主观评估波动线相对其他指标较小，分值在 60 ～ 90

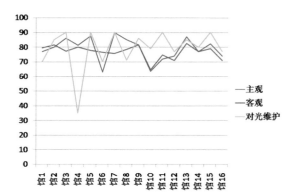

图42　16家美术馆三项综合评估数据指标图

分之间，70 分以上分值居多，反映出我们本次预评估所选的美术馆是国家重点美术馆，具有社会影响力，它们照明质量普遍处在较高水平，整体照明质量呈现较好层次，但馆与馆之间存在差异，个别馆仍需要大幅提高照明质量来满足观众需求。另外，客观数据波动相对平缓，结果在 60 ～ 85 分之间，75 分以上居多，数据差异反映出馆与馆之间差别不大，被测试美术馆普遍重视照明设备质量，所选照明产品多为知名企业产品，其光源各项指标较好，因此采集数据结果区别不大。在对光维护方面的分值出现在 35 ～ 90 分之间，以 70 分以上居多，折线波动较大，也反映出各馆运营管理方面存在明显差异。

我们所选美术馆皆为重点馆和有社会影响力的大馆，整体照明质量呈现较好水平，但馆与馆之间仍存在不小差异，各馆在单项评估指标上也存在明显差异。在照明产品使用上，客观物理指标馆与馆之间表现差别略小，也反映出预评估的这批美术馆，在使用照明产品上普遍采用先进光源的结果，整体技术参数采集普遍较好。但客观数据与主观数据横向做比较，整体上略微偏低，这也表现在各馆对待照明业务工作的差异。重视它并且有照明设计的，自然高于忽略它没有照明设计的评估指标，是照明设计软实力产生的催化作用，即便大家使用同样照明设备，其照明设计手法和用光水平不同，光环境的艺术效果和观众情感体验也不一样，指标满意度也会产

生分歧，评估分值自然产生差异。另外，在运营管理上，指标显示与主观、客观指标分析没有明显关联作用，采集形式是自我评估，真实情况还会有隐情，一方面体现出大家对照明运营管理普遍重视，但馆与馆之间差异性表现突出，工作业务范围多体现在基础性的照明设备维护上，对美术馆所要求的高品质照明与科学管理存在差距，希望今后各馆继续加强在照明方面的科学管理与整体运营水平。

综上所述，虽然我们这些研究工作已经取得了大量成果，并且保留了大量可以利用的原始数据，对接下来的评估标准制定，以及其他相关领域的研究会有巨大推动作用。但部分工作尚未完成，在评价指标取得结果上没有完全达到预期目标，当然不排除我们自身指标的设计依然不够科学，部分指标评价相似，没有差异性，另外，评估分值与光源技术参数关系非常密切，在整体美术馆照明质量方面，从信息量反映上依然不够充分，后续整理与归纳工作依然繁重，我们还有很多研究工作需要后续开展。

（二）对策与建议

1. 优化和完善标准

截至 2018 年 4 月，我国没有一部关于美术馆照明质量的评估标准公开颁布。在预评估调研中各美术馆在照明施工招投标文书中，无技术承诺的有 21 家，占调研比例的一半，馆方无核实标准的有 10 家，占总数的 1/4。而核实技术指标，目前也只能参考博物馆照明规范，并不是专门的美术馆照明标准，这对整体美术馆行业的发展不利，尤其在实际工作中，美术馆的照明情况和展品类型与博物馆有很大差异，表现在临展居多，更换产品频繁，日常维护经费多等特点，对照明设备的质量与技术要求，明显要高于博物馆，展品也多为平面展品或综合材料的现代品，艺术价值可能会远远超过其历史研究价值，在文物保护方面会略低于博物馆的要求，而且在展陈方面，展品对垂直面的照度均匀度要求，立体展品与周围环境亮度对比度方面也会有不同差异。此外，观众对美术馆的光环境认可度主要以舒适感为主，运用自然光或模拟自然光，在观众调研中显示，更受欢迎，皆有别于博物馆。现实中因缺少对我国美术馆的照明质量评估标准，会整体制约行业发展水平，我们所开展的研究工作，从各馆的积极态度表明，它是适应时代要求的研究项目。

当前，尽管我们开展了系列研究工作，也进行了大量实地调研和专项模拟实验，但碍于大量的研究数据仍需要花费大量的时间来整理，像筛查信息合理性，以及论证标准设计方案的科学性，特别是涉及有争议的具体指标，如显色指标的选取类型、眩光指标的制定等等，依然需要进一步完善，在接下来的工作中，课题组将继续优化各项指标设计方案，尽快推出"美术馆照明质量评估标准"。

2. 加强照明人才培养

从综合分析数据显示，我国美术馆照明业务人才数量与业务质量普遍存在不足现象，尤其照明设计人员的储备严重不足，这与馆方临时展览工作繁忙，换展频繁的日常业务工作不相匹配。从各美术馆的照明设备采购形式中获悉，大家多以自主评估占比 58%，而专业人员调研的反馈数据显示，他们主要业务工作仅是负责照明设备管理的占比 66%，这说明各馆自主评估专业人员素质偏低，基本不具备评估照明质量的专业水准，这造成各馆在照明设备采购中普遍认为自我控制能力不高，认为目前照明效果不佳，基本满意的仅占 60%，尽管他们在资金投入方面满意度很高，但实际效果却不佳，理想与现实有差距，没有完全满足实际工作要求。这也显示我国在美术馆行业，需要加强照明业务人才培养和专业技能人员的储备。在当前业务人员普遍不足的情况下，我们需要尽快落实行业标准的制定工作。加强评估人才库建设，方便馆方在日常工作中聘请专家进行业务指导，以加强业务水平提高，提倡馆方人员能够定期培训，相信很快可以改变各馆目前业务难提高的难题。

3. 推荐建立评估专家库

从各项研究结果反映，我国各地美术馆在照明人才储备上存在差异，即便目前馆方有专职人员配置，但在照明业务管理水平上也远远不够科学。我们对馆方实施调研中反馈，馆方认为能自主进行照明业务评估的占 58%，聘请专家进行照明评估的有 26%，无任何评估的有 16% 以上，但很多馆的业务人员多处在设备保管等低层次管理层面。鉴于以上情况，我们希望推荐各馆今后在采购照明设备时，需要聘请专业人员进行业务评估，日常照明业务也需要技术支持，定期聘请专家会有利于提高业务。尤其那些希望通过照明改造提升综合水平的美术馆，馆方在改造计划初始阶段，应该采用预评估标准，聘请专家进行业务指导，在取得评估提升改造方案后，再进行招投标或设备购买会更加安全合理。照明设备对于每个美术馆来说，皆是一项不菲的资金投入，如果方案不科学，很容易发生用光的效果不理想，浪费资金的现象。对美术馆进行照明质量评估工作，不仅可以兼顾艺术与技术，更是运用科学方法来体现，在提倡运用新产品的同时，也要发挥艺术的效果，评估工作不是简单地选用些优质产品，更是实现用光品质的价值导向。以往各馆采用普通电工管理照明工作，不利于实现各馆对照明质量的高水平要求，必将被时代所淘汰。因此，在进行标准设计时，注重培养和推荐专家与技术人员，在完善标准草案的设计过程中，借助专家与技术人员的组合，让他们在配合工作的同时磨炼水平，探索出一条科学的合作模式，在我国开展此项业务的人才储备上发挥作用。

分报告

我们整个研究计划实地调研预评估了42家单位，其中3家博物馆，39家美术馆，在庞大的调研数据基础上，我们详细撰写各馆评估报告34篇，本书优选了其中20篇报告，以全国重点美术馆和有社会影响力的一批美术馆为主，在征询馆方的意见和馆方领导的支持才得以公开发表，这些研究资料的整理也凝聚了大家的集体劳动。各分馆报告皆在我们带队专家的督导或亲自参与下撰写完成，体现着集体智慧和参与者的艰辛劳动，尤其是参与企业给予的大量人力与物力投入支持，对我们整个研究工作和后续标准制定起到保驾护航的作用，很多报告是经过我们课题组多次修改后的成果。这20篇分馆报告也体现了调研美术馆预评估工作的整体水平，所选的照明产品多为知名企业产品，光源的各项指标也反应较好，代表我国当前美术馆照明的最先进水准。在对光维护方面差异较小，能起标杆和引领行业的带头作用，当然也存在着诸多问题。这些问题也是社会普遍现象，对这些问题的梳理，也是研究计划推动行业发展的价值所在。

　　实地预评估工作的开展，我们皆采取2~3位专家来带队（主观评估由博物馆、美术馆专家作指导工作，客观物理数据的采集由照明专家担当），实地评估由企业技术人员和研究院所支持下共同合作完成，报告中很多数据的采集，内容已远远超出我们标准草案预设的范围，如全光谱（SPD）数据的采集、展品与背景对比度、眩光指标数据采集的方式方法、展品材质的反光度数据采集、色彩饱和度（Rg）、保真度、色域等数据采集、展品水平和垂直面照度与亮度比等内容，采集信息之庞大，数据涉及范围之广，具有很强地前瞻性和广泛地学术参考价值，这些报告的最后呈现，将会对我国今后的博物馆、美术馆照明研究工作产生深远的影响。

中国国家博物馆照明调研报告

调研对象：中国国家博物馆
调研内容：馆内照明情况
调研时间：2017 年 11 月 11 日
调研地点：北京市东城区东长安街 16 号 (天安门广场东侧)
指导专家：艾晶、蔡建奇、姜希锦
调研人员：郭宝安、陈坚锐、胡胜、余超
调研设备：群耀（UPRtek）MK350D 手持式分光光谱计、群耀（UPRtek）MF250N 手持式频闪计、世光（SEKONIC）L–758CINE 测光表、森威（SNDWAY）SW–M40 实用型测距仪等

一　概述

（一）博物馆简介

中国国家博物馆（图 1）位于北京市中心天安门广场东侧，东长安街南侧，与人民大会堂相对称布局，是在原中国历史博物馆和原中国革命博物馆的基础上组建而成。2003 年中国国家博物馆正式挂牌成立，现有展厅数量 48 个，最大的 3000m²，最小的近 1100m²。这里收藏的 140 万余件藏品，充分展现和见证了中华五千年文明的血脉绵延与灿烂辉煌。

馆内 48 个展厅展出的"古代中国"和"复兴之路"两个基本陈列以及青铜器、佛造像、钱币、瓷器、石刻、革命文物、现当代美术作品等十多个专题展览，使它成为能够全面系统完整展现中华优秀传统文化、革命文化和社会主义先进文化的国家级大型综合性博物馆。

图1　中国国家博物馆

（二）调研区域照明介绍

本次主要测试了两个陈列空间，一个是常设展厅（展览名称：领袖·人民），另一个是临时展厅（展览名称：最美中国人）和三个非陈列空间，即大堂序厅、过廊及纪念品商店，共五个部分。

专业展厅主要采用卤素灯作为展示照明，荧光灯作为辅助照明。

① 普遍采用卤素轨道灯作为重点照明。
② 线性洗墙荧光灯作为辅助照明。
公共空间主要采用金卤灯（大堂 150W，过道 75W）作为基础照明。
① 大堂高空采用嵌入式金卤灯（150W），顶面有天窗，可引入自然光。
② 过道采用嵌入式金卤灯（75W），作为基础照明。
③ 纪念品商店主要采用节能荧光筒灯做基础照明，货架区域用 LED 小射灯做重点照明。

二　调研区域分布

中国国家博物馆是世界上建筑面积最大的博物馆，总建筑面积近 20 万 m²，建筑高度 42.5m，地上五层，地下两层。馆内藏品丰富、类型多样、精彩绝伦，拥有大量国家一级文物，具有极高的历史价值、科学价值和艺术价值。

照明调研区域如图 2 所示。

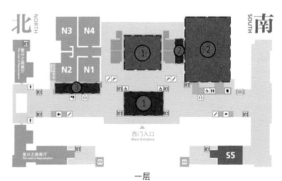

一层

调研区域：

■ 非陈列空间　　　■ 陈列空间

① 一层大堂序厅　　① 一层一号中央大厅
② 一层过廊　　　　② 一层南1-南4展厅
③ 一层纪念品商店

图2　调研区域分布示意图

三 调研数据解析

（一）非陈列空间照明调研

1. 大堂序厅照明

此次调研的大堂序厅为一层西大厅，正对西门入口和一层中央大厅 C1，其现场图片如图 3。

图3 大堂序厅

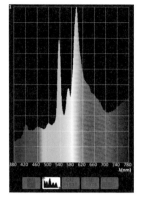 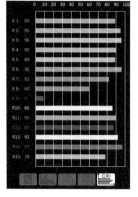

图5 大堂序厅光源光谱曲线　图6 大堂序厅光源显色指数

（1）照明情况

大堂序厅为挑高空间，天花为造型天花，顶面有天窗，引入自然光。空间采用嵌入式射灯（光源：150W 金卤灯；色温：3000K）作为基础照明。

（2）照明数据

在一层大堂序厅地面找一块 26.4m×26.4m 的区域采集照明数据，数据采集点的间距为 4.8m×4.8m，共取 36 个数据采集点，数据采集点分布如图 4。经现场调研测量，一层大堂序厅灯具与光源特性和光环境分布数据采集见表 1、2。

大堂序厅地面照射光源参数如图 5、6。

2. 过廊照明

此次调研的过廊位于 1 层中央大厅 C1 和 1 层南展厅 S1～S4 之间。

（1）照明情况

此处过廊采用嵌入式筒灯（光源：75W 金卤灯；色温：3000K），作为整个空间的基础照明。

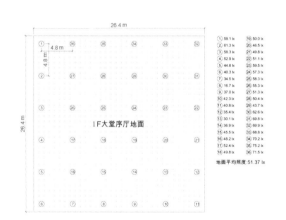

图4 大堂序厅地面数据采集点分布示意图

图7 过廊地面数据采集点分布示意图

表1 一层大堂序厅灯具与光源特性数据采集表

空间类型		灯具与光源特性						
		光源类型	显色指数			频闪 Pct Flicker	色容差 SDCM	色温 CCT
			R_a	R9	R_f			
大堂序厅	平面	自然光＋金卤灯	87.6	9	95.9	1%	3.1	3051K

表2 一层大堂序厅光环境分布数据采集表

空间类型		平均照度（lx）	照度空间分布（照度均匀度）
大堂序厅	平面	51.37	0.325

表3　一层过廊灯具与光源特性数据采集表

空间类型		灯具与光源特性					
		光源类型	显色指数			频闪 Pct Flicker	色容差 SDCM	色温 CCT
			R_a	R9	R_f			
过廊	平面	金卤灯	94.8	77	90.5	1.9%	16	3457K
	立面	金卤灯	94.8	80	89.7	3.2%	16	3364K

表4　一层过廊光环境分布数据采集表

空间类型		平均照度(lx)	照度空间分布（照度均匀度）
过廊	平面	44.7	0.67
	立面	26.5	0.65

（2）照明数据

在此处过廊地面找一块12m×5.6m的区域采集照明数据，数据采集点的间距为2.4m×1.6m，共取15个数据采集点，数据采集点分布如图7。经现场调研测量，一层过廊灯具与光源特性和光环境分布数据采集见表3、4。

在过廊的一个墙面找一块12m×1.5m的区域采集照明数据，数据采集点的间距为2.4m×0.5m，共取10个数据采集点，数据采集点分布如图8。

过廊地面照射光源参数如图9、10。

① 17.3 lx　② 31.6 lx　③ 39.4 lx　④ 28.4 lx　⑤ 22.3 lx
⑥ 18.3 lx　⑦ 30.9 lx　⑧ 35.2 lx　⑨ 22.9 lx　⑩ 18.4 lx

墙面平均照度:26.5 lx

图8　过廊墙面数据采集点分布示意图

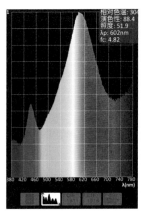

图9　过廊光源光谱曲线图

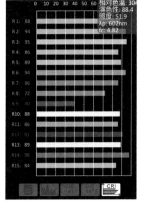

图10　过廊光源显色指数图

3. 纪念品商店

此次调研的纪念品商店位于一层西大厅的左前方，紧挨一层北展厅，其现场图片如图11。

图11　纪念品商店

（1）照明情况

纪念品商店采用嵌入式节能筒灯作为空间的基础照明，商品货架则采用3W的LED小射灯作重点照明，立面绘画作品采用直管荧光灯作重点照明。

（2）照明数据

纪念品商店地面照射光源参数，如图12、13所示。

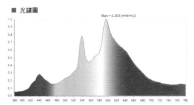
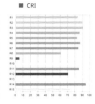

图12　商店地面光源光谱曲线图　　图13　商店地面光源显色指数图

纪念品商店墙面照明光源参数，如图14、15所示。

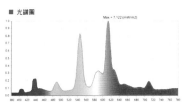
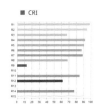

图14　商店墙面光源光谱曲线图　　图15　商店墙面光源显色指数图

表 5　一层商店灯具与光源特性数据采集表

空间类型		灯具与光源特性						
		光源类型	显色指数			频闪 Pct Flicker	色容差 SDCM	色温 CCT
			R_a	R9	R_f			
商店	平面	节能筒灯	83.2	5.1	82.6	0.93%	2.2	3028K
	立面	直管荧光灯	85.7	12.7	79.8	0.08%	9.3	2908K

表 6　一层商店光环境分布数据采集表

空间类型		平均照度 (lx)	照度空间分布（照度均匀度）
商店	平面	162	0.61
	立面	85.7	0.81

表 7　非陈列空间照明质量主观评分表

评分指标			一层大堂序厅		一层过廊		一层商店	
一级指标	二级指标	权重	得分均值	加权 ×10	得分均值	加权 ×10	得分均值	加权 ×10
光环境舒适度	展品光亮接受度	10%	7.6	7.6	6..8	6.8	6.8	6.8
	视觉适应性	10%	7.7	7.7	7.5	7.5	7.0	7.0
	视觉舒适性（主观）	10%	7.2	7.2	7.2	7.2	6.7	6.7
	心理愉悦感	10%	8.4	8.4	7.1	7.1	6.8	6.8
整体空间照明艺术表现	用光艺术的喜好度	40%	7.4	29.6	6.8	27.2	6.6	26.4
	感染力的喜好度	20%	7.5	15.0	6.8	13.6	6.8	13.6
总分合计		100%	75.5		69.4		67.3	

表 8　非陈列空间照明质量客观评分表

评分指标				一层大堂序厅		一层过廊		一层商店	
一级指标	二级指标		权重	数据	加权分值	数据	加权分值	数据	加权分值
灯具与光源性能	显色指数	R_a	15%	87.6	8.5	94.8	12	83.2	6.5
		R9		9		77		5.1	
		R_f		95.9		90.5		82.6	
	频闪控制（频闪百分比）		10%	1%	10	1.9%	8	0.93%	10
	眩光控制		15%	无不舒适眩光	15	无不舒适眩光	15	偶有不适眩光	12
	色容差（SDCM）		10%	3.1	6	16	0	2.2	7
光环境分布	照度水平空间分布（均匀度）		20%	0.325	8	0.67	14	0.61	14
	照度垂直空间分布（均匀度）		15%	无	15	0.65	10.5	0.81	15
	功率密度（序厅）（W/m²）		15%	6	15	无	15	无	15
总分合计			100%	77.5		74.5		79.5	

经现场调研测量，一层商店灯具与光源特性和光环境分布数据采集见表5、6。

4.非陈列空间照明数据总结

通过对调研数据的整理，非陈列空间照明质量的主观评分和客观评分见表7、8。

（二）陈列空间照明调研

1.基本陈列

一层中央大厅 C1："领袖·人民——馆藏现代经典美术作品展"。

此次调研的基本陈列位于一层的中央大厅C1，是国家博物馆的中心展厅。展厅内常设"领袖·人民——馆藏现代经典美术作品展",作品展示中国革命和建设事业的光辉历程、展现领袖与人民的血肉关系。

一层中央大厅 C1 为挑高空间,天花为造型天花,造型天花采用嵌入式射灯(光源:150W 金卤灯;色温:3000K)作为基础照明,靠墙的地方使用嵌入式条形洗墙灯(光源为荧光灯)作为重点照明。中央大厅现场图片如图 16。

(1)绘画作品 1:《四渡赤水出奇兵》

《四渡赤水出奇兵》是"领袖·人民——馆藏现代经典美术作品展"的艺术作品之一,画作种类为油画,作品尺寸为 300cm×800cm,是艺术家邵亚川于 2016 年创作(图 17)。绘画作品使用天花的嵌入式条形洗墙灯(光源为荧光灯)作为重点照明。在绘画作品内和附近区域采集

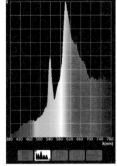

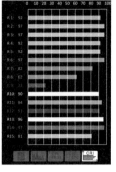

图19 绘画作品1 光源光谱曲线图　　图20 绘画作品1 光源显色指数图

表9　绘画作品1用光安全数据采集表

展品类型		用光安全			
		平均照度	年曝光时间	光谱分布图	指定距离内的被照表面温度
平面	柜外	82.2 lx	240024 lx·h/年	图 19	0℃

表10　绘画作品1灯具与光源特性数据采集表

展品类型		灯具与光源特性						
		光源类型	显色指数			频闪 Pct Flicker	色容差 SDCM	色温 CCT
			R_a	R9	R_f			
平面	柜外	荧光灯	89	22	90.3	0.26%	3.9	2578K

表11　绘画作品1光环境分布数据采集表

展品类型		展品亮度均匀度	展品照度均匀度	展品与背景亮度对比度	展品与背景照度对比度
平面	柜外	0.37	0.40	0.9	0.87

图16　中央大厅

图17　绘画作品1《四渡赤水出奇兵》

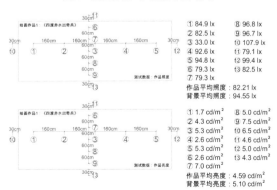

图18　绘画作品1数据采集点分布示意图

照明数据,数据采集点横向间距为 160cm,纵向间距为 60cm,背景数据采集点与作品的间距为 30cm,共取 13 个数据采集点,数据采集点分布如图 18。经现场调研测量,绘画作品1用光安全、灯具与光源特性和光环境分布数据采集见表 9～11。

绘画作品1照射光源参数如图 19、20。

(2)绘画作品 2:《十送红军》

图21　绘画作品2《十送红军》

《十送红军》是"领袖·人民——馆藏现代经典美术作品展"的艺术作品之一，画作种类为国画，作品尺寸为300cm×800cm，是艺术家吴宪生于2016年创作（图21）。绘画作品使用天花的嵌入式条形洗墙灯（光源为荧光灯）作为重点照明。

绘画作品2照射光源参数如图22、23。

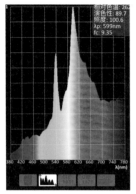 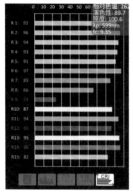

图22　绘画作品2光源光谱曲线图　　图23　绘画作品2光源显色指数图

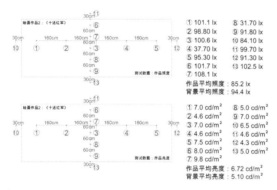

① 101.1 lx ⑧ 31.70 lx
② 98.80 lx ⑨ 91.80 lx
③ 100.6 lx ⑩ 84.10 lx
④ 37.70 lx ⑪ 99.70 lx
⑤ 95.30 lx ⑫ 91.30 lx
⑥ 101.7 lx ⑬ 102.5 lx
⑦ 108.1 lx
作品平均照度：85.2 lx
背景平均照度：94.4 lx

① 7.0 cd/m² ⑧ 5.0 cd/m²
② 4.6 cd/m² ⑨ 7.0 cd/m²
③ 7.0 cd/m² ⑩ 6.5 cd/m²
④ 4.6 cd/m² ⑪ 4.6 cd/m²
⑤ 7.5 cd/m² ⑫ 4.3 cd/m²
⑥ 8.0 cd/m² ⑬ 5.0 cd/m²
⑦ 9.8 cd/m²
作品平均亮度：6.72 cd/m²
背景平均亮度：5.10 cd/m²

图24　绘画作品2数据采集点分布示意图

表12　绘画作品2用光安全数据采集表

展品类型		用光安全			
		平均照度	年曝光时间	光谱分布图	指定距离内的被照表面温度
平面	柜外	85.2 lx	248784 lx·h/年	图22	0℃

表13　绘画作品2灯具与光源特性数据采集表

展品类型		灯具与光源特性					
		光源类型	显色指数			频闪Pct Flicker	色容差SDCM	色温CCT
			R_a	R9	R_f			
平面	柜外	荧光灯	89.7	24	92.6	0.49%	3.2	2629K

表14　绘画作品2光环境分布数据采集表

展品类型		展品亮度均匀度	展品照度均匀度	展品与背景亮度对比度	展品与背景照度对比度
平面	柜外	0.64	0.37	1.32	0.9

在绘画作品内和附近区域采集照明数据，数据采集点横向间距为160cm，纵向间距为60cm，背景数据采集点与作品的间距为30cm，共取13个数据采集点，数据采集点分布如图24。绘画作品2用光安全、灯具与光源特性和光环境分布数据采集见表12～14。

（3）雕塑作品1：《刘胡兰》

《刘胡兰》是"领袖·人民——馆藏现代经典美术作品展"的艺术作品之一，作品尺寸为112cm×38cm×30cm，是艺术家王朝闻于1951年创作（图25）。雕塑作品没有特定的重点照明，依靠天花的嵌入式射灯（光源：150W

图25　雕塑作品1《刘胡兰》

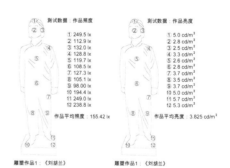

测试数据：作品照度
1 249.5 lx
2 112.9 lx
3 132.0 lx
4 128.8 lx
5 119.7 lx
6 108.5 lx
7 127.3 lx
8 98.00 lx
9 194.4 lx
10 249.0 lx
11 249.0 lx
12 238.8 lx
作品平均照度：155.42 lx

测试数据：作品亮度
1 5.0 cd/m²
2 2.8 cd/m²
3 2.5 cd/m²
4 4.3 cd/m²
5 2.6 cd/m²
6 2.8 cd/m²
7 3.7 cd/m²
8 3.3 cd/m²
9 3.7 cd/m²
10 5.0 cd/m²
11 5.7 cd/m²
12 5.3 cd/m²
作品平均亮度：3.825 cd/m²

雕塑作品1：《刘胡兰》　　雕塑作品1：《刘胡兰》

图26　雕塑作品1数据采集点分布示意图

雕塑作品1照射光源参数如图27、28。

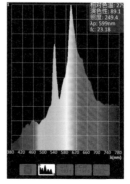 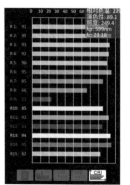

图27　雕塑作品1光源光谱曲线图　　图28　雕塑作品1光源显色指数图

表15 雕塑作品1用光安全数据采集表

展品类型		用光安全			
		平均照度	年曝光时间	光谱分布图	指定距离内的被照表面温度
立体	裸展	155.4 lx	453768 lx·h/年	图27	0℃

表16 雕塑作品1灯具与光源特性数据采集表

展品类型	灯具与光源特性						
	光源类型	显色指数			频闪 Pct Flicker	色容差 SDCM	色温 CCT
		R_a	R9	R_f			
立体	裸展	金卤灯	89	23	90.2	0.58%	6.5	2797K

表17 雕塑作品1光环境分布数据采集表

展品类型		展品亮度均匀度	展品照度均匀度
立体	裸展	0.66	0.63

金卤灯；色温：3000K）作为基础照明。对雕塑作品1进行照明数据采集，数据采集点根据雕塑作品轮廓决定，共取12个数据采集点，数据采集点分布如图26。雕塑作品1用光安全、灯具与光源特性和光环境分布数据采集见表15～17。

2. 临时展览

此次调研的临时展是"最美中国人——庆祝中国共产党第十九次全国代表大会胜利召开大型美术作品展"在一层的南1至南4厅，位于一层中央大厅的右边。展厅内正在展出"最美中国人——庆祝中国共产党第十九次全国代表大会胜利召开大型美术作品展"，展览用艺术的形式呈现出英雄人物的感人事迹和崇高精神。

（1）绘画作品3：《工人》

《工人》是"最美中国人——庆祝中国共产党第十九次全国代表大会胜利召开大型美术作品展"的艺术作品之一，画作种类为油画，作品尺寸为40cm×60cm（图29）。绘画作品使用天花的轨道射灯（光源：卤素灯）作

图29 绘画作品3《工人》

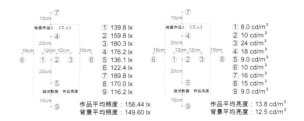

作品平均照度：158.44 lx
背景平均照度：149.60 lx

作品平均亮度：13.8 cd/m²
背景平均亮度：12.5 cd/m²

图30 绘画作品3数据采集点分布示意图

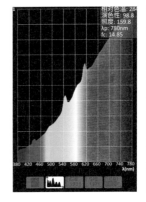 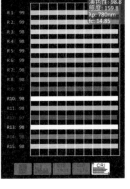

图31 绘画作品3
光源光谱曲线图

图32 绘画作品3
光源显色指数图

表18 绘画作品3用光安全数据采集表

展品类型		用光安全			
		平均照度	年曝光时间	光谱分布图	指定距离内的被照表面温度
平面	柜外	158.4 lx	462528 lx·h/年	图31	0℃

表19 绘画作品3灯具与光源特性数据采集表

展品类型	灯具与光源特性						
	光源类型	显色指数			频闪 Pct Flicker	色容差 SDCM	色温 CCT
		R_a	R9	R_f			
平面	柜外	卤素灯	98.8	97	95.8	1.49%	1.0	2847K

表20 绘画作品3光环境分布数据采集表

展品类型		展品亮度均匀度	展品照度均匀度	展品与背景亮度对比度	展品与背景照度对比度
平面	柜外	0.58	0.86	1.10	1.05

为重点照明。在绘画作品内和附近区域采集照明数据，数据采集点横向间距为12cm，纵向间距为20cm，背景数据采集点与作品的间距为10cm，共取9个数据采集点，数据采集点分布如图30。绘画作品3用光安全、灯具与光源特性和光环境分布采集数据见表18～20。

绘画作品3照射光源参数如图31、32。

（2）绘画作品4：《军人》

《军人》是"最美中国人——庆祝中国共产党第十九次全国代表大会胜利召开大型美术作品展"的艺术作品之一，画作种类为素描，作品尺寸为40cm×40cm（图33）。绘画作品使用天花的轨道射灯（光源：卤素灯）作为重点照明。在绘画作品内和附近区域采集照明数据，

图33　绘画作品4《军人》

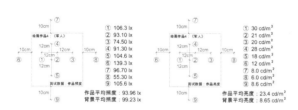

图34　绘画作品4数据采集点分布示意图

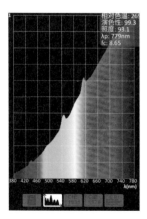

图35　绘画作品4
光源光谱曲线图

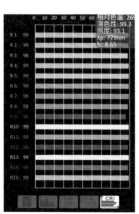

图36　绘画作品4
光源显色指数图

表21　绘画作品4用光安全数据采集表

展品类型		用光安全			
		平均照度	年曝光时间	光谱分布图	指定距离内的被照表面温升
平面	柜外	94 lx	274480 lx·h/年	图35	0℃

表22　绘画作品4灯具与光源特性数据采集表

展品类型		灯具与光源特性					
		显色指数			频闪 Pct Flicker	色容差 SDCM	色温 CCT
		光源类型	R_a	R9	R_f			
平面	柜外	卤素灯	99.3	96	96.7	1.50%	1.5	2695K

表23　绘画作品4光环境分布数据采集表

展品类型		展品亮度均匀度	展品照度均匀度	展品与背景亮度对比度	展品与背景照度对比度
平面	柜外	0.77	0.78	2.70	0.94

数据采集点横向间距为12cm，纵向间距为12cm，背景数据采集点与作品的间距为10cm，共取9个数据采集点，数据采集点分布如图34。绘画作品4用光安全、灯具与光源特性和光环境分布数据采集见表21～23。

绘画作品4照射光源参数如图35、36。

（3）绘画作品5：《妇女》

《妇女》是"最美中国人——庆祝中国共产党第十九次全国代表大会胜利召开大型美术作品展"的艺术作品之一，画作种类为油画，作品尺寸为40cm×60cm（图37）。绘画作品使用天花的轨道射灯（光源：卤素灯）作

图37　绘画作品5《妇女》

绘画作品5 《妇女》
① 111.2 lx
② 158.9 lx
④ 190.6 lx
④ 173.3 lx
⑤ 102.3 lx
⑥ 99.40 lx
⑦ 91.80 lx
⑧ 166.5 lx
⑨ 91.80 lx
测试数据：作品照度

绘画作品5 《妇女》
① 6.5 cd/m²
② 11 cd/m²
④ 3.7 cd/m²
④ 5.0 cd/m²
⑤ 5.7 cd/m²
⑥ 9.0 cd/m²
⑦ 14 cd/m²
⑧ 15 cd/m²
⑨ 8.0 cd/m²
测试数据：作品亮度

作品平均照度：147.46 lx
背景平均照度：112.38 lx

作品平均亮度：6.38 cd/m²
背景平均亮度：11.5 cd/m²

图38　绘画作品5数据采集点分布示意图

表 24　绘画作品 5 用光安全数据采集表

展品类型	用光安全			
	平均照度	年曝光时间	光谱分布图	指定距离内的被照表面温升
平面　柜外	147.5 lx	430700 lx·h/ 年	图 39	0℃

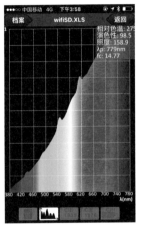

图39　绘画作品5
光源光谱曲线图

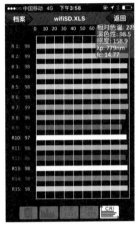

图40　绘画作品5
光源显色指数图

表 25　绘画作品 5 灯具与光源特性数据采集表

展品类型	灯具与光源特性					
	显色指数			频闪 Pct Flicker	色容差 SDCM	色温 CCT
	光源类型	R_a	R9	R_t			
平面　柜外	卤素灯	98.5	92	95.2	3.10%	1.0	2753K

表 26　绘画作品 5 光环境分布数据采集表

展品类型	展品亮度均匀度	展品照度均匀度	展品与背景亮度对比度	展品与背景照度对比度
平面　柜外	0.58	0.69	0.55	0.76

光源特性和光环境分布数据采集见表 24 ～ 26。

绘画作品 5 照射光源参数如图 39、40。

3. 陈列空间照明数据总结

通过对调研数据的整理，陈列空间照明质量的主观和客观评分见表 27 ～ 29。

（1）陈列空间照明质量主观评分

为重点照明。在绘画作品内和附近区域采集照明数据，数据采集点横向间距为 12cm，纵向间距为 20cm，背景数据采集点与作品的间距为 10cm，共取 9 个数据采集点，数据采集点分布如图 38。绘画作品 5 用光安全、灯具与

表 27　陈列空间照明质量主观评分表

评分指标			基本陈列		临时展览	
一级指标	二级指标	权重	得分均值	加权 ×10	得分均值	加权 ×10
展品色彩表现	展品色彩真实感程度	20%	8.2	16.4	8.2	16.4
	光源色喜好程度	5%	8.1	4.1	8.0	4.0
展品细节清晰度	展品细节表现力	10%	7.7	7.7	7.8	7.8
	立体感表现力	5%	8.1	4.1	8.0	4.0
	展品纹理清晰度	5%	7.9	4.0	8.0	4.0
	展品外轮廓清晰度	5%	8.5	4.3	8.1	4.1
光环境舒适度	展品光亮接收度	5%	7.9	4.0	8.2	4.1
	视觉适应性	5%	8.2	4.1	8.1	4.1
	视觉舒适度（主观）	5%	8.3	4.2	7.3	3.7
	心理愉悦感	5%	8.0	4.0	8.4	4.2
整体空间照明艺术表现	用光艺术的喜好程度	20%	7.5	15.0	8.4	16.8
	感染力的喜好度	10%	7.5	7.8	8.7	8.7
总分合计		100%	79.7		81.9	

（2）陈列空间照明质量客观评分

表 28　陈列空间（基本陈列）照明质量客观评分表

评分指标			一层中央大厅					
			绘画作品 1		绘画作品 2		雕塑作品 1	
一级指标	二级指标	权重	数据	加权分值	数据	加权分值	数据	加权分值
用光的安全	照度（lx）	15%	82.2	15	85.2	15	155.4	15
	年曝光量（lx*h/ 年）		240024		248784		453768	
	光源光谱分布 SPD 紫外（mW/m²）	10%	极低	10	极低	10	极低	10
	蓝光（mW/m²）		极低		极低		极低	
	展品表面温升（红外）	10%	0℃	10	0℃	10	0℃	10
	眩光控制	5%	无不舒适眩光	5	无不舒适眩光	5	无不舒适眩光	5
灯具与光源性能	显色指数 R_a	12%	89	6.8	89.7	6.8	89	6.8
	R9		22		24		23	
	R_f		90.3		92.6		90.2	
	频闪控制（频闪百分比）	9%	0.26%	9	0.49%	9	0.58%	9
	色容差（SDCM）	9%	3.9	5.4	3.2	5.4	6.5	2.7
光环境分布	照度水平空间分布	0%	无	无	无	无	无	无
	照度垂直空间分布	20%	0.4	10	0.37	8	0.63	14
	亮度对比度	10%	0.9	3	1.32	8	无	无
总分合计		100%	74.2		77.2		72.5	

表 29　陈列空间（临时展览）照明质量客观评分表

评分指标			一层南展厅					
			绘画作品 3		绘画作品 4		绘画作品 5	
一级指标	二级指标	权重	数据	加权分值	数据	加权分值	数据	加权分值
用光的安全	照度（lx）	15%	158.4	12	94	15	147.5	12
	年曝光量（lx*h/ 年）		462528		274480		430700	
	光源光谱分布 SPD 紫外（mW/m²）	10%	极低	10	极低	10	极低	10
	蓝光（mW/m²）		极低		极低		极低	
	展品表面温升（红外）	10%	0℃	10	0℃	10	0℃	10
	眩光控制	5%	偶有不适眩光	4	偶有不适眩光	4	偶有不适眩光	4
灯具与光源性能	显色指数 R_a	12%	98.8	12	99.3	12	98.5	12
	R9		97		96		92	
	R_f		95.8		96.7		95.2	
	频闪控制（频闪百分比）	9%	1.49%	7.2	1.5%	7.2	3.1%	7.2
	色容差（SDCM）	9%	1.0	7.2	1.5	7.2	1.0	7.2
光环境分布	照度水平空间分布	0%	无	无	无	无	无	无
	照度垂直空间分布	20%	0.86	20	0.78	16	0.69	14
	亮度对比度	10%	1.1	8	2.7	10	0.55	3
总分合计		100%	90.4		91.4		79.4	

四　美术馆总体照明总结

通过对中国国家博物馆部分区域的调研分析、访谈记录、问卷调查等调研方式，最终得出本报告以及相应的分数统计。最终的统计结果如下（见表 30 ～ 32）。

（一）主观照明质量评估分数总结

主观总体评分等级：良好

表 30　美术馆主观照明质量评分表

主观评估	陈列空间		非陈列空间		
	基本陈列	临时展览	大堂序厅	过廊	商店
得分	79.7	81.9	75.5	69.4	67.3
权重	40%	20%	20%	10%	10%
加权得分	31.9	16.4	15.1	6.9	6.7

（二）客观照明质量评估分数总结

客观总体评分等级：良好

表 31　美术馆客观照明质量评分表

客观评估	陈列空间		非陈列空间		
	基本陈列	临时展览	大堂序厅	过廊	商店
得分	74.6	87.1	77.5	74.5	79.5
权重	30%	30%	20%	10%	10%
加权得分	22.4	26.1	15.5	7.5	8

（三）"对光维护"运营评估分数总结

运营总体评分等级：良好

表 32　美术馆对光维护运营评分表

评分项目	测试要点	统计分值
专业人员管理	能够负责馆内布展调光和灯光调整改造工作	5
	能够与照明顾问、外聘技术人员、专业照明公司进行照明沟通与协作	5
	配置专业人员负责照明管理工作	5
	有照明设备的登记和管理机制，并能很好地贯彻执行	5
	有照明设计的基础，能独立开展这项工作，能为展览或照明公司提供相应的技术支持	0
定期检查与维护	定期清洁灯具、及时更换损坏光源	10
	有照明设备的登记和管理机制，并严格按照规章制度履行义务	10
	定期测量照射展品的光源的照度与光衰问题，测试紫外线含量、热辐射变化，以及核算年曝光量并建立档案	0
	制定照明维护计划，分类做好维护记录	10
维护资金	可以根据实际需求，能及时到位地获得设备维护费用的评分项目	0
	有规划地制定照明维护计划，开展各项维护和更换设备的业务	20

通过现场数据测量和后期数据分析，馆内整体光环境优良舒适，符合当代艺术展览的整体氛围和风格。本次调研区域使用的灯具基本采用传统光源，是知名品牌的产品，具有优越的性能。现场测量的灯具性能稳定，具有良好的显色性，部分展厅灯具的 R_a、R9、R_f 甚至大于 95，能更真实地还原作品的色彩，凸显作品的艺术价值。

中国美术馆照明调研报告

调研对象：中国美术馆
调研时间：2017 年 9 月 11 日
指导专家：张昕
调研人员：赵晓波、周轩宇、王丹、牛本田、宋柏宜、陶龙军、张星、韩露露、余辉、俞文峰
调研设备：远方 SFIM-300 闪烁光谱照度计、三恩施 NR10QC 通用色差计、博世 GLM7000 激光测距仪、希玛
AS872 高温红外测温仪等

一 概述

（一）美术馆建筑概述

中国美术馆是以收藏、研究、展示中国近现代至当代艺术家作品为重点的国家造型艺术博物馆，1958 年开始兴建，1963 年由毛泽东主席题写"中国美术馆"匾额并正式开放，是新中国成立以后的国家文化标志性建筑。主体大楼为仿古阁楼式，黄色琉璃瓦大屋顶，四周廊榭围绕，具有鲜明的民族建筑风格（图 1）。主楼建筑面积 18000 多 m²，一至六层楼共有 21 个展览厅，展览总面积 6660m²；建筑周围有 3000m² 的展示雕塑园；1995 年新建现代化藏品库，面积 4100m²。

图1　中国美术馆

（二）照明概况

"首届全国雕塑艺术大展"于 2017 年 9 月 6 日至 9 月 17 日，在中国美术馆（以下简称美术馆）全部展厅及户外空间展出。

照明场景分为两大类：展览照明及工作照明。

美术馆照明控制方式：各个展厅独立控制，手动开关。

光源应用：展览照明皆使用传统卤素光源，荧光灯辅之。

①大堂中央采用发光顶棚（展览期间一般会关闭，主要用于布展和清扫，偶尔也会调低亮度作为辅助照明使用）；

②线性洗墙照明（作为展览照明的基础光）；

③普遍采用轨道照明系统；

④部分天花灯槽间接照明（用于营造柔和氛围及强调空间感）。

二 调研数据剖析

（一）非陈列空间调研（图 2）

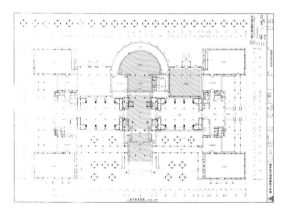

图2　中国美术馆平面图

现场数据采集区域包括以下几处。

1. 大堂照明

照明情况：筒灯（光源：紧凑型荧光灯，色温：3000K 暖白光），为大堂空间提供基础照明（图 3），天花画框样式吊灯使用间接照明（光源：T5 荧光灯，色温：4000K 自然白光），轨道射灯（光源：金属卤化物灯，色温：3000K 暖白光）用于照射来照展板等需要强调的对象，其照明数据采集位置示意图如图 4 所示。

反射率取 8 ～ 10 个点的平均值，大堂均匀度和光色测试使用中心布点法取点 3×5，取平均值（见表 1 ～ 3）。

图3 美术馆大堂

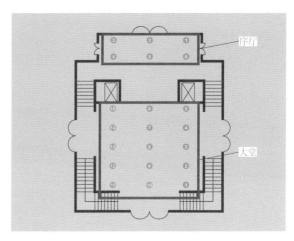

图4 美术馆大堂和序厅照明数据采集位置示意图

大堂光谱曲线如图5，14号取样点闪烁测量曲线和分析图如图6、7。

表1 大堂反射率情况

编号	1	2	3	4	5	6	7	8	9	10	平均值
地面反射率	65.4	67.42	70.76	53.74	69.88	75.42	70.33	67.49	70.55	70.82	68.18
地毯反射率	20.15	20.14	20.09	20.86	19.41	19.93	19.58	20.33	19.68	19.42	19.96
墙面反射率	66.06	64.88	69.94	71.36	72.51	67.44	63.37	70.63	67.19	66.24	67.96

表2 大堂照明数据

取样编号	光照度(lx)	SDCM	CIE x	CIE y	CIE u'	CIE v'	色温(K)	R_f	R_g	R_a	R9
1	34.14	0.8	0.4575	0.411	0.2608	0.5272	2737	82	103	88.8	32
2	62.44	6.6	0.4277	0.3986	0.247	0.5178	3116	87	102	91.8	59
3	75.63	6.0	0.4291	0.3997	0.2473	0.5185	3101	89	101	92.8	60
4	65.14	2.9	0.435	0.4025	0.25	0.5205	3019	87	99	89.2	37
5	59.96	1.6	0.4389	0.405	0.2514	0.5221	2975	82	95	82.3	4
6	64.54	2.9	0.435	0.4021	0.2501	0.5203	3018	84	96	84.8	14
7	89.17	6.7	0.4281	0.4004	0.2464	0.5186	3125	88	101	92.4	59
8	91.86	7.4	0.4258	0.3966	0.2465	0.5167	3136	88	103	92.7	66
9	73.32	6.1	0.4218	0.3949	0.2447	0.5155	3195	88	103	92.4	63
10	69.29	7.6	0.3862	0.3714	0.2311	0.5	3803	92	102	94.3	74
11	32.7	4.7	0.4494	0.4088	0.2565	0.5251	2839	84	102	90.2	41
12	64.1	3.2	0.4353	0.4038	0.2496	0.521	3026	87	102	91.4	57
13	64.64	3.1	0.4351	0.4032	0.2497	0.5208	3024	87	102	91.4	57
14	64.21	3.2	0.4353	0.404	0.2496	0.5211	3026	87	101	91.2	50
15	53.95	3.7	0.4333	0.4014	0.2494	0.5198	3040	87	99	89	35
平均值	64.3	4.4	0.4	0.4	0.2	0.5	3078.7	86.6	100.7	90.3	47.2
照度均匀度	0.5086		最小值照度	32.7		最大值照度		91.86			

表3　大堂闪烁测试数据

取样编号	光照度 (lx)	最大照度 (lx)	最小照度 (lx)	闪烁百分比 (%)	闪烁指数	频率 (Hz)	峰值 AD Ip
1	34.27	41.07	26.72	21.16	0.0004	200.1	2441
2	62.62	68.57	54.98	11	0.0002	420.7	4076
3	75.75	81.55	68.23	8.89	0.0002	401.3	4848
4	65.49	72.67	58.9	10.47	0.0002	200.9	4320
5	59.77	68.64	47.44	18.26	0.0004	197.3	4080
6	65.46	73.9	53.33	16.17	0.0003	149.1	4393
7	89.35	95.48	81.45	7.93	0.0002	181.2	5676
8	91.85	98.78	82.49	8.98	0.0002	224.7	5872
9	73.56	79.42	64.77	10.16	0.0002	303	4721
10	69.18	75.5	63.79	8.4	0.0002	262.7	4488
11	33.63	40.25	26.99	19.71	0.0003	312.1	2392
12	64.07	70.2	55.32	11.86	0.0002	270.8	4173
13	64.98	71.5	56.43	11.78	0.0002	217.3	4250
14	64.17	70.13	56.85	10.46	0.0002	327.7	4169
15	53.8	60.33	47.78	11.61	0.0002	291.2	3586

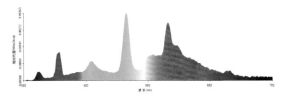

图5　大堂光谱曲线

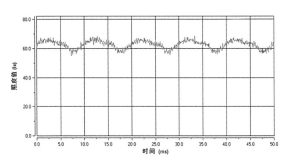

图6　大堂14号样点闪烁曲线

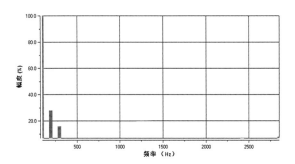

图7　大堂14号样点闪烁分析图

2. 序厅照明

照明情况：筒灯（光源：紧凑型荧光灯，色温：3000K 暖白光），为序厅空间提供基础照明（图 8）。

反射率取 4 个点的平均值，大堂均匀度和光色测试使用中心布点法取点 2×3，取平均值。

图8　美术馆序厅

所取的相关数据见表 4～6，图 9～12。

表 4　序厅反射率测试数据

编号	1	2	3	4	5	6	反射率均值
地面反射率	70.79	53.94	69.97	70.52	70.75	67.79	67.29
地毯反射率	20.29	20.76	19.8	19.73	19.68	20.13	20.07
墙面反射率	69.85	71.56	72.41	72.15	67.64	63.47	69.51

表 5　序厅照明数据

编号	E(lx)	SDCM	CIE x	CIE y	CIE u'	CIE v'	色温(K)	R_f	R_g	R_a	R9
1	67.19	2.9	0.435	0.4025	0.25	0.5205	3019	87	99	89.2	37
2	59.89	1.6	0.4389	0.405	0.2514	0.5221	2975	82	95	82.3	4
3	64.68	2.9	0.435	0.4021	0.2501	0.5203	3018	84	96	84.8	14
4	89.36	6.7	0.4281	0.4004	0.2464	0.5186	3125	88	101	92.4	59
5	64.33	3.2	0.4353	0.404	0.2496	0.5211	3026	87	101	91.2	50
6	53.98	3.7	0.4333	0.4014	0.2494	0.5198	3040	87	99	89	35
平均值	66.57	3.5	0.4343	0.4026	0.2495	0.5204	3034	86	99	88.2	33
照度均匀度	0.8109		最小照度值		53.98		最大照度值		89.36		

表 6　序厅闪烁测试数据

取样编号	光照度(lx)	最大照度(lx)	最小照度(lx)	闪烁百分比(%)	闪烁指数	频率(Hz)	峰值 AD Ip
1	65.58	72.07	58.7	10.47	0.0002	200.9	4320
2	60.79	68.54	47.30	18.26	0.0004	197.3	4080
3	68.47	73.49	53.30	16.17	0.0003	149.1	4393
4	89.55	95.47	81.78	7.93	0.0002	181.2	5676
5	64.45	70.17	56.89	10.46	0.0002	327.7	4169
6	53.08	60.38	47.98	11.61	0.0002	291.2	3586

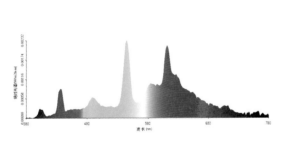

图9　序厅相对光谱曲线

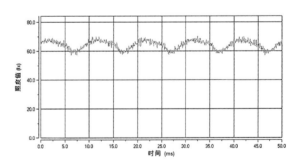

图11　序厅5号样点闪烁曲线

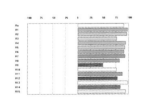

图10　序厅显色指数数据

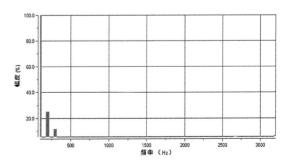

图12　序厅5号样点闪烁分析图

3.九号厅过廊照明

照明情况：筒灯（光源：紧凑型荧光灯，色温：3000K 暖白光），为过廊提供基础照明（图13、14）。

过廊均匀度和光色测试使用中心布点法取点 2×10，取平均值。

取得的相关测试数据见表 7、8，如图 15～18。

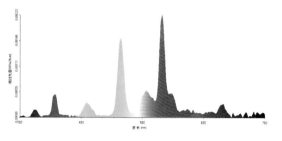

图15　过廊基础照明相对光谱曲线

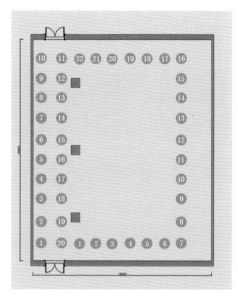

图13　九号展厅和厅过廊照明数据采集位置示意图

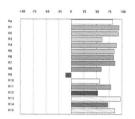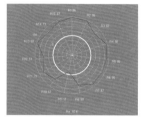

图16　过廊基础照明显色指数数据

图14　九号厅过廊

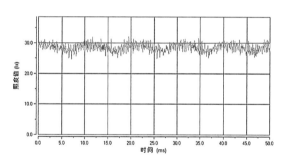

图17　九号厅过廊8号样点闪烁曲线

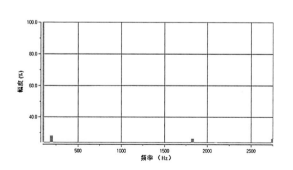

图18　九号厅过廊8号样点闪烁分析图

表7　九号厅过廊照明数据

取样编号	光照度 (lx)	SDCM	CIE x	CIE y	CIE u'	CIE v'	相关色温 (K)	R_f	R_g	R_a	R9
1	18.41	5.4	0.4687	0.4145	0.2664	0.5302	2611	73	101	82.3	−13
2	18.5	3.6	0.4652	0.4131	0.2648	0.5291	2646	76	101	84.2	−3
3	24.05	2.1	0.4653	0.4184	0.2625	0.5311	2685	76	101	83.8	−1
4	24.5	5.4	0.4694	0.4166	0.266	0.531	2617	74	102	83.6	−4
5	24.36	3.9	0.4659	0.4137	0.265	0.5294	2642	76	102	84.7	3
6	23.45	1.9	0.4626	0.4155	0.262	0.5296	2700	77	102	85.5	9
7	25.43	5.2	0.4693	0.4169	0.2657	0.5311	2622	78	101	84.9	5
8	29.66	1.5	0.4564	0.4113	0.2599	0.5271	2755	81	102	87	19
9	28.53	1.1	0.457	0.41	0.2609	0.5267	2736	82	102	87.4	20
10	14.98	4.4	0.4659	0.412	0.2658	0.5288	2628	75	102	84.4	0
11	21.88	2.2	0.4632	0.4137	0.2632	0.529	2678	74	102	83.4	0
12	25.22	5.1	0.4679	0.4141	0.2661	0.5299	2618	77	101	84.5	1
13	36.88	3.2	0.4645	0.413	0.2644	0.529	2655	84	101	89.6	34
14	26.61	4.9	0.4676	0.4138	0.266	0.5297	2620	79	102	86.7	15
15	29.01	4.2	0.4658	0.4122	0.2656	0.5288	2631	82	102	88.7	26
16	24.86	5.6	0.4694	0.416	0.2663	0.5308	2612	77	102	84.8	2
17	26.77	5.2	0.4685	0.4153	0.2659	0.5304	2620	77	102	85.2	4
18	24.35	6.5	0.471	0.4163	0.2671	0.5312	2594	77	101	85.7	4
19	17.9	6.3	0.4712	0.4175	0.2667	0.5316	2600	76	100	84	1
20	33.93	1.8	0.4651	0.4188	0.2622	0.5312	2692	75	100	82.6	−11
平均值	24.964	4.0	0.4660	0.4146	0.2646	0.5298	2648.1	77.3	101.5	85.2	6

均匀度	0.6001	最小照度值	14.98	最大照度值	36.88

表8　九号厅过廊闪烁测试数据

取样编号	光照度 (lx)	最大照度 (lx)	最小照度 (lx)	闪烁百分比 (%)	闪烁指数	频率 (Hz)	峰值 AD Ip
1	53.8	60.33	47.78	11.61	0.0002	291.2	3586
2	18.35	21.71	14.28	20.66	0.0003	1223.9	1290
3	24.32	28	20.06	16.52	0.0002	1105.9	1664
4	24.54	28.54	20.6	16.15	0.0002	1117.8	1696
5	24.26	28.67	19.47	19.11	0.0002	903.6	1704
6	23.43	27.73	19.05	18.55	0.0002	1163.7	1648
7	25.47	28.98	21.58	14.64	0.0002	927.4	1722
8	29.96	34.26	25.92	13.86	0.0002	1225.2	2036
9	28.52	32.11	24.54	13.36	0.0002	1462.3	1908
10	15.07	19.69	11.05	28.12	0.0003	1529.4	1170
11	21.88	25.98	18.25	17.49	0.0002	1738.1	1544
12	26.23	30.02	21.07	17.51	0.0002	1346.4	1784
13	36.07	40.04	32.04	11.11	0.0001	1121.5	2380
14	26.66	30.56	22.79	14.57	0.0002	1102.2	1816
15	28.93	32.71	24.91	13.54	0.0002	1236.4	1944
16	25.06	30.1	20.38	19.26	0.0002	1046.5	1789
17	26.77	31.7	21.32	19.57	0.0002	1089.1	1884

取样编号	光照度 (lx)	最大照度 (lx)	最小照度 (lx)	闪烁百分比 (%)	闪烁指数	频率 (Hz)	峰值 AD Ip
18	25.28	28.84	19.52	19.26	0.0002	1153.8	1714
19	17.97	21.61	14.06	21.17	0.0003	1381.3	1284
20	34	37.35	30.63	9.9	0.0001	2165.2	2220

（二）陈列空间调研

1. 九号展厅照明

照明情况：长条灯（光源：长条荧光灯、色温：3000K 暖白光），为展厅空间提供基础照明光，反射率取 8 ~ 10 个点的平均值，大堂均匀度和光色测试使用中心布点法取点 3×5，取平均值。

所取相关测试数据见表 9 ~ 11，如图 19 ~ 22。

表 9　九号展厅反射率和面积测试

长、宽、高（m）	W	16.47	L	19.89	H	4.89	面积（㎡）		327.59		反射率平均值
地面反射率	65.4	67.42	70.76	53.74	69.88	75.42	70.33	67.49	70.55	70.82	68.18
地毯反射率	20.15	20.14	20.09	20.86	19.41	19.93	19.58	20.33	19.68	19.42	19.96
墙面反射率	66.06	64.88	69.94	71.36	72.51	67.44	63.37	70.63	67.19	66.24	67.96

表 10　九号展厅基础照明数据

取样编号	光照度 (lx)	SDCM	CIE x	CIE y	CIE u'	CIE v'	色温(K)	R_f	R_g	R_a	R9
1	48.68	4.6	0.4694	0.4187	0.265	0.5318	2633	77	100	84.1	−8
2	67.58	4.4	0.4696	0.4201	0.2645	0.5324	2641	79	100	85.3	−1
3	72.82	5.4	0.4714	0.4206	0.2654	0.5328	2621	79	100	85.5	−2
4	68.41	6.7	0.4738	0.4219	0.2663	0.5337	2601	79	100	85.4	−4
5	60.83	7.5	0.4745	0.4205	0.2675	0.5333	2581	78	101	85.7	−2
6	64.78	6.7	0.4739	0.422	0.2664	0.5337	2600	78	100	85.4	−4
7	61.71	8.2	0.476	0.4215	0.2679	0.5338	2570	77	101	85.2	−6
8	46.56	10.5	0.478	0.4181	0.2708	0.5329	2520	79	102	86.5	0
9	49.82	9	0.4759	0.4185	0.2692	0.5327	2550	83	101	88.8	17
10	55.99	8	0.4734	0.4159	0.2688	0.5314	2562	85	101	89.9	27
11	59.61	8.3	0.4739	0.4166	0.2689	0.5317	2559	86	101	90.7	32
12	80.32	6.8	0.4712	0.4155	0.2676	0.5309	2586	90	101	93.2	51
13	68.95	6.3	0.4713	0.4174	0.2668	0.5316	2600	89	100	92	40
14	58.52	8.4	0.474	0.4163	0.2691	0.5316	2556	85	101	90.5	28
15	61.93	8.3	0.4739	0.4162	0.269	0.5316	2557	85	101	90.1	26
16	74.85	5	0.4682	0.4153	0.2658	0.5304	2623	83	101	89.1	21
17	83.17	4.2	0.4686	0.4183	0.2646	0.5316	2641	85	100	89.6	26
18	61.63	6.9	0.4715	0.4158	0.2676	0.5311	2585	85	101	90.2	27
19	54.56	6.8	0.4715	0.4164	0.2674	0.5313	2589	84	101	89.4	23
20	52.55	6.7	0.4712	0.4162	0.2673	0.5312	2591	83	101	89.2	23
21	45.44	7	0.472	0.4168	0.2675	0.5315	2586	83	101	89	21
22	34.48	7.4	0.4724	0.4163	0.268	0.5314	2576	81	102	87.9	14
平均	60.60	7.0	0.4725	0.4180	0.2673	0.5320	2587.6	82	101	88.3	16
均匀度		0.5690	最小照度值		34.48		最大照度值		83.17		

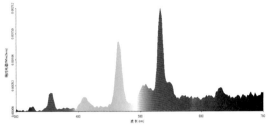

图19　九号展厅基础照明绝对光谱曲线

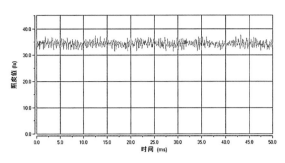

图21　九号展厅22号样点闪烁曲线

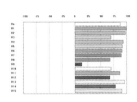

图20　九号展厅基础照明显色指数数据

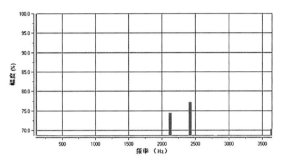

图22　九号展厅22号样点闪烁分析图

表11　九号展厅闪烁测试数据

取样编号	光照度 (lx)	最大照度 (lx)	最小照度 (lx)	闪烁百分比 (%)	闪烁指数	频率 (Hz)	峰值 AD Ip
1	48.54	52.36	44.89	7.68	0.0001	1608.4	3112
2	67.37	70.92	62.35	6.44	0.0001	786.9	4216
3	72.68	76.61	68.05	5.92	0.0001	688.3	4554
4	68.17	72.54	63.66	6.52	0.0001	806.5	4312
5	60.86	65	56.83	6.71	0.0001	849.3	3864
6	64.43	68.23	59.62	6.74	0.0001	862.8	4056
7	64.43	68.23	59.62	6.74	0.0001	862.8	4056
8	46.97	50.74	43.27	7.94	0.0001	1377.1	3016
9	49.57	54.24	45.44	8.82	0.0001	1433.3	3224
10	55.67	60.02	52.09	7.08	0.0001	1354.2	3568
11	58.75	62.72	54.71	6.82	0.0001	1505.4	3728
12	80.06	83.64	75.99	4.79	0.0001	1128.1	4972
13	68.86	72.54	65.2	5.32	0.0001	1909.8	4312
14	58.23	61.91	54.79	6.1	0.0001	1931.6	3680
15	61.6	65.29	57.62	6.24	0.0001	1695.3	3881
16	74.62	78.81	70.92	5.27	0.0001	1087.4	4685
17	82.92	86.93	78.81	4.9	0.0001	1324.8	5168
18	61.03	64.33	56.66	6.34	0.0001	1767.1	3824
19	54.62	58.54	50.88	7.01	0.0001	1860.2	3480
20	52.84	56.43	49.48	6.56	0.0001	2082.5	3354
21	45.69	48.47	42.67	6.37	0.0001	2240.6	2881
22	34.43	37.62	31.43	8.96	0.0001	2049.8	2236

2. 柜内展品照明

展品使用窄光轨道灯，光源使用卤素灯，所以不管是一般显指 R_a，还是特殊显指 R9 都是非常高的，而且色彩保真因子和色彩饱和因子也分别达到 99 和 100；通过绝对光谱可知，受荧光灯管的基础照明影响，红光和绿光光谱中间有轻微的凸起，受基础照明轻微影响。展品照度均匀度为 0.7981，在 1.5m 观赏距离测试温度为 22.3℃。

相关测试数据见表 12、13，如图 23 ~ 26。

测量参数：

光照度 E=372.3lx	E(fc)=34.6035fc
CIE x=0.4659	CIE y= 0.4121
相关色温 =2630K	峰值波长 =777.0nm
色纯度 =63.5%	红色比 =27.4%
Duv=0.00008	S/P=1.30
显色指数 R_a=99.4	R1=100
R4=100	R5=100
R8=98	R9=95
R12=99	R13=100
SDCM=4.3(F2700(Note1))	
白光分级：C78.377_2700K	

辐射照度 Ee=2.48584W/m²	
CIE u'=0.2657	CIE v'=0.5288
半波宽 =178.6nm	主波长 =584.5nm
绿色比 =69.9%	蓝色比 =2.8%

R2=100	R3=99
R6=100	R7=99
R10=99	R11=100
R14=99	R15=99

图23　柜内展品

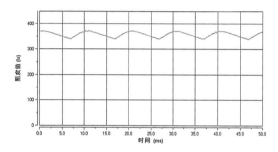

图25　柜内展品2号样点闪烁曲线

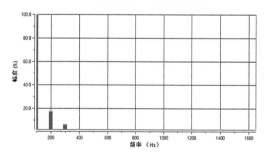

图26　柜内展品2号样点闪烁分析图

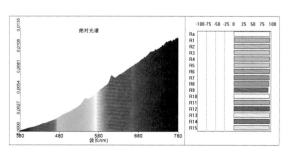

图24　柜内展品光学参数图

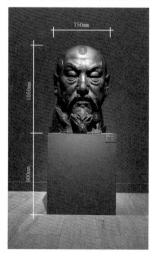

图27　裸展展品

表12 柜内展品照明数据

取样编号	光照度 (lx)	SDCM	CIE x	CIE y	CIE u'	CIE v'	色温 (K)	R_f	R_g	R_a	R9
1	235.1	6	0.4686	0.4123	0.2673	0.5293	2596	99	100	99.2	93
2	372.3	4.3	0.4659	0.4121	0.2657	0.5288	2630	99	100	99.4	95
3	276.3	4.1	0.4655	0.4119	0.2655	0.5287	2634	99	100	99.4	94
平均值	294.6	4.80	0.4667	0.4121	0.2662	0.5289	2620	99	100	99.3	94

表13 柜内展品闪烁测试数据

取样编号	光照度 (lx)	最大照度 (lx)	最小照度 (lx)	闪烁百分比 (%)	闪烁指数	频率 (Hz)	峰值 AD Ip
1	255.2	264.1	246.2	3.51	0.0001	288.8	15704
2	358.4	374.1	338.5	4.98	0.0001	149.8	22240
3	283.9	296.3	269	4.83	0.0001	156.3	17616

3. 裸展照明

裸展展品使用中光轨道灯，光源为卤素灯，一般显指 R_a 和特殊显指 R9 都非常高，色彩保真因子 R_f 和色彩饱和因子 R_g 也分别达到98和100；通过绝对光谱可知，受荧光灯管的基础照明影响，红光和绿光光谱中间亦有轻微的凸起。展品在 2.5m 观赏距离测试温度为 22.1℃。

相关测试数据见表14、15，图27～30。

测量参数：

光照度 E= 604.7lx　　　　　E(fc)=56.2017fc
CIE x= 0.4549　　　　　　CIE y= 0.4102
相关色温 =2767K　　　　　峰值波长 =779.0nm
色纯度 =59.7%　　　　　　红色比 =26.3%
Duv=0.00029　　　　　　S/P=1.36
显色指数 R_a=99.3　　　　　R1=100
R4=100　　　　　　　　R5= 99
R8= 98　　　　　　　　R9= 94
R12= 98　　　　　　　　R13=100
SDCM= 2.2(F2700(Note1))
白光分级 :C78.377_2700K

辐射照度 Ee=3.8383W/m²
CIE u'=0.2595　　　　　　CIE v'=0.5265
半波宽 =193.8nm　　　　　主波长 =583.8nm
绿色比 =70.7%　　　　　　蓝色比 =3.0%

R2=100　　　　　　　　R3= 99
R6=100　　　　　　　　R7= 99
R10= 98　　　　　　　　R11= 99
R14= 99　　　　　　　　R15= 99

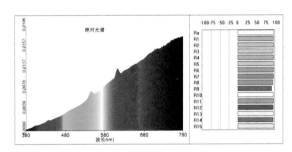

图28 裸展展品照明数据

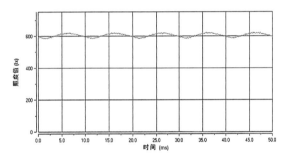

图29 裸展展品5号样点闪烁曲线

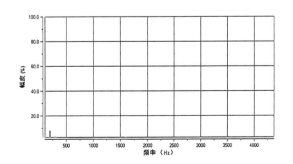

图30 裸展展品5号样点闪烁分析图

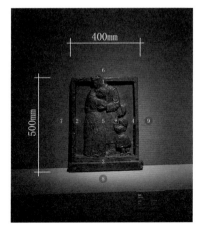

图31 平面展品

表 14 裸展展品照明数据

取样编号	光照度 (lx)	SDCM	CIE x	CIE y	CIE u'	CIE v'	色温 (K)	R_f	R_g	R_a	R9
1	173.1	0.8	0.4599	0.4114	0.2622	0.5277	2705	96	100	97.3	79
2	233	1.8	0.4557	0.4109	0.2597	0.5268	2762	99	100	98.7	90
3	391.5	1.8	0.4555	0.4102	0.2599	0.5266	2759	99	100	99.3	94
4	433.9	2.1	0.4552	0.4103	0.2596	0.5265	2765	98	100	98.8	90
5	604.7	2.2	0.4549	0.4102	0.2595	0.5265	2767	99	100	99.3	94
6	532.4	2.1	0.4551	0.4103	0.2596	0.5265	2766	99	100	99.3	94
7	250	1.3	0.4565	0.4104	0.2604	0.5268	2746	98	100	98.6	89
平均值	374.09	1.7	0.4561	0.4105	0.2601	0.5268	2752.857	98.3	100	98.8	90

表 15 裸展展品闪烁测试数据

取样编号	光照度 (lx)	最大照度 (lx)	最小照度 (lx)	闪烁百分比 (%)	闪烁指数	频率 (Hz)	峰值 AD Ip
1	173.3	178.6	167.4	3.23	0.0001	343.8	10616
2	229.9	237.5	221.4	3.53	0.0001	271.7	14122
3	391.1	403.8	378	3.3	0.0001	155.5	24008
4	433.5	450.3	416.3	3.92	0.0001	249.8	2437
5	605.7	626.1	584.8	3.42	0.0001	199.3	3389
6	559.5	577	538.2	3.48	0.0001	198.8	3123
7	255.2	264.1	246.2	3.51	0.0001	288.8	15704

4. 平面展品照明

展品使用窄光轨道灯，光源使用卤素灯，所以不管是一般显指 R_a 还是特殊显指 R9 都是比较高的，还有 R_f 和 R_g 也分别达到 90 和 99；通过绝对光谱可知，受荧光灯管的基础照明影响，红光和绿色光谱中间有明的凸起，整体显色指数受荧光灯影响比较大，相对拉低了数值；通过照度数值我们可以知道改展品照度均匀度为 0.5797。展品在 1.5m 观赏距离测试温度为 22.9℃。

相关测试数据见表 16、17，图 31～34。

测量参数：

光照度 E= 263.81lx	E(fc)=24.5128fc
CIE x= 0.4387	CIE y= 0.4087
相关色温=3008K	峰值波长=612.0nm
色纯度=54.4%	红色比=24.3%
Duv=0.00158	S/P=1.38
显色指数 R_a=91.2	R1= 92
R4= 92	R5= 90
R8= 82	R9= 56
R12= 75	R13= 93
SDCM= 3.5(F3000)	
白光分级：C78.377_3000K	
辐射照度 Ee=0.910239W/m²	
CIE u'=0.2497	CIE v'=0.5235
半波宽=138.1nm	主波长=582.2nm
绿色比=73.0%	蓝色比=2.7%
R2= 94	R3= 93
R6= 92	R7= 94
R10= 83	R11= 91
R14= 95	R15= 89

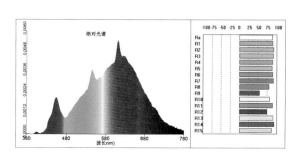

图32 平面展品照明参数

表16　平面展品照明数据表

取样编号	光照度 (lx)	SDCM	CIE x	CIE y	CIE u'	CIE v'	色温 (K)	R_f	R_g	R_a	R9
1	205	2.8	0.4413	0.4091	0.2512	0.524	2968	90	99	90.9	53
2	192.2	2.8	0.4414	0.4092	0.2513	0.524	2967	90	99	91	53
3	256.9	3.8	0.4383	0.4088	0.2494	0.5234	3015	90	99	91.2	55
4	263.8	3.5	0.4387	0.4087	0.2497	0.5235	3008	90	99	91.2	56
5	267.7	3.7	0.4377	0.4081	0.2493	0.5231	3020	90	99	91.2	56
6	164.3	3.1	0.4433	0.4103	0.252	0.5248	2945	90	99	90.4	50
7	125.7	3	0.444	0.4102	0.2525	0.5248	2934	89	99	90.3	48
8	253.7	3.7	0.4386	0.4089	0.2495	0.5235	3012	90	99	90.9	54
9	222.3	3.3	0.4407	0.4097	0.2506	0.5241	2984	90	99	90.9	54
平均值	216.8	3.3	0.4404	0.4092	0.2506	0.5239	2983.7	90	99	90.9	53.2

表17　平面展品闪烁测试数据表

取样编号	光照度 (lx)	最大照度 (lx)	最小照度 (lx)	闪烁百分比 (%)	闪烁指数	频率 (Hz)	峰值 AD Ip
1	20.5	24.1	16.09	19.92	0.0002	1354.7	19500
2	189.2	193.1	185.7	1.95	0	1151.5	11480
3	259.7	263.5	255.3	1.58	0	1130.5	15666
4	258	261.6	253.8	1.53	0	1043.8	15556
5	270	273.7	266	1.42	0	1237.9	16272
6	165.8	169.5	162.3	2.19	0	1069.4	10080
7	119.1	122.9	115.1	3.28	0	1341.6	7308
8	252.4	257	248	1.78	0	1229.2	15280
9	220.9	224.3	216.8	1.71	0	1020	13336

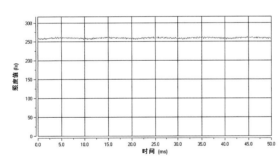

图33　平面展品3号样点闪烁曲线

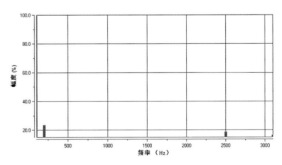

图34　平面展品3号样点闪烁分析图

三　总结

参照美术馆照明质量定量评估数据统计指标计分方法，总结相关定量及定性统计数据见表18～23。

表18　美术馆室内"陈列空间"照明质量运行客观评估指标（针对数据信息评估）

一级指标	权重	二级指标	权重	平均得分	加权 ×10
用光的安全	40%	照度与年曝光量	15%	7	10.5
		照射典型展品光源的光谱分布 SPD（红外、紫外、可见光）	10%	8	8
		展品表面温升	10%	8	8

一级指标	权重	二级指标	权重	平均得分	加权×10
		眩光控制	5%	7	3.5
灯具与光源性能	30%	显色指数	12%	7	8.4
		频闪控制	10%	8	8
		色容差	8%	7	5.6
光环境分布	30%	亮（照）度水平空间分布	8%	7	5.6
		亮（照）度垂直空间分布	14%	7	9.8
		展品与背景亮（照）度对比度	8%	8	6.4

表19 美术馆室内"非陈列空间"照明质量运行客观评估指标表（针对数据信息评估）

一级指标	权重	二级指标	权重	平均得分	加权×10
灯具与光源性能	50%	显色指数	15%	7	10.5
		频闪控制	10%	10	10
		眩光控制	15%	8	12
		色容差	10%	0	0
光环境分布	50%	亮（照）度水平空间分布	20%	6	12
		亮（照）度垂直空间分布	15%	7	10.5
		功率密度（大堂序厅）	15%	8	12

表20 美术馆"陈列空间"（基本陈列）主观评估指标表（针对观众反馈信息进行评估）

项目＼样本数＼分值	二级权值	A＋:10	A-:8	B＋:7	B-:6	C＋:5	C-:4	D＋:3	D-:0	均值	加权×10
展品色彩真实感程度	20%	5	8	11	2	0	0	0	0	7.8	15.6
光源色喜好程度	5%	3	10	8	5	0	0	0	0	7.5	3.8
展品细节表现力	10%	3	6	13	4	0	0	0	0	7.4	7.4
立体感表现力	5%	7	4	7	7	1	0	0	0	7.6	3.8
展品纹理清晰度	5%	2	9	9	5	1	0	0	0	7.3	3.7
展品外轮廓清晰度	5%	2	7	12	4	1	0	0	0	7.3	3.7
展品光亮接受度	5%	5	6	11	4	0	0	0	0	7.7	3.9
视觉适应性	5%	7	6	10	3	0	0	0	0	7.9	4.0
视觉舒适度（主观）	5%	5	8	7	6	0	0	0	0	7.7	3.9
心理愉悦感	5%	4	8	9	4	1	0	0	0	7.5	3.8
用光艺术的喜好度	20%	11	3	6	6	0	0	0	0	8.2	16.4
感染力的喜好度	10%	8	4	6	8	0	0	0	0	7.8	7.8

表21 美术馆"非陈列空间"（辅助空间）主观评估指标表（针对观众反馈信息进行评估）

项目＼样本数＼分值	二级权值	A＋:10	A-:8	B＋:7	B-:6	C＋:5	C-:4	D＋:3	D-:0	均值	加权×10
展品光亮接受度	10%	0	3	3	0	0	0	0	0	7.5	7.5
视觉适应性	10%	0	2	3	1	0	0	0	0	7.2	7.2
视觉舒适度（主观）	10%	0	2	2	2	0	0	0	0	7.0	7.0
心理愉悦感	10%	0	2	2	2	0	0	0	0	7.0	7.0
用光艺术的喜好度	40%	0	3	1	2	0	0	0	0	7.2	28.8
感染力的喜好度	20%	0	4	0	2	0	0	0	0	7.3	14.6

表 22 美术馆主观评估指标得分表（针对观众反馈信息进行评估）

空间类别		得分	权值	加权得分
展陈空间	基本陈列	77.8	40%	31.1
	临时展览	69	20%	13.8
非展陈空间	大堂序厅	70	20%	14
	过廊	74	10%	7.4
	辅助空间	72.1	10%	7.2

表 23 美术馆室内"对光维护"的运营评估客观评估指标（针对馆方访谈信息评估）

一级指标	权重	二级指标	权重	得分	加权 ×10
对光的维护	100%	专业人员管理	30%	8	24
		定期检查与维护	40%	8	32
		维护资金	30%	7	21

以上各项数据表明，该馆所有照明质量评价指标皆为良好，通过这次的调研我们了解到美术馆照明的照明光源分布、光源种类和光源的光学参数，分析其展览照明及工作照明，单从光效果来看，传统的卤素光源以其良好的显色性、配光以及易于调节明暗等优点，长期作为展览主照明在使用。但是卤素灯色温偏低、色温 <2700K，会造成亮度视觉较差，需要更大的照度，无形中增加了展品曝光量。根据各展品光学参数我们可以知道，卤素灯红外辐射很强，会相对增加红外辐射量，因此将卤素灯作为展览主照明使用的过程中会对展品，尤其是展柜内展品的安全性造成影响。此外，卤素灯光源寿命短，需频繁更换，会增加美术馆照明维护的成本。

中华艺术宫（上海美术馆）照明调研报告

调研对象：上海美术馆（中华艺术宫）

调研时间：2017年12月1日

指导专家：胡国剑、陈同乐、林铁

调研人员：陈国远、金绮樱、何倩蕊、张星、程丹、但佳宇、韩露露、余辉

调研设备：泰仕 TES-137 辉度计、优利德 UT395A 激光测距仪、远方闪烁光谱照度计 SFIM-300、三恩施
NR10QC 通用色差计、博世 GLM7000 测距仪、希玛 AS872 高温红外测温仪

图1 上海美术馆

一 概述

（一）美术馆建筑

上海美术馆成立于1956年，是新中国最早建立的美术馆之一。2012年10月1日，上海美术馆迁入改建后的上海世博会中国馆，并更名为中华艺术宫，是一所公益性、学术性的近现代艺术博物馆，以收藏保管、学术研究、陈列展示、普及教育和对外交流为基本职能，坚持立足上海、携手全国、面向世界（图1）。

中华艺术宫总建筑面积16.68万m²，展示面积近7万m²，拥有35个展厅，公共教育空间约2万m²，配套衍生服务经营总面积达3000m²。开馆以来，中华艺术宫始终以饱满的文化自信不断传递着社会主义核心价值观，以良好的社会形象传承世博精神，创新开拓办馆合作模式，以优秀的成果展览树立民族精魂，用多元

的教育活动滋润百姓心田。通过持续构建教育和服务广大人民群众的公共文化服务综合体，不断向世界展示和传播中华文化的魅力，"传承、创新、开放、融合"，打造全球华人美术的雄伟殿堂。

（二）美术馆照明概况

上海美术馆场馆面积巨大，展品及展厅众多，展陈照明系统在展品陈列展示、展厅空间塑造、观众流线导向等方面均有不错的表现。总体光环境符合大型美术馆的展览需求和定位，运营期内的良好运作和管理，体现了管理方对于展览照明的专业态度和要求。

总体照明方式：导轨投光为主，结合局部筒灯照明。

光源类型：LED 光源为主

灯具类型：以直接型为主

照明控制：分回路控制

开放时间：9：00～17：00（周一闭馆）

（三）美术馆调研概况（图2）

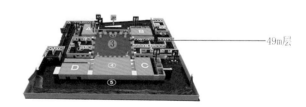

49m层

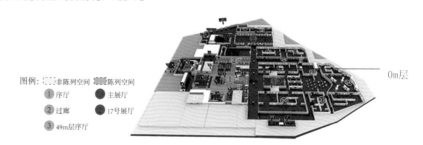

0m层

图例：▓▓▓非陈列空间 ▓▓▓陈列空间

① 序厅　　❶ 主展厅

② 过廊　　❷ 17号展厅

③ 49m层序厅

图2 现场数据采集区域

二 展厅照明调研数据

（一）主展厅照明

主展厅（图3）主题为"从石库门到天安门"，政治题材，红色基调为主，照明主要体现其空间的端庄大气，敞亮开阔的展厅氛围。展厅采用高顶棚上的中高功率轨道投光灯，通过合理的配光组合，达到了良好的空间氛围和视觉感受。

1. 主展厅总体空间照明墙面测量数据

照明采集点如图4所示，测量数据见表1，图5。

图3 主展厅空间

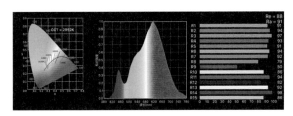

图5 主展厅之面照射光源色温光谱及显色指数表现图

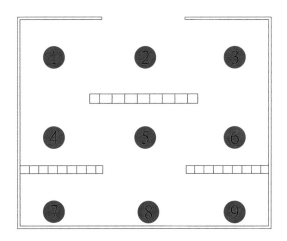

图4 主展厅平面采点

表1 主展厅地板平面照明采集点数据表

取样编号	光照度 (lx)	SDCM	CIEx	CIEy	色温(K)	R_f	R_g	R_a	R9
1	88	2	0.4398	0.4064	2970	91	99	92	51
2	103	2	0.4421	0.4068	2936	90	100	92	52
3	120	2	0.4404	0.4065	2961	90	100	91	51
4	110	3	0.4419	0.4084	2952	90	100	91	50
5	41	3	0.4477	0.4097	2871	91	99	92	50
6	175	3	0.4419	0.4076	2946	90	100	91	51
7	102	3	0.4408	0.4072	2961	90	100	91	51
8	101	3	0.438	0.4068	3004	89	101	90	56
9	138	3	0.4424	0.4097	2954	91	99	91	51
平均值	109	2	0.4417	0.4077	2951	90	100	91	51
均匀度		0.3773		最小照度值		41		最大照度值	175

表2 主展厅垂直墙面照明采集点数据表

取样编号	光照度 (lx)	SDCM	CIEx	CIEy	色温(K)	R_f	R_g	R_a	R9
1	41	4	0.4489	0.4100	2855	91	99	92	49
2	53	4	0.4424	0.4109	2965	91	98	92	52
3	61	4	0.4457	0.4105	2909	91	99	91	50
4	39	5	0.4498	0.4098	2839	91	99	92	50
5	37	5	0.4509	0.4113	2835	91	99	92	49
6	57	4	0.4451	0.4117	2928	91	98	91	51
7	18	6	0.4692	0.4151	2609	91	98	91	43

取样编号	光照度（lx）	SDCM	CIEx	CIEy	色温（K）	R_f	R_g	R_a	R9
8	40	5	0.4552	0.4119	2776	91	99	91	48
9	48	5	0.4531	0.4114	2802	91	99	91	48
平均值	44	5	0.4511	0.4114	2835	91	99	91	49

均匀度	0.4112	最小照度值	18	最大照度值	61

2. 主展厅总体空间照明墙面测量数据

照明采集点如图6，照明测量数据见表2、3及图7。

3. 主展厅平面展品照明测量数据

照明采集点分布如图8，测量数据见表4～6及图9、10。

图6　主展厅墙面采集点

图8　主展厅平面展品及背景采点

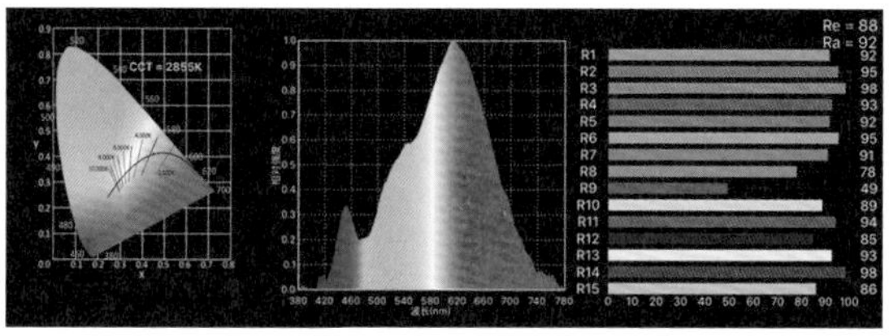

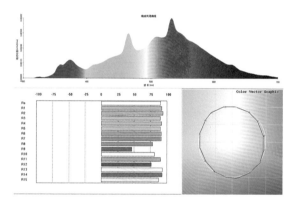

图7　主展厅立面照射光源色温光谱及显色指数表现图

图9　主展厅平面展品照射光源光谱及显色指数表现图

表3　主展厅墙面亮度照明采集点数据表

取样编号	1	2	3	4	5	6	7	8	9	平均值	均匀度
亮度（cd/m²）	3.6	3.8	4.4	3.0	3.1	2.6	1.9	2.0	2.6	3.0	0.6244

表4　主展厅平面展品照明采集点数据表

取样编号	光照度（lx）	SDCM	CIEx	CIEy	色温（K）	R_f	R_g	R_a	R9
1	148.5	2.2	0.4395	0.4069	2980	88	100	89.8	43
2	168.1	1.8	0.4411	0.407	2955	89	100	90.3	46
3	171	1.5	0.4417	0.4066	2942	89	100	90.6	47
4	168.3	1.8	0.4406	0.4069	2963	88	100	90.1	45
5	193.6	1.9	0.4413	0.4073	2954	89	100	90.5	47
6	208	1.9	0.4413	0.4074	2955	89	100	90.5	47
7	168.1	2.1	0.4409	0.4075	2962	89	100	90.3	45
8	184.1	1.9	0.4415	0.4074	2952	89	100	90.5	47
9	204.5	2.3	0.441	0.4079	2964	89	100	90.4	47
10	164.5	2.3	0.441	0.4079	2964	89	100	90.2	44

取样编号	光照度（lx）	SDCM	CIEx	CIEy	色温（K）	R_f	R_g	R_a	R9
11	171.5	2	0.4417	0.4077	2952	89	100	90.5	46
12	209.1	2.4	0.4401	0.4076	2977	89	100	90.3	46
平均值	179.9	2	0.4409	0.4073	2960	89	100	90.3	46
均匀度		0.8252		最小照度值		148.5		最大照度值	209.1
平面展品背景									
13	170.1	2.2	0.4403	0.4074	2970	88	100	90	44
14	138.5	1.5	0.4414	0.4065	2946	88	100	90.4	45
15	243.1	2	0.4411	0.4074	2957	89	100	90.7	48
16	154.1	1.9	0.4415	0.4075	2952	89	100	90.3	45
均值	176.4	1.9	0.441	0.4072	2956	89	100	90.4	45.5
水平空间									
17	270.7	2.1	0.4408	0.4074	2962	88	100	90	45
18	279.5	2	0.4414	0.4075	2954	89	100	90.1	45
19	240.2	2.5	0.4398	0.4076	2981	88	100	89.8	43
均值	263.5	2.2	0.4407	0.4075	2966	88	100	90	44

表5 主展厅平面展品亮度照明采集点数据表

单位：cd/m²

展品亮度					背景亮度					
1	3	10	12	平均值	13	14	15	16	平均值	对比度
3.2	2.8	4.2	2.9	3.3	6.4	4.6	6.4	5.5	5.7	2：1

表6 主展厅频闪数据采集表

序号	光照度（lx）	最大照度（lx）	最小照度（lx）	闪烁百分比（%）	闪烁指数	频率（Hz）
1	233.9	238.7	229.4	1.99	0	545.9
2	171.6	202.8	140.8	18.06	0.0005	125.1
3	168.2	199.3	136.6	18.67	0.0005	100.5
4	167.2	197.3	138	17.68	0.0005	100.2
5	190.7	224.4	156	17.98	0.0005	100.3
6	208.5	245.8	171.3	17.86	0.0005	100.2
7	167.5	194.8	140.1	16.34	0.0004	125.4
8	182.2	212.6	151.1	16.9	0.0005	100.2
9	204.8	241.7	167.3	18.18	0.0005	100.2
10	159.7	183.1	136	14.75	0.0004	124.9
11	173.1	200.6	146.8	15.75	0.0004	100.3
12	209.4	242.2	176.3	15.75	0.0004	100.1
13	170.3	198.8	142.6	16.46	0.0005	100.3
14	142.9	168.7	117.5	17.88	0.0005	99.8
15	242.8	285.7	199.6	17.74	0.0005	100.2
16	150.9	173.2	128.4	14.86	0.0004	100.2
17	270.8	315.8	224.7	16.86	0.0005	100
18	279.4	325.8	232.4	16.73	0.0005	100.2
19	240.6	277.7	202.1	15.75	0.0004	100.2
均值	196.6	227.8	165.1	16.1	0.0004	127.6

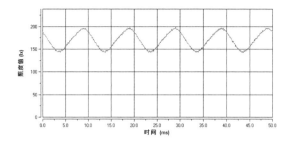

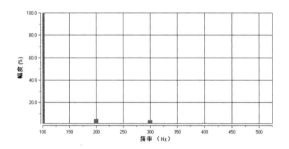

图10 主展厅平面展品频闪分析图

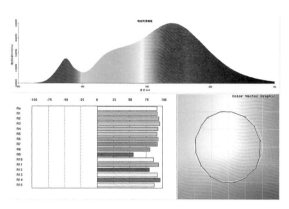

图12 主展厅立面展品照射光源光谱及显色指数表现图

4. 主展厅立体展品

照明采集点分布如图11，测量数据见表7～9及图12、13。

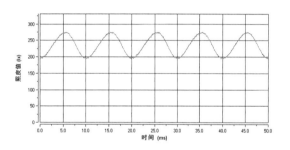

图11 主展厅立面展品采集点

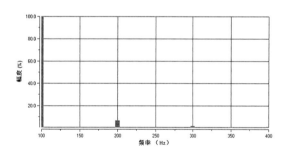

图13 主展厅立面展品频闪分析图

表7 主展厅立面展品照明采集点数据表

取样编号	光照度 (lx)	SDCM	CIEx	CIEy	色温 (K)	R_f	R_g	R_a	R9
1	143.4	1.2	0.4397	0.4052	2962	90	100	92.3	57
2	137.6	1.4	0.4413	0.4062	2945	90	100	92.2	57
3	141.5	1.2	0.4414	0.4058	2939	91	100	92.3	57
4	280.2	2	0.4431	0.4076	2928	91	100	92	56
5	148.8	2	0.443	0.4075	2928	91	100	92	56
6	234.5	2	0.4429	0.4078	2933	91	100	91.9	56
7	193.4	2.2	0.4437	0.4079	2920	91	100	92	56
平均值	182.8	1.7	0.4422	0.4069	2936.4	91	100	92.1	56
均匀度	0.7528		最小照度值		137.6		最大照度值		280.2

表8　主展厅立体展品亮度照明采集点数据表

单位：cd/m²

展品亮度					背景亮度	
1	2	6	7	平均值	8	对比度
18.6	11.1	10.5	7.9	12.0	5.5	1：2

表9　主展厅立体展品频闪数据采集表

序号	光照度（lx）	最大照度（lx）	最小照度（lx）	闪烁百分比（%）	闪烁指数	频率（Hz）
1	240.6	277.7	202.1	15.75	0.0004	100.2
2	133	157.4	108.9	18.21	0.0005	100
3	143.3	169.1	116.8	18.3	0.0005	100.2
4	278.2	326	228.8	17.53	0.0005	100.2
5	139	163.6	113.7	18	0.0005	100.1
6	235.4	276	194.2	17.39	0.0005	100.2
7	193	228.1	157.6	18.29	0.0005	100.4
均值	194.6	228.3	160.3	17.6	0.0005	100.2

（二）十七号展厅照明

1. 十七号展厅总体空间照明平面测量数据

十七号展厅空间高大，以浅色装饰面为主，顶棚中心为黑色。导轨与天花结合，作为建筑结构的延伸并提供展厅功能性照明。总体光环境主次分明，既保证了展厅空间的光照品质，又突出表现了展品内容（图14）。

十七号展厅总体空间照明平面采集点分布如图15，测量数据见表10及图16。

图14　十七号展厅空间

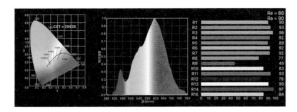

图16　十七号展厅平面照射光源色温光谱及显色指数表现图

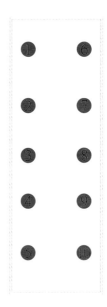

图15　平面采点图

表10　十七号展厅平面照明采集点数据表

取样编号	光照度（lx）	SDCM	CIEx	CIEy	色温（K）	R_f	R_g	R_a	R9
1	58	8	0.4485	0.4181	2925	92	98	92	52
2	63	7	0.4449	0.4190	2987	92	97	91	49
3	57	9	0.4459	0.4192	2973	92	97	91	48
4	78	6	0.4451	0.4162	2962	91	98	90	45
5	207	5	0.4450	0.4148	2954	84	98	84	17

取样编号	光照度（lx）	SDCM	CIEx	CIEy	色温（K）	R_f	R_g	R_a	R9
6	118	6	0.4438	0.4156	2979	92	98	92	54
7	82	7	0.4451	0.4172	2971	92	98	91	50
8	139	5	0.4452	0.4155	2955	92	98	92	53
9	19	7	0.4592	0.4283	2845	87	95	85	23
10	19	7	0.4572	0.4264	2858	86	96	84	20
平均值	84	7	0.4480	0.4190	2941	90	97	89	41
均匀度	0.2262		最小照度值		19		最大照度值		207

图17　十七号展厅墙面采集点

2. 十七号展厅总体空间照明墙面测量数据

照明采集点分布如图 17，测量数据见表 11、12 及图 18。

3. 十七号展厅平面展品照明

照明采集点分布如图 19，测量数据见表 13 ～ 15 及图 20、21。

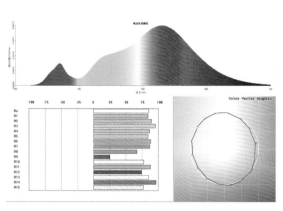

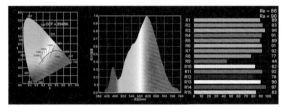

图18　十七号展厅立面照射光源色温光谱及显色指数表现图

图20　十七号展厅平面展品照射光源光谱及显色指数表现图

图19　十七号展厅平面展品及背景采集点

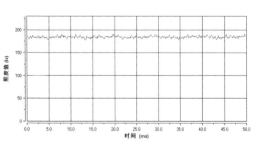

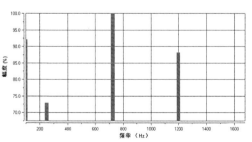

图21　十七号展厅平面展品闪烁曲线和频闪分析图

表 11　十七号展厅垂直墙面照明采集点数据表

取样编号	光照度 (lx)	SDCM	CIEx	CIEy	色温 (K)	R_f	R_g	R_a	R9
1	62	8	0.4489	0.4179	2921	87	98	87	29
2	61	5	0.4449	0.4143	2951	89	99	89	41
3	120	5	0.4441	0.4135	2958	90	99	91	49
4	67	7	0.4491	0.4172	2908	87	98	87	28
5	58	5	0.4456	0.4148	2945	90	99	90	44
6	40	7	0.4515	0.4187	2883	90	98	89	44
7	21	3	0.4649	0.4253	2742	88	96	87	30
8	17	4	0.4658	0.4284	2753	89	95	86	29
9	22	3	0.4683	0.4221	2673	90	98	90	43
平均值	52	5	0.4537	0.4191	2859	89	98	88	37
均匀度	0.3269		最小照度值	17		最大照度值	120		

表 12　十七号展厅墙面亮度照明采集点数据表

取样编号	1	2	3	4	5	6	7	8	9	平均值	均匀度
亮度 (cd/m²)	5.0	5.3	3.8	5.9	5.2	2.2	4.8	5.1	3.1	4.5	0.4877

表 13　十七号展厅平面展品照明采集点数据表

取样编号	光照度 (lx)	SDCM	CIEx	CIEy	色温 (K)	R_f	R_g	R_a	R9
1	125.2	4.4	0.4466	0.4132	2917	86	98	86.4	28
2	195.9	5.2	0.4493	0.4139	2880	85	98	86.2	26
3	208.1	5.2	0.4494	0.4138	2879	85	98	86.1	26
4	306.5	5.6	0.4505	0.4141	2864	85	98	86	25
5	259.6	5.1	0.4525	0.4146	2838	85	98	86	26
6	283.1	5.7	0.4514	0.4146	2854	85	98	85.9	25
7	264.5	5.3	0.4498	0.4137	2870	85	98	86	26
8	270.8	5.7	0.4509	0.414	2857	85	98	86	25
9	201.6	5.6	0.4506	0.4137	2860	85	98	86.1	26
均值	235	5.3	0.4501	0.4139	2869	85	98	86.1	26
均匀度	0.5326		最小照度值	125.2		最大照度值	306.5		
平面展品背景									
10	297.8	5.3	0.4498	0.4137	2872	85	98	86	25
11	115.7	4.8	0.4481	0.4138	2898	85	98	86.4	27
12	289.3	5.8	0.4509	0.4144	2860	85	98	85.9	25
13	210.9	5.5	0.4504	0.4135	2861	85	96	86.1	26
均值	228.4	5.4	0.4498	0.4138	2873	85	98	86.1	26

表 14　十七号展厅平面展品亮度照明采集点数据表

单位：cd/m²

展品亮度					背景亮度					对比度
1	3	7	9	平均值	10	11	12	13	平均值	
20.5	15.6	4.5	5.8	11.6	47.3	21.2	12.9	12.1	23.4	2:1

表 15　十七号展厅平面展品频闪数据采集点数据表

序号	光照度（lx）	最大照度（lx）	最小照度（lx）	闪烁百分比（%）	闪烁指数	频率（Hz）
1	123.1	128.8	117.3	4.69	0.0001	805.5
2	197.7	204.8	190.3	3.68	0	982.4
3	208.8	217.7	200.4	4.14	0	1004.8
4	297.2	308.1	286.2	3.68	0	1071.6
5	260.9	270.4	251.9	3.54	0	1031.6
6	280.9	291.3	270.9	3.64	0	1030.3
7	271.6	279.7	263.6	2.97	0	1135.9
8	254.2	263.1	244.6	3.64	0	991.6
9	184.4	191.4	177.4	3.8	0	1081.5
10	289.7	299.1	279.5	3.4	0	1097.3
11	115.6	121.5	110.3	4.82	0.0001	1132
12	248.2	256.5	238.4	3.64	0	1041.7
13	213.7	220.5	206.6	3.26	0	1131.8
均值	226.6	234.8	218.3	3.76	0	1041.4

（三）陈列空间数据小结

客观评估见表 16 所示。

表 16　展厅空间照明客观数据评估表

编号	一级指标	二级指标		主展厅（石库门到天安门）			十七号展厅（临展）		加权平均
				数据	分值	加权平均	数据	分值	
1	用光的安全	照度		179.9lx	10	38	235lx	10	40
		年曝光量（lx·h/ 年）		506700lx·h			661525lx·h		
		紫外含量检测		0.02μw/cm²	10		0.02μw/cm²	10	
		展品表面温升（红外）		0	10		0	10	
		眩光控制		偶有不舒适眩光	8		无不舒适眩光	10	
2	灯具与光源性能	显色指数	R_a	90	8	20	86	7	21
			R9	46			26		
			R_f	89			85		
		频闪控制		闪烁频率：127.6Hz 百分比：16.1% 闪烁指数：0.0004	4		闪烁频率：1041.4Hz 百分比：3.76% 闪烁指数：0	10	
		色容差		2	8		5	5	
3	光环境分布	亮（照）度水平空间分布		0.38	5	19	0.23	3	16
		亮（照）度垂直空间分布		0.4	5		0.32	4	
		对比度		2	10		2	10	
总分				主展厅评分		77	十七号展厅（临展）评分		77

观众主观评价见表 17 所示。

表17　展厅空间主观评价统计表

一级指标	二级指标	石库门到天安门		十七号展厅		权重
		原始分值	加权得分	原始分值	加权得分	
整体空间照明艺术表现	用光的艺术表现力	90	18.00	87	17	20%
	理念传达的感染力	93	9.30	83	8	10%
展品色彩表现	展品色彩还原程度	96	19.20	88	18	20%
	光源色喜好程度	94	4.70	85	4	5%
展品清晰度	展品细节表现力	94	9.40	88	9	10%
	立体感表现力	96	4.80	90	5	5%
	展品纹理清晰度	94	4.70	89	4	5%
	展品外轮廓清晰度	94	4.70	91	5	5%
光环境舒适度	展品光亮接受度	92	4.60	85	4	5%
	视觉适应性	92	4.60	90	5	5%
	视觉舒适度（主观）	92	4.60	87	4	5%
	心理愉悦感	94	4.70	88	4	5%
定性评估结果总得分		93.3		87.4		100%

三　非陈列空间照明调研数据分析

（一）序厅照明

调研空间位于上海美术馆的纪念品商店、咖啡店与展厅之间的连接处，也作为主展厅的序厅。照明采用顶棚嵌入式的线性连续照明，总体均匀度及照度满足序厅的功能要求，并创造了简洁舒适的视觉感受（图22）。

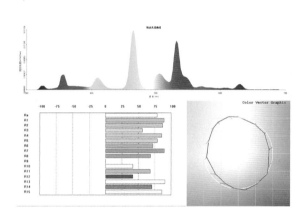

图24　序厅地面照射光源光谱及显色指数表现图

图22　美术馆序厅空间

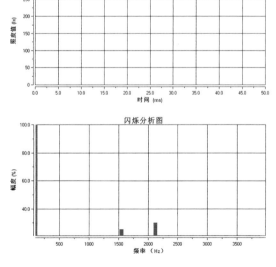

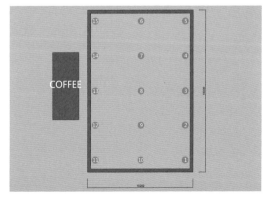

图23　序厅平面采集点

图25　序厅地面频闪分析图

1. 序厅照明测量数据

照明采集点分布如图 23，照明测量数据见表 18、19

及图 24、25。

表 18　序厅照明采集点数据表

取样编号	光照度 (lx)	SDCM	CIEx	CIEy	色温 (K)	R_f	R_g	R_a	R9
1	209.4	11.2	CIEx	CIEy	3552	79	96	79.3	1
2	307	11.5	0.4134	0.4196	3555	79	96	78.9	0
3	439.1	11.9	0.4135	0.4203	3561	79	95	78.6	-1
4	421.9	11.8	0.4135	0.4211	3567	79	95	78.3	-2
5	260.6	10.1	0.413	0.4204	3542	79	96	79.1	0
6	215	10.9	0.4129	0.4169	3565	79	96	79.3	1
7	346.9	11.9	0.4123	0.4183	3581	78	95	78.2	-3
8	350.9	12	0.4122	0.4201	3575	79	95	78.2	-3
9	279.4	11.8	0.4127	0.4208	3572	79	95	78.4	-3
10	253.5	11.5	0.4127	0.4203	3571	79	96	79	1
11	312.3	11.3	0.4124	0.4195	3574	79	96	79.2	2
12	251.4	11.7	0.412	0.4188	3579	79	95	78.5	-2
13	260.9	11.1	0.4121	0.4196	3610	79	96	78.8	-1
14	256.6	10.7	0.4094	0.4166	3618	79	96	79.6	3
15	234	9.6	0.4085	0.415	3600	80	97	81	8
平均值	293.3	11.3	0.4087	0.413	3574.8	79	96	79	0
均匀度	0.714		最小照度值		209.4		最大照度值		439.1

表 19　序厅频闪数据采集表

序号	光照度 (lx)	最大照度 (lx)	最小照度 (lx)	闪烁百分比 (%)	闪烁指数	频率 (Hz)
1	212.4	215.7	209.1	1.55	0	1821.9
2	302.8	306.7	298.3	1.38	0	1260.5
3	432.1	439.4	423.7	1.82	0	1651.3
4	423.7	431	415.2	1.88	0	1192.4
5	260.3	263.9	256.1	1.49	0	1182.7
6	196.9	200.4	193.6	1.71	0	1394.6
7	350.5	355	346	1.28	0	971.3
8	347.4	351.6	343.8	1.12	0	1174.6
9	270.7	273.8	267.1	1.24	0	1909.9
10	258	261.6	254.5	1.38	0	1923.1
11	306.3	309.8	302.5	1.18	0	2144.6
12	257.4	260.2	254.5	1.11	0	2265.4
13	262.8	266.6	259.4	1.37	0	1083.7
14	256.8	260.9	252	1.73	0	629.3
15	233.9	238.7	229.4	1.99	0	545.9
均值	291.5	295.7	287	1.48	0	1410.1

2. 序厅照明墙面测量数据

照明采集点分布如图26，测量数据见表20、21及图27。

（二）过廊照明

此处调研位置为连接主展厅、十七号展厅及序厅的主要过廊，兼顾少数展品的展陈需求。

总体光环境呈现较高的均匀度，符合以通行为主的功能需求（图28）。

图26　序厅墙面采集点

图28　美术馆过廊空间

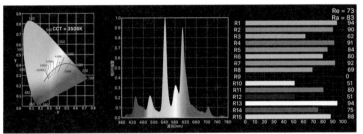

图27　序厅立面照射光源色温光谱及显色指数表现图

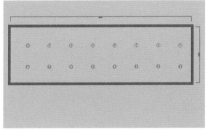

图29　过廊平面采集点

表20　序厅垂直墙面照明采集点数据表

取样编号	光照度 (lx)	SDCM	CIEx	CIEy	色温 (K)	R_f	R_g	R_a	R9
1	133	13	0.4269	0.4190	3292	86	97	86	20
2	90	13	0.4165	0.4215	3506	82	96	83	0
3	78	15	0.4164	0.4222	3512	82	96	82	- 4
4	122	13	0.4273	0.4203	3296	85	97	85	14
5	82	15	0.4184	0.4221	3473	83	96	83	0
6	71	15	0.4157	0.4225	3527	82	96	82	- 5
7	110	12	0.4287	0.4198	3267	86	98	86	20
8	79	17	0.4176	0.4226	3491	83	96	83	- 1
9	71	15	0.4159	0.4226	3524	82	96	82	- 4
平均值	93	14	0.4204	0.4214	3432	83	96	84	4
均匀度		0.7644		最小照度值		71		最大照度值	133

表21　序厅墙面亮度数据表

取样编号	1	2	3	4	5	6	7	8	9	平均值	均匀度
亮度 (cd/m²)	24.7	17.1	15.8	17.3	13.5	11.9	17.2	10.5	11.0	15.4	0.6811

照明采集点分布如图29，测量数据见表22、23及图30、31。

1. 过廊照明平面测量数据

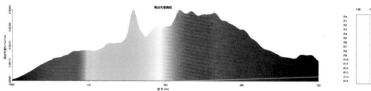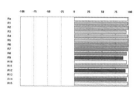

图30　过廊地面照射光源光谱及显色指数表现图

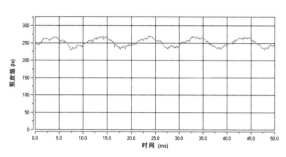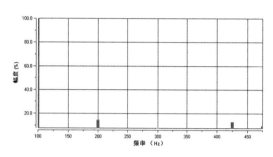

图31　过廊地面频闪分析图

表22　过廊照明采集点数据表

取样编号	光照度（lx）	SDCM	CIEx	CIEy	色温（K）	R_f	R_g	R_a	R9
1	219.9	2.8	0.4165	0.3995	3338	97	100	98.5	89
2	319.5	2.7	0.4164	0.399	3337	97	99	98.7	90
3	335.3	2.3	0.4156	0.3985	3348	97	100	98.7	91
4	286.3	2.9	0.4166	0.4	3339	97	99	98.6	90
5	324.7	2.7	0.4164	0.3991	3336	97	99	98.5	88
6	317.6	1.8	0.4147	0.397	3354	97	100	98.3	86
7	207.2	1.8	0.4143	0.3974	3365	97	100	98.4	87
8	154.7	1.1	0.4088	0.396	3468	97	100	97.1	83
9	243.3	1.7	0.408	0.3964	3487	96	99	95.8	74
10	233.5	0.3	0.4086	0.3933	3450	97	100	97.8	86
11	292.9	0.9	0.4123	0.3954	3390	97	100	97.5	82
12	225.9	3.4	0.4182	0.4	3309	97	99	98.6	90
13	241.4	2.6	0.4155	0.3997	3360	96	99	95.8	71
14	251.3	1	0.4088	0.3958	3466	97	100	97.1	81
15	225.5	1.6	0.4123	0.3975	3407	97	99	97.3	81
16	105.1	4	0.4194	0.4004	3287	97	99	98.2	86
平均值	249	2.1	0.4139	0.3978	3378	97	100	97.8	85
均匀度		0.422	最小照度值		105.1		最大照度值		335.3

表23　过廊频闪采集点数据表

序号	光照度（lx）	最大照度（lx）	最小照度（lx）	闪烁百分比（%）	闪烁指数	频率（Hz）
1	193	228.1	157.6	18.29	0.0005	100.4
2	319.6	333.1	297.9	5.58	0.0001	395.6
3	337.9	351.3	316.7	5.18	0.0001	290.7
4	289.1	301.9	272.4	5.14	0.0001	285

续表23

序号	光照度（lx）	最大照度（lx）	最小照度（lx）	闪烁百分比（%）	闪烁指数	频率（Hz）
5	324.6	339.5	302.5	5.76	0.0001	383.7
6	318	341.9	291.7	7.92	0.0002	142.2
7	207.1	224.8	190	8.4	0.0002	231.4
8	155.5	166.9	144.6	7.15	0.0001	296.3
9	227.8	242.2	210.9	6.9	0.0001	228
10	235.3	265.9	198.2	14.59	0.0004	100.2
11	288.9	316.5	253.9	10.97	0.0003	99.6
12	230.9	242.1	215	5.93	0.0001	342.6
13	245.5	263.1	223.8	8.08	0.0002	151.4
14	252.2	271.4	230.2	8.21	0.0002	100
15	240.4	256.3	222.2	7.14	0.0001	272.2
16	105.9	112.1	98.1	6.66	0.0001	825.3
均值	248.2	266.1	226.6	8.24	0.0002	265.3

2. 过廊照明墙面测量数据

照明采集点分布如图 32，照明测量数据见表 24、25

及图 33。

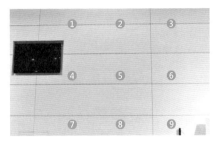

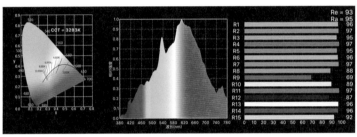

图32　过廊墙面采集点　　　　　　图33　过廊立面照射光源色温光谱及显色指数表现图

表 24　过廊垂直墙面照明采集点数据表

取样编号	光照度（lx）	SDCM	CIEx	CIEy	色温（K）	R_f	R_g	R_a	R9
1	43	11	0.4231	0.4086	3283	95	98	95	69
2	53	5	0.4167	0.4081	3401	93	97	91	50
3	49	5	0.4184	0.4059	3350	96	99	95	72
4	38	11	0.4236	0.4082	3271	96	98	95	70
5	36	10	0.4244	0.4079	3252	96	98	95	70
6	40	9	0.4268	0.4085	3214	95	98	95	67
7	41	5	0.4204	0.4075	3324	96	98	95	69
8	37	5	0.4250	0.4085	3246	96	98	95	67
9	53	10	0.4250	0.4086	3246	94	99	94	63
平均值	43	8	0.4226	0.4080	3287	95	98	94	66
均匀度		0.8308		最小照度值		36		最大照度值	53

表 25　过廊墙面亮度照明采集点数据表

取样编号	1	2	3	4	5	6	7	8	9	平均值	均匀度
亮度（cd/m²）	10.2	9.6	8.8	7.3	7.8	7.7	7.3	7.4	7.8	8.2	0.8879

（三）49m自然采光厅照明

该调研空间为上海美术馆的特色空间，顶部有部分自然采光，功能为联系各个展厅的主序厅空间，并作为呈现展陈主题的重要空间。由于安装位置的局限，目前灯具的安装位置为四周轨道，在一些主要观看视角会产生一定眩光（图34）。

1.49m自然采光厅平面照明测量数据

照明采集点分布如图35，测量数据见表26、27及图36、37。

图34　49m自然采光厅空间

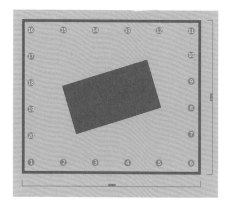

图35　49m自然采光厅平面采集点

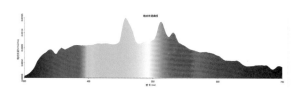 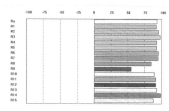 

图36　49m自然采光厅地面照射光源光谱及显色指数表现图

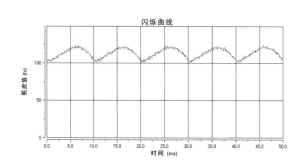 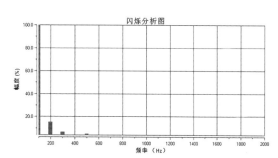

图37　49m自然采光厅地面频闪曲线图和分析图

表26　十二层49m展厅照明采集点数据表

取样编号	光照度（lx）	SDCM	CIEx	CIEy	色温（K）	R_f	R_g	R_a	R9
1	80.74	4.3	0.3502	0.3713	4886	91	95	89.4	29
2	133.1	8.2	0.3384	0.3655	5284	93	95	91.3	41
3	152.4	12.1	0.3303	0.3599	5590	94	95	92.4	49
4	141.3	8	0.3212	0.3525	5975	94	96	93.8	60
5	122.8	5.7	0.319	0.348	6090	94	96	93.7	56
6	115.5	5.4	0.3377	0.3562	5297	92	96	91.2	34

取样编号	光照度（lx）	SDCM	CIEx	CIEy	色温（K）	R_f	R_g	R_a	R9
7	54.74	4.5	0.3399	0.3588	5220	93	97	92.3	45
8	59.6	10.1	0.3292	0.3543	5636	95	96	94.7	63
9	55.95	6.3	0.3385	0.3611	5274	94	96	94.5	62
10	34.14	10.1	0.3293	0.3543	5633	95	97	94.8	65
11	20.58	6.9	0.3364	0.3581	5352	95	97	95.6	68
12	16.73	7	0.3652	0.3703	4400	94	98	94.4	62
13	19.64	1.8	0.3804	0.3768	4002	93	99	93.6	61
14	27.53	1.2	0.4065	0.3924	3487	94	99	94.3	64
15	30.7	7.2	0.4253	0.3993	3167	92	99	93.1	58
16	9.132	11.6	0.374	0.3529	3999	88	103	93.4	65
平均值	67.16	6.9	0.3513	0.3645	4955.8	93	97	93.3	55
均匀度		0.1359	最小照度值		9.132		最大照度值		152.4

表 27　十二层 49m 展厅频闪采集点数据表

序号	光照度（lx）	最大照度（lx）	最小照度（lx）	闪烁百分比（%）	闪烁指数	频率（Hz）
1	213.7	220.5	206.6	3.26	0	1131.8
2	133.7	142.5	123.4	7.17	0.0001	200.7
3	153.8	164	143.4	6.7	0.0002	248.1
4	143.2	150.6	137.6	4.52	0.0001	690.5
5	126.7	132.8	120.4	4.89	0.0001	365.3
6	113.6	124.4	101.6	10.09	0.0002	200.3
7	54.22	60.16	48.52	10.71	0.0002	298.7
8	59.65	63.66	55.99	6.41	0.0001	1790
9	56.78	60.19	53.04	6.31	0.0001	1303.3
10	35.84	39.51	32.59	9.59	0.0001	2064.8
11	17.37	20.87	12.86	23.73	0.0002	2013.7
12	16.91	23.22	10.17	39.08	0.0009	484.4
13	20.28	24.91	16.18	21.25	0.0003	1128.6
14	27.21	34.22	18.87	28.92	0.0005	541.1
15	30.48	40.6	22.05	29.61	0.0005	372.4
16	9.031	14.63	5.044	48.73	0.0007	1383.7
均值	75.8	82.3	69.3	16.3	0.0003	888.6

2.49m 自然采光厅墙面照明测量数据

照明采集点分布如图38，测量数据见表28。

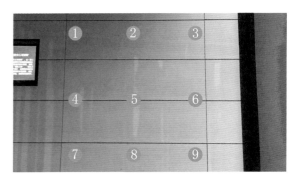

图38　49m自然采光厅墙面采集点

表 28　49m 大厅墙面亮度照明采集点数据表

取样编号	1	2	3	4	5	6	7	8	9	平均值	均匀度
亮度（cd/m²）	1.8	2.3	2.8	2.1	2.0	2.7	1.3	1.4	2.3	2.1	0.6143

（四）非陈列空间数据小结

客观评估见表 29 所示。

表 29　非展厅空间照明客观数据评估表

编号	一级指标	二级指标	入口大堂（序厅）			走廊			49m 层自然采光厅		
			数据	分值	加权平均	数据	分值	加权平均	数据	分值	加权平均
1	灯具与光源性能	显色指数 R_a	79			98			93		
		显色指数 R9	0	5		85	9		55	8	
		显色指数 R_f	79			97			93		
		频闪控制	闪烁频率：1410.1Hz 百分比：1.48% 闪烁指数：0	10	32.9	闪烁频率：265.3Hz 百分比：8.24% 闪烁指数：0.0002	8	45	闪烁频率：888.6Hz 百分比：16.3% 闪烁指数：0.0003	8	30.6
		眩光控制	无不舒适眩光	10		无不舒适眩光	10		有不舒适眩光	5	
		色容差	11	0		2	8		6	3	
2	光环境分布	亮（照）度水平空间分布	0.71	8		0.42	5		0.14	2	
		亮（照）度垂直空间分布	0.76	8	43	0.83	10	40	0.61	7	29.5
		功率密度（大堂序厅）（W/m²）	5	10		7	10		6	10	
	综合评分		入口大堂（序厅）		75.9	走廊		85	49m 层自然采光厅		60

主观评价见表 30 所示。

表 30　非展厅空间照明主观评价统计表

一级指标	二级指标	序厅		走廊		49m 自然采光厅		权重
		原始分值	加权得分	原始分值	加权得分	原始分值	加权得分	
整体空间照明艺术表现	用光的艺术表现力	84	33.60	90	36.00	86	34.40	40%
	理念传达的感染力	86	17.20	91	18.20	89	17.80	20%
光环境舒适度	展品光亮接受度	90	8.95	90	9.00	91	9.13	10%
	视觉适应性	88	8.80	91	9.05	90	8.96	10%
	视觉舒适度（主观）	88	8.80	91	9.05	88	8.75	10%
	心理愉悦感	87	8.70	88	8.80	93	9.29	10%

四　美术馆整体照明总结

　　通过对上海美术馆全方位的调研分析、访谈记录、问卷调查等调研方式，最终形成本报告以及相应的分数统计。最终的统计结果如下（见表 31～33）。

　　客观评估：

　　总体：良好

表 31　美术馆空间照明客观评估统计分值表

客观评估	陈列空间		非陈列空间		
	基本陈列或常设展	临时展览	大堂序厅	过廊	辅助空间
评分	77	77	76	85	60
权重	0.4	0.2	0.2	0.1	0.1
加权得分	30.8	15.4	15.2	8.5	6

主观评价：
总体：优秀

表 32　美术馆空间照明主观评价统计分值表

主观评估	陈列空间		非陈列空间		
	基本陈列或常设展	临时展览	大堂序厅	过廊	辅助空间
评分	93.3	87.4	86.1	90.1	88.3
权重	0.4	0.2	0.2	0.1	0.1
加权得分	37.32	17.48	17.22	9.01	8.83

对光维护：
总体：优秀

表 33　美术馆空间照明维护管理统计分值表

编号		测试要点	统计分值
1	专业人员管理	配置专业人员负责照明管理工作	5
2		有照明设备的登记和管理机制，并能很好地贯彻执行	5
3		能够负责馆内展布调光和灯光调整改造工作	5
4		能够与照明顾问、外聘技术人员、专业照明公司进行照明沟通与协作	5
5		有照明设计的基础，能独立开展这项工作，能为展览或照明公司提供相应的技术支持	10
6	定期检查与维护	制定照明维护计划，分类做好维护记录	10
7		定期清洁灯具、及时更换损坏光源	10
8		定期测量照射展品光源的照度和光衰问题，测试紫外线含量、热辐射变化，以及核算年曝光量并建立档案	0
9		有照明设备的登记和管理机制，并严格按照规章履行义务	10
10	光环境舒适度	有规划地制定照明维护计划，开展各项维护和更换设备的业务	20
11		可以根据实际需求、能及时到位地获得设备维护费用的评分项目	10

调研评估总结如下。

上海美术馆整体光环境及展陈用光品质优秀，从显色性、频闪控制等指标都可以看出，展厅及公共空间均运用了高品质的灯具及光源，保证了展品色彩、材质、光泽等方面的表现，带给观众最佳的观展体验。

上海美术馆由世博会中国馆改建而来，整体空间布局规模宏大，在灯光布置上合理的考虑了众多展厅之间的观展流线，为美术馆整体光环境品质进行了合理的布局和安排，在对大型美术馆的照明系统具有一定的参考价值。

北京画院美术馆照明调研报告

调研对象：北京画院美术馆
调研时间：2017 年 12 月 27 日
指导专家：孙淼、刘晓希、汪猛
调研人员：艾晶、郭宝安
调研设备：远方 SFIM-300 闪烁光谱照度计、三恩施 NR10QC 通用色差计、博世 GLM7000 激光测距仪、希玛
        AS872 高温红外测温仪等

图1　北京画院美术馆

一　概述

（一）美术馆概述

北京画院（原名北京中国画院）是新中国成立最早、规模最大的专业画院。北京中国画院于 1957 年 5 月 14 日正式成立。周恩来总理及郭沫若、陆定一、沈雁冰等 300 余位文化界、美术界知名人士出席了成立大会。周恩来作了长篇讲话，将画院确定为创作、研究、培养人才、发展我国美术事业、加强对外文化交流的学术机构。

北京画院美术馆于 2005 年开馆（图 1），以陈列艺术大师齐白石的作品为特色，以收藏、研究近现代京派绘画为方向，集收藏、研究、陈列、展览、交流和休闲为一体的现代造型艺术博物馆。北京画院美术馆建筑一共有五层，地上四层，地下一层，馆内设有 4 个专业展厅。

一号展厅位于美术馆一层，门口设立服务台，为观众提供存包、导览册发放、语音导览等服务；二号展厅位于美术馆二层，展厅外设立观众休息席，并配有多媒体影音播放，全方位地向观众展示展览内容；三层、四层为齐白石纪念馆，以收藏、陈列、研究齐白石书画为

主，将北京画院所藏的齐白石作品分为十个系列专题陆续陈列展出。

（二）美术馆照明概况

北京画院美术馆馆内均为室内灯光，并分顶光、洗墙光和聚焦光三个照明层次，可根据不同需要调整照度及角度；任意组合式展墙和落地玻璃屏营造不同的展览空间；恒温恒湿、中央监控、自动消防等各种硬件设施，基本达到国际博物馆的标准。

调研区域照明概况：

照明方式：柜外投射为主，展柜中辅以光纤灯

光源类型：卤素灯为主

灯具类型：轨道灯为主

照明控制：各个展厅独立控制，手动开关

照明时间：周二至周日 9：00～17：00（周一闭馆）

（三）调研区域分布

北京画院美术馆馆内设有 4 个专业展厅，馆方人员协同参观了整个美术馆后，指导专家商议选取了几个有代表性的空间进行照明数据采集，数据采集区域如下（图 2）。

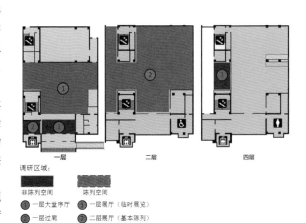

图2　现场照明调研区域示意图

二　调研数据采集分析

本次照明调研期间北京画院美术馆一楼、二楼正在进行"我生无田食破砚——齐白石笔下的书法意蕴之二"专题展，展览以书画为主要形式，无立体展品。

（一）临时展览

此次调研的临时展览是一层展厅，位于北京画院美术馆的一层，正对大堂序厅。临时展览现场调研区域示意图如图2。

1. 绘画作品1《荥阳郑文公之碑》

《荥阳郑文公之碑》是李苦禅先生旧藏，作品尺寸为240cm×246cm。作品使用天花的轨道射灯（光源为卤素灯）作为重点照明。在绘画作品内和作品附近区域采集照明数据，数据采集点横向间距45cm，纵向间距为45cm，共取30个数据采集点，数据采集点分布如图3，其各项数据见表1～3。

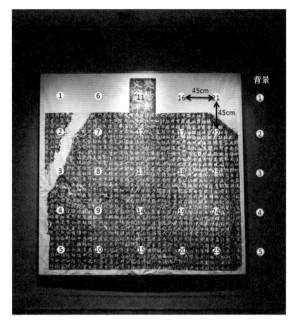

图3　绘画作品1数据采集点分布示意图

表1　绘画作品1照射光源测试数据表

色温 CCT	色容差 SDCM	频闪百分比 Pct Flicker	R_a
2681K	16.8	2.04%	98.4
R9	Rf	展品与背景对比度	蓝光危害
95.4	96.3	4.46	3.02

表2　绘画作品1照度测试数据表

单位：lx

编号	数据	编号	数据	编号	数据	编号	数据	编号	数据	编号	数据	编号	数据
1	50.8	6	53.7	11	292.3	16	53.6	21	62.9	背景1	15.3
2	79.7	7	82.3	12	116.8	17	78.2	22	85.3	背景2	18.4
3	71.4	8	95.3	13	99.2	18	105.9	23	88.6	背景3	21.5
4	59.7	9	78.8	14	84.3	19	84.1	24	75.9	背景4	21.1
5	51.62	10	57.7	15	57.6	20	46.1	25	39.9	背景5	15.6
作品平均照度				82.07				背景平均照度				18.38
照度均匀度			0.486	最小亮度			39.9	最大亮度				292.3

表3　绘画作品1亮度测试数据表

单位：cd/m²

编号	数据	编号	数据	编号	数据	编号	数据	编号	数据	编号	数据
1	8	6	6	11	12	16	8	21	8.6	背景1	0.29
2	3.3	7	5.7	12	9	17	11	22	9	背景2	0.54

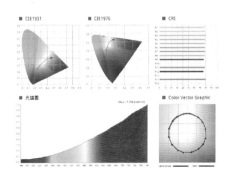

图4　绘画作品1照射光源光学特性

绘画作品1照射光源光学特性如图4。

2. 绘画作品2《花卉册之一、二、三、四》

《花卉册之一、二、三、四》是清代书画家金农（扬州八怪之首）的艺术作品，辽宁省博物馆馆藏。作品为纸本水墨画，每一小幅的作品尺寸均为25cm×32cm。绘

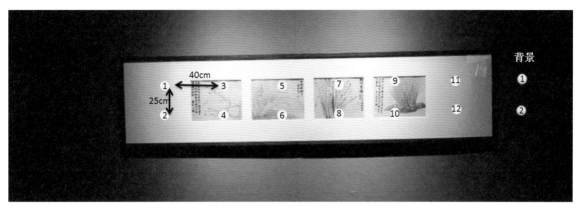

图5　绘画作品2数据采集点分布示意图

续表3

3	9	8	4.6	13	5	18	8	23	8	背景3	0.76
4	1.9	9	4.3	14	3.5	19	4	24	2.9	背景4	0.66
5	2.3	10	2.5	15	2.3	20	2.1	25	2.8	背景5	0.54
作品平均亮度				5.75		背景平均亮度					0.56
亮度均匀度		0.33		最小亮度		1.9		最大亮度			12

表4　绘画作品2照射光源测试数据表

色温 CCT	色容差 SDCM	频闪百分比 Pct Flicker	R_a	R9	R_f	展品与背景对比度	蓝光危害
2713K	14.5	2.3%	97.2	92.3	93.9	2.7	2.56

表5　绘画作品2照度测试数据表

单位：lx

编号	数据	编号	数据	编号	数据	编号	数据	编号	数据	编号	数据	编号	数据
1	29.9	3	66.7	5	50.5	7	58.4	9	52.4	11	22.6	背景1	15.1
2	25.2	4	50.1	6	41.8	8	46.1	10	41.8	12	22.1	背景2	16
作品平均照度			42.3			背景平均照度					15.55		
照度均匀度		0.519		最小照度		22.1		最大照度			66.7		

表6　绘画作品2亮度测试数据表

单位：cd/m²

编号	数据	编号	数据	编号	数据	编号	数据	编号	数据	编号	数据	编号	数据
1	7.1	3	9.2	5	8	7	14	9	12	11	4.6	背景1	0.29
2	5.7	4	13	6	10	8	10	10	9.8	12	3	背景2	0.27
作品平均亮度			8.87			背景平均亮度					0.28		
亮度均匀度		0.34		最小亮度		3		最大亮度			14		

画作品使用天花的轨道射灯（光源为卤素灯）作为重点照明。在绘画作品内和作品附近区域采集照明数据，数据采集点横向间距为40cm，纵向间距为25cm，共取14个数据采集点，数据采集点分布如图5，其各项数据见表4～6。绘画作品2照射光源光学特性如图6所示。

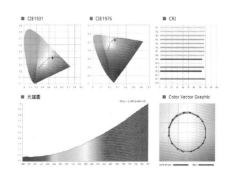

图6　绘画作品2照射光源光学特性

3. 临时展览照明数据总结

临时展览区照明质量的主观和客观评分见表7、8。

表7 临时展览照明质量主观评分表

一级指标	项目	分数	二级加权	加权分数
展品色彩表现	展品色彩真实感程度	7.8	20%	15.6
	光源色喜好程度	8.4	5%	4.2
展品清晰度	展品细节表现力	8.5	10%	8.5
	立体感表现力	8.5	5%	4.3
	展品纹理清晰度	8.2	5%	4.1
	展品外轮廓清晰度	8.6	5%	4.3
光环境舒适程度	展品光亮接受度	8.5	5%	4.3
	视觉适应性	8.4	5%	4.2
	视觉舒适度（主观）	8.2	5%	4.1
	心理愉悦感	8.3	5%	4.2
整体空间照明艺术表现	用光艺术的喜好度	8.2	20%	16.4
	感染力的喜好度	7.4	10%	8.4

表8 临时展览照明质量客观评分表

一级指标	二级指标		绘画作品1				绘画作品2			
			数值	分数	权重	加权分	数值	分数	权重	加权分
用光的安全	照度（lx）		80.07	10	15%	40	42.3	10	15%	40
	年曝光量(lx*h/年)		200403				105871			
	紫外含量检测（μW/lm）		3.02	10	10%		2.65	10	10%	
	展品表面温升（红外）		0	10	10%		0	10	10%	
	眩光控制		无不舒适眩光	10	5%		无不舒适眩光	10	5%	
灯具与光源性能	显色指数	R_a	98.4	10	12%	22	97.2	8.6	12%	20.32
		R9	95.4				92.3			
		R_f	96.3				93.9			
	频闪控制		2.04%	10	10%		2.3%	10	10%	
	色容差		16.8	0	8%		14.5	0	8%	
光环境分布	亮（照）度水平空间分布		无	无	8%	17.4	无	无	8%	22.8
	亮（照）度垂直空间分布		0.486	5	14%		0.519	6	14%	
	对比度		4.46	7	8%		2.7	10	8%	

（二）基本陈列

此次调研的基本陈列是二层展厅，位于北京画院美术馆的二楼。

1. 绘画作品3《墨兰》

《墨兰》是齐白石先生的艺术作品，于1945年创作，由北京画院馆藏。作品为纸本水墨画，作品尺寸为135.5cm×33cm。作品使用天花的轨道射灯（光源为卤素灯）作为重点照明。在绘画作品内和附近区域采集照明数据，数据采集点横向间距为25cm，纵向间距为25cm，共取28个数据采集点，数据采集点分布如图7，其各项数据见表9～11。

图7 绘画作品3数据采集点分布示意图

表 9　绘画作品 3 照射光源测试数据表

色温 CCT	色容差 SDCM	频闪百分比 Pct Flicker	R_a	R9	R_f	展品与背景对比度	蓝光危害
2771K	6.9	0.1%	98.1	94.3	96.2	2.39	8.9

表 10　绘画作品 3 照度测试数据表

单位：lx

编号	数据	编号	数据	编号	数据	编号	数据
1	22.6	8	33	15	30.9	背景 1	15
2	42.1	9	52.9	16	49.9	背景 2	15.8
3	51	10	55.8	17	49.4	背景 3	16.6
4	50.2	11	61.6	18	60.6	背景 4	19.3
5	38.7	12	48.8	19	59.6	背景 5	24.4
6	35.6	13	45.5	20	57.5	背景 6	21.5
7	30.3	14	40.3	21	49.6	背景 7	22.2
作品平均照度		46.11		背景平均照度		19.26	
照度均匀度	0.544	最小照度	25.1	最大照度		61.6	

表 11　绘画作品 3 亮度测试数据表

单位：cd/m²

编号	数据	编号	数据	编号	数据	编号	数据
1	3.7	8	9.8	15	5.7	背景 1	0.54
2	6	9	9.8	16	9.8	背景 2	0.6
3	7	10	13	17	10	背景 3	0.8
4	8	11	10	18	11	背景 4	0.9
5	6	12	12	19	9.6	背景 5	1
6	5.3	13	8.6	20	9.8	背景 6	1.1
7	4.3	14	7	21	8.6	背景 7	1.1
作品平均亮度		8.3		背景平均亮度		0.86	
亮度均匀度	0.45	最小亮度	3.7	最大亮度		13	

绘画作品 3 照射光源光学特性如图 8。

2. 绘画作品 4《门条》

绘画作品 4《门条》是齐白石先生的艺术作品，于 1932 年创作，由辽宁省博物馆馆藏。作品为纸本书画，作品尺寸为 47.5cm×43.5cm。作品使用天花的轨道射灯（光源为卤素灯）作为重点照明。在作品内和附近区域采集照明数据，数据采集点横向间距为 25cm，纵向间距为 25cm，共取 12 个数据采集点，数据采集点分布如图 9，其各项数据见表 12～14。

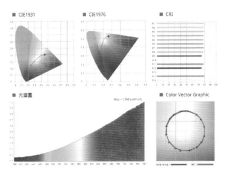

图8　绘画作品3照射光源光学特性

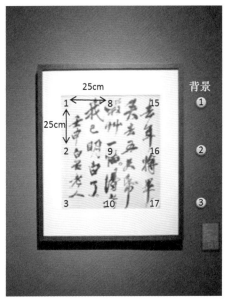

图9　绘画作品4数据采集点分布示意

表12　绘画作品4照射光源测试数据表

色温 CCT	色容差 SDCM	频闪百分比 Pct Flicker	R_a	R9	R_f	展品与背景对比度	蓝光危害
2470K	18.5	2.1%	99.4	99.4	97.5	3.54	4.7

表13　绘画作品4照度测试数据表

单位：lx

编号	数据	编号	数据	编号	数据	编号	数据
1	64	4	85.6	7	58.7	背景1	17.1
2	61.2	5	81.5	8	56.2	背景2	17.3
3	44	6	55	9	39.1	背景3	16.8
作品平均照度		60.59		背景平均照度		17.07	
照度均匀度		0.645	照度最小值	39.1	照度最大值		85.6

表14　绘画作品4亮度测试数据表

单位：cd/m²

编号	数据	编号	数据	编号	数据	编号	数据
1	3.7	4	9.6	7	12	背景1	0.7
2	6.2	5	16	8	15	背景2	0.8
3	9.8	6	9.8	9	9	背景3	0.7
作品平均亮度		10.1		背景平均亮度		0.73	
亮度均匀度		0.37	最小亮度	3.7	最大亮度		16

绘画作品4照射光源光学特性如图10。

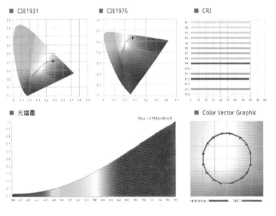

图10　绘画作品4照射光源光学特性

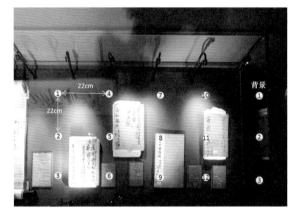

图11　展柜1数据采集点分布示意图

3. 展柜1

展柜1主要展示齐白石先生的一些小型纸质艺术作品。展柜主要使用柜内的光纤灯作为重点照明。在展柜内采集照明数据，数据采集点横向间距为22cm，纵向间距为22cm，共取15个数据采集点，数据采集点分布如图11，其各项数据见表15～17。

表15　展柜1照射光源测试数据表

色温 CCT	色容差 SDCM	频闪百分比 Pct Flicker	R_a	R9	R_f	展品与背景对比度	蓝光危害
2813K	1.35	1.8%	99.1	94.2	99	13.5	5.38

表 16　展柜 1 照度测试数据表

单位：lx

编号	数据	编号	数据	编号	数据	编号	数据	编号	数据
1	399.5	4	78.7	7	337.5	10	278.5	背景 1	12.4
2	247.5	5	55.8	8	146.3	11	148.1	背景 2	11.6
3	113.4	6	48.7	9	62.9	12	34.4	背景 3	12.1
作品平均照度			162.61		背景平均照度			162.61	
照度均匀度		0.212	最小照度		34.4	最大照度		399.5	

表 17　展柜 1 亮度测试数据表

单位：cd/m^2

编号	数据	编号	数据	编号	数据	编号	数据	编号	数据
1	7	4	5	7	13	10	12	背景 1	1.1
2	17	5	7.5	8	11	11	10	背景 2	0.9
3	9	6	8.6	9	5.3	12	4.3	背景 3	1
作品平均亮度			9.14		背景平均亮度			1	
亮度均匀度		0.47	最小亮度		4.3	最大亮度		17	

展柜 1 照射光源光学特性如图 12。

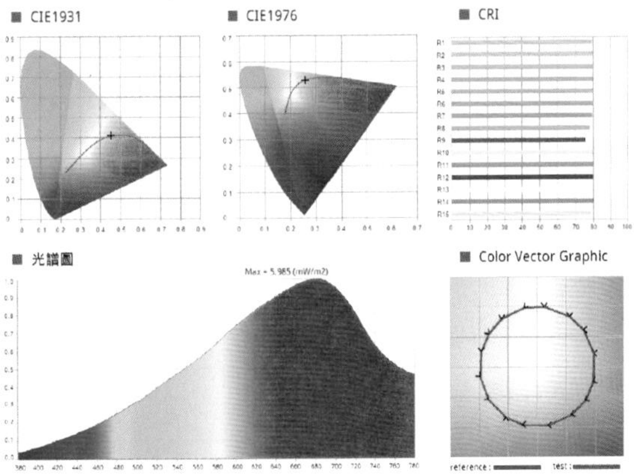

图12　展柜1照射光源光学特性

4. 基本陈列照明数据总结

基本陈列区照明质量的主观和客观评分见表 18、19。

表 18　基本陈列照明质量主观评分表

一级指标	二级指标	分数	二级加权	加权分数
展品色彩表现	展品色彩还原程度	8.3	20%	16.6
	光源色喜好程度	8.3	5%	4.2
展品清晰度	展品细节表现力	7.8	10%	7.8
	立体感表现力	7.9	5%	4.0
	展品纹理清晰度	8.3	5%	4.2
	展品外轮廓清晰度	8.4	5%	4.2
光环境舒适程度	展品光亮接受度	8.2	5%	4.1
	视觉适应性	8.0	5%	4.0
	视觉舒适度（主观）	8.3	5%	4.2
	心理愉悦感	8.2	5%	4.1
整体空间照明艺术表现	用光艺术的喜好度	8.1	20%	16.2
	感染力的喜好度	7.9	10%	7.9

表19　基本陈列照明质量客观评分表

一级指标	二级指标		绘画作品3				绘画作品4				展柜1			
			数值	分数	权重	加权分	数值	分数	权重	加权分	数值	分数	权重	加权分
用光的安全	照度（lx）		46.11	10	15%	37	60.59	10	15%	20	162.61	10	15%	38
	年曝光量（lx*h/年）		115406				151648				406964			
	紫外含量检测（μW/lm）		8.9	8	10%		4.7	10	10%		5.38	8	10%	
	展品表面温升（红外）		0.1	10	10%		0.1	10	10%		0	10	10%	
	眩光控制		偶有不舒适眩光	8	5%		无不舒适眩光	10	5%		无不舒适眩光	10	5%	
灯具与光源性能	显色指数	R_a	99.1	9.3	12%	23.56	99.4	10	12%	22	98.1	9.3	12%	27.65
		R9	94.29				99.4				94.3			
		R_f	99				97.5				96.2			
	频闪控制		0.1%	10	10%		2.1%	10	10%		1.8%	10	10%	
	色容差		6.9	3	8%		18.5	0	8%		1.35	8	8%	
光环境分布	亮（照）度水平空间分布		无	无	8%	22.8	无	无	8%	21	0.212	3	8%	5.4
	亮（照）度垂直空间分布		0.544	6	14%		0.645	7	14%		无	无	14%	
	对比度		2.39	10	8%		3.54	7	8%		13.5	0	8%	
加权总分			83.4				83				70.96			
基本陈列客观平均分			79.1											

（三）非陈列空间

此次调研的非陈列空间为一层大堂序厅、过廊和四层书店三个公共空间。经过现场测量计算，公共空间的地面平均反射率9.3%，墙面平均反射率为25.1%，照明方式主要以直接型为主。

1. 大堂序厅

位于美术馆一楼，正对入口大门和一层展厅，其现场图片如图13。一层大堂序厅主要使用天花的筒灯（光源为荧光灯）作为基础照明，靠近大门处有自然采光。在一层大堂序厅地面采集照明数据，共取10个数据采集点，数据采集点分布如图14。

图13　大堂序厅现场

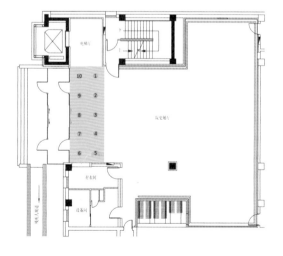

图14　大堂序厅数据采集点分布示意图

大堂序厅地面照射光源测试数据见表20所示。

表20　大堂序厅地面照射光源测试数据表

编号	照度（lx）	CIEx	CIEy	色温（K）	R_a	R9	fc	色容差	频闪百分比
1	108.3	0.3271	0.3316	5796	94.5	80	10.1	3.3	2.58%
2	154.1	0.3089	0.3156	6844	95.9	90	14.3	3.2	1.99%
3	206.8	0.2939	0.3051	8095	97.6	90	19.2	3.6	1.36%
4	211.3	0.2971	0.3087	7762	97.7	90	19.6	3.2	1.44%
5	143.9	0.3018	0.3118	7373	96.7	83	13.4	3.5	1.97%
6	141.9	0.3088	0.3135	6883	94.6	83	13.2	3.5	3.4%
7	204.1	0.2921	0.3020	8321	97.1	89	22.3	3.4	1.87%
8	183.4	0.3098	0.3171	6779	96	89	17	3.6	1.95%
9	224.9	0.3002	0.3129	7462	97.4	83	20.9	3.3	1.60%
10	221.8	0.3002	0.3008	7534	96	87	20.6	3.3	2.09%
平均值	180.05	0.3040	0.3119	7284.9	96.35	86.4	17.06	3.4	2.03%
照度均匀度		0.602	最小照度值		108.3		最大照度值		224.9

大堂序厅地面照射光源光学特性如图15。

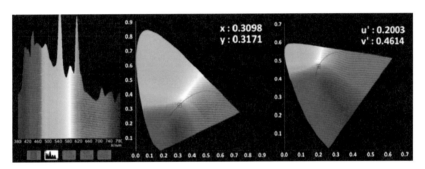

图15　大堂序厅地面照射光源光学特性

大堂序厅照明质量的主观和客观评分见表21、22。

（1）大堂序厅照明质量主观评分

表21　大堂序厅照明质量主观评分表

一级指标	二级指标	分数	二级加权	加权分数
光环境舒适度	展品光亮接受度	7.9	10%	7.9
	视觉适应性	7.8	10%	7.8
	视觉舒适度（主观）	7.7	10%	7.7
	心理愉悦感	7.8	10%	7.8
整体空间照明艺术表现	用光艺术的喜好度	7.5	40%	30
	感染力的喜好度	7.3	20%	14.6

（2）大堂序厅照明质量客观评分

表22　大堂序厅照明质量客观评分表

前厅	灯具与光源性能				光环境分布		
	显色指数 ($R_a/R_c/R9/R_f$)	频闪	眩光	色容差	亮（照）度水平 空间分布	亮（照）度垂直 空间分布	功率密度
得分	9.3	10	10	6	7	/	10
加权分	44.125				42.5		

2.过廊

此次调研的过廊位于美术馆一层，紧挨大堂序厅，其现场图片如图16。1层过廊主要使用天花的筒灯（光源为荧光灯）作为基础照明。在一层过廊地面采集照明数据，共取4个数据采集点，数据采集点分布如图17，过廊地面照射光源光学特性如图18。

过廊地面照射光源测试数据见表23所示。

图16　过廊现场

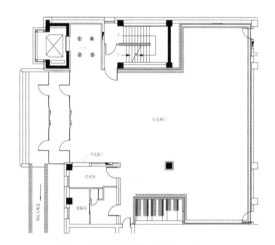

图17　过廊数据采集点分布示意图

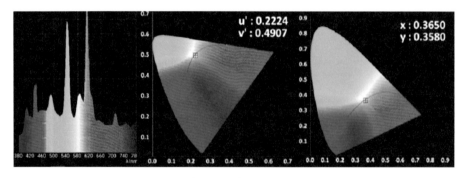

图18　过廊地面照射光源光学特性

表23　过廊地面照射光源测试数据表

编号	照度(lx)	CIEx	CIEy	色温(k)	R_a	R9	fc	色容差	频闪百分比
1	63.5	0.3845	0.3673	3812	91.3	49	5.9	3.8	5.08%
2	87.9	0.3650	0.3580	4326	92.7	56	8.2	3.8	3.68%
3	70.5	0.4179	0.3869	3204	88.4	27	6.5	3.7	6.83%
4	69.2	0.3888	0.3703	3724	91	45	6.4	3.8	8.15%
平均值	72.78	0.3891	0.3706	3767	90.85	44.3	6.75	3.8	6.75%
照度均匀度	0.872	最小照度值		63.5	最大照度值				87.9

过廊照明质量的主观和客观评分见表24、25。

表24　过廊照明质量主观评分表

一级指标	项目	分数	二级加权	加权分数
光环境舒适度	展品光亮接受度	7.5	10%	7.5
	视觉适应性	7.2	10%	7.2
	视觉舒适度（主观）	7.9	10%	7.9
	心理愉悦感	7.5	10%	7.5
整体空间照明艺术表现	用光艺术的喜好度	7.6	40%	30.4
	感染力的喜好度	7.4	20%	14.8

表25　过廊照明质量客观评分表

过廊	灯具与光源性能				光环境分布		
	显色指数 ($R_a/R_c/R9/R_f$)	频闪	眩光	色容差	亮（照）度水平 空间分布	亮（照）度垂直 空间分布	功率密度
得分	5.3	8	10	6	10	/	10
加权分	36.625				50		

3. 书店

此次调研的书店位于美术馆四层，背靠四层展厅，主要使用天花的荧光灯作为基础照明，其现场图片如图19。

垂直面照明数据采集。在书架的垂直面采集照明数据，数据采集点横向间距为25cm，纵向间距为25cm，共取12个数据采集点，数据采集点分布如图20。

书架垂直面照度测试数据见表26所示。

图20　书架垂直面采集点分布示意图

图19　书店现场

图21　书桌水平面采集点分布示意图

表26　书架垂直面照度测试数据表

单位：lx

编号	数据	编号	数据	编号	数据
1	117.5	5	118.9	9	118.8
2	73.8	6	79.8	10	84.2
3	42.4	7	61.7	11	60.1
4	40.8	8	42.1	12	46.6
照度平均值				73.89	
照度均匀度	0.55	照度最小值	40.8	照度最大值	118.9

水平面照明数据采集。在书桌的水平面采集照明数据，共取 9 个数据采集点，数据采集点分布如图 21。

书桌水平面照度测试数据见表 27 所示。

表 27　书桌水平面照度测试数据表

单位：lx

编号	数据	编号	数据	编号	数据
1	64.1	4	76	7	62.4
2	65.2	5	73.5	8	58.5
3	64.6	6	69.5	9	61.6
照度平均值				66.16	
照度均匀度	0.884	照度最小值	58.5	照度最大值	76

书店照射光源测试数据见表 28 所示。

表 28　书店照射光源测试数据表

色温	色容差	频闪	R_a	R9	R_f
2770K	2.8	11.1%	87	17.5	83.6

书店照射光源光学特性如图 22。

书店照明质量的主观和客观评分见表 29、30。

表 29　书店照明质量主观评分表

一级指标	二级指标	分数	二级加权	加权分数
光环境舒适度	展品光亮接受度	7.7	10%	7.7
	视觉适应性	7.8	10%	7.8
	视觉舒适度（主观）	8.3	10%	8.3
	心理愉悦感	7.9	10%	7.9
整体空间照明艺术表现	用光艺术的喜好度	7.8	40%	31.2
	感染力的喜好度	7.6	20%	15.2
合计总分			78.1	

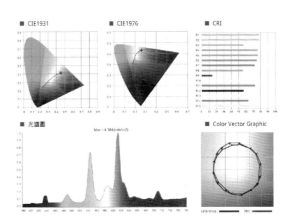

图22　书店照射光源光学特性

表 30　书店照明质量客观评分表

书店	灯具与光源性能				光环境分布		
	显色指数（R_a/R_c R9/R_f）	频闪	眩光	色容差	亮（照）度水平空间分布	亮（照）度垂直空间分布	功率密度
得分	4	7	8	7	10	6	10
加权分	32.5				43.3		

三　整体照明总结

通过对北京画院美术馆部分区域的调研分析、访谈记录、问卷调查等调研方式，最终形成本报告以及相应的分数统计。最终的统计结果如下，见表 31～33。

（一）主观照明质量评估分数总结

主观总体评分等级：优秀

表 31　美术馆主观照明评分表

客观评估	展陈空间		非展陈空间		
	基本陈列	临时展览	大堂序厅	过廊	辅助空间（书店）
评分	81.5	82.6	75.8	75.3	78.1
权重	0.4	0.2	0.2	0.1	0.1
加权得分	32.6	16.52	15.06	7.53	7.81

（二）客观照明质量评估分数总结

客观总体评分等级：优秀

表 32　美术馆客观照明质量评分表

客观评估	展陈空间		非展陈空间		
	基本常展	临时展览	大堂序厅	过廊	辅助空间（书店）
评分	79.1	81.26	86.6	86.6	75.8
权重	0.4	0.2	0.2	0.1	0.1
加权得分	31.64	16.25	17.32	8.66	7.58

（三）"对光维护"运营评估分数总结

运营总体评分等级：优秀

表 33　美术馆"对光维护"运营评分表

分项	要点	统计分值
专业人员管理	能够负责馆内布展调光和灯光调整改造工作	5
	能够与照明顾问、外聘技术人员、专业照明公司进行照明沟通与协作	5
	配置专业人员负责照明管理工作	5
	有照明设备的登记和管理机制，并能很好地贯彻执行	5
	有照明设计的基础，能独立开展这项工作，能为展览或照明公司提供相应的技术支持	10
定期检查与维护	定期清洁灯具、及时更换损坏光源	10
	有照明设备的登记和管理机制，并严格按照规章制度履行义务	10
	定期测量照射展品的光源的照度与光衰问题，测试紫外线含量、热辐射变化，以及核算年曝光量并建立档案	0
	制定照明维护计划，分类做好维护记录	5
维护资金	可以根据实际需求，能及时到位地获得设备维护费用的评分项目	15
	有规划地制定照明维护计划，开展各项维护和更换设备的业务	15

北京画院美术馆馆内藏品丰富、类型多样，以陈列艺术大师齐白石的作品为特色，以收藏、研究近现代京派绘画为方向，集收藏、研究、陈列、展览、交流和休闲为一体的现代造型艺术博物馆。

通过现场数据测量和后期数据分析，馆内整体光环境符合美术馆的展示要求，布局合理、控光精准、突出展品、点面结合，营造出专业的美术馆展陈光环境。本次调研的展示区域使用的灯具基本采用卤素灯，灯具性能稳定，频闪指数控制较好，具有良好的显色性。

江苏省美术馆照明调研报告

调研对象："国立美术陈列馆"、江苏省美术馆
调研时间：2017 年 9 月 18～19 日
指导专家：陈同乐、荣浩磊
调研人员：高帅、杨秀杰、刘思辰、姚丽、伍必胜、曾林、刘泉坤
调研设备：照度计 XY-III，彩色照度计 SPIC-200，激光测距仪 class5a，分光测色仪 CM2600d，紫外辐照计
　　　　　R1512003，亮度计 LMK，多功能照度计 PHOTO-2000

一　概述

江苏省美术馆的前身为建于 1936 年的"国立美术陈列馆"，是中国近代第一座国家级美术馆。1956 年江苏省美术馆陈列馆开始筹建并正式对外开放，1960 年 9 月，正式更名为"江苏省美术馆"，并沿用至今。2006 年，全国美术馆专业委员会成立，江苏省美术馆当选为理事单位。2010 年，当选为由文化部组织的首批国家重点美术馆。

江苏省美术馆拥有中国最早的"国立美术陈列馆"（老馆）和目前中国国内设施先进的美术馆（新馆）两处展馆建筑（图 1、2）。老馆和新馆都位于江苏省南京市长江路，东西相距不到 500m，建筑面积共计

图1　"国立美术陈列馆"（老馆）

图2　江苏省美术馆（新馆）

40000m²，建筑外形都堪称经典之作。老馆原名"国立美术陈列馆"，占地面积 4700m²，于 1936 年 8 月建成。主楼建筑四层，是民国建筑中新民族形式建筑的代表之一。一至三层为展厅，面积共 1700m²，展线共 600m。

新馆于 2008 年动工兴建，2009 年底建设完成，占地面积约 10600m²，建筑面积 32000m²。由德国 KSP 建筑设计事务所设计，地上四层，地下二层，楼高 24m。与老馆相比，新馆建筑更具有现代感和人文气息。整个建筑考虑到与周围民国时期建筑大环境的融合，因此在建筑外幕墙设计方面，大量使用了乱纹的意大利罗马洞石，并从外立面一直延伸至整个大楼的中庭，在中国这是第一个这么大面积使用乱纹罗马洞石作为外墙的建筑，打破了中国一扇大门分内外的传统格局，使美术馆的开放性更加凸显。

二　"国立美术陈列馆"照明调研数据分析

（一）"国立美术陈列馆"照明概况

"国立美术陈列馆"共三层，每层设置展厅，配套设施齐全。入口门厅照明以自然光为主，主要展厅采用全人工光，总体照明氛围营造良好，视觉舒适度较高。

照明方式：导轨投光为主，局部格栅荧光灯。
光源类型：展陈空间以 LED 灯为主，局部荧光灯。
灯具类型：直接型为主
照明控制：手动开关

（二）"国立美术陈列馆"调研概况

数据采集工作，按照功能区分为展陈空间、非陈列空间。展陈空间中，选取典型的通柜内书画及柜外书画展品进行调研测量；非陈列空间选择了具有代表性的通道和入口门厅以及办公室、会议室等调研区域见表 1 所示。

表1 调研区域

调研类型／区域		对象	数量
展陈空间	平面柜内展品	绘画展品	2组
	平面柜外展品	绘画展品	1组
非陈列空间	门厅	门厅	1组
	过渡空间	展厅通道	1组
	辅助空间	办公室	1组
		会议室	1组
		咖啡厅	1组

（三）"国立美术陈列馆"展示照明

对展柜内展品进行亮／照度、显色指标、紫外含量等参数的测试。采集数据如下。

1. 柜内展品照明数据

柜内展品1：

展品尺寸与灯具位置关系如图3所示。情况及数据采集见表2。

展柜照度测量（lx）－中心布点法：以宽0.6m，高0.5m的矩形为布点模版（图4），平均照度：166lx；均匀度：0.3。

展品照度测量（lx）－中心布点法如图5所示。展品1平均照度：219lx，均匀度：0.2；展品2平均照度：248lx，均匀度：0.5；展品3平均照度：221lx，均匀度：0.4；展品4平均照度：221lx，均匀度：0.5；展品5平均照度：187lx，均匀度：0.5。数据采集见表3、4，如图6。

图3 展品尺寸和灯具位置示意图（单位：m）

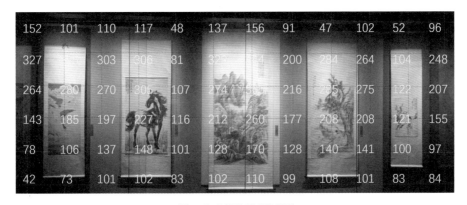

图4 柜内展品照明数据图

表2 柜内展品1数据采集

类型	展品类型	照明方式	光源类型	灯具类型	色温（K）	色容差	显色指数	紫外含量（μW/lm）	照明控制
柜内展品	中国画	导轨投光	LED	直接型	2946	5	90	0.3	手动

图5　展品照度数据图

图6　柜内展品1的伪色图

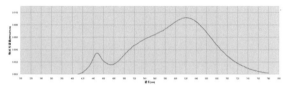

图7　光谱分布图

表3　亮度数据表

序号	平均亮度（cd/m²）	对比度	色温K	显指 R_a	R9	R_g	R_f	色容差
1	33.1	1.3						
2	29.4	1.18						
3	33.9	1.36	2906～2989	90	54	97.8	90.5	5.1
4	31.1	1.24						
5	33.5	1.34						

表4　柜内展品2数据采集

类型	展品类型	照明方式	光源类型	灯具类型	色温K	色容差	显色指数	紫外含量（μW/lm）	照明控制
柜内展品	中国画	导轨投光	LED	直接型	2942	4.9	91	0.3	手动

光谱分布图，如图7所示。

柜内展品2：

展品尺寸与灯具关系如图8所示，数据采集见表4。

展柜照度测量（lx）－中心布点法，如图9所示，平均照度：358lx；均匀度：0.6，数据见表5，图10、11。

图8　展品尺寸和灯具位置示意图

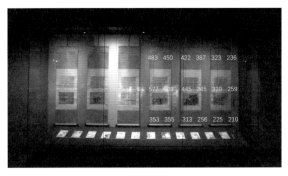

图9 柜内展品2照度数据图

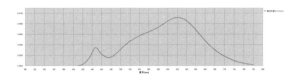

图11 柜内展品2光谱分布图

图10 柜内展品2伪色图

2. 柜外展品照明数据

展品尺寸与灯具关系如图12所示,数据采集见表6。

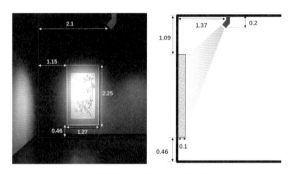

图12 展品尺寸和灯具位置示意图(m)

展品点位照度值如图13所示,部分测试数据见表7。
光源特性,如图14、15所示。

表5 柜内展品2亮度数据表

序号	平均亮度 (cd/m²)	对比度	色温 K	显指 R_a	R9	R_g	R_f	色容差
1	27.6	1.84						
2	10.3	0.68						
3	20.8	1.39	2936 ~ 3021	91	54	98.9	90.7	4.9
4	30.8	2.05						
5	22.8	1.52						
6	16.5	1.10						

表6 柜外展品数据采集

类型	展品类型	照明方式	光源类型	灯具类型	色温 K	色容差	显色指数	紫外含量 (μW/lm)	照明配件	照明控制
柜外展品	中国画	导轨投光	LED	直接型	3025	3.2	98.5	0.6	磨砂玻璃防眩光罩	手动

表7 柜外展品亮度数据表

序号	平均亮度 (cd/m²)	对比度	色温 K	显指 R_a	R9	R_g	R_f	色容差
1	19.6	3.3	3025	98.5	94	100.9	94.7	3.2
展品平均照度:153 lx,均匀度:0.3								
地面平均照度:34 lx,均匀度:0.4								

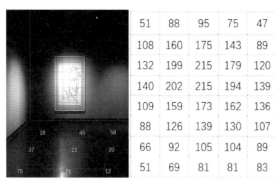

51	88	95	75	47
108	160	175	143	89
132	199	215	179	120
140	202	215	194	139
109	159	173	162	136
88	126	139	130	107
66	92	105	104	89
51	69	81	81	83

图13　柜外展品照度数据图

图14　柜外展品伪色图

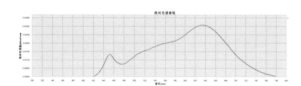

图15　柜外展品光谱分布图

（四）"国立美术陈列馆"非陈列空间照明

门厅与过渡空间着重对照度、均匀度等参数进行测量。辅助空间着重对照度、显色性等参数进行测量。测试数据如下。

1. 展厅地面、门厅地面，照度数据如图16、17所示，展厅地面平均照度：35 lx，均匀度：0.1；门厅地面平均照度：742 lx，均匀度：0.98。

2. 会议室与办公室

会议室：LED 灯管（图18、19）。办公室：荧光格栅灯工作面平均照度：176 lx，均匀度：0.98；地面平均照度：174 lx 均匀度：0.6；工作面平均照度：245 lx，均匀度：0.5；地面平均照度：201 lx，均匀度：0.3。

3. 咖啡厅

咖啡厅区域照明测试数据见表8，现场情况如图20。

根据人行视野，选取点位测试眩光指标，以下为眩光（UGR）测试（图21），眩光值见表9所示。

图16　展厅地面

图17　门厅地面

表8　咖啡厅数据采集表

序号	位置	色温 K	显色指数	R9	R_g	R_f	色容差
1	灯具1	2967	82	8	94.8	83.1	
2	灯具2	2898	72	8	95.3	70.7	4.1
3	灯具3	3089	91	54	99.2	90.9	
4	灯具4	2925	82	59	96.4	82.3	
工作面平均照度 lx		151		均匀度		0.7	

表9　各采集场景眩光值

测试项目	1	2	3	4	5	6
测试场景	柜内展品	三层展厅1	三层展厅2	柜外展品	三层展厅3	三层展厅4
眩光值	6.3	12.7	10.3	11.4	12.8	15.6

图18　会议室　　　　　　　　　　　　　　图19　办公室

图20　咖啡厅和灯具

①　框内展品　　②　三层展厅1　　③　三层展厅2　　④　框外展品　　⑤　三层展厅3　　⑥　三层展厅4

图21　各场景眩光采集位置图

三 江苏省美术馆照明调研数据分析

（一）江苏省美术馆照明概况

江苏省美术馆的前厅为天然光与人工光结合的方式，平日对天然光进行遮挡，大厅内光线明亮、柔和。高空间展陈对灯具品质要求较高，总体照明氛围良好，舒适度高（图22）。

图22 江苏省美术馆

总体照明方式：导轨投光为主

光源类型：展陈空间以卤素灯为主，辅助空间以金卤灯和荧光灯为主

灯具类型：直接型为主

照明控制：手动开关

开放时间：9∶00～17∶00（周一闭馆）

（二）江苏省美术馆调研概况

数据采集工作，按照功能区分为陈列空间、非陈列空间。陈列空间中，选取典型的书画展品、雕塑进行调研测量；非陈列空间选择了具有代表性的通道和入口门厅，以及辅助空间、调研区域见表10所示。

（三）江苏省美术馆展示照明

对立体展品、柜外展品、平柜展品进行亮／照度、显色指标、紫外含量等参数的测试。

1.立体裸展照明数据

根据雕塑的造型差异，选取了两组水平趋势和垂直趋势的典型的雕塑展品，采用专业的柱面照度计进行数据测试：

立体裸展展品1类型为立体雕塑。灯具位置关系如图23所示，照明灯具采用防眩光导轨卤素灯，直接照亮展品。控制方式为手动控制。

立体裸展展品1正面半柱面照度：107 lx，均匀度：0.4；背面半柱面照度：52 lx，均匀度：0.7。亮度伪色图如图24，测试数据如表11，光谱分布如图25所示。

立体裸展展品2照明效果图与灯具位置关系如图26。照明灯具采用防眩光导轨卤素灯，直接照亮展品。控制方式为手动控制。立体裸展展品2正面半柱面照度：48 lx，均匀度：0.7；侧面半柱面照度：19 lx，均匀度：0.9。亮度伪色图如图27，测试数据如表12，光谱分布如图28所示。

2.柜外展品照明数据

针对层高3.2m、6m的展厅，各选取一组画幅相近的展品进行数据采集。采用中心布点法进行测试：

柜外展品1，层高为6m，展品类型为绘画。灯具位置关系如图29，照明灯具采用防眩光导轨卤素灯，直接照亮展品。控制方式为手动控制。

柜外展品1平均照度：142lx，均匀度0.6，地面平均照度：47lx，均匀度0.6。亮度伪色图如图30，测试数据如表13，光谱分布如图31所示。

柜外展品2，层高为3.2m，展品类型为绘画。灯具位置关系如图32，照明灯具采用防眩光导轨卤素灯，直接照亮展品。控制方式为手动控制

柜外展品2平均照度：100lx，均匀度0.6，地面平均照度：17lx，均匀度0.6。亮度伪色图如图33，测试数

表 10 调研区域

调研类型／区域		对象	数量
陈列空间	平柜展品	绘画展品	1组
	立体展品	雕塑	2组
	柜外展品	绘画展品	2组
非陈列空间	过渡空间	门厅	1组
		展厅通道	1组
	辅助空间	办公室	1组
		会议室	1组
		报告厅	1组
		休息室	1组
		职工之家	1组
		公共教育	1组
		健身房	1组
		办公走廊	1组

据如表 14，光谱分布如图 34 所示。

3. 平柜展品照明数据

平柜展品类型为手稿，照明灯具采用卤素灯与荧光灯结合，直接照亮展品。控制方式为手动控制。照度测量采用中心布点法，数据如图 35 所示。

亮度伪色图如图 36，测试数据如表 15，光谱分布如图 37 所示。

4. 眩光数据

根据人行视野，选取点位测试眩光指标，以下为眩光（UGR）测试，如图 38，眩光值见表 16 所示。

表 11　立体裸展展品 1 亮度数据表

序号	位置	平均亮度（cd/m²）	色温 K	显指 Rₐ	R9	Rg	Rf	色容差	紫外含量（μw/lm）
1	雕塑 1 正面	7.4	2719	99	100	98.7	97.5	3.0	6.0
2	雕塑 1 反面	3.1	2646	99	98	97.9	96.4	3.0	6.0

图23　灯具布置位置平面图

图24　立体裸展展品1伪色图

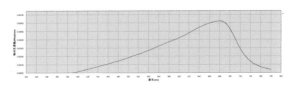

图25　立体裸展展品1光谱分布图

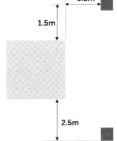

图26　灯具布置位置平面图

图27　立体裸展展品1伪色图

表 12　立体裸展展品 2 亮度数据表

序号	位置	平均亮度 (cd/m²)	色温 K	显指 R_a	R9	R_g	R_f	色容差	紫外含量 (μw/lm)
1	雕塑 2 正面	3.7	2719	99	100	98.7	97.3	3.0	6.0
2	雕塑 2 反面	2.9	2646	99	98	97.9	97.9	3.0	6.0

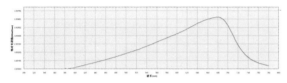

图28　立体裸展展品2光谱分布图

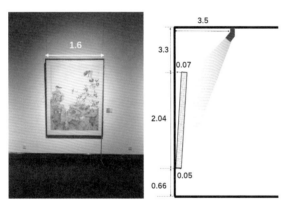

图29　展品尺寸与灯具位置示意图（m）

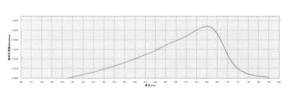

图31　光谱分布图

图30　柜外展品1的伪色图

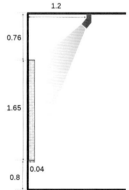

图32　展品尺寸与灯具位置示意图

图33　柜外展品2亮度伪色图

表 13　柜外展品 1 测试数据表

位置	平均亮度 (cd/m²)	对比度	色温 K	R9	R_g	R_f	显指 R_a	色容差	紫外含量 (μW/lm)
展品 1	29.4	1.96	2672	98	93	98.4	98	3.9	1.9

表 14　柜外展品 2 测试数据表

位置	平均亮度 (cd/m²)	对比度	色温 K	R9	R_g	R_f	显指 R_a	色容差	紫外含量 (μW/lm)
展品 2	11.3	1.8	2846	98	98.8	98	99	3.8	28

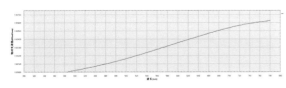

图34　柜外展品2光谱分布图

图36　平柜展品伪色图

图35　平柜展品照度数据图

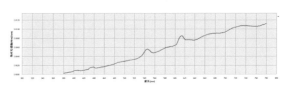

图37　平柜展品光谱分布图

表15 平柜展品照明情况一览表

位置	平均亮度（cd/m²）	色温 K	R9	R_g	R_f	显指 R_a	色容差	紫外含量（μW/lm）
平柜展品	38.1	2789	92	100	98.3	99	4.3	38.1

表16 眩光值

测试项目	1	2	3	4	5
测试场景	二层展厅1	二层展厅2	二层展厅3	二层展厅4	二层展厅5
眩光值	18.1	23.5	31.1	18.4	14.9

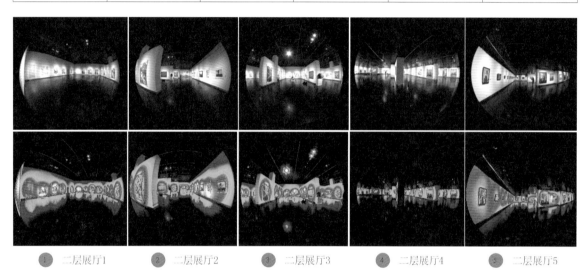

① 二层展厅1　② 二层展厅2　③ 二层展厅3　④ 二层展厅4　⑤ 二层展厅5

图38 眩光测试位置图

（四）江苏省美术馆非陈列空间照明

门厅、过渡空间着重对照度，均匀度等参数进行测量。辅助空间着重对照度、显色性等参数进行测量。测试数据如下。

1. 门厅、报告厅

一层前厅：天然采光，平均照度：215lx，均匀度：0.6；报告厅：荧光灯面板＋荧光筒灯，工作面平均照度：228lx，均匀度：0.5；地面平均照度：52lx，均匀度：0.9（图39、40）。

2. 休息室、会议室、职工之家

休息室桌面平均照度：339lx，均匀度：0.9（图41）；会议室工作面平均照度：653 lx，均匀度：0.8（图42）；地面平均照度：300 lx，均匀度：0.8；职工之家工作面平均照度：635 lx，均匀度：0.8；地面平均照度：

492 lx，均匀度：0.9（图43）。

3. 公共教育、办公室、健身房

工作面平均照度：358 lx，均匀度：0.7；地面平均照度：280 lx，均匀度：0.7；办公室工作面平均照度：329 lx，均匀度：0.7；地面平均照度：288 lx，均匀度：0.9；健身房工作面平均照度：395 lx，均匀度：0.8；地面平均照度：456 lx，均匀度：0.7（图44～46）。

4. 展厅地面、展厅过廊、办公走廊

展厅地面平均照度：30 lx，均匀度：0.7；展厅过廊平均照度：70 lx，均匀度：0.9；办公过廊平均照度：87 lx，均匀度：0.9（图47～49）。

5. 公共空间的主视点测试眩光指标，以下为眩光（UGR）测试，如图50，眩光值见表17所示。

图39 门厅

图40 报告厅

图41　休息室　　　　　　　　　　　图42　会议室　　　　　　　　　　　图43　职工之家

图44　公共教育　　　　　　　　　　图45　办公室　　　　　　　　　　　图46　健身房

图47　展厅地面　　　　　　　　　　图48　展厅过廊　　　　　　　　　　图49　办公过廊

| ❶ | ❷ | ❸ | ❹ | ❺ | ❻ | ❼ |
| 展厅走廊 | 大厅走廊 | 报告厅 | 会议室 | 图书馆 | 办公室 | 办公走廊 |

图50　眩光测试位置图

表17 眩光值

测试项目	1	2	3	4	5	6	7
测试场景	展厅走廊	大厅走廊	报告厅	会议室	图书馆	办公室	办公走廊
眩光值	17.4	27.3	20.8	28.5	20	17	17.3

四 总结

综合以上测试数据，"国立美术陈列馆"（老馆）总体照明满足展陈需求，多项指标优于标准要求。展厅灯具以 LED 为主，色温为 3000K，偏差值在 ±100K 以内，光色一致性较好；显色指数均在 90 以上，保证了展品颜色的还原度和真实度；色容差控制在 5SDCM 左右；紫外含量均在 0.6μW/lm 以下，远低于标准要求的 20μW/lm；灯具投射角度经严格调试，具备较好的防眩光措施，眩光控制好，展厅眩光数据均在 16 以下，低于标准 UGR19 的上限值，且亮度适宜，视觉舒适度良好。

江苏省美术馆（新馆）总体照明满足展陈需求，多项指标优于标准要求。展厅灯具以卤素灯为主。色温在 2672–2846K 内，光色一致性较好；显色指数均在 98 以上，高于标准 90 的下限值；色容差控制在 4SDCM 左右；部分灯具紫外含量超过 20μW/lm，在布置光敏高的展品时需注意；灯具有效控制眩光，多数灯具满足标准 UGR ≤ 19 的要求，视觉舒适度良好。

根据访谈记录、主／客观调研数据，按照评分办法进行评分，统计结果如下（见表18～20）。

（1）客观评估

总体：良好

表18 空间照明客观评估表

客观评估	陈列空间		非陈列空间		
	基本成列	临时展览	大堂序厅	过廊	辅助空间
评分	79.6	78.7	79.1	79.5	78
权重	0.4	0.2	0.2	0.1	0.1
加权得分	31.84	15.74	15.74	7.95	7.8

（2）主观评价

总体：优秀

表19 空间照明主观评估表

主观评价	陈列空间		非陈列空间		
	基本成列	临时展览	大堂序厅	过廊	辅助空间
评分	84.5	82.4	81	79.97	78.9
权重	0.4	0.2	0.2	0.1	0.1
加权得分	33.8	16.48	16.2	7.997	7.89

（3）对光维护：

总体：优秀

表20 空间照明维护管理统计表

编号		测试要点	总分
1	专业人员管理	能够负责馆内布展调光和灯光调整改造工作	5
		能够与照明顾问、外聘技术人员、专业照明公司进行照明沟通与协作。	5
		配置专业人员负责照明管理工作	5
		有照明设备的登记和管理机制，并能很好地贯彻执行	5
		有照明设计的基础，能独立开展这项工作，能为展览或照明公司提供相应的技术支持。	10
2	定期检查与维护	定期清洁灯具、及时更换损坏光源。	10
		有照明设备的登记和管理机制，并严格按照规章制度履行义务。	10
		定期测量照射展品的光源的照度与光衰问题，测试紫外线含量、热辐射变化，以及核算年曝光量并建立档案。	10
		制定照明维护计划，分类做好维护记录	0
3	维护资金	可以根据实际需求，能及时到位地获得设备维护费用的评分项目	15
		有规划地制定照明维护计划，开展各项维护和更换设备的业务	15

广州艺术博物院照明调研报告

调研对象：广州艺术博物院
调研时间：2018年2月9日
指导名师：徐庆辉
调研人员：陈敏、曹芃、凌明、黄宇汉、朱劲中（馆方灯光设计师）
调研设备：AsenseTek ALP-01照明护照，VICTOR 1010C照度计，LANSHU-201B频闪仪，BENETECH GM320红外温度计

一 概述

（一）广州艺术博物院概述

广州艺术博物院（图1）位于白云山脚麓湖岸边，创建于2000年，总建筑面积40300m²，广州艺术博物院整个建筑分地上三层和地下一层，呈环形结构，中间为庭院，将岭南建筑与园林融为一体，又发扬时代精神，形成一个轮廓丰富、塔楼矗立、庭院山水、雕饰精致的建筑群体。院藏以中国历代书画作品为基础，以岭南地区的书画作品为重点，兼顾其他门类的历代艺术品。岭南画派大师关山月、赵少昂，书画艺术大家赖少其，收藏大家欧初等都有以他们名字命名的专门的名人馆。它是全国独有的集多位艺术家名人馆、专题展览馆、交流展览馆于一体的现代化大型艺术类博物院馆。2015年被评为全国重点美术馆。

图1 广州艺术博物院

（二）广州艺术博物院照明概况

总体照明方式：导轨投光为主，结合局部嵌入式筒灯照明。

光源类型：LED光源为主，部分展厅还有卤钨光源，公共空间主要为金卤灯、荧光灯。

照明控制：分回路控制

开放时间：09：00～17：30（周一闭馆）

广州艺术博物院照明常设展与临时展基本无自然光引入，展品暗环境背景展示，人工光有利于突出展品，从而减少展品的曝光量；公共空间的自然采光运用良好，自然采光充分，总体光环境符合书画文物级品展的需求与品位。

二 调研数据剖析

（一）调研区域

重点调研区域为负一层、一层和二层（图2～4）。

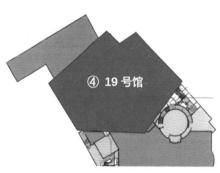

图2 负一层平面图

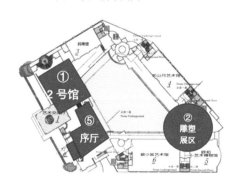

图3 一层平面图

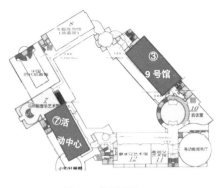

图4　二层平面图

图例：
常设展：①，②，③
临时展：④
公共空间：⑤，⑥
辅助空间：⑦

（二）一层二号馆及中国历代绘画馆

1. 空间照明分析

①照明方式

中国历代绘画馆（图5）全部照明由柜内的轨道照明系统提供，环绕照度来源于柜内的反光。画作的展示方式为柜内悬挂画框形式，这是博物院大部分常设展品采用的展示形式。

图5　中国历代绘画馆

图6　中国历代绘画馆动线区域数据测量取样点

表1　空间照明取样点照度表

单位：lx

编号	1	2	3	4	5	6
数据	4	2	10	10	4	5
编号	7	8	9	10	11	12
数据	4	4	4	4	4	7

整体光环境舒适，多为间接照明，公共空间平均照度在4 lx，视线集中于柜内的展品，起到了良好的引导视线作用，取样点及数据如图6，表1所示。

2. 展品照明分析

①照明方式

柜内照明使用导轨射灯（图7），展柜高度3m，进深0.8m，导轨射灯安装在柜内天花，距离墙壁0.7m，展品周围的照明情况如图8~10，数据见表2~4所示。

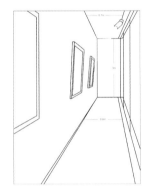 

图7　柜内照明灯位示意图　　图8　中国历代绘画馆画作周边数据测量取样点

表2　展品周边取样点照度表

单位：lx

编号	1	2	3	4	5	6	7
数据	28	3	9	10	8	44	26
编号	8	9	10	11	12	13	
数据	7	54	21	7	6	5	

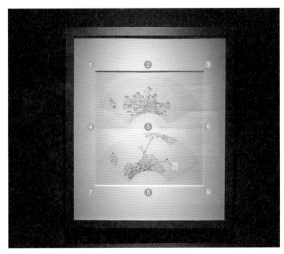

图9　中国历代绘画馆画作数据测量取样点

表 3　取样点照度表

单位：lx

编号	1	2	3	4	5	6	7	8	9
数据	53	114	34	65	149	46	54	102	45

表 4　相关光色指标表

Parameter	相关色温 CCT	黑体线距离 Duv	CIE1931 x	CIE1931 y	CIE1976 u'	CIE1976 v'
Value	3036 K	0.0012	0.4360	0.4067	0.2489	0.5223
显色指数 CRI(Ra)	Re(R1 ~ R15)	光色品质 CQS	颜色真实度 TLCI(Qa)	色域面积 GAI	色彩保真度 CIE TM-30-15 Rf	色彩饱和度 CIE TM-30-15 Rg
83	78	84	75.5	53.5	84	96

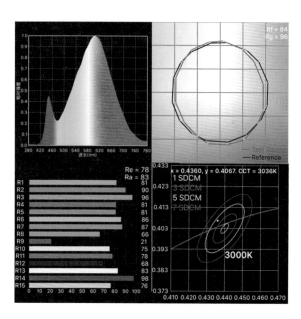

图10　光色数据图

（频闪频率：225.4 Hz，频闪百分比：98.5%，频闪指数：0.737）

（三）一层雕塑展馆区

1. 照明概况

艺术博物院主要展品为平面展品，此常设展雕塑展馆使用导轨 LED 射灯，高度 3.5m，水平距离展品 3～5m 不等，每个展品使用一套射灯。在雕塑周围取样点分布如图 11、12，数据见表 5、6。整体照度水平比平面展品照度高。

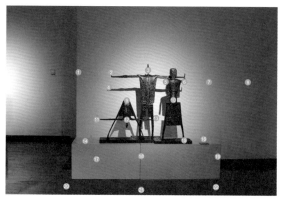

图11　雕塑展馆数据测量取样点

表 5　取样点照度表

单位：lx

编号	1	2	3	4	5	6	7	8
数据	48	110	383	85	440	281	100	44
编号	9	10	11	12	13	14	15	16
数据	243	284	65	160	215	48	100	75
编号	17	18	19	20	21	22		
数据	59	90	35	64	43	35		

表 6　相关光色指标表

Parameter	相关色温 CCT	黑体线距离 Duv	CIE1931 x	CIE1931 y	CIE1976 u'	CIE1976 v'
Value	3053 K	0.0004	0.4338	0.4041	0.2485	0.5209
显色指数 CRI(Ra)	Re(R1~R15)	光色品质 CQS	颜色真实度 TLCI(Qa)	色域面积 GAI	色彩保真度 CIE TM-30-15 Rf	色彩饱和度 CIE TM-30-15 Rg
83	78	84	74.7	55.4	84	97

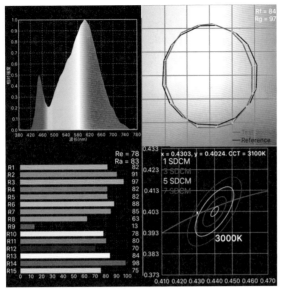

图12　光色数据图
（频闪频率：214.9Hz，频闪百分比：97.2%，频闪指数：0.587）

② 取样点

图14　矮柜数据测量取样点

（四）黎雄才艺术馆（九号馆）

黎雄才艺术馆（图13）展品多为纸张展品，出于对展品的保护，展品照度有控制。

图13　黎雄才艺术馆

1. 展品照明分析

① 照明方式

黎雄才艺术馆没有采用自然采光，全人工光，宽光束角导轨射灯安装在4m高的天花向下照射，图14为取样点分布示意图，图15为光色数据图，采集的数据见表7，8。

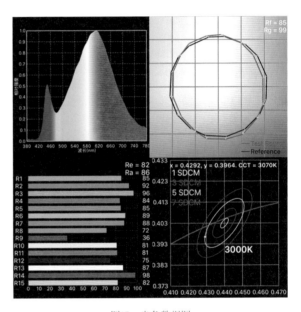

图15　光色数据图
（频闪频率：3931.1Hz，频闪百分比：9.3%，频闪指数：0.024）

表7　取样点照度表　　　　　　　　　　　　　　　　单位：lx

编号	1	2	3	4	5	6	7	8	9	10
数据	16	15	13	5	55	57	58	48	50	51
编号	11	12	13	14	15	16	17	18	19	
数据	53	51	39	48	44	40	38	34	25	

表8　相关光色指标表

Parameter	相关色温 CCT	黑体线距离 Duv	CIE1931 x	CIE1931 y	CIE1976 u′	CIE1976 v′
Value	3100 K	0.0003	0.4303	0.4024	0.2470	0.5197
显色指数　CRI(R$_a$)	Re(R1～R15)	光色品质 CQS	颜色真实度 TLCI(Qa)	色域面积 GAI	色彩保真度 CIE TM-30-15 Rf	色彩饱和度 CIE TM-30-15 Rg
83	78	71.9	56.3	56.3	84	97

（五）十九号馆（负一层）

1. 柜内立体空间及展品概况

调研时，临时展厅正在举办西藏牦牛文化展，这是与西藏牦牛博物馆合作的展览项目，展出的展品有牦牛化石、唐卡、雕塑等。展厅使用导轨式天花射灯作为整个展厅的照明。这个展览的主色调是红色设计，选用的LED产品R9数值还是优秀的，所以传达出了很热烈的地域特色。柜内立体展品的调研，我们选择了《野牦牛头骨化石》（图16），使用单个天花导轨射灯照明，LED光源，测试数据见表9、10，图17。

2. 柜外立体展品概况

柜外立体展品《大威德金刚像》（图18），雕像本身的层次比较丰富，此处使用了单个天花导轨射灯照明，卤钨灯光源，测试数据见表11、12，图19。

图16　展品数据测量取样点

表9　取样点照度表

单位：lx

编号	1	2	3	4	5
数据	46	156	350	235	73

表10　相关光色指标表

Parameter	相关色温 CCT	黑体线距离 Duv	CIE1931 x	CIE1931 y	CIE1976 u'	CIE1976 v'
Value	3070 K	−0.0020	0.4292	0.3964	0.2489	0.5172
显色指数 CRI(R$_a$)	Re(R1 ~ R15)	光色品质 CQS	颜色真实度 TLCI(Qa)	色域面积 GAI	色彩保真度 CIE TM−30−15 Rf	色彩饱和度 CIE TM−30−15 Rg
86	82	85	80.6	60.2	85	99

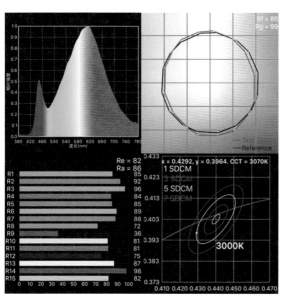

图17　光色数据图
（频闪频率：216.8Hz，频闪百分比：41.6%，频闪指数：0.169）

图18　牦牛文化展柜外展品照度测试点

表11　取样点照度表

单位：lx

编号	1	2	3	4	5	6	7
数据	75	120	110	100	158	310	165
编号	8	9	10	11	12	13	
数据	85	163	114	75	80	310	

表12　相关光色数据表

Para-meter	相关色温 CCT	黑体线距离 Duv	CIE1931 x	CIE1931 y	CIE1976 u'	CIE1976 v'	显色指数 CRI(R$_a$)	Re (R1～R15)	光色品质 CQS	颜色真实度 TLCI(Qa)	色域面积 GAI	色彩保真度 CIE TM-30-15 R$_f$	色彩饱和度 CIE TM-30-15 R$_g$
Value	2727 K	0.0010	0.0010	0.4132	0.2610	0.5283	99	99	98	99.9	47.4	99	99

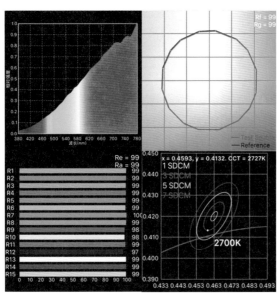

图19　光色数据图（频闪频率：99.9Hz，频闪百分比：3.4%，频闪指数：0.007）

3. 柜外平面展品概述

柜外平面展品我们选择了在墙面展示的《牦牛制释迦牟尼唐卡》（图20），也是单个天花导轨射灯照明，卤钨灯光源。

因为临时展厅除了射灯，还有展厅功能照明（嵌入式筒灯），我们测量了周边环境的照度，总体比常设展厅明亮很多，测试数据如表13、图21。

4. 柜内平面展品概况

柜内平面展品《彩绘牦牛丝质哈达》（图22），幅宽比较大，所以采用了多个天花导轨射灯照明，卤钨灯光源。展品周围照度见表14。

图20　数据测量取样点图

表13　取样点照度表

单位：lx

编号	1	2	3	4	5	6	7	8	9	10
数据	55	120	100	82	70	34	53	55	80	89

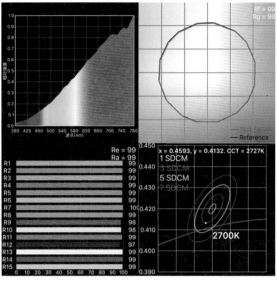

图21　光色数据图
（频闪频率：99.9Hz，频闪百分比：3.4%，频闪指数：0.007）

图22　数据测量取样点

表14　取样点照度表　　　　　　　　　　　　　单位：lx

编号	1	2	3	4	5	6	7	8
数据	81	112	154	173	150	121	113	124
编号	9	10	11	12	13	14	15	16
数据	147	138	94	61	67	92	116	123
编号	17	18	19	20	21	22	23	24
数据	106	103	97	102	120	96	70	53

图23　数据测量取样点图

（六）非陈列空间照明调研数据分析

非陈列区域所处空间开阔，中庭自然光较强。这里的装饰照明为立面补充了光线，减少了空间明暗差异对比。

1．大堂序厅

2号馆序厅展示有大幅国画（图23）。

①大堂序厅照度数据测试结果见表15、16，图24。

表15　取样点照度表　　　　　　　　　　　　　单位：lx

编号	1	2	3	4	5	6	7	8	9	10	11	12	13	14
数据	24	35	35	29	29	25	20	18	11	41	210	261	290	288
编号	15	16	17	18	19	20	21	22	23	24	25	26	27	28
数据	120	107	12	18	27	39	53	63	42	38	41	15	41	21

表16 相关光色指标表

Para-meter	相关色温 CCT	黑体线距离 Duv	CIE19 31 x	CIE19 31 y	CIE19 76 u'	CIE19 76 v'	显色指数 CRI(Ra)	Re (R1～R15)	光色品质 CQS	颜色真实度 TLCI(Qa)	色域面积 GAI	色彩保真度 CIE TM-30-15 Rf	色彩饱和度 CIE TM-30-15 Rg
Value	3135 K	−0.0028	0.4239	0.3925	0.2471	0.5148	83	79	83	71.2	59.0	82	93

表17 取样点照度表　　　　　　　　　　　　　　　　　　　　单位：lx

编号	1	2	3	4	5	6	7
数据	106	69	116	52	27	43	46
编号	8	9	10	11	12	13	
数据	172	332	90	45	393	156	

2．大堂过廊照明

大堂从天窗引入自然光，与天花嵌入式筒灯共同作为过廊的照明，自然光将岭南特色的彩色玻璃呈现得非常漂亮（图25）。

3．过廊照度数据测试结果见表17。

4．观众活动中心

二层大堂旁边有个观众活动中心，平时观众可在此休息、交流。整体光环境也比较暖，让人很放松。使用

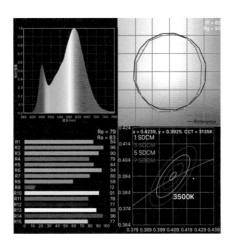

图24 光色数据图
（频闪频率：0Hz，频闪百分比：0.8%，频闪指数：0）

图25 数据测量取样点

天花嵌入式筒灯照明，节能灯光源（图26）。

观众活动中心光色品质数据测试结果见表18、19，图27。

图26 数据测量取样点

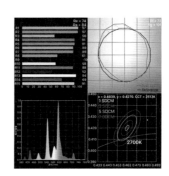

图27 光色数据图
（频闪频率：99.8Hz，频闪百分比：6.3%，频闪指数：0.017）

表18 取样点照度表 单位：lx

编号	1	2	3	4	5	6	7	8	9
数据	100	73	81	68	63	67	70	72	53
编号	10	11	12	13	14	15	16	17	
数据	65	86	98	37	5	83	89	80	

表19 相关光色指标表

Para-meter	相关色温 CCT	黑体线距离 Duv	CIE1931 x	CIE1931 y	CIE1976 u'	CIE1976 v'	显色指数 CRI(R$_a$)	Re (R1~R15)	光色品质 CQS	颜色真实度 TLCI(Qa)	色域面积 GAI	色彩保真度 CIE TM-30-15 Rf	色彩饱和度 CIE TM-30-15 Rg
Value	2513 K	0.0042	0.4839	0.4270	0.2705	0.5370	84	74	81	46.6	37.0	72	101

三 美术馆总体调研总结

根据实地的调研测量其空间、展品的用光安全、灯具参数及环境分布等指标，得出以下汇总表格。

展陈照明效果整体较好，测试展厅的LED品质合格，显色性、色温、色容差等参数较好。但有的展厅有明显频闪，这是由调光引起，建议使用高频调制的调光驱动器。部分展厅依旧在使用老式的卤钨灯，公共空间大量使用紧凑型荧光灯，这些有待改进（见表20~22）。

（一）主观照明质量评估分数总结

主观总体评分等级：优秀。

表20 主观照明质量评估表

主观评估	陈列空间		非陈列空间		
	常设展厅	临时展厅	大堂序厅	过廊	辅助空间
得分	83.9	80.8	79.9	73.8	70.3
权重	40%	20%	20%	10%	10%
加权得分	33.6	16.2	16	7.4	7.0

（二）客观照明质量评估分数总结

客观总体评分等级：优秀。

表21 客观照明质量评估表

客观评估	陈列空间		非陈列空间		
	常设展厅	临时展厅	大堂序厅	过廊	辅助空间
得分	84	90	84	72	76
权重	40%	20%	20%	10%	10%
加权得分	33.7	17.9	16.8	7.2	7.6

（三）"对光维护"运营评估分数总结

运营总体评分等级：优秀。

表 22 "对光维护"运营评估表

编号	测试要点	统计分值
专业人员管理	配置专业人员负责照明管理工作	5
	有照明设备的登记和管理机制，并能很好地贯彻执行	5
	能够负责馆内布展调光和灯光调整改造工作	5
	能够与照明顾问、外聘技术人员、专业照明公司进行照明沟通与协作	5
	有照明设计的基础，能独立开展这项工作，能为展览或照明公司提供相应的技术支持	10
定期检查与维护	制定照明维护计划，分类做好维护记录	9
	定期清洁灯具、及时更换损坏光源	10
	定期测量照射展品的光源的照度与光衰问题，测试紫外线含量、热辐射变化，以及核算年曝光量并建立档案	6
	有照明设备的登记和管理机制，并严格按照规章制度履行义务	8
维护资金	有规划地制定照明维护计划，开展各项维护和更换设备的业务	13.5
	可以根据实际需求、能及时到位地获得设备维护费用的评分项目	12

武汉美术馆照明调研报告

调研对象：武汉美术馆

调研时间：2018 年 1 月 17 日

指导专家：艾晶、荣浩磊、刘强

调研人员：高帅、朱高潮、陈孟军、黄政、刘健

调研设备：泰仕 TES-137 辉度计、远方闪烁光谱照度计 SFIM-300、三恩施 NR10QC 通用色差计、博世
GLM7000 测距仪、希玛 AS872 高温红外测温仪

图1 武汉美术馆外观

图2 武汉美术馆中庭

一 概述

（一）美术馆建筑概况

武汉美术馆前（图1）身是始建于 1930 年的金城银行大楼，经过十年筹备，2008 年底武汉美术馆新馆竣工投入使用。武汉美术馆秉承着"擎九派，汇友邦，举学坛，荐英才，重教化，助美伦，兴楚韵，展当代"的办馆理念，在学术性的研究展、经典型的大师展、国际性的海外交流展、启发性的少儿展等多个方向上，面向不同观众群体展开。

武汉美术馆位于武汉三镇最为繁华的中心地段，坐落于汉口南京路、黄石路与中山大道交汇处。武汉美术馆环廊结构的中庭，是整个建筑的中心，建筑师别出心裁的营造出一个相对独立的多功能展示空间，给美术馆带来了丰富的展示空间，形成强烈的韵律感。中庭部分还通过一部旋转楼梯将广场与各层平面有机衔接起来，并在两个入口部分，几个功能版块都设有步行楼梯，进一步体现美术馆建筑的人性化与艺术感相结合的匠心设计（图2）。

（二）美术馆照明概况

武汉美术馆一层为公共空间，大堂序厅往后延伸即为中庭，中庭区域设有艺术家沙龙、咖啡厅、阅览室等公共服务空间；二、三层为展厅区域，二层以临时展厅为主，三层以常设展厅为主。二、三层展厅区域共设七个展厅，所有展厅均采用滑轨式活动展板和展墙，照明光源以 LED 导轨光源为主，使得展览陈列、布置更加灵活。一层的中庭区域作为公共空间，其天花设计为透明玻璃，因此该区域以日光为主要照明，天色较暗时则采用位于天花的 LED 光源作为主要照明（图3）。

调研区域照明概况如下。

照明方式：导轨投光与局部筒灯照明相结合

光源类型：LED 光源为主，荧光灯辅之

灯具类型：直接型为主

照明控制：回路控制

图3 二层常设展厅照明概况

（三）美术馆调研区域概况

武汉美术馆有二层展厅，同时还设有画廊、艺术家沙龙、阅览室等多功能区域，展示空间多样化，展陈作品更是包罗万象。课题组专家仔细参观整个美术馆后，商议选取了具有代表性的空间进行照明调研，分别为：基本陈列区域、临时展览区域、长廊、辅助空间、大堂序厅。照明调研区域如图4所示。

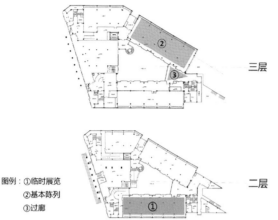

图例：①临时展览
　　　②基本陈列
　　　③过廊

图4　现场照明调研区域示意图

（四）美术馆调研前准备工作

在正式开展实地调研工作之前，课题组专家、馆方人员与调研单位就美术馆照明质量研究课题进行深入的探讨。馆方人员对武汉美术馆的基本照明信息进行了详细的说明，三方人员就即将进行的实地调研工作进行了沟通，对各项工作进行了统筹安排。随后，馆方人员陪同指导专家与调研单位参观了解馆内的具体情况（图5）。

图5　课题组专家、馆方人员与调研单位三方探讨与现场交流

二　调研数据采集分析

（一）大堂序厅照明调研

武汉美术馆大堂序厅主要采用大幅面板LED以及线状LED光源为主要照明光源，营造了一个明亮的公共空间照明环境，让参观者刚刚进入馆内就留下美好的印象。

1. 大堂序厅照度采集

实地调研中，对大堂序厅的主体地面以及主体墙面首先进行了照度测量，对整体的照明水平进行了评测。照度采集点以及相应的照度水平如图6所示，最终大堂序厅的立面照度水平均值为70.7lx，地面照明水平均值为104.4lx。

图6　大堂序厅照度分布图

2. 大堂序厅亮度采集

采用泰仕TES-137辉度计、希玛AS872高温红外测温仪等相关设备对大堂序厅的亮度进行采集，结果如图7、表1所示。结果显示，地面的平均亮度为9.7 cd/m²，SCI值为41.14%，SCE值为38.65%。

图7　大堂序厅亮度分布图

表1　大堂序厅亮度分布概况

区域	平均亮度	SCI（%）	SCE（%）
地面	9.7	41.14%	38.65%
灰色砖墙	5.2	/	/
顶部白墙	20.3	/	/
顶上	63.8	/	/

3. 大堂序厅照明数据采集

在实地调研中，除了照度、亮度水平的测量，还采用远方闪烁光谱照度计SFIM-300，在大堂序厅的不同位置测量了各类光源数据。测量数据如图8～12所示。经测量，大堂序厅统一眩光值UGR为10.54。

图13为大堂序厅处测量得到的照明光源光谱功率分布及色域形状分布图，同时根据北美照明工程协会提出的计算方法，此处光源的R_f、R_g值分别为85.8和100.8。

（二）过廊照明

美术馆过廊位于3楼的5号展厅与6号展厅之间，照度采集点以及相应的照度水平如图14所示，立面照度水

图8　大堂序厅眩光值测量

图14　过廊照度分布图

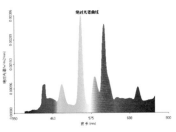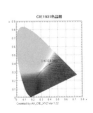

图9　大堂序厅立面照度光谱

光照度E= 86.737 lx　　辐射照度Ee=0.302345 W/m2

CIE x=0.4033　　　CIE y=0.3890　　　CIE u'=0.2351　　　CIE v'=0.5102
相关色温=3530 K　　峰值波长=545.0 nm　半波宽=13.5 nm　　主波长=580.9 nm
色纯度=37.8 %　　　红色比=25.0 %　　　绿色比=70.7 %　　　蓝色比=4.3 %
Duv=-0.00033　　　S/P=0.00

显色指数Ra=89.8　　R1= 99　　　　　R2= 98　　　　　　R3= 69
R4= 94　　　　　　　R5= 93　　　　　　R6= 89　　　　　　R7= 94
R8= 83　　　　　　　R9= 43　　　　　　R10= 69　　　　　　R11= 83
R12= 72　　　　　　　R13= 96　　　　　R14= 78　　　　　　R15= 98

Emes=134.96 lx　　　E(EVE)=0.00 lx　　　SDCM: 2.7(F3500)

白光分级:OUT

图10　大堂序厅立面测量参数

平均值为127.61lx，地面照明水平均值为203.5lx。

同时采用远方闪烁光谱照度计SFIM-300，在过廊的不同位置测量了光源数据。测量数据如图15、16所示。

图17为过廊处测量得到的照明光源光谱功率分布及色域形状分布图，同时根据北美照明工程协会提出的计算方法，此处光源的 R_f、R_g 值分别为85.8和100.8。

（三）辅助空间照明

武汉美术馆一层中庭广场设有阅览室、休闲厅、咖

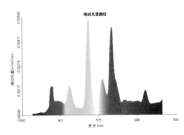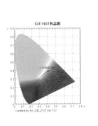

图11　大堂序厅地面平面照度光谱

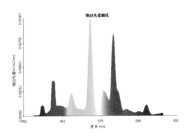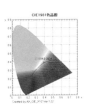

图15　过廊照度光谱

光照度E= 120.219 lx　　辐射照度Ee=0.412693 W/m2

CIE x=0.4044　　　CIE y=0.3901　　　CIE u'=0.2353　　　CIE v'=0.5109
相关色温=3516 K　　峰值波长=545.0 nm　半波宽=13.4 nm　　主波长=580.8 nm
色纯度=38.4 %　　　红色比=25.1 %　　　绿色比=70.6 %　　　蓝色比=4.3 %
Duv=-0.00006　　　S/P=0.00

显色指数Ra=89.5　　R1= 99　　　　　R2= 98　　　　　　R3= 68
R4= 94　　　　　　　R5= 93　　　　　　R6= 88　　　　　　R7= 94
R8= 82　　　　　　　R9= 41　　　　　　R10= 68　　　　　　R11= 82
R12= 71　　　　　　　R13= 96　　　　　R14= 78　　　　　　R15= 98

Emes=185.92 lx　　　E(EVE)=0.00 lx　　　SDCM: 2.2(F3500)

白光分级:OUT

图12　大堂序厅地面平面测量参数

光照度E= 191.777 lx　　辐射照度Ee=0.563084 W/m2

CIE x=0.3894　　　CIE y=0.3934　　　CIE u'=0.2244　　　CIE v'=0.5100
相关色温=3891 K　　峰值波长=545.0 nm　半波宽=13.4 nm　　主波长=577.2 nm
色纯度=34.9 %　　　红色比=24.1 %　　　绿色比=72.1 %　　　蓝色比=3.8 %
Duv=0.00509　　　　S/P=0.00

显色指数Ra=83.7　　R1= 97　　　　　R2= 91　　　　　　R3= 57
R4= 89　　　　　　　R5= 87　　　　　　R6= 79　　　　　　R7= 90
R8= 78　　　　　　　R9= 23　　　　　　R10= 51　　　　　　R11= 79
R12= 55　　　　　　　R13= 97　　　　　R14= 71　　　　　　R15= 95

Emes=300.74 lx　　　E(EVE)=0.00 lx　　　SDCM: 5.2(F4000)

白光分级:OUT

图16　过廊测量参数

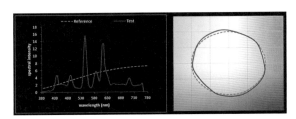

图13　大堂序厅光源光谱功率分布及色域形状分布图

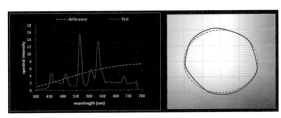

图17　大堂序厅光源光谱功率分布及色域形状分布图

图18　咖啡厅地面平面照度分布图

图19　咖啡厅立面照度分布图

图21　咖啡厅眩光值测量

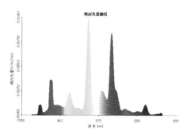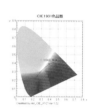

图22　咖啡厅照度光谱

光照度E= 191.777 lx　　辐射光度Ee=0.563084 W/m2

CIE x= 0.3894　　CIE y= 0.3934　　CIE u'=0.2244　　CIE v'=0.5100
相关色温=3891 K　　峰值波长=545.0 nm　　半波宽=13.4 nm　　主波长=577.2 nm
色纯度=34.9 %　　红色比=24.1 %　　绿色比=72.1 %　　蓝色比=3.8 %
Duv=0.00509　　S/P=0.00

显色指数Ra=83.7　　R1= 97　　R2= 91　　R3= 57
R4= 89　　R5= 87　　R6= 79　　R7= 90
R8= 78　　R9= 23　　R10= 51　　R11= 79
R12= 55　　R13= 97　　R14= 71　　R15= 95

Emes=300.74 lx　　E(EVE)=0.00 lx　　SDCM= 5.2(F4000)

白光分级:OUT

图23　咖啡厅测量参数

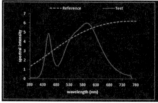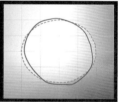

图24　大堂序厅光源光谱功率分布及色域形状分布图

3. 咖啡厅内的光源数据如图21～23所示，经过测量，咖啡厅内的统一眩光值为12.3。图24为咖啡厅内测量得到的照明光源光谱功率分布及色域形状分布图，同时根据北美照明工程协会提出的计算方法，此处光源的R_f、R_g值分别为79.2和96。

啡厅等辅助空间，给入馆参观人员提供了更多的便利。课题组专家、馆方人员与调研单位三方经过谈论，商定以咖啡厅为辅助空间代表，进行实地调研。

1. 咖啡厅地面照度分布情况如图18所示，平均照度值为210.6lx；立面照度分布情况如图19所示，平均照度值为37.7lx。

2. 咖啡厅内亮度分布情况如图20、表2所示，地面评价亮度为18.4cd/m²，SCI值为23.91%，SCE值为20.34%。

（四）非陈列空间主观评价小结

本次调研的非陈列空间有大堂序厅、过廊、辅助空间（咖啡厅）三个地点，进行客观数据采集的同时，还邀请武汉大学印刷与包装本科生30余名对非陈列空间进行主观评价。

主观评价维度主要包括两大方面：光环境舒适度与整体空间照明艺术表现，通过主观评价可更直接的获取参观人员的真实反映。将主观数据与客观测量数据相结合，能够更加准确的对馆内整体照明环境进行评价与改进。

图20　咖啡厅亮度分布图

表2　咖啡厅亮度分布概况

区域	平均亮度	SCI (%)	SCE (%)
地面	18.4	23.91%	20.34%
竹子装饰墙	17.2	22.48%	20.23%
天花板	16.8	/	/
画	161.6	/	/

表 3　非陈列空间主观评价结果

一级指标	二级指标	大堂序厅		过廊		辅助空间		权重
		原始分值	加权得分	原始分值	加权得分	原始分值	加权得分	
光环境舒适度	展品光亮接受度	8.3	8.3	7.4	7.4	8.1	8.1	10%
	视觉适应性	8.5	8.5	7.9	7.9	7.7	7.7	10%
	视觉舒适度	8.2	8.2	7.4	7.4	8.3	8.3	10%
	心理愉悦感	7.8	7.8	6.9	6.9	8.6	8.6	10%
整体空间照明艺术表现	用光的艺术表现力	8.4	33.6	7.3	29.2	8	32	40%
	理念传达的感染力	8.3	16.6	6.9	13.8	7.9	15.8	20%
定性评估结果总得分		83		72.6		80.5		100%

主观评价结果表 3 所示，大堂序厅定性评估结果总得分为 83 分（满分 100 分），过廊定性评估结果总得分为 72.6 分，辅助空间定性评估结果总得分为 80.5 分。

（五）基本陈列展厅展品照明

1.《小唐》展品照明数据采集

《小唐》展品为冷军老师 2007 年的布画油画作品，规格为 140cm×80cm。该展品的展陈照明方式如图 25 所示，采用筒状 LED 光源对展品进行投射照明，光源距离地面约 3m。

图25　《小唐》展品照明方式示意图

①《小唐》展品照度水平分布情况如图 26 所示，展品立面平均照度值为 244.6 lx，展品下方的平均照度值为 245.7 lx。

图26　《小唐》展品照度分布情况（左：立面照度；右：地面照度）

②《小唐》展品亮度水平分布情况如图 27、表 4 所示，展品表面的平均亮度为 7.0cd/m²。此外，通过测量，展品表面处的紫外线含量为 17.3μW/lm。

图27　《小唐》展品亮度分布情况

表 4　《小唐》展品亮度分布概况

区域	平均亮度	SCI (%)	SCE (%)
画	7.0	/	/
地面	12.8	17.64%	15.21%
墙面	26.4	90.75%	90.28%
天花板	13.1	/	/

③《小唐》展品表面处测量得到的光源数据如图 28、29 所示。图 30 为咖啡厅内测量得到的照明光源光谱功率分布及色域形状分布图，此处光源的 Rf、Rg 值分别为 96.4 和 97.3。

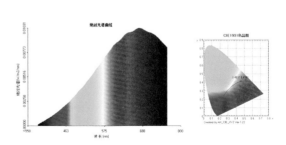

图28　《小唐》展品光谱数据

光照度E= 465.284 lx　　辐射照度Ee=2.31286 W/m2

CIE x= 0.4537	CIE y= 0.4161	CIE u'=0.2561	CIE v'=0.5285
相关色温=2832 K	峰值波长=679.0 nm	半波宽=225.5 nm	主波长=582.7 nm
色纯度=61.1 %	红色比=25.2 %	绿色比=71.9 %	蓝色比=2.9 %
Duv=0.00263	S/P=0.00		

显色指数Ra=96.5	R1= 96	R2= 97	R3= 99
R4= 96	R5= 96	R6= 97	R7= 98
R8= 93	R9= 85	R10= 94	R11= 95
R12= 93	R13= 96	R14= 99	R15= 95

Emes= 633.21 lx　　E(EVE)= 0.00 lx　　SDCM= 5.0(F2700(Note1))

白光分级:OUT

图29　《小唐》展品测量参数

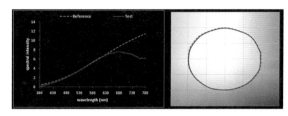

图30　《小唐》展品处光源光谱功率分布及色域形状分布图

2.《小雯》展品照明数据采集

《小雯》展品是冷军老师 2015 年的布画油画作品，规格为 50cm×70cm。该展品的展陈照明方式如图 31 所示，采用筒状 LED 光源对展品进行投射照明，光源距离地面约 2.7m。

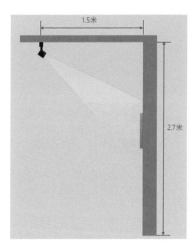

图31　《小雯》展品照明方式示意图

①《小雯》展品照度水平分布情况如图 32 所示，展品立面平均照度值为 709.7 lx，展品下方的平均照度值为 40.0 lx。

图32　《小雯》展品照度分布情况（左为立面照度；右为地面照度）

②《小雯》展品亮度水平分布情况如图 33、表 5 所示，展品表面的平均亮度为 38.4cd/m²。此外，通过测量，展品表面处的紫外线含量为 34.2μW/lm。

图33　《小雯》展品亮度分布情况

表 5　《小雯》展品亮度分布概况

区域	平均亮度	SCI (%)	SCE (%)
画	38.4	/	/
地面	3.3	22.3%	19.18%
墙面	16.3	89.72%	89.21%

③《小雯》展品表面处测量得到的光源数据如图 34、35 所示。图 36 为《小雯》展品处测量得到的照明光源光谱功率分布及色域形状分布图，此处光源的 R_f、R_g 值分别为 96 和 97。

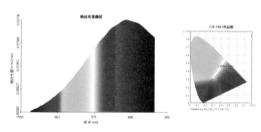

图34　《小雯》展品光谱数据

光照度E= 931.312 lx　　辐射照度Ee=4.65791 W/m2

CIE x= 0.4598	CIE y= 0.4184	CIE u'=0.2590	CIE v'=0.5303
相关色温=2761 K	峰值波长=673.0 nm	半波宽=221.2 nm	主波长=583.0 nm
色纯度=63.6 %	红色比=25.6 %	绿色比=71.6 %	蓝色比=2.8 %
Duv=0.00288	S/P=0.00		

显色指数Ra=96.1	R1= 96	R2= 97	R3= 99
R4= 95	R5= 95	R6= 96	R7= 98
R8= 93	R9= 84	R10= 94	R11= 95
R12= 92	R13= 96	R14= 99	R15= 94

Emes=1230.52 lx　　E(EVE)= 0.00 lx　　SDCM= 1.8(F2700)

白光分级:OUT

图35　《小雯》展品测量参数

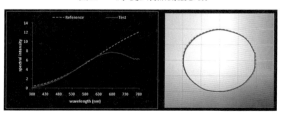

图36　《小雯》展品处光源光谱功率分布及色域形状分布图

3.基本陈列展厅炫光值测量

在实地调研中，采用远方闪烁光谱照度计 SFIM-300 等相关设备对各个基本陈列展厅进行炫光值测量，测量情况如图 37、38 所示。测量结果显示，4 号厅的统一眩光值 UGR 为 8.1，5 号厅则为 12.75。

图37　4号厅基本陈列展厅眩光值测量

图38　5号厅基本陈列展厅眩光值测量

（六）临时展览展厅展品照明

1.《夜行》展品照明数据采集

《夜行》展品为陈子君老师 2017 年的布画油画作品，展品规格为 100cm×100cm。该展品的展陈照明方式如图 39 所示，采用筒状 LED 光源对展品进行投射照明，光源距离地面约 8m。

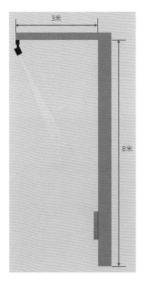

图39　《夜行》展品展陈照明方式示意图

①《夜行》展品照度水平分布情况如图 40 所示，展品立面平均照度值为 96.6 lx，展品下方的平均照度值为 36.5 lx。

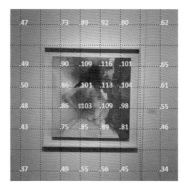

图40　《夜行》展品照度分布情况（左为立面；右为地面）

②《夜行》展品亮度水平分布情况如图 41、表 6 所示，展品表面的平均亮度为 14.2cd/m²。此外，通过测量，展品表面处的紫外线含量为 34.2μW/lm。

图41　《夜行》展品亮度分布情况

表6　《夜行》展品亮度分布概况

区域	平均亮度	SCI (%)	SCE (%)
画	14.2	/	/
地面	4.2	22.3%	19.18%
墙面	13.2	90.75%	90.28%

③《夜行》展品表面处测量得到的光源数据如图 42、43 所示。图 44 为《夜行》展品处测量得到的照明光源光谱功率分布及色域形状分布图，此处光源的 R_f、R_g 值分别为 96.6 和 97.5。

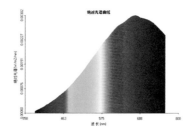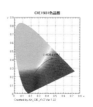

图42　《夜行》展品光谱数据

光照度E= 136.776 lx　　辐射照度Ee=0.679392 W/m2

CIE x= 0.4535	CIE y= 0.4157	CIE u'=0.2562	CIE v'=0.5283
相关色温=2831 K	峰值波长=673.0 nm	半波宽=226.0 nm	主波长=582.8 nm
色纯度=60.9 %	红色比=25.2 %	绿色比=71.9 %	蓝色比=2.9 %
Duv=0.00248	S/P=0.00		

显色指数Ra=96.5　　R1= 96　　　　R2= 97　　　　R3= 99
R4= 96　　　　　　R5= 96　　　　R6= 97　　　　R7= 98
R8= 93　　　　　　R9= 85　　　　R10= 94　　　R11= 95
R12= 93　　　　　 R13= 96　　　R14= 99　　　R15= 95

Emes=186.11 lx　　E(EVE)=0.00 lx　　SDCM= 4.9(F2700(Note1))

白光分级:OUT

图43　《夜行》展品测量参数

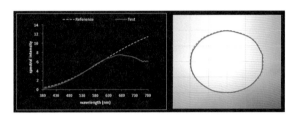

图44　《小雯》展品处光源光谱功率分布及色域形状分布图

2.《睡莲》展品照明数据采集

《睡莲》为法国著名印象派画家克劳德·莫奈于 1880 创作的，晚年时期的莫奈把整个身心都投在这个池塘和他的睡莲上面了，睡莲成了他晚年描绘的主题。《睡莲》展品直径为 800mm。

该展品的展陈照明方式如图 45 所示，采用筒状 LED 光源对展品进行投射照明，光源距离地面约 3m。

图45　《睡莲》展陈照明方式示意图

①《睡莲》展品照度水平分布情况如图 46 所示，展品立面平均照度值为 120.3 lx，展品下方地面的平均照度值为 28 lx。

图46　《睡莲》展品照度分布情况

②《睡莲》展品亮度水平分布情况如图 47、表 7 所示，展品表面的平均亮度为 14.2cd/m²。此外，通过测量，展品表面处的紫外线含量为 5.5 μW/lm。

图47　《睡莲》展品亮度分布情况

表 7　《睡莲》展品亮度分布概况

区域	平均亮度	SCI (%)	SCE (%)
画	14.2	/	/
地面	0.6	19.42%	19.13%
墙面	1.2	11.4%	11.37%

③《睡莲》展品表面处测量得到的光源数据如图 48、49 所示。图 50 为《睡莲》展品处测量得到的照明光源光谱功率分布及色域形状分布图，此处光源的 R_f、R_g 值分别为 91.9 和 99.9。

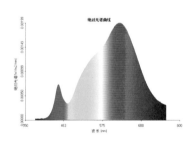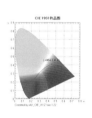

图48　《睡莲》展品光谱数据

光照度E= 99.0926 lx　　辐射照度Ee=0.354006 W/m2

CIE x= 0.4456	CIE y= 0.4143	CIE u'=0.2518	CIE v'=0.5266
相关色温=2940 K	峰值波长=625.0 nm	半波宽=169.9 nm	主波长=582.1 nm
色纯度=58.1 %	红色比=24.4 %	绿色比=73.1 %	蓝色比=2.4 %
Duv=0.00285	S/P=0.00		

显色指数Ra=92.3　　R1= 92　　　　R2= 94　　　　R3= 94
R4= 94　　　　　　R5= 92　　　　R6= 92　　　　R7= 95
R8= 85　　　　　　R9= 63　　　　R10= 85　　　R11= 95
R12= 81　　　　　 R13= 92　　　R14= 96　　　R15= 89

Emes=133.28 lx　　E(EVE)=0.00 lx　　SDCM= 4.8(F3000)

白光分级:OUT

图49　《睡莲》展品测量参数

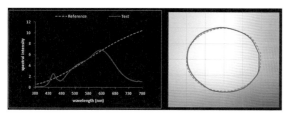

图50 《睡莲》展品处光源光谱功率分布及色域形状分布图

图52 2号厅临时展览展厅眩光值测量

（七）临时展览展厅眩光值测量

在实地调研中，采用远方闪烁光谱照度计 SFIM-300 等相关设备对各个临时展览展厅进行眩光值测量，测量情况如图 51～53 所示。测量结果显示，1、2、3 号展厅的统一眩光值 UGR 分别为 9.23、9.23、7.3。

图53 3号厅临时展览展厅眩光值测量

（八）基本陈列与临时展览主观评价小结

本次调研的基本陈列展厅为美术馆三层的 4 号及 5 号展厅；临时展览展厅为美术馆二层的 1、2、3 号展厅。基

图51 1号厅临时展览展厅眩光值测量

本陈列与临时展览空间共包括 5 个不同的展厅，实地调研过程中，在进行客观数据采集的同时，还邀请武汉大学印刷与包装本科生 30 余名对基本陈列与临时展览空间进行主观评价。

主观评价维度主要包括四大方面，展品色彩表现、展品清晰度、光环境舒适度以及整体空间照明艺术表现。主观评价结果表 8 所示。

表 8 基本陈列与临时展览主观评价

一级指标	二级指标	基本陈列		临时展览		权重
		原始分值	加权得分	原始分值	加权得分	
展品色彩表现	展品色彩还原程度	8.2	16.4	8.3	16.6	20%
	光源色喜好程度	8.6	4.3	8.4	4.2	5%
展品清晰度	展品细节表现力	8.5	8.5	7.7	7.7	10%
	立体感表现力	8	4	7.9	4	5%
	展品纹理清晰度	8.3	4.2	7.7	3.9	5%
	展品外轮廓清晰度	8.2	4.1	8	4	5%
光环境舒适度	展品光亮接受度	8.1	4.1	8.1	4.1	5%
	视觉适应性	8.3	4.2	8.3	4.2	5%
	视觉舒适度（主观）	7.9	4	8.4	4.2	5%
	心理愉悦感	7.9	4	8.1	4.1	5%
整体空间照明艺术表现	用光的艺术表现力	8.2	16.4	7.8	15.6	20%
	理念传达的感染力	8.3	8.3	7.9	7.9	10%

三 美术馆整体照明总结

通过对武汉美术馆全方位的调研分析、访谈记录、问卷调查等调研方式，最终形成本报告以及相应的分数统计。最终的统计结果如下（见表9～11）。

主观和对光维护的建议：武汉美术馆是国家级重点美术馆之一，是在历史古建筑的基础上改造的新型美术馆，不仅建筑风格卓越，而且展示空间特殊，另外，我馆场馆建设功能齐全，展览形式也丰富多样，对照明业务也非常重视，有专业的团队进行日常维护，不论资金投入，还是业务管理都很优秀。今后建议该馆购买一些相关的照明检测设备或聘请专业团队定期检测，对不达标的照明设备能及时更换会做得更好。

客观评估建议1：展陈照明效果较好，测试展厅的光源色彩品质优秀，在显色指数、色温、色容差等光质量指标评价体系下，照明品质均较为优异。馆方布展较为全面的考虑了灯光作为展陈内容的重要性，在灯光运用方面具有较强的艺术造诣，同时实现了相关颜色科学理论的兼顾。唯一美中不足，在于大堂序厅及过廊照明的光品质较为一般，特殊显色指数R9（即饱和红色颜色再现）存在一定问题，建议改进。

客观评估建议2：武汉美术馆总体照明满足标准要求。展厅灯具以LED、卤素灯为主。LED灯具显色性（≥80），较标准（≥90）略低；紫外含量（≤5.5μW/lm）低于标准值（≤20μW/lm）；照度水平满足标准要求。卤素灯具显色性均不小于95，远高于标准值（≥90）；部分灯具紫外含量达到大于30μW/lm，高于国家标准要求（≤20μW/lm），有待改善。亮度适宜，眩光值均不高于19，基本满足视觉舒适度。

客观评估
总体：良好

表9　空间照明客观评估表

客观评价	陈列空间		非陈列空间		
	基本陈列	临时展览	大堂序厅	过廊	辅助空间
评分	82	85	80	76	83
权重	0.4	0.2	0.2	0.1	0.1
加权得分	32.8	17	16	7.6	8.3

主观评估
总体：良好

表10　空间照明主观评估表

客观评价	陈列空间		非陈列空间		
	基本陈列	临时展览	大堂序厅	过廊	辅助空间
评分	83	81	83	73	81
权重	0.4	0.2	0.2	0.1	0.1
加权得分	33.2	16.2	16.6	7.3	8.1

对光维护
总体：优秀

表11 "对光维护"运营评估表

	测试要点	统计分值
专业人员管理	配置专业人员负责照明管理工作	5
	有照明设备的登记和管理机制，并能很好地贯彻执行	5
	能够负责馆内布展调光和灯光调整改造工作	5
	能够与照明顾问、外聘技术人员、专业照明公司进行照明沟通与协作	5
	有照明设计的基础，能独立开展这项工作，能为展览或照明公司提供相应的技术支持	9
定期检查与维护	制定照明维护计划，分类做好维护记录	9
	定期清洁灯具、及时更换损坏光源	9
	定期测量照射展品的光源的照度与光衰问题，测试紫外线含量、热辐射变化，以及核算年曝光量并建立档案	3
	有照明设备的登记和管理机制，并严格按照规章制度履行义务	10
维护资金	有规划地制定照明维护计划，开展各项维护和更换设备的业务	18
	可以根据实际需求，能及时到位地获得设备维护费用的评分项目	8

天津美术馆照明调研报告

调研对象：天津美术馆
调研时间：2018 年 1 月 10 日
指导专家：党睿、颜劲涛
调研人员：郑春平、李培、孙桂芳、宋向阳、张锋辉、李伟、赵蕊、李培、孙桂芳、宋向阳、张锋辉
调研设备：分光辐射亮度计 CL-500A、激光测距仪 Leica S910、照度计 KONICA MINOLTAT-10M、频闪计 FLUKE820-2

图1 天津美术馆

一 概述

（一）美术馆建筑概述

工程名称：天津美术馆
陈列设计单位：世纪坐标广告有限公司等
照明设计单位：北京赛恩照明、上海傲特盛照明
工程类型：重点美术馆
工程现状：竣工时间 2012 年
照明总投入：500 万以上
展厅类型：常设展、临时展厅、对外交流展
展品类型：现当代艺术

天津美术馆坐落于天津市河西区友谊路与平江道交口，地处文化中心的核心位置，总建筑面积 3.2 万 m²，临湖而建，建筑外观简洁大方，极富现代气息，内部设施完善（图 1）。

天津美术馆建筑既提供了永久性和临时性展览空间，也提供了公共教育与文化休闲的空间，与同处文化中心地区的天津博物馆、天津大剧院、天津图书馆、天津自然博物馆等共同构成天津城市标志性文化建筑群。

因为依托天津博物馆，天津美术馆的馆藏量在开馆

之初即具相当规模，所收藏的近现代美术作品非常丰富，在国内同级别的美术馆中名列前茅。而作为一所集收藏、研究、推广审美教育，展示近现代艺术及当代艺术为一体的综合性艺术博物馆，天津美术馆还通过附设的报告厅、研讨室、图书阅览室、美术创作室、咖啡吧、艺术商店等各类公共服务设施着力营造体验式的美术馆氛围，最大程度的发挥美术馆的展示、研究、教育与文化休闲功能，使美术馆不仅成为延长艺术作品生命的地方，艺术家展示艺术作品的平台，还成为市民普及高雅艺术，提升城市整体形象，宣扬城市文明的窗口。

天津美术馆致力于知识型、学术型美术馆的建设，同时也注重拓展公益性的社会功能，促进中外文化艺术交流，成为在国内具有一定影响的现代艺术博物馆。

图2 美术馆二层空间

（二）美术馆照明概况

天津美术馆的主要公共空间及主展厅均有天然光的引入，将天然采光和建筑理念融合为一体的同时，对天然光进行了相应的控制，最终营造了舒适明亮的视觉环境。总体的光环境符合当代艺术展览的需求与品位，良好地诠释了当代美术馆对于公众展览及休憩环境的探索和努力（图 2）。

总体照明方式：展厅以导轨投光为主，结合局部嵌入式筒灯照明。非展厅部分采用嵌入筒灯照明。

光源类型：以金卤灯、卤钨灯照明为主

灯具类型：直接型为主

照明控制：分回路控制

开放时间：09：00～16：30（16：00停止入馆）每周二至周日免费开放，每周一闭馆。

二 展厅照明调研资料分析

（一）展厅照明基本情况

总面积3.2万 m² 的建筑中，8m 的层高使得建筑内部空间开阔，其特有的巨大空间与张扬的结构感，与馆藏美术作品相得益彰（图3）。

主展厅采用人工照明的方式，在对主展厅的调研中，根据主展厅展品陈列状况，本次调研测试选取了具有代表性的三件作品来提取光学参数，并选取展厅廊道和中间区域测试数据的部分面积来测试地面照度，用以计算地面照度均匀度。所以在主展厅的调研中，采集了双份资料，展品照明数据和地面照度与照度均匀度，并同时对此双份资料进行分析和总结（见表1）。

展厅层高8m，轨道灯与筒灯相结合，光源为金卤灯，轨道均安装在离地 8m 的桁架结构上，轨道结合原有的桁架结构，确保能投射到主展厅空间内的所有平面展品上，且反射光可以达到地面照度及均匀度。总体来说，主展馆的灯具布置方式十分合理及有效。

（二）展厅空间照明数据

一层展厅照明及其数据如，图4～7。二层展厅照明数据见表2～5，图8～14。

图3 主展厅空间

图4 一层展厅地面

图5 一层展品

表1 一层展品数据表

取样编号	光照度（lx）	色偏差 Duv	CIE X	CIE Y	色温（k）	R_a	R9	亮度（cd/m²）
01	72.1	+0.0011	0.4683	0.4154	2622	99	93	12
02	83.2	+0.0010	0.4698	0.4153	2602	99	94	16
03	235.1	+0.0011	0.4692	0.4156	2612	99	93	37
04	193.3	+0.0010	0.4730	0.4158	2565	99	96	34
05	353.2	+0.0012	0.4700	0.4159	2604	99	93	60
06	227.5	+0.0010	0.4751	0.4162	2542	99	97	40
平均	194.1	+0.010	0.4709	0.4157	2591.2	99	94.33	33.2
照度均匀度	0.371		照度最小值		72.1		照度最大值	353.2

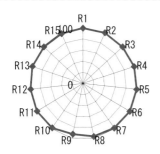

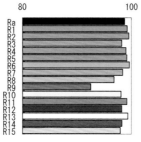

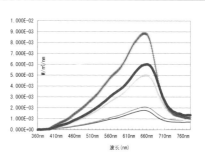

图6 一层展品数据图

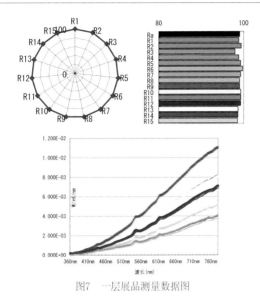

图7　一层展品测量数据图

图8　二层展品之一

表2　二层展厅展品数据表之一

取样编号	照度（lx）	色偏差 Duv	CIE X	CIE Y	色温（k）	R_a	R9	亮度（cd/㎡）
01	105	−0.0006	0.4508	0.4068	2801	99	100	5.7
02	232.2	−0.0001	0.4519	0.4085	2798	100	99	17
03	233	+0.0000	0.4495	0.4081	2831	100	100	4.6
04	136.7	−0.0005	0.4507	0.4069	2804	99	97	8.6
05	307.2	+0.0001	0.4559	0.4100	2752	100	100	18
06	192.5	−0.0002	0.4536	0.4085	2773	99	97	8.6
07	106.1	−0.0010	0.4485	0.4051	2823	99	100	8.0
08	182.5	−0.0003	0.4546	0.4085	2758	100	100	8.0
09	94.6	−0.0011	0.4515	0.4055	2781	99	99	8.6
平均值	176.74	−0.004	0.4519	0.4075	2791.2	99.4	99.1	9.68
照度均匀度	0.3535		最小照度值	94.6		最大照度值		307.2

图9　二层展品之二

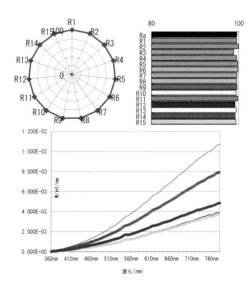

图10　二层展品测量数据图

表3　二层展厅展品数据表之二

取样编号	光照度（lx）	色偏差 Duv	CIE X	CIE Y	色温（k）	R_a	R9	亮度（cd/m²）
01	98.1	−0.0001	0.4604	0.4105	2694	100	100	3.7
02	282.8	+0.0002	0.4589	0.4109	2716	100	100	11
03	92.6	−0.0004	0.4572	0.4090	2726	100	99	2.1
04	94.2	+0.0001	0.4592	0.4101	2706	99	99	2.0
05	209.6	+0.0002	0.4583	0.4107	2722	100	100	2.8
06	131.9	−0.0000	0.4531	0.4090	2785	100	99	2.5
平均值	151.53	−0.0000	0.4579	0.4100	2724.9	99.83	99.5	4.02
照度均匀度	0.611	最小照度		92.6	最低照度			282.8

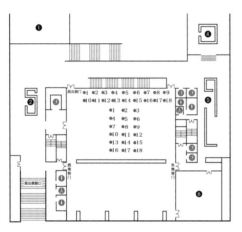

图11　二层展厅平面图及采点位置

图12　二层展厅一

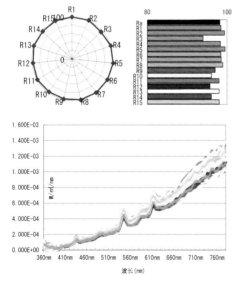

图13　二层展厅地面测量数据图

图14　二层展厅二

表4 二层地面数据表之一

编号	1	2	3	4	5	6	7	8	9
照度（lx）	28.7	24.5	23.6	31.0	25.5	26.2	33.4	29.1	29.5
垂直照度(lx)	21	20	21	22	22	23	25	22	20
R_a	98	98	98	98	98	98	98	98	98
R9	97	99	98	99	99	99	98	99	98
色温（k）	2800	2775	2743	2777	2773	2772	2772	2793	2776
编号	10	11	12	13	14	15	16	17	18
照度（lx）	33.2	28.6	30	30.5	26.4	24.9	28.6	23.2	24.0
垂直照度(lx)	22	18	20	18	18	19	20	16	18
色温（k）	2777	2786	2764	2760	2773	2760	2776	2752	2740
R_a	98	98	98	98	98	98	98	98	98
R9	98	99	99	99	99	99	97	98	100

地面平均照度	27.83	垂直照度平均值	20.28	平均色温	2770.5

表5 二层地面数据表之二

编号	1	2	3	4	5	6	7	8	9	10
照度（lx）	55.6	37.1	33.3	30.1	26.8	27.4	26.9	26.2	27.7	29.0
色温（k）	3656	3054	2968	2901	2830	2785	2785	2853	2878	2911
R_a	96	97	98	98	98	98	98	98	98	98
R9	89	99	99	99	99	99	99	97	94	98
编号	11	12	13	14	15	16	17	18	19	20
照度（lx）	56.2	36.6	30.5	27.4	26.2	21.6	49.1	23.8	25.9	31.1
色温（k）	3871	3101	2950	2888	2843	2784	2763	2854	2872	2875
R_a	96	97	97	97	98	97	99	98	97	98
R9	90	99	97	99	98	98	98	95	95	94

地面平均照度	32.43	平均色温	2971.1

（三）展厅测量评估结果

根据实地调研，测量展品用光安全、灯具与光源性能、光环境分布等指标，并结合人员主观评价，得出以下汇总表格，作为天津美术馆典型展厅的综合评分（见表6、7）。

表6 客观评估表

编号	一级指标	二级指标		二层展厅			一层展厅		
				数据	分值	加权平均	数据	分值	加权平均
1	展品用光安全	照度		176.74	10	42.8	194.1	10	42.8
		年曝光量（lx·h/年）		515964			566772		
		展品表面温升（红外）		0	10		0	10	
		眩光控制		无不舒适眩光	10		无不舒适眩光	10	
2	灯具与光源性能	显色指数	R_a	99	10	28.6	99	10	28.6
			R9	99			99		
			R_f	/			/		
		频闪控制		0	10		0	10	
3	光环境分布	亮（照）度水平分布		0.35	4	17.1	0.37	4	17.1
		亮（照）度垂直分布		/	4		/	4	

表7 主观评价表

一级指标	二级指标	二层展厅		一层展厅		权重
		原始分值	加权得分	原始分值	加权得分	
展品色彩表现	展品色彩还原程度	92	18.4	86	17.2	20%
	光源色喜好程度	88	4.4	88	4.4	5%
展品清晰度	展品细节表现力	95	9.5	91	9.1	10%
	立体感表现力	93	4.7	89	4.5	5%
	展品纹理清晰度	93	4.7	85	4.3	5%
	展品外轮廓清晰度	93	4.7	87	4.4	5%
光环境舒适度	展品光亮接受度	95	4.8	87	4.4	5%
	视觉适应性	95	4.8	93	4.7	5%
	视觉舒适度（主观）	91	4.6	85	4.3	5%
	心理愉悦感	95	4.8	85	4.3	5%
整体空间照明艺术表现	用光的艺术表现力	93	18.6	79	15.8	20%
	理念传达的感染力	94	9.4	7.7	7.7	10%

评估结果分析，一层展厅和二层展厅的实测结果得分和主观评价结果得分均高于85，表明天津美术馆的展厅照明情况良好。展厅光源为金卤灯、卤钨灯，其光谱分布较为均匀，因而具有非常好的显色性，并且展品表面照度及色温均满足规范要求。展品表面的照度均匀度虽没有达到规范所规定的最佳值，但就展品而言，其表面些许的亮度对比，可以对展品本身所要突出表现的内容予以直观表达，实测结果说明天津美术馆的照明设计和运行维护效果良好。此外，根据主观评价结果，尤其是二层展厅得到了93.4分，直接体现出了观众对天津美术馆照明的认可。

三 非陈列空间照明调研数据分析

（一）大堂空间

天津美术馆一层大堂入口由玻璃幕墙围合（图15、16），中庭设天窗并设有相应遮阳设施，入口处附以人工照明方式，光源为LED。自然光一层玻璃幕墙和顶部天窗的顶部和侧面倾泻而下，为大堂提供了充足的照明，与在顶部的下筒灯为大堂提供了整体明亮的光环境（图17，见表8）。

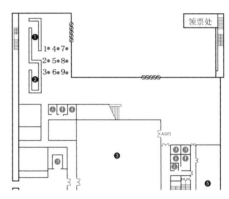

图16 大堂入口平面采点

图15 一层大堂入口采点分布图

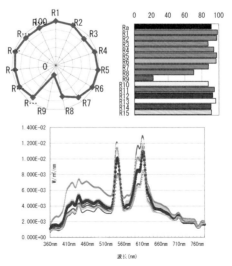

图17 大堂入口测量数据图

表8　大厅入口平面数据表

取样编号	光照度（lx）	CIE X	CIE Y	色温（k）	R_a	R9	垂直照度（lx）
1	491.5	0.3935	0.3708	3608	87	22	340
2	406.8	0.3936	0.3751	3642	92	28	350
3	490.6	0.3787	0.3632	3943	92	35	600
4	470.5	0.3753	0.3591	4011	92	38	420
5	425.9	0.3675	0.3542	4219	93	46	350
6	427.0	0.3695	0.3558	4165	93	45	355
7	519.2	0.3437	0.3359	5002	92	58	1000
8	358.5	0.3627	0.3547	4382	94	51	800
9	348.5	0.3661	0.3582	4293	94	52	750
平均值	437.61	0.3723	0.3586	4140.56	92.11	41.67	551.67

（二）展厅入口

本次调研选取二层展厅入口处地面照度状况，用于明确展厅内外地面亮度对比状况。展厅入口处光环境良好，其光源完全来自于自然光。因为有日光的引入，使得地面水平照度与照度均匀度相对适宜（图18、19，见表9）。

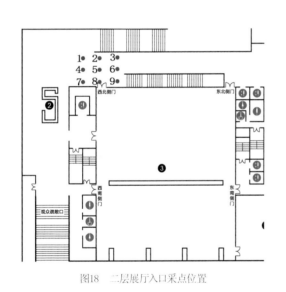

图18　二层展厅入口采点位置

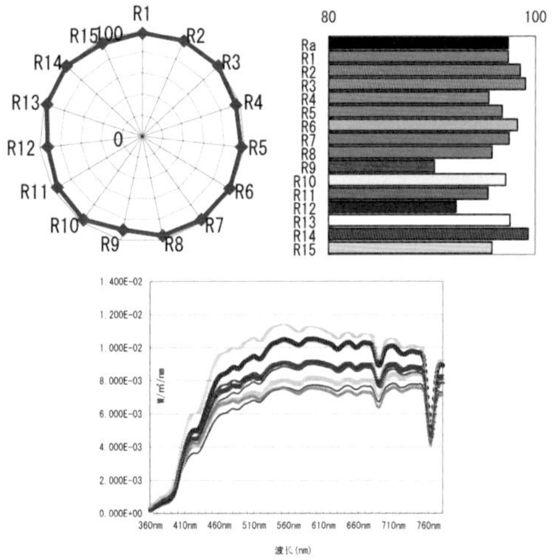

图19　展厅入口测量数据图

表9　二楼厅入口平面数据表

取样编号	光照度（lx）	CIE X	CIE Y	色温（k）	R_a	R9	垂直照度（lx）
1	534.0	0.3630	0.3731	4484	97	90	1500
2	620.8	0.3639	0.3755	4469	97	88	1500
3	721.2	0.3642	0.3768	4468	96	88	1500
4	567.4	0.3593	0.3689	4577	98	92	1450
5	639.0	0.3594	0.3710	4587	97	89	1500
6	736.1	0.3600	0.3729	4575	97	87	750
7	532.4	0.3514	0.3625	4812	98	94	800
8	639.6	0.3530	0.3661	4771	97	90	650
9	800.5	0.3526	0.3667	4790	97	89	650
平均值	643.44	0.3585	0.3704	4614.78	97.11	89.67	1144.44

（三）过廊

展厅走廊的照明情况如图 20 ～ 22，见表 10。

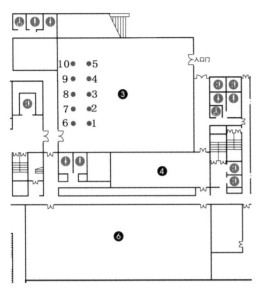

图20　展厅走廊平面采点

图21　展厅走廊

表 10　展厅走廊平面采点

编号	1	2	3	4	5	6	7	8	9	10
照度	72.5	19.9	19	18.7	16.1	45.6	58.4	100.7	59.2	36.4
色温	2804	2833	2898	2873	2845	2862	2929	2982	2933	2939
R_a	99	99	99	99	99	99	96	96	95	96
R9	93	94	93	96	93	97	85	82	80	93
照度均匀度			0.36			平均色温			2889.8	

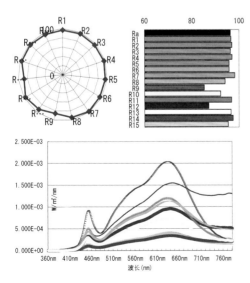

图22　过廊测量数据图

（四）非陈列空间评估结果

根据实地调研，测量灯具与光源性能、光环境分布等指标，并结合人员主观评价，得出以下汇总表格，作为天津美术馆典型展厅的综合评分（见表 11、12）。

评估结果分析，根据客观参数测试和主观评价结果，非陈列空间中除过廊外，大堂和辅助空间的照明得分均高于 90，各项照明指标均满足或高于标准要求，同时观众对于空间的光环境满意度很高，实际展陈效果优秀。过廊作为美术馆次要区域，主、客观得分也高于 80，完全满足交通使用需求，同时并无眩光等不良问题。此外，二层展厅入口处使用天然采光，天窗采光及大面积的玻璃幕墙设计使得展厅入口处拥有良好的光环境，随着现代美术馆对于用光方面的多元需求和多功能整合的发展

表 11　客观评价表

编号	一级指标	二级指标		大堂			过廊			辅助空间（展厅入口）		
				数据	分值	加权平均	数据	分值	加权平均	数据	分值	加权平均
1	灯具与光源性能	显色指数	R_a	99	10	63	97.7	10	63	97	10	63
			R_9	99			90.6			89		
			R_f	/			/			/		
		频闪控制		0	10		0	10		0	10	
		眩光控制		无不适眩光	10		无不适眩光	10		无不适眩光	10	
		色容差		良好	8		良好	8		良好	8	
2	光环境分布	亮（照）度水平空间分布		0.87	10	33	0.36	4	20	0.83	10	26.7
		亮（照）度垂直空间分布		0.86	10		/	4		0.57	6	

表 12　主观评价表

一级指标	二级指标	大堂		过廊		辅助空间		权重
		原始分值	加权得分	原始分值	加权得分	原始分值	加权得分	
光环境舒适度	展品光亮接受度	93	9.3	91	9.1	97	9.7	10%
	视觉适应性	92	9.2	89	8.9	90	9	10%
	视觉舒适度	92	9.2	89	8.9	90	9	10%
	心理愉悦感	93	9.2	83	8.3	90	9	10%
整体空间艺术表现	用光的艺术表现力	95	38	83	33.2	92	36.8	40%
	理念传达的感染力	92	18.4	86	17.2	8.5	17	20%

趋势，天津美术馆在这方面进行了积极的探索并取得了良好的效果。

四　美术馆整体照明总结

通过对天津美术馆全方位的调研分析、访谈记录、问卷调查等调研方式，最终形成本报告以及相应的分数统计。最终的统计结果如下。

（一）客观参数评估结果

根据照明现场实测结果，天津美术馆客观参数得分80，总体客观光环境水平为优秀，说明该馆在照明设计和维护中的工作达到优秀美术馆要求（见表13）。

（二）主观感受评估结果

根据现场主观评价结果，天津美术馆主观感受得分81.32，总体主观光环境水平为优秀，说明参观者对照明效果满意，能够满足展品观赏要求（见表14）。

表 13　客观参数评价表

客观评估	陈列空间		非陈列空间		
	基本陈设或常设展	临时展览	大堂序厅	过廊	辅助空间
评分	88.5	88.5	96	83	90
权重	0.4	0.2	0.1	0.1	0.1
加权得分	35.4	17.7	9.6	8.3	9

表 14　主观感受评价表

主观评估	陈列空间		非陈列空间		
	基本陈设或常设展	临时展览	大堂序厅	过廊	辅助空间
评分	93.4	85.1	93.3	85.6	90.5
权重	0.4	0.2	0.1	0.1	0.1
加权得分	37.36	17.02	9.33	8.56	9.05

（三）建议

1. 光源

我们通过实测光源种类、照明方式、指标参数等，并结合人员现场感受评价，对天津美术馆进行了深入调研。发现目前该馆展陈照明仍以传统卤素光源为主，卤素灯具有显色性高、易调光、体积小等优势，但同时也存在能耗大（光效 20 lm/W 左右）、寿命短（3000 小时左右，而且目前绝大部分照明企业已不再生产卤素灯，当光源损坏后很难再购买到原来型号的产品）、红外辐射强（对展品的表面温升影响很大，造成褪色和开裂等损伤，不利于展品保护）等问题。

LED 具有光效高（100 lm/W 以上）、寿命长（普遍可达到几万小时）、紫外和红外光谱极少、可调光、易维护等特点，特别是随着近年来 LED 的迅速发展，已基本解决了价格高和显色性差等问题，逐渐成为美术馆照明的应用趋势。因此，建议天津美术馆在日后的照明系统改造升级中，对 LED 光源进行应用。

2. 展品的照明保护

天津美术馆作为全国知名的美术馆，收藏有大量艺术珍品。美术作品尤其是纸质和绢质绘画类作品，是国际照明委员会（CIE）给出的最高光敏感级别展品（最高敏感级仅此一种），极易受到光源中的光谱辐射而发生褪色、变色、粉化、开裂等损伤现象。但目前该馆在照明指标设置、光源选择、防护措施等方面对展品光照保护考虑不足，作为建筑规格居全国首位的著名美术馆，建议结合目前最新的研究成果，在展品保护方面开拓创新，采用相应的保护方法和技术，为全国美术馆树立照明保护方面的标杆。

苏州美术馆照明调研报告

调研对象：苏州美术馆
调研时间：2017 年 11 月 30 日
指导专家：汪猛、张昕、姜靖
调研人员：吴海涛、赵训雄、单冠聪、袁天波
调研设备：远方 SFIM-300 闪烁光谱照度计、美能达 CL-200 色彩照度计、FLUKE-54 Ⅱ B 热电偶温度表、
　　　　　AZ8859 红外线温度仪

一　概述

（一）苏州美术馆概述

苏州美术馆（新馆）位于苏州市姑苏区中心地带，北寺塔西北面、东临人民路、西抵桃花河两岸、北以校场桥路为界，是苏州古城主干道人民路北段的文化新地标。于 2010 年年初落成，总投资 3.72 亿元，总建筑面积 3.34 万 m²。建筑采用传统苏式民居样式，飞檐翘角、粉墙黛瓦，古典花窗。馆内透过许多长形与方形的隔间，构成多长廊的建筑格局。灰色屋顶线条层层跌落，既满足建筑空间通风、采光等的需求，也形成富有韵味的变化效果，阳光和微风充分流动在各个角落，一派"苏而新"的风格（图1）。

图1　苏州美术馆全景

场馆分地下一层和地上两层（图2）。一层有一个层高 8m，面积 800m² 的展厅，其余面积为 300 ～ 400m² 的 6 个小展厅分散在一、二层之间，馆内还特别设置多功能学术报告厅、恒温恒湿库房、市民画廊等场所，可以满足各类大中型美术展览、学术交流活动以及美术典藏与研究的需要，同时兼具交流、教育、艺术服务等多种功能。

（二）照明概况

苏州美术馆建馆 90 周年大展，"颜文樑文献展"于 2017 年 11 月 30 日作为主要主题展之一在该馆一层大厅展出，另外地下一层展厅正在布展。

照明场景分为两大类：展览照明及工作照明。

美术馆照明控制方式：各个展厅独立控制，部分展厅采用智能分场景控制模式。

光源应用：卤素光源为主要展示照明辅以 LED 光源、荧光光源。

① 大堂主要采用自然光进行照明，卤素光源辅之；

② 展览大厅照明采用 LED 光源，负一楼东面展厅采用荧光灯＋卤素光源，其他展厅均使用传统卤素光源作为展示照明；

③ 库房、过道等功能空间使用荧光光源。

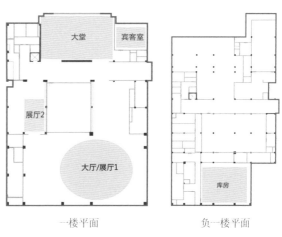

一楼平面　　　　　负一楼平面

图2　测试区域

二　调研数据剖析

（一）大堂照明

从美术馆东门入口进入大堂，层高约 12.5m，白天主要由顶部透过格栅漫射和入口玻璃门进入的自然光（阴天上午）对空间进行照明，另外白天只有少部分卤素筒灯照亮（可能其他已损坏失修）。照度测试采用中心布

点法对大堂一半取4×6个点进行测试（图3、4），地面平均照度648.6lx，平均照度均匀度0.54。

空间：h=1250cm

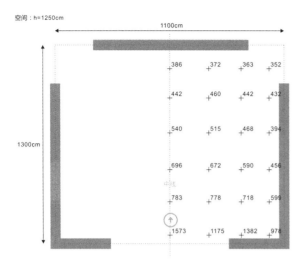

图3　大堂照度分布图

图4　大堂

（二）大厅

一层大厅是整个美术馆空间层高最高的展陈空间，主要展示立面由弧形墙构成（图5、6），顶部采用LED轨道射灯进行照明，灯光品质主要参数如图7～9。展品由玻璃罩保护，无法进行温升采样。

展墙：平均照度105.8lx；照度均匀度0.67。

地面（离墙1m）：平均照度46.6lx；照度均匀度0.42。

地面（离墙3m）：平均照度31lx；照度均匀度0.59。

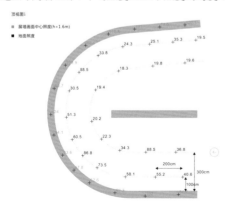

图5　大厅照度分布图

图6　大厅

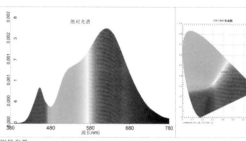

测量参数：

光照度E= 142.9 lx	E(fc)=13.2765 fc	辐射照度Ee=0.492347 W/m2
CIE x=0.4436	CIE y=0.4149	CIE u'=0.2502	CIE v'=0.5265
相关色温=2977 K	峰值波长=622.0 nm	半波宽=170.4 nm	主波长=581.8 nm
色纯度=57.7 %	红色比=24.1 %	绿色比=73.5 %	蓝色比=2.3 %
Duv=0.00333	S/P=1.36		

SDCM= 5.2(F3000)
白光分级:C78.377_3000K

图7　大厅灯光光谱

显色指数Ra=92.0　　R1= 92　　　R2= 94　　　R3= 95
R4= 94　　　R5= 91　　　R6= 93　　　R7= 94
R8= 82　　　R9= 57　　　R10= 85　　　R11= 95
R12= 79　　　R13= 92　　　R14= 97　　　R15= 87

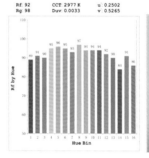

图8　大厅灯光显色性

测量参数：

光照度E=156.08 (lx)	最大照度=187.71 (lx)	最小照度=128.26 (lx)
闪烁百分比=18.81 (%)	闪烁指数=0.0560	频率=100.1 (Hz)
频率幅值_1 :(0.0 --- 572.15) (Hz- %)		频率幅值_2 :(100.0 --- 100.00) (Hz- %)
频率幅值_3 :(200.0 --- 4.04) (Hz- %)		频率幅值_4 :(325.0 --- 1.44) (Hz- %)
频率幅值_5 :(425.0 --- 0.99) (Hz- %)		频率幅值_6 :(1775.0 --- 0.82) (Hz- %)

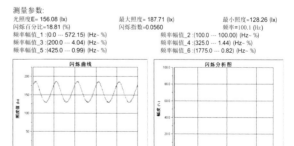

图9　大厅灯光点闪烁曲线和闪烁分析图

（三）展厅 2

测试采用中心布点法进行照度采样（图10～12）。一层北面展厅主要展示中国画，层高3.9m，主要由卤素轨道射灯进行照明，灯光品质主要参数如图13～15。

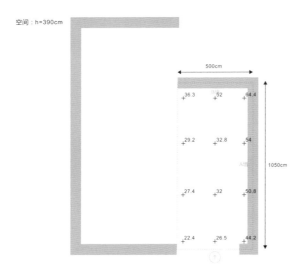

图10　展厅2地面照度分布
（平均照度 39.31x；照度均匀度 0.60）

图11　展厅2A墙展品照度分布
（平均照度83.21x；照度均匀度0.53）

图12　展厅2B墙展品照度分布
（平均照度129.01x；照度均匀度0.83）

展品表面温升情况如下。
环境温度：19℃
展品温度：21℃

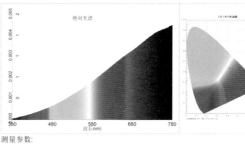

测量参数：

光照度E= 134.2 lx　　　　E(fc)=12.4704 fc　　　　辐射照度Ee=0.927176 W/m2
CIE x=0.4645　　　　　　CIE y=0.4111　　　　　　CIE u'=0.2652　　　　CIE v'=0.5282
相关色温=2641 K　　　　峰值波长=780.0 nm　　　　半波宽=171.0 nm　　主波长=584.6 nm
色纯度=62.8 %　　　　　红色比=27.2 %　　　　　　绿色比=70.0 %　　　蓝色比=2.8 %
Duv=-0.00018　　　　　S/P=1.31
SDCM=3.8(F2700(Note1))
白光分级:C78.377_2700K

图13　展厅2灯光光谱

显色指数Ra=99.5　　　R1=99　　　　　R2=100　　　　　R3=100
R4=99　　　　　　　R5=99　　　　　R6=99　　　　　　R7=100
R8=99　　　　　　　R9=98　　　　　R10=99　　　　　R11=99
R12=99　　　　　　R13=99　　　　　R14=100　　　　　R15=99

Rf 100　　　　　　CCT 2641 K　　　u :0.2652
Rg 100　　　　　　Duv 0.0002　　　v :0.5282

图14　展厅2灯光显色性

测量参数：

光照度E= 141.84 (lx)　　　　　最大照度= 147.6 (lx)　　　　　最小照度=136.26 (lx)
闪烁百分比=3.99 (%)　　　　　闪烁指数=0.0080　　　　　　频率=381.8 (Hz)
频率幅值_1:(0.0 - 4288.43) (Hz- %)　　　　频率幅值_2:(100.0 - 100.00) (Hz- %)
频率幅值_3:(200.0 - 9.29) (Hz- %)　　　　频率幅值_4:(3075.0 - 7.66) (Hz- %)
频率幅值_5:(2775.0 - 6.85) (Hz- %)　　　　频率幅值_6:(2050.0 - 6.55) (Hz- %)

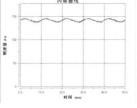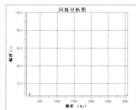

图15　展厅2灯光点闪烁曲线和闪烁分析图

（四）宾客室

宾客室（图16）主要由顶部灯槽、筒射灯以及立面壁灯进行照明，灯光品质主要参数如图17～19。地面照度采用中心布点法（图20），人面部测量座椅离地1.2m处垂直照度（图21）。

地面：平均照度150.41x；照度均匀度0.79。
面部：平均照度84.9lx；照度均匀度0.82。

图16 宾客室

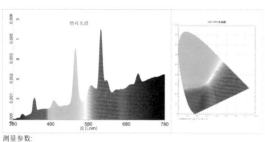

测量参数：
光照度E= 158.8 lx   E(fc)=14.7605 fc   辐射照度Ee=0.778131 W/m2
CIE x= 0.4373   CIE y= 0.4039   CIE u'=0.2509   CIE v'=0.5214
相关色温=2993 K   峰值波长=613.0 nm   半波宽=14.2 nm   主波长=582.9 nm
色纯度=52.5 %   红色比=27.1 %   绿色比=69.7 %   蓝色比=3.1 %
Duv=-0.00012   S/P=1.39

SDCM= 2.0(F3000)
白光分级:C78.377_3000K

图17 宾客室灯光光谱

显色指数Ra=93.3   R1= 98   R2= 99   R3= 80
R4= 96   R5= 97   R6= 94   R7= 96
R8= 87   R9= 60   R10= 82   R11= 93
R12= 82   R13= 96   R14= 86   R15= 98

Rf 90   CCT: 2993 K   u': 0.2509
Rg 102   Duv: 0.0001   v': 0.5214

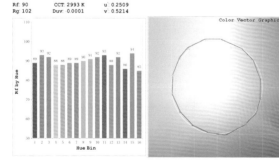

图18 宾客室灯光显色性

测量参数：
光照度E= 88.746 (lx)   最大照度= 104.85 (lx)   最小照度=75.375 (lx)
闪烁百分比=16.35 (%)   闪烁指数=0.0445   频率=100.0 (Hz)
频率幅值_1 :(0.0 --- 743.99) (Hz~ %)   频率幅值_2 :(100.0 --- 100.00) (Hz~ %)
频率幅值_3 :(200.0 --- 13.58) (Hz~ %)   频率幅值_4 :(300.0 --- 4.24) (Hz~ %)
频率幅值_5 :(2900.0 --- 2.50) (Hz~ %)   频率幅值_6 :(2800.0 --- 2.30) (Hz~ %)

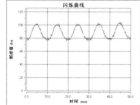
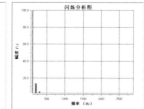

图19 宾客室灯光点闪烁曲线和闪烁分析图

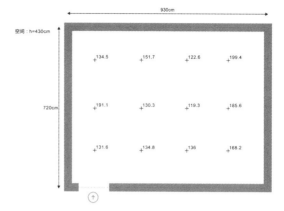

图20 宾客室地面照度分布图

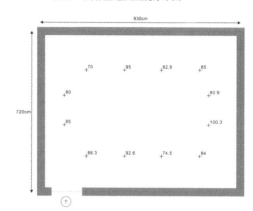

图21 宾客室人面部照度分布图

（五）库房

库房（图22）照明采用荧光筒灯进行照明，灯光品质主要参数如图23～25。轨道式可移动恒温恒湿储藏柜在取物件时才移开，测得柜内过道及层板照度如下（图26）。

过道地面：平均照度 5.9lx；照度均匀度 0.80。

层板：平均照度 43.4lx；照度均匀度 0.26。

图22 库房

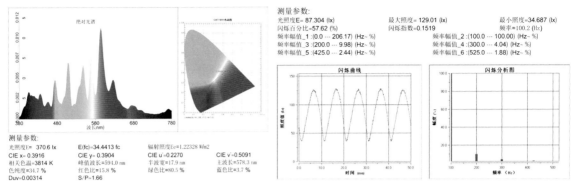

绝对光谱
波长(nm)
测量参数:
光照度E= 370.6 lx
E(fc)=34.4413 fc
辐射照度Ee=1.22328 W/m2
CIE x= 0.3916
CIE y= 0.3904
CIE u'=0.2270
CIE v'=0.5091
相关色温=3814 K
峰值波长=594.0 nm
半波宽=17.9 nm
主波长=578.3 nm
色纯度=34.7 %
红色比=15.8 %
绿色比=80.5 %
蓝色比=3.7 %
Duv=0.00314
S/P=1.66

图23　库房灯光光谱

测量参数:
光照度E= 87.304 (lx)
最大照度= 129.01 (lx)
最小照度=34.687 (lx)
闪烁百分比=57.62 (%)
闪烁指数=0.1519
频率=100.2 (Hz)
频率幅值_1 :(0.0 --- 206.17) (Hz~ %)
频率幅值_2 :(100.0 --- 100.00) (Hz~ %)
频率幅值_3 :(200.0 --- 9.98) (Hz~ %)
频率幅值_4 :(300.0 --- 4.04) (Hz~ %)
频率幅值_5 :(425.0 --- 2.44) (Hz~ %)
频率幅值_6 :(525.0 --- 1.88) (Hz~ %)
闪烁曲线
闪烁分析图
时间
频率 (Hz)

图25　库房灯光点闪烁曲线和闪烁分析图

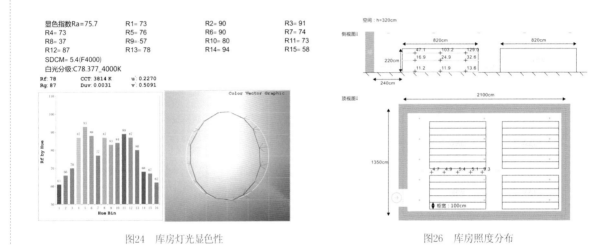

显色指数Ra=75.7
R1= 73
R2= 90
R3= 91
R4= 73
R5= 76
R6= 90
R7= 74
R8= 37
R9= 57
R10= 80
R11= 73
R12= 87
R13= 78
R14= 94
R15= 58
SDCM= 5.4(F4000)
白光分级:C78.377_4000K
Rf: 78
Rg: 87
CCT: 3814 K
Duv: 0.0031
u': 0.2270
v': 0.5091
Rf by Hue
Hue Bin
Color Vector Graphic

图24　库房灯光显色性

空间：h=320cm
侧视图↓
820cm
820cm
220cm
240cm
顶视图↓
2100cm
1350cm
柜宽：100cm

图26　库房照度分布

三　测评调研数据及评估

展陈空间主观测评当天共计 20 位观众参与了调研，加权 ×10 后总得分 85.2，具体分值及对应项见表 1。

另外，“陈列空间灯光客观评估”及“对光维护评估”情况见表 2、3。

表 1　基本陈列照明质量观众主观评估统计表

一级指标	二级指标	样本数 / 分值								均值	二级权值	实际得分（加权 ×10）
		A⁺ :10	A⁻ :8	B⁺ :7	B⁻ :6	C⁺ :5	C⁻ :4	D⁺ :3	D⁻ :0			
展品色彩表现	展品色彩真实感程度	10	4	6	0	0	0	0	0	8.7	20%	17.4
	光源色喜好程度	9	6	5	0	0	0	0	0	8.7	5%	4.4
展品清晰度	展品细节表现力	9	4	6	1	0	0	0	0	8.5	10%	8.5
	立体感表现力	9	4	3	4	0	0	0	0	8.4	5%	4.2
	展品纹理清晰度	8	5	4	3	0	0	0	0	8.3	5%	4.2
	展品外轮廓清晰度	10	3	5	2	0	0	0	0	8.6	5%	4.3
光环境舒适度	展品光亮接受度	8	7	5	0	0	0	0	0	8.6	5%	4.3
	视觉适应性	9	4	7	0	0	0	0	0	8.6	5%	4.3
	视觉舒适度（主观）	10	4	4	2	0	0	0	0	8.6	5%	4.3
整体空间照明艺术表现	心理愉悦感	9	4	5	1	0	0	1	0	8.3	5%	4.2
	用光艺术的喜好度	8	5	3	4	0	0	0	0	8.3	20%	16.6
	感染力的喜好度	9	4	6	1	0	0	0	0	8.5	10%	8.5

表2 陈列空间客观观评估统计表

一级指标	二级指标	二级权值	实际得分
用光的安全	照度与年曝光量	10%	8
	照射典型展品光源的光光谱分布 SPD	10%	8
	展品表面温升	10%	7
	眩光控制	10%	8
灯具与光源性能	显色指数	10%	9
	频闪控制	10%	9
	色容差	10%	6
光环境分布	亮（照）度水平空间分布	10%	6.5
	亮（照）度垂直空间分布	10%	8
	展品与背景亮（照）度对比度	10%	9

表3 对光维护评估结果汇总表

一级指标	二级指标	二级权值	评价等级	实际得分
专业人员管理	能够负责馆内布展调光和灯光调整改造工作	5%	基础项	5
	能够与照明顾问、外聘技术人员、专业照明公司进行照明沟通与协作	5%		4
	配置专业人员负责照明管理工作	5%		5
	有照明设备的登记和管理机制，并能很好地贯彻执行	5%	附加项	4
	有照明设计的基础，能独立开展这项工作，能为展览或照明公司提供相应的技术支持	10%		8
定期检查与维护	定期清洁灯具、及时更换损坏光源	10%	基础项	7
	有照明设备的登记和管理机制，并严格按照规章制度履行义务	10%		7
	定期测量照射展品的光源的亮度与光衰问题，测试紫外线含量、热辐射变化，以及核算年曝光量并建立档案	10%	附加项	6
	制定照明维护计划，分类做好维护记录	10%		7
维护资金	可以根据实际需求，能及时到位地获得设备维护费用的评分项目	20%	基础项	9
	有规划地制定照明维护计划，开展各项维护和史换设备的业务	10%	附加项	9

四 总结

各测试空间客观数据见表4，部分区域条件限制数据缺失。

通过这次的调研我们了解到苏州美术馆照明灯光分布、光源种类和光源的光学参数，分析其展览照明及工作照明，从主观面和客观面对空间照明效果进行评估，从光源的分类看，主要展陈照明还是以传统卤素光源为主，大厅高层区域用了LED光源灯具，灯光的品质和照明效果良好，而传统的卤素光源以其良好显色性，色彩表现好、易于调节明暗等优点，会长期作为展览主要照明继续使用。但卤素灯功耗高，红外辐射强，对展品的表面温升影响大，也不利于展品的保护和节能，随着LED技术的发展，LED未来将会成为该美术馆的主流照明光源。

表4 各测试空间客观数据汇总表

测量空间	用光安全		灯具与光源性能							SDCM	光环境分布	
	光谱	环境温度/表面温度	相关色温	R_a	R9	R_f	R_g	闪烁指数	闪烁百分比		平均照度 lx	照度均匀度
大堂	自然光	\	\	\	\	\	\	\	\	\	地面：648.6	地面：0.54
展厅1		\	2977k	92	57	92	98	0.056	18.81%	5.2	地面：38.8 展品：105.8	地面：0.47 展品：0.67
展厅2		19℃/21℃	2641k	100	98	100	100	0.008	3.99%	3.8	地面：39.3 展墙A：83.2 展墙B：129	地面：0.60 展墙A：0.53 展墙B：0.83
宾客室		\	2993k	93	60	90	102	0.0445	16.35%	2	地面：150.4 面部：84.9	地面：0.79 面部：0.82
库房		\	3814k	76	57	78	87	0.1519	57.62%	5.4	地面：5.9 货架：43.4	地面：0.80 货架：0.26

四川美术馆照明调研报告

调研对象：四川美术馆
调研内容：馆内照明情况
调研时间：2018 年 1 月 30 日
指导专家：常志刚、牟宏毅、艾晶
调研人员：洪尧阳、吴科林、梁柱兴、李仕彬、吴波
调研设备：群耀（UPRtek）MK350D 手持式分光光谱计、世光（SEKONIC）L-758CINE 测光表、森威（SNDWAY）SW-M40 实用型
测距仪、路昌（Lutron）UV-340A 紫外辐射计、联辉诚 LH-130 红外辐射计、路昌（Lutron）TM-902C 温度计等

图1　四川美术馆

一　概述

（一）美术馆建筑概况

四川美术馆位于成都市青羊区东城根街与人民西路交汇区，天府广场的西北侧，与天府广场周边的四川科技馆、四川省图书馆、成都市博物馆、锦城艺术宫、天府大剧院文化场馆一同形成天府广场的"文化聚集地"，是四川省美术家协会的所在地。

四川美术馆新馆（图 1）于 2013 年建成，是一幢高 38m 的现代建筑。美术馆主体建筑一共有 8 层，地下 2 层，地上 6 层，局部 4 层，总建筑面积约 20000m²。美术馆由不规则的多边形主楼和长方形的副楼组成，外墙为浅褐色的天然石材幕墙，表面呈现出不规则凹凸质感，副楼采用了坡面屋顶，从远处看整座建筑就像一个巨大的"翡翠如意"。

四川美术馆设有 6 个展厅，展览面积达 2646.46m²，固定展线 613.01m，移动展线 1000 余米，是一座集收藏、展览、研究、教育、交流、服务等功能为一体的重点省级文化服务机构。

（二）美术馆照明概况

四川美术馆有 4 层，一层、二层各两个展厅，三层、

四层各一个展厅。一层、二层为临时展厅，三层、四层为常设展厅。一层的临时展厅 1F-2（图 2）使用 LED 条形灯做成天花板，安装在天花板的轨道灯灵活方便且适应于不同展览的需求；三层的常设展厅（图 3）主要使用金卤轨道灯作为展示照明；四层常设展厅以展柜方式展示，主要使用柜内 LED 轨道灯。公共空间的照明主要采

图2　一层展厅照明

图3　三层展厅照明

用荧光灯，大堂序厅引入自然光。

调研区域照明概况如下。

照明方式：柜外投射为主，辅以线性灯具

光源类型：LED 灯为主，辅以金卤灯
灯具类型：轨道灯为主
照明控制：回路控制
照明时间：周二至周日 9∶00 ～ 17∶00（周一闭馆）

（三）美术馆调研区域概况

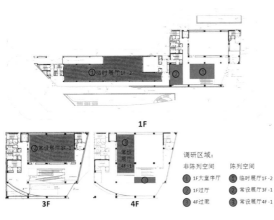

1F

3F　　**4F**

调研区域：
非陈列空间　　陈列空间
① 1F大堂序厅　① 临时展厅1F-2
② 1F过厅　　　② 常设展厅3F-1
③ 4F过厅　　　③ 常设展厅4F-1

图4　现场照明调研区域示意图

　　四川美术馆有四层展厅，展示空间多样化，展示作品丰富。指导专家参观了整个美术馆后，选取了几个有代表性的空间进行照明调研，照明调研区域如图4。

（四）美术馆调研前准备工作

　　调研工作展开前，指导专家、馆方人员与调研单位

图5　调研前课题访谈

图6　调研指导专家组

就美术馆照明质量的预评估工作进行访谈，对美术馆的基本照明信息进行收集，为后续的调研工作进行前期沟通。访谈结束后，馆方人员陪同指导专家与调研单位考察并采集了馆内的照明设施数据（图5、6）。

图7　一层临时展厅1F-2现场图片

二　调研数据采集分析

（一）陈列空间照明调研

1. 一层临时展厅 1F-2

　　调研的区域为一层的临时展厅 1F-2（图7），空间布局为传统的"白盒子"矩形结构，高 5.8m。展厅正在进行的展览是"拥抱——李晓峰 2018 艺术展"，数据采集的对象是绘画作品《观物取象（十二）》和展厅地面的照明情况。

　　展厅天花全部使用 LED 条形灯做天花板，灯具色温为自然白，模拟自然光通过磨砂玻璃漫射的照明效果，使得整个空间干净明亮；另外，天花板的隔间有安装轨道式灯具，现场展览没有使用到；轨道式灯具能灵活适应不同展览的需求。

（1）一层临时展厅 1F-2 地面照明数据采集

　　在展厅地面找一块 7.6m×7.3m 的区域采集照明数据，数据采集点间距为 2m×3m，共取 12 个数据采集点，数据采集点分布如图8，其地面照度数据见表1。

图8　临时展厅1F-2地面照明数据采集点分布示意图

表1　临时展厅1F-2地面照度数据采集表

采样编号	1	2	3	4	5	6	7	8	9	10	11	12
照度 (lx)	800	740	800	800	640	640	520	600	520	560	560	500
平均照度 (lx)	640			最大照度 (lx)		800	最小照度 (lx)		500	照度均匀度		0.78

(2) 绘画作品1《观物取象（十二）》照明数据采集

① 绘画作品1背景墙照明数据采集

在绘画作品1四周附近区域采集照明数据，数据采集点与作品的距离为20cm，采集点间距为45cm×20cm，共取12个数据采集点，数据采集点分布如图9，其背景墙的照度和亮度数据表2。

② 绘画作品1照明数据采集

在作品1区域采集照明数据，数据采集点间距为45cm×20cm，共取9个数据采集点，数据采集点分布如图10，绘画作品1的照度和亮度数据见表3。

③ 绘画作品1照明数据整理

经现场调研测量，绘画作品1用光安全、灯具与光

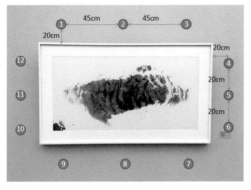

图9　绘画作品1背景墙照明数据采集点分布示意图

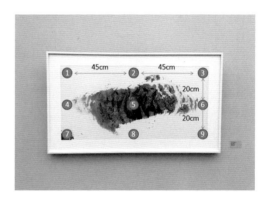

图10　绘画作品1照明数据采集点分布示意图

表2　绘画作品1背景墙照度、亮度数据采集表

采样编号	1	2	3	4	5	6	7	8	9	10	11	12
照度 (lx)	700	700	700	700	640	600	520	520	520	600	640	700
亮度 (cd/m²)	84	84	84	80	74	74	70	70	70	70	74	74
平均照度 (lx)	628.3		最大照度 (lx)		700	最小照度 (lx)		520	照度均匀度			0.83
平均亮度 (cd/m²)	75.6		最大亮度 (cd/m²)		84	最小亮度 (cd/m²)		70	亮度均匀度			0.93

表3　绘画作品1照度、亮度数据采集表

采样编号	1	2	3	4	5	6	7	8	9
照度 (lx)	740	740	700	700	700	700	700	700	700
亮度 (cd/m²)	100	100	100	74	11	60	97	90	97
平均照度 (lx)	708.9	最大照度 (lx)		740	最小照度 (lx)		700	照度 均匀度	0.99
平均亮度 (cd/m²)	81	最大亮度 (cd/m²)		100	最小亮度 (cd/m²)		11	亮度 均匀度	0.14

源特性和光环境分布数据采集见表 4 ~ 6。

绘画作品 1 照射光源光学特性如图 11。

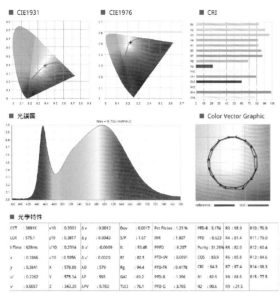

图11　绘画作品1照射光源光学特性

2. 三层常设展厅 3F-1

调研的区域为三层常设展厅 3F-1（图 12），空间布局为传统的"白盒子"矩形结构。展厅正在进行的展览是"2017 年度馆藏版画作品展"，调研的对象是绘画作品《荷之舞》。

图12　三层常设展厅3F-1

表4　绘画作品1用光安全数据采集表

展品类型		用光安全			
		平均照度	年曝光时间	光谱分布图	指定距离内的被照表面温度
平面	柜外	708.9 lx	2069988 lx·h/年	图 11	0℃

表5　绘画作品1灯具与光源特性数据采集表

展品类型		灯具与光源特性							
		光源类型	显色指数				频闪 Pct Flicker	色容差 SDCM	色温 CCT
			R_a	R9	R_f	R_g			
平面	柜外	LED	84.3	21.5	82.5	94.4	1.23%	3.4	3891K

表6　绘画作品1光环境分布数据采集表

展品类型		照度 水平空间分布	照度 垂直空间分布	展品与背景 亮度对比度	展品与背景 照度对比度
平面	柜外	0.78	0.99	1.07	1.13

表7　绘画作品2背景墙照度、亮度数据采集表

采样编号	2	3	4	5	6	7	8	9	10	11	12
照度 (lx)	117	184	181	110	90	65	65	75	65	75	90	86
亮度 (cd/m²)	16	21	21	17	14	9	8	9.8	9	9.8	12	12
平均照度 (lx)	100.3		最大照度 (lx)	184		最小照度 (lx)	65		照度均匀度		0.65	
平均亮度 (cd/m²)	13.2		最大亮度 (cd/m²)	21		最小亮度 (cd/m²)	8		亮度均匀度		0.6	

展厅天花全部使用轨道射灯作为展示照明，灯具光源为金卤灯，色温为暖白。

（1）绘画作品2《荷之舞》

① 绘画作品2背景墙照明数据采集

在作品2四周附近区域采集照明数据，数据采集点与作品的距离为20cm，采集点间距为50cm×50cm，共取12个数据采集点，数据采集点分布如图13，其背景墙的照度和亮度数据见表7。

② 绘画作品2照明数据采集

在作品2区域采集照明数据，数据采集点间距为50cm×50cm，共取9个数据采集点，数据采集点分布如图14，绘画作品2的照度和亮度数据见表8。

③ 绘画作品2照明数据整理

经现场调研测量，绘画作品2用光安全、灯具与光

图13　绘画作品2背景墙照明数据采集点分布示意图

图14　绘画作品2照明数据采集点分布示意图

表8　绘画作品2照度、亮度数据采集表

采样编号	1	2	3	4	5	6	7	8	9
照度(lx)	160	200	170	160	180	170	110	130	110
亮度(cd/m²)	3	3.5	3.5	6.5	23	5.7	1.7	2	1.6
平均照度(lx)	154.4	最大照度(lx)		200	最小照度(lx)		110	照度均匀度	0.71
平均亮度(cd/m²)	5.6	最大亮度(cd/m²)		23	最小亮度(cd/m²)		1.6	亮度均匀度	0.29

表9　绘画作品2用光安全数据采集表

展品类型		用光安全			
		平均照度	年曝光时间	光谱分布图	指定距离内的被照表面温度
平面	柜外	154.4 lx	450848 lx·h/年	图15	0.2℃

表10　绘画作品2灯具与光源特性数据采集表

展品类型		灯具与光源特性							
		光源类型	显色指数				频闪 Pct Flicker	色容差 SDCM	色温 CCT
			R_a	R9	R_f	R_g			
平面	柜外	HID	94.5	76.2	95.5	97.7	1.86%	5.0	2877K

表11　绘画作品2光环境分布数据采集表

展品类型		照度水平空间分布	照度垂直空间分布	展品与背景亮度对比度	展品与背景照度对比度
平面	柜外	无	0.71	0.42	1.54

源特性和光环境分布数据采集见表9～11。

绘画作品2照射光源光学特性如图15。

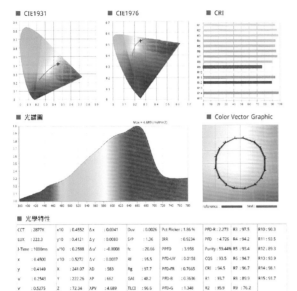

■ 光学特性

CCT	: 2877K	x10	: 0.4552	Δx	: 0.0041	Duv	: 0.0026	Pct Flicker	1.86 %	PFD-R : 2.273	R3 : 97.5	R10 : 90.3
LUX	: 222.3	y10	: 0.4121	Δy	: 0.0080	S/P	: 1.36	IRR	: 0.9234	PFD : 4.726	R4 : 94.2	R11 : 93.5
I-Time	: 1000ms	u'10	: 0.2588	Δu'	: -0.0008	fc	: 20.66	PPFD	: 3.958	PFD-UV : 0.0158	R5 : 93.4	R12 : 89.3
x	: 0.4500	v'10	: 0.5272	Δv'	: 0.0037	RI	: 95.5			CQS : 93.5	R6 : 94.7	R13 : 93.9
y	: 0.4149	X	: 241.07	λD	: 583	Rg	: 97.7	PFD-FR : 0.7665	CRI : 94.5	R7 : 96.7	R14 : 98.1
u'	: 0.2543	Y	: 222.26	λP	: 662	GAI	: 48.2	PFD-B : 0.3636	R1 : 93.7	R8 : 89.9	R15 : 91.7
v'	: 0.5275	Z	: 72.34	λPV	: 4.689	TLCI	: 96.5	PFD-G : 1.348	R2 : 95.9	R9 : 76.2	

图15　绘画作品2照射光源光学特性

3.四层常设展厅4F-1

调研的区域为四层的常设展厅4F-1（图16），空间布局为传统的"白盒子"矩形结构，展品为柜内展示。展厅正在进行的展览是"2017年四川美术馆馆藏精品展"，调研的对象是绘画作品《故乡》。

展厅展示照明为柜内LED轨道灯，灯具色温为自然

图16　四层常设展厅4F-1

白；空间基础照明为LED筒灯，灯具色温为自然白。

（1）绘画作品3《故乡》照明数据采集

① 绘画作品3背景墙照明数据采集

在作品3四周附近区域采集照明数据，数据采集点与作品的距离为20cm，采集点间距为40cm×40cm，共取12个数据采集点，数据采集点分布如图17，其背景墙的照度和亮度数据见表12。

② 绘画作品3照明数据采集

图17　绘画作品3背景墙照明数据采集点分布示意图

在绘画作品3区域采集照明数据，数据采集点间距为40cm×80cm，共取12个数据采集点，数据采集点分布如图18，绘画作品3的照度和亮度数据见表13。

图18　绘画作品3照明数据采集点分布示意图

③ 绘画作品3照明数据整理

经现场调研测量，绘画作品3用光安全、灯具与光源特性和光环境分布数据采集见表14～16。

绘画作品3照射光源光学特征如图19。

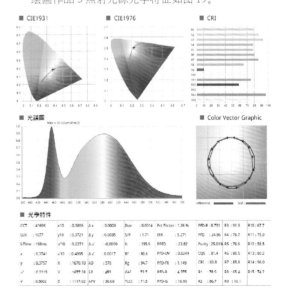

■ 光學特性

CCT	: 4169K	x10	: 0.3806	Δx	: 0.0008	Duv	: 0.0014	Pct Flicker	1.26 %	PFD-R : 8.731	R3 : 91.9	R10 : 67.7
LUX	: 1677	y10	: 0.3721	Δy	: -0.0035	S/P	: 1.71	IRR	: 5.271	PFD : 24.96	R4 : 78.7	R11 : 75.0
I-Time	: 168ms	u'10	: 0.2271	Δu'	: -0.0009	fc	: 155.9	PPFD	: 23.82	PFD-UV : 0.0017	R5 : 78.6	R12 : 58.5
x	: 0.3741	v'10	: 0.4995			RI	: 80.6			CQS : 81.4	R6 : 80.5	R13 : 80.2
y	: 0.3757	X	: 1670.10	λD	: 570	Rg	: 94.7	PFD-FR : 1.149	CRI : 80.8	R7 : 85.8	R14 : 96.0
u'	: 0.2213	Y	: 1677.58	λP	: 459	GAI	: 93.9	PFD-B : 4.375	R1 : 78.0	R8 : 48.4	R15 : 74.3
v'	: 0.5002	Z	: 1117.02	APV	: 30.69	TLCI	: 71.5	PFD-G : 10.90	R2 : 86.7	R9 : 10.7	

图19　绘画作品3照射光源光学特性

表12 绘画作品3背景墙照度、亮度数据采集表

采样编号	1	2	3	4	5	6	7	8	9	10	11	12
照度(lx)	370	220	340	35	60	75	180	230	160	100	120	130
亮度(cd/m²)	34	52	20	5	8	9	11	13	11	9.8	12	15
平均照度(lx)	168.3		最大照度(lx)	370		最小照度(lx)	35		照度均匀度		0.2	
平均亮度(cd/m²)	16.7		最大亮度(cd/m²)	52		最小亮度(cd/m²)	5		亮度均匀度		0.3	

表13 绘画作品3照度、亮度数据采集表

采样编号	1	2	3	4	5	6	7	8	9	10	11	12
照度(lx)	800	900	640	240	400	560	370	180	170	230	230	130
亮度(cd/m²)	34	50	37	9.8	13	10	26	8.6	2.8	2.8	2	3.7
平均照度(lx)	404.2		最大照度(lx)	900		最小照度(lx)	170		照度均匀度		0.42	
平均亮度(cd/m²)	16.6		最大亮度(cd/m²)	50		最小亮度(cd/m²)	2		亮度均匀度		0.12	

表14 绘画作品3用光安全数据采集表

展品类型		用光安全			
		平均照度	年曝光时间	光谱分布图	指定距离内的被照表面温度
平面	柜外	404.2 lx	1180264 lx·h/年	图19	0℃

表15 绘画作品3灯具与光源特性数据采集表

展品类型		灯具与光源特性							
		光源类型	显色指数				频闪Pct Flicker	色容差SDCM	色温CCT
			R_a	R9	R_f	R_g			
平面	柜外	LED	80.8	10.1	80.6	94.7	1.26%	3.1	4169K

表16 绘画作品3光环境分布数据采集表

展品类型		照度水平空间分布	照度垂直空间分布	展品与背景亮度对比度	展品与背景照度对比度
平面	柜外	无	0.42	0.99	2.4

（二）陈列空间照明数据总结

通过对调研的整理，陈列空间照明质量的主观和客观评分见表 17、18。

1. 陈列空间照明质量主观评分

表 17　陈列空间照明质量主观评分表

评分指标			基本陈列		临时展厅	
一级指标	二级指标	权重	得分均值	加权 ×10	得分均值	加权 ×10
展品色彩表现	展品色彩真实感程度	20%	7.3	14.6	7.8	15.6
	光源色喜好程度	5%	6.6	3.3	7.2	3.6
展品细节清晰度	展品细节表现力	10%	6.4	6.4	7.4	7.4
	立体感表现力	5%	6.4	3.2	7.2	3.6
	展品纹理清晰度	5%	6.3	3.2	7.6	3.8
	展品外轮廓清晰度	5%	6.8	3.4	8.2	4.1
光环境舒适度	展品光亮接收度	5%	6.5	3.3	7.9	4.0
	视觉适应性	5%	6.8	3.4	8.3	4.2
	视觉舒适度（主观）	5%	6.8	3.4	8.0	4.0
	心理愉悦感	5%	7.0	3.5	8.2	4.1
整体空间照明艺术表现	用光艺术的喜好程度	20%	6.8	13.6	7.5	15.0
	感染力的喜好度	10%	6.8	6.8	7.7	7.7

2. 陈列空间照明质量客观评分

表 18　陈列空间照明质量客观评分表

评分指标			临时展厅 1F-2		常设展厅 3F-1		常设展厅 4F-1	
			绘画作品 1		绘画作品 2		绘画作品 3	
一级指标	二级指标		权重	数据	加权分值	数据	加权分值	数据	加权分值
用光的安全	照度（lx）		15%	708.9	10.5	154.4	15	404.2	12
	年曝光量（lx·h/年）			2069988		450848		1180264	
	光源的光谱分布 SPD	紫外（mW/m²）	10%	0.0091	10	0.0158	10	0.0249	10
		蓝光（mW/m²）		1.396		0.3636		4.375	
	展品表面温升（红外）		10%	0℃	10	0.2℃	10	0℃	10
	眩光控制		5%	无不舒适眩光	5	无不舒适眩光	5	偶有不适眩光	4
灯具与光源性能	显色指数	R_a	12%	84.3	5.2	94.5	9.6	80.8	5.2
		R9		21.5		76.2		10.1	
		R_f		82.5		95.5		80.6	
	频闪控制（频闪百分比）		9%	1.23%	9	1.86%	7.2	1.26%	9
	色容差（SDCM）		9%	3.4	5.4	5.0	4.5	3.1	5.4
光环境分布	照度水平空间分布		8%	0.78	6.4	无	5.6	无	5.6
	照度垂直空间分布		14%	0.99	14	0.71	11.2	0.42	7
	亮度对比度		8%	1.07	6.4	0.42	2.4	0.99	2.4

（三）非陈列空间照明调研

1. 一层大堂序厅

调研的区域为一层大堂序厅（图20），天花板最高达32m。美术馆入口正门连接大堂序厅，大门入口是透明玻璃门，上方是透明玻璃窗，因此大堂序厅白天的照明主要是自然采光。

图20　一层大堂序厅现场图片

① 一层大堂序厅地面照明数据采集

在地面找一块 13.5m×7m 的区域采集照明数据，数据采集点的间距为 2.5m×3m，共取 15 个数据采集点，数据采集点分布如图 21、22，其地面的照度数据见表 19。

一层大堂序厅地面照射光源光学特性如图 23。

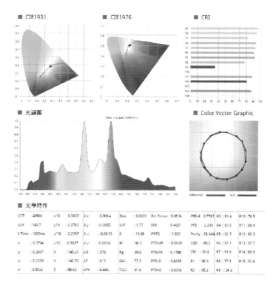

图23　一层大堂序厅地面照射光源光学特性

② 一层大堂序厅墙面照明数据采集

我们将一层大堂序厅正对大门的海报墙作为采集照明数据的区域，该墙面长 7.3m，高 5.4m，数据采集点的间距为 1.2m×2.5m，共取 6 个数据采集点，数据采集点分布如图 24、25，其墙面的照度数据见表 20。

③ 一层大堂序厅照明数据整理

经现场调研测量，一层大堂序厅灯具与光源特性和

图21　大堂序厅地面照明数据采集示意图

图24　大堂序厅墙面照明数据采集示意图

图22　大堂序厅地面数据采集点分布示意图

图25　大堂序厅墙面数据采集点分布示意图

光环境分布数据采集见表21、22。

2. 一层过厅

数据采集的区域为一层过厅（图26），该区域长12.5m、宽6m、高5.8m。1F过厅连接1F大堂序厅和临时展厅1F-1，区域的主要照明灯具是天花的筒灯和灯管，光源主要是荧光灯。

① 一层过厅地面进行照明数据采集

对一层过厅地面进行照明数据采集，数据采集点间距为2m×2.5m，共取15个数据采集点，数据采集点分布如图27、28，其地面的照度数据见表23。

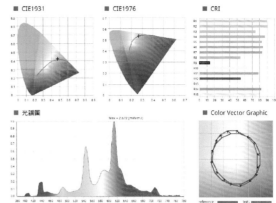

图28 一层过厅地面照射光源光学特性

图26 一层过厅地面照明数据采集示意图　　图27 一层过厅地面数据采集点分布示意图

② 一层过厅墙面照明数据采集

在一层过厅正对大门的墙作为采集照明数据的区域，该墙面长5.4m、高5.8m，数据采集点的间距为1.2m×2m，共取6个数据采集点，数据采集点分布如下图29、30，其墙面的照度数据见表24。

图29 一层过厅墙面照明数据采集示意图　　图30 一层过厅墙面数据采集点分布示意图

表19 大堂序厅地面照度数据采集表

采样编号	1	2	3	4	5	6	7	8	9	10	11	12	13	14	15
照度(lx)	260	240	200	180	130	120	170	180	200	230	200	180	110	120	120
平均照度(lx)	176		最大照度(lx)		260		最小照度(lx)		110		照度均匀度		0.63		

表20 大堂序厅墙面照度数据采集表

采样编号	1	2	3	4	5	6
照度(lx)	90	120	130	110	140	150
平均照度(lx)	123.3	最大照度(lx)	150	最小照度(lx)	90	照度均匀度 0.73

表21 一层大堂序厅灯具与光源特性数据采集表

空间类型		灯具与光源特性							
		光源类型	显色指数				频闪 Pct Flicker	色容差 SDCM	色温 CCT
			R_a	R9	R_f	R_g			
大堂序厅	平面	日光	90.0	34.6	90.3	99.0	5.95%	4.3	4056K
	立面	荧光灯	80.3	−12.4	76.6	99.7	6.60%	2.2	2595

表22　一层大堂序厅光环境分布数据采集表

空间类型		平均照度 (lx)	照度空间分布（照度均匀度）
大堂序厅	平面	176	0.63
	立面	123.3	0.73

表23　一层过厅地面照度数据采集表

采样编号	1	2	3	4	5	6	7	8	9	10	11	12	13	14	15
照度 (lx)	46	43	40	50	53	40	50	57	50	60	53	50	53	50	50
平均照度 (lx)	49.7		最大照度 (lx)		60		最小照度 (lx)		40		照度均匀度		0.8		

表24　一层过厅墙面照度数据采集表

采样编号	1	2	3	4	5	6
照度 (lx)	43	37	35	60	50	50
平均照度 (lx)	45.8	最大照度 (lx)	60	最小照度 (lx)	35	照度均匀度	0.76

③ 一层过厅照明数据整理

经现场调研测量，一层过厅灯具与光源特性和光环境分布数据采集见表25、26。

表25　一层过厅灯具与光源特性数据采集表

空间类型		灯具与光源特性						
	光源类型	显色指数				频闪 Pct Flicker	色容差 SDCM	色温 CCT
		R_a	R9	R_f	R_g			
大堂序厅	平面 荧光灯	80.8	−13.9	76.7	99.6	7.89%	7.2	2579K
	立面 荧光灯	80.3	−12.4	76.6	99.7	6.60%	7.7	2595K

表26　一层过厅光环境分布数据采集表

空间类型		平均照度 (lx)	照度空间分布（照度均匀度）
大堂序厅	平面	49.7	0.8
	立面	45.8	0.76

3. 四层过廊

此采集区域为四层过廊（图31），天花高度为3.4m。区域的主要照明灯具是天花筒灯，光源是荧光灯，过廊左侧为玻璃幕墙，有自然透光，因此该区域的照明为荧光灯与自然采光的结合。

① 四层过廊地面照明数据采集

在地面找一块8m×3.2m的区域采集照明数据，数据采集点的间距为1m×2m，共取12个数据采集点，数据采集点分布如图32、33，其地面的照度数据见表27。

② 四层过廊墙面照明数据采集

在四层过廊正对玻璃幕墙的墙作为采集照明数据的区域，该墙面长8m、高3.4m，数据采集点的间距为1.2m×2m，共取8个数据采集点，数据采集点分布如图34、35，其墙面的照度数据见表28。

图31　四层过廊地面照明数据采集示意图

图32　四层过廊地面数据采集点分布示意图

四层过廊地面照射光源光学特征如图 33。

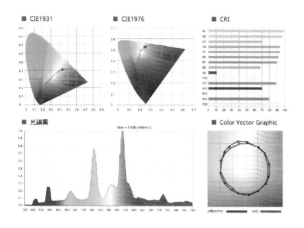

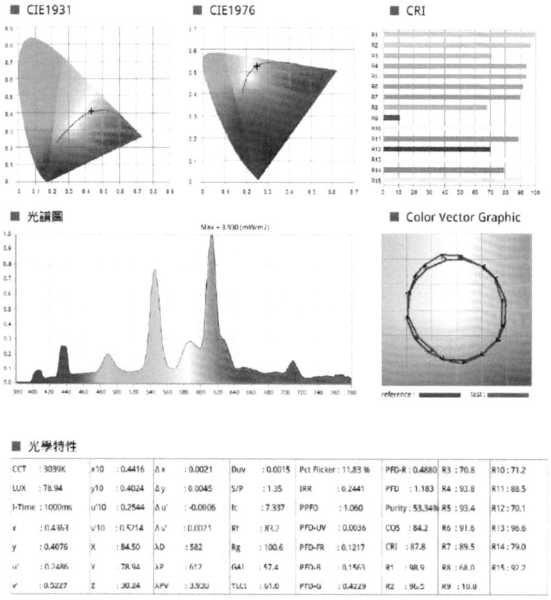

■ CIE1931　■ CIE1976　■ CRI

■ 光谱图　　　■ Color Vector Graphic

■ 光学特性

CCT	:3039K	x10	:0.4416	Δx	:0.0021	Duv	:0.0015	Pct Flicker :11.83 %	PFD-R :0.4880	R3 :70.8	R10:71.2
LUX	:78.94	y10	:0.4024	Δy	:0.0045	S/P	:1.35	IRR	:0.2441	PFD :1.183	R4 :93.8	R11:88.5

图33　四层过廊地面照射光源光学特性

图34　四层过廊墙面照明数据采集示意图

照明数据采集区域：过廊墙面

图35　四层过廊墙面数据采集点分布示意图

表27　四层过廊地面照度数据采集表

采样编号	1	2	3	4	5	6	7	8	9	10	11	12
照度 (lx)	90	100	110	90	100	75	90	100	100	100	90	86
平均照度 (lx)	94.25			最大照度 (lx)	110		最小照度 (lx)	75		照度均匀度		0.79

表28　四层过廊墙面照度数据采集表

采样编号	1	2	3	4	5	6	7	8
照度 (lx)	75	86	80	80	110	110	90	110
平均照度 (lx)	96.6	最大照度 (lx)	110	最小照度 (lx)	75	照度均匀度		0.77

③ 四层过廊照明数据整理

经现场调研测量，四层过廊灯具与光源特性和光环境分布数据采集见表29、30。

表29　四层过廊灯具与光源特性数据采集表

空间类型		灯具与光源特性							
		光源类型	显色指数				频闪 Pct Flicker	色容差 SDCM	色温 CCT
			R_a	R9	R_f	R_g			
大堂序厅	平面	荧光灯＋日光	87.8	10.8	83.2	100.6	11.83%	5.6	3039K
	立面	荧光灯＋日光	85.1	−1.5	78.4	101.1	14.16%	3.1	2819K

表30　四层过廊光环境分布数据采集表

空间类型		平均照度 (lx)	照度空间分布（照度均匀度）
大堂序厅	平面	94.25	0.79
	立面	96.6	0.77

（四）非陈列空间照明数据总结

1. 非陈列空间照明质量主观评分

通过对调研数据的整理，非陈列空间照明质量的主观和客观评分见表31、32。

表31　非陈列空间照明质量主观评分表

评分指标			一层大堂序厅		一层过厅		四层过廊	
一级指标	二级指标	权重	得分均值	加权×10	得分均值	加权×10	得分均值	加权×10
光环境舒适度	展品光亮接受度	10%	6.0	6.0	无		6.8	6.8
	视觉适应性	10%	6.0	6.0			6.9	6.9
	视觉舒适性（主观）	10%	6.0	6.0			7.0	7.0
	心理愉悦感	10%	6.0	6.0			7.2	7.2
整体空间照明艺术表现	用光艺术的喜好度	40%	7.0	28.0			6.7	26.8
	感染力的喜好度	20%	7.0	14.0			6.9	13.8

2. 非陈列空间照明质量客观评分

表32　非陈列空间照明质量客观评分表

评分指标			一层大堂序厅		一层过厅		四层过廊	
一级指标	二级指标		权重	数据	加权分值	数据	加权分值	数据	加权分值
灯具与光源性能	显色指数	R_a	15%	90.0	9	80.8	5.5	87.8	6.7
		R9		34.6		−13.9		10.8	
		R_f		90.3		76.7		83.2	
	频闪控制（频闪百分比）		10%	5.95%	6	7.89%	6	11.83%	5
	眩光控制		15%	无不舒适眩光	15	无不舒适眩光	15	无不舒适眩光	15
	色容差（SDCM）		10%	4.3	5	7.2	0	5.6	4
光环境分布	照度水平空间分布（均匀度）		20%	0.63	14	0.8	20	0.79	16
	照度垂直空间分布（均匀度）		15%	0.73	12	0.76	12	0.77	12
	功率密度（序厅）（W/m²）		15%	3	15	4.5	15	4.2	15

三　美术馆总体照明总结

通过对四川美术馆全方位的调研分析、访谈记录、问卷调查等调研方式，最终形成本报告以及相应的分数统计。最终的统计结果如下所示见表33～35。

（一）主观照明质量评估分数总结

主观总体评分等级：一般

表33　美术馆主观照明质量评分表

主观评估	陈列空间		非陈列空间		
	常设展厅	临时展厅	一层大堂序厅	一层过厅	四层过廊
得分	68.1	77.1	66	无	68.5
权重	40%	20%	20%	10%	10%
加权得分	27.2	15.4	13.2	无	6.9

（二）客观照明质量评估分数总结

客观总体评分等级：良好

表 34　美术馆客观照明质量评分表

客观评估	陈列空间		非陈列空间		
	常设展厅	临时展厅	大堂序厅	展厅序厅	过廊
得分	75.6	81.9	76	73.5	73.7
权重	40%	20%	20%	10%	10%
加权得分	30.2	16.4	15.2	7.4	7.4

（三）"对光维护"运营评估分数总结

运营总体评分等级：良好

表 35　美术馆"对光维护"运营评分表

评分项目	测试要点	统计分值
专业人员管理	能够负责馆内布展调光和灯光调整改造工作	5
	能够与照明顾问、外聘技术人员、专业照明公司进行照明沟通与协作	5
	配置专业人员负责照明管理工作	5
	有照明设备的登记和管理机制，并能很好地贯彻执行	5
	有照明设计的基础，能独立开展这项工作，能为展览或照明公司提供相应的技术支持	0
定期检查与维护	定期清洁灯具、及时更换损坏光源	10
	有照明设备的登记和管理机制，并严格按照规章制度履行义务	10
	定期测量照射展品的光源的照度与光衰问题，测试紫外线含量、热辐射变化，以及核算年曝光量并建立档案	0
	制定照明维护计划，分类做好维护记录	10
维护资金	可以根据实际需求，能及时到位地获得设备维护费用的评分项目	20
	有规划地制定照明维护计划，开展各项维护和更换设备的业务	0

陕西省美术博物馆照明调研报告

调研对象：陕西省美术博物馆

调研时间：2017 年 12 月 14 日

调研人员：党睿、索经令、冼德照、杨沂泓、范超逸、焦玉妍

调研设备：远方 SPIC-200 闪烁光谱照度计、先驰 SENTRY　PA05-0000520-03、UNI-T　UT381、EDKORS DS4 美国 FLIR　E6 红外热像仪、日本 SEKONIC L-558CINE 世光测光表

图1　陕西省美术博物馆

一　概述

（一）美术馆建筑概述

陕西省美术博物馆是由陕西省人民政府投资建设的专业造型艺术博物馆（图1），是陕西省文化厅直属的不以营利为目的的公益性社会文化服务机构。建筑由国家工程院院士、著名设计师张锦秋女士担纲设计，2000年 4 月建成，2001 年成立机构并正式营运。总建筑面积10760m²，其中展厅面积 7600m²，展线 1800m，馆内设有八个展厅、四层展廊，还设有中央雕塑展厅、学术报告厅、贵宾厅、藏品库等，配备有自动化消防监控、红外线防盗监视和中央空调系统，美术馆所需的基础功能设施完备。

（二）美术馆照明概况

陕西省美术博物馆建筑空间和展览空间结合紧密，既有多个独立展厅，又有开放式的独立展廊和中央展示大厅，光环境形式多样，适合不同展品的展示效果要求。总体来看，光环境符合美术馆的展览需求和定位，照明环境舒适，满足展览照明的要求。

总体照明方式以人工光为主，自然光为辅。

① 展览照明采用荧光洗墙灯照明和专业射灯重点照明相结合的方式，专业射灯大部分使用传统卤素光源，也有部分 LED 新型光源，采用轨道照明系统。

② 中央大厅层高较高，穹顶通过玻璃采光，采用自然光和人工光相结合的照明方式；采用金卤光源的灯具作为人工照明。

③ 大厅和公共部分采用自然光和人工光结合的照明方式，采用下照筒灯、发光天棚和暗藏灯槽等照明形式（用于营造柔和氛围及强调空间感）。

灯具类型：以直接型为主

照明控制：各个展厅独立控制，手动开关，部分区域采用智能照明控制系统控制。

开放时间：9：00～17：00（周一闭馆）

（三）美术馆调研概况

黄色标记为数据采集区域，一至三层（图 2～4）。

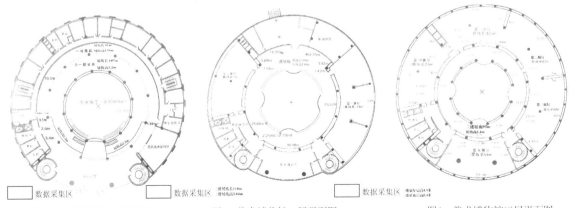

图2　美术博物馆一层平面图　　图3　美术博物馆二层平面图　　图4　美术博物馆三层平面图

二 展厅照明调研数据

（一）展厅照明

1.二层展廊空间地面平面测量数据（图5～7，表1）

光源类型：LED射灯＋荧光灯

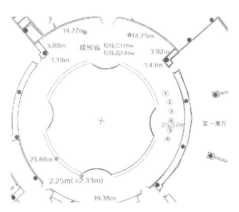

图5 美术博物馆二层展廊平面数据采集点

图6 美术博物馆二层展廊

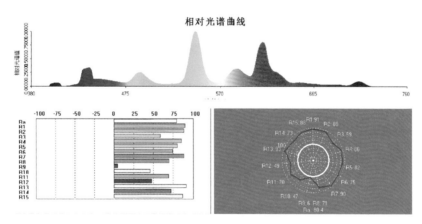

图7 二层画廊地面照射光源光学特性

表1 二层展廊地面平面采集点数据

取样编号	照度 Lx	SDCM	CIE x	CIE y	色温 K	R_a	R9	R_g	R_f
1	85.51	8.3	0.3969	0.3991	3673	80	6	90	89
2	85	8	0.3845	0.3844	3685	81	10	91	88
3	79	8.3	0.3911	0.3856	3682	80	9	91	89
4	68	7	0.3966	0.3995	3700	80	7	92	87
5	78	8	0.3856	0.3975	3806	81	8	92	86
6	77	8	0.3945	0.7985	3720	79	8	90	86
平均值	79	8	0.3915	0.4608	3711	80	8	91	87.5
均匀度		0.3591	最小照度值		68	最大照度值			85.51

2. 二层廊平面展品照明测量数据（图8、9，表2）

图8 美术博物馆二层展廊平面作品

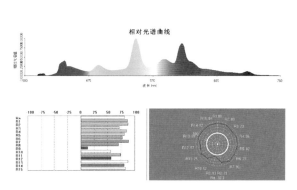

图9 二层画廊平面照射光源光学特性

表2 二层展廊平面展品照明测量数据

取样编号	照度 Lx	亮度	SDCM	CIE x	CIE y	色温 K	R_a	R9
1	101	15	6.8	0.3969	0.3991	3796	82	13
2	140	28	7	0.3845	0.3844	3800	82	15
3	153.8	21	7	0.3911	0.3856	3798	82	13
4	101	14	6.9	0.3966	0.3995	3880	82	13
5	141	10	8.3	0.3856	0.3975	3680	83	15
6	93	18	8	0.3945	0.3957	3660	83	12
7	96	23	7	0.3988	0.3986	3770	82	16
8	89	17	8	0.3997	0.3963	3755	83	14
9	95	14	8	0.3894	0.3879	3841	83	14
10	91	18	7	0.3882	0.39974	3885	83	16
平均值	106	18	7	0.3915	0.3936	3782.7	83	14
均匀度		0.6625	最小照度值		89	最大照度值		141

（二）美术馆三层第三展厅照明测量

1. 第三展厅总体空间照明平面测量数据（图10~12，表3）

光源类型：卤素灯＋荧光灯

图10 美术博物馆三层第三展厅

图11 美术博物馆三层第三展厅平面数据采集点

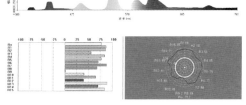

图12 三层地面照射光源光学特性

表3　三层第三展厅采集点数据

取样编号	照度 Lx	SDCM	CIE x	CIE y	色温 K	R_a	R9
1	164	10.2	0.4226	0.4209	3343	78.2	2
2	183	10	0.4325	0.4203	3310	79	5
3	160	10.2	0.4366	0.4233	3342	79	3
4	153	9	0.4215	0.4258	3422	78	4
5	170	9.5	0.3988	0.4269	3374	78	4
6	110	9	0.4223	0.4213	3250	79	4
7	105	9	0.4263	0.4196	3307	78	4
8	100	9	0.4233	0.4189	3266	78	5
9	120	10	0.4129	0.4251	3133	79	3
10	106	10	0.4289	0.4199	3329	79	3
平均值	137	10	0.4226	0.4222	3308	79	4
均匀度	0.7611	最小照度值		100	最大照度值		183

2. 第三展厅平面展品照明平面测量数据（图13、14，表4、5）

图13　美术博物馆三层第三展厅平面展品

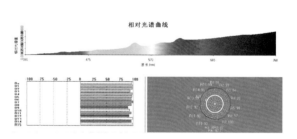

相对光谱曲线

图14　三层展厅平面照射光源光学特性

表4　三层三展厅平面展品照明测量数据

取样编号	照度 Lx	亮度	SDCM	CIE x	CIE y	色温 K	R_a	R9
1	155	32	1.3	0.4595	0.4147	2737	97.7	90
2	205	21	1.2	0.4588	0.4174	2800	97	89
3	162	18	1.3	0.4569	0.4123	2812	97	88
4	153	34	1.4	0.4595	0.4122	2795	97	90
5	220	21	1.3	0.4597	0.4139	2700	97	90
6	161	37	1	0.4233	0.4211	2900	97	90
7	146	30	1.3	0.4498	0.4251	2890	97	89
8	130	30	1.3	0.4521	0.4169	2812	97	90
9	132	28	1.2	0.4623	0.3989	2870	97	89
平均值	163	28	1	0.4530	0.4153	2813	97	89

表5 三层三展厅平面展品背景照明测量数据

取样编号	照度 lx	亮度	SDCM	CIE x	CIE y	色温 K	R_a	R9
1	165	32	1.2	0.4563	0.4210	2800	97	91
2	102	30	1.4	0.4523	0.4213	2790	97	90
3	151	31	1.3	0.4533	0.4196	2910	97	90
4	120	33	1.3	0.4538	0.4262	2891	97	90
平均值	135	32	1.3	0.4539	0.4220	2848	97	90
均匀度	0.675		最小照度值		102	最大照度值		220

（三）陈列空间小结

客观评估（见表6）：

表6 陈列空间照明客观评估表

编号	一级指标	二级指标		二层展廊平面作品			三层第三展厅平面作品			权重
				数据	加权分值	加总	数据	分值	加权平均	
1	用光的安全	照度		153.8	15	39	300	15	39	15%
		年曝光量（lx·h/年）		449096			875600			
		紫外含量检测	紫外（mW/m²）	0.0082	10		0.0152	10		10%
			蓝光（mW/m²）	1.44			3.07			
		展品表面温升（红外）		0	10		0	10		10%
		眩光控制		偶有不舒适眩光	4		偶有不舒适眩光	4		5%
2	灯具与光源性能	显色指数	R_a	83	4.8	9.3	97.7	12	27	12%
			R9	21			90			
			R_f	80			90			
		频闪控制		10.03%	4.5		0.42%	9		9%
		色容差		7	0		1.3	6		9%
3	光环境分布	亮（照）度水平空间分布		0.75	6.4	24	0.76	6.5	22.6	8%
		亮（照）度垂直空间分布		0.76	11.2		0.68	9.7		14%
		对比度		1.75	6.4		1.24	6.4		8%

主观评估（见表7）：

表7 陈列空间照明主观评估表

一级指标	二级指标	二层展廊		三层第三展厅		权重
		原始分值	加权得分	原始分值	加权得分	
展品色彩表现	展品色彩还原程度	8.4	16.8	8.0	16	20%
	光源色喜好程度	8.4	4.2	8.0	4	5%
展品清晰度	展品细节表现力	8.6	8.6	9.0	9	10%
	立体感表现力	8.2	4.1	10	5	5%
	展品纹理清晰度	7.7	3.9	9.0	4.5	5%
	展品外轮廓清晰度	8.5	4.3	9.0	4.5	5%

	展品光亮接受度	8.3	4.2	9.0	4.5	5%
光环境舒适度	视觉适应性	9.0	4.5	9.0	4.5	5%
	视觉舒适度（主观）	8.0	4.0	8.5	4.3	5%
	心理愉悦感	8.1	4.1	9.0	4.5	5%
整体空间照明艺术表现	用光的艺术表现力	8.5	17.0	9.0	18	20%
	理念传达的感染力	8.3	8.3	10	10	10%

三　非陈列空间照明调研数据分析

（一）大堂照明

光源类型：卤素灯

大堂序厅采用自然光和人工光相结合的照明方式（图15、16）。

图15　陕西省美术博物馆大堂

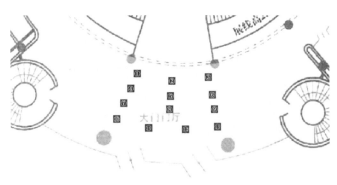

图16　陕西省美术博物馆大堂平面采集点

1．大堂照明数据（见表8，图17）

表8　大堂地面平面采集点数据

取样编号	照度 lx	SDCM	CIE x	CIE y	色温 K	R_a	R9
1	220	3.1	0.3454	0.3519	4710	75.5	10
2	130	3	0.3456	0.3563	3700	75	11
3	127	3.1	0.3521	0.3566	3680	75	12
4	273	3.2	0.3523	0.3574	4500	76	14
5	215	3.5	0.3553	0.3521	4350	75.5	12
6	125	3.4	0.3612	0.3563	3600	75	11
7	120	3.5	0.3496	0.3652	3540	75	11
8	123	3.2	0.3458	0.3612	3600	75	10
9	121	3	0.3687	0.3527	3600	75.5	10
10	128	3.5	0.3569	0.3599	3400	75	13
11	195	3.4	0.3614	0.3562	3990	75	14
12	136	3.2	0.3598	0.3555	3500	75	15
13	260	3.1	0.3556	0.3495	4400	75	11
平均值	167	3	0.3529	0.3566	3890	75	11
均匀度	0.5567	最小照度值		120	最大照度值		273

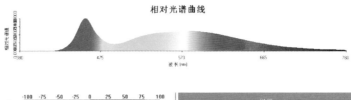

图17　大堂地面照射光源光学特性

图18　美术博物馆过廊

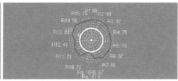

图19　美术博物馆过廊平面采集点

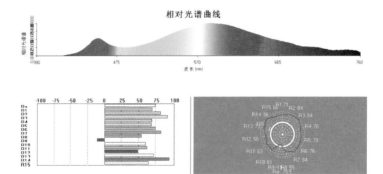

图20　过廊照射光源光学特性

（二）过廊照明

过廊照明采集点数据见表9，图18～20。

表9　过廊采集点数据

取样编号	照度 lx	SDCM	CIE x	CIE y	色温 K	R_a	R9
1	54	6.2	0.4211	0.4104	3360	75.5	−10
2	60	6.4	0.4198	0.4109	3350	75.5	−11
3	58	6.3	0.4186	0.4103	3400	75	−10
平均值	57	6	0.4198	0.4105	3370	75	−10
均匀度	0.5263	最小照度值		54	最大照度值		60

（三）观众服务区照明

观众服务区采集点数据见表 10，图 21 ～ 23。

图21　美术博物馆观众服务区

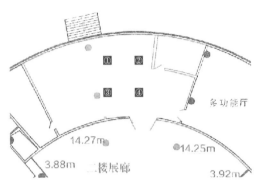

图22　美术博物馆观众服务区平面数据采集点

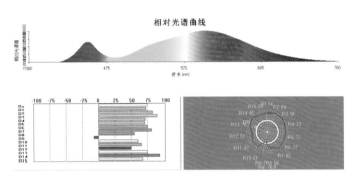

图23　服务区照射光源光学特性

表 10　观众服务区采集点数据

取样编号	照度 lx	SDCM	CIE x	CIE y	色温 K	R_a	R9
1	250	6	0.4219	0.3954	3198	76	−7
2	708	6.4	0.4389	0.4278	3220	76	−12
3	205	6	0.4223	0.4103	3300	76.5	−8
4	740	6.5	0.4365	0.4263	3169	76	−9
平均值	476	6	0.4277	0.4112	3239	76	−9
均匀度	0.6302	最小照度值		205	最大照度值		740

（四）自然采光典型场所照明

光源类型：混合光源（自然光 + 卤素灯）

自然光典型场所采集点数据见表 11，图 24 ～ 26。

图24　美术博物馆典型场所

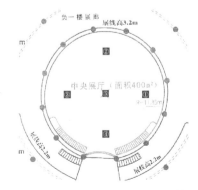

图25　美术博物馆典型场所平面数据采集点

表11　自然采光典型场所采集点数据

取样编号	照度Lux	SDCM	CIE x	CIE y	色温 K	R_a	R9
1	62.13	1.1	0.3377	0.3474	5281	80.7	15
2	58	1.2	0.3851	0.3523	5320	79	14
3	78	1.3	0.3792	0.3496	5310	80	15
4	60	1.1	0.3852	0.3423	5295	80	16
5	75	1.3	0.3779	0.3475	5300	80	15
平均值	65	1	0.3673	0.3498	5304	80	15
均匀度	0.1625		最小照度值	58	最大照度值	78	

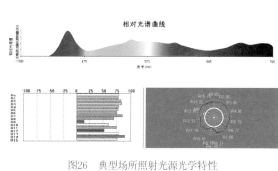

图26　典型场所照射光源光学特性

1. 自然采光典型场所立面测量数据（见表12，图27、28）

图27　美术博物馆典型场所立面数据采集点

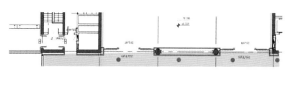
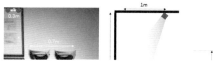

图28　照明方式示意图

表12　典型场所墙面照度数据

取样编号	1	2	3	4	5	6	7	8	9	平均值	均匀度
照度lx	36	35	39	28	29	31	30	29	29	31.8	0.3975

（五）非陈列空间数据小结

客观评估，见表13。

表13　非陈列空间照明客观评估表

编号	一级指标	二级指标	大堂		过廊		观众服务区		自然采光典型场所		权重
			数据	加权分值	数据	加权分值	数据	分值加权平均	数据	分值加权平均	
1	灯具与光源性能	显色指数 R_a	81.3	6.5	57	4.6	76	5.6	65	5	15%
		显色指数 R9	11.5		−10		−9		15		
		显色指数 R_f	81.1		58		76.5		66		
		频闪控制	7.63%	6	10.03%	4.5	7.05%	6	3.48	7	10%
		眩光控制	无不适眩光	15	无不适眩光	15	偶有不适眩光	7.5	无不适眩光	15	15%
		色容差	3	6	6	3	6	3	1	8	10%
2	光环境分布	亮（照）度水平空间分布	0.75	16	0.53	13	0.65	14	0.4	10	20%
		亮（照）度垂直空间分布	0.76	12	0.84	15	0.63	11	0.5	10	15%
		功率密度（W/m²）	5.5	15	5	15	8	11	7.5	12	15%

观众主观评价，见表14。

表14 非陈列空间观众主观评估表

一级指标	二级指标	大堂		过廊		观众服务区		典型场所		权重
		原始分值	加权得分	原始分值	加权得分	原始分值	加权得分	原始分值	加权得分	
光环境舒适度	展品光亮接受度	8.7	8.7	7.9	7.9	100	10	76	7.6	10%
	视觉适应性	8.1	8.1	7.9	7.9	100	10	82	8.2	10%
	视觉舒适度（主观）	8.1	8.1	7.9	7.9	88	8.8	70	7	10%
	心理愉悦感	8.3	8.3	8.3	8.3	88	8.8	72	7.2	10%
整体空间照明艺术表现	用光的艺术表现力	9.1	36.4	8.6	34.4	88	35.2	80	32	40%
	理念传达的感染力	9.4	18.8	8.3	16.6	88	17.6	86	17.2	20%

四 美术馆整体照明总结

通过对陕西省美术博物馆全方位的调研分析、访谈记录、问卷调查等调研方式，最终形成本报告以及相应的分数统计（见表15~17）。

客观评估：总体良好。

表15 美术馆照明空间客观评估表

客观评估	陈列空间		非陈列空间			
	基本陈设或常设展	临时展览	大堂序厅	过廊	观众服务区	典型场所
评分	88.6	72.3	78.5	70.1	58.1	67
权重	0.4	0.2	0.1	0.1	0.1	0.1
加权得分	35.4	14.5	7.9	7	5.8	6.7

主观评估：总体良好。

表16 美术馆照明空间主观评估表

主观评估	陈列空间		非陈列空间			
	基本陈设或常设展	临时展览	大堂序厅	过廊	观众服务区	典型场所
评分	84	88.8	88.4	83	92	77.7
权重	0.4	0.2	0.1	0.1	0.1	0.1
加权得分	33.6	17.8	8.84	8.3	9.2	7.77

"对光维护"运营评估分数总结：总体优秀。

表17 美术馆"对光维护"运营评估表

编号		测试要点	统计分值
1	专业人员管理	配置专业人员负责照明管理工作	5
2		有照明设备的登记和管理机制，并能很好地贯彻执行	5
3		能够负责馆内布展调光和灯光调整改造工作	5
4		能够与照明顾问、外聘技术人员、专业照明公司进行照明沟通与协作	5
5		有照明设计的基础，能独立开展这项工作，能为展览或照明公司提供相应的技术支持	10
6	定期检查与维护	制定照明维护计划，分类做好维护记录	10
7		定期清洁灯具、及时更换损坏光源	10
8		定期测量照射展品的光源的照度与光衰问题，测试紫外线含量、热辐射变化，以及核算年曝光量并建立档案	10
9		有照明设备的登记和管理机制，并严格按照规章制度履行义务	10
10	光环境舒适度	有规划地制定照明维护计划，开展各项维护和更换设备的业务	20
11		可以根据实际需求，能及时到位地获得设备维护费用的评分项目	10

辽宁省博物馆照明调研报告

调研对象：辽宁省博物馆
调研时间：2018 年 1 月 15 日
指导专家：邹念育、王志胜、颜劲涛
调研人员：郑春平、李培、杨轶、刘小琳、张原铭、孙智、高闻、林嘉源、刘凯
调研设备：远方 SFIM-300 闪烁光谱照度计、X-rite Spector-Eye spectrophotometer、victor 303B 红外测温仪等

图1 辽宁省博物馆

一 概述

（一）博物馆建筑概述

辽宁省博物馆位于沈阳市浑南新区，建筑面积为 100013m²，其中展览面积为 24101m²。展馆一层展厅使用面积为 8739m²，展馆二层共设有 6 个展厅，展厅使用面积为 5437m²，展馆三层设有 8 个展厅，展厅使用面积为 9925m²，文物库房区面积 10019m²，文物保护区面积 7456m²。另有展览中心、信息中心、科研中心、文化交流中心、培训中心、图书馆、多功能报告厅、贵宾厅、观众互动体验区、未成年课外活动中心、志愿者活动中心、会员活动中心、视听室、纪念品商店、观众互动体验区等多种配套设施。辽宁省博物馆前身为东北博物馆，是新中国成立的第一座博物馆。2015 年辽宁省博物馆搬迁至沈阳区浑南新馆，2017 年底新馆全面向公众开放（图 1）。

（二）照明概况

本次调研的对象有陈列展厅与非陈列展厅，其中陈列展厅包括，情满辽河——辽宁民间绣品展（四号展厅）、中国古代碑志展（八号展厅）、梦里家山——旅美辽宁籍画家侯北人捐赠作品展（二号展厅）、古代辽宁展（十七号展厅）等展览，非陈列展厅包括服务台、入口、大厅及走廊。

馆内照明控制方式为各个展厅独立控制，手动开关。

展览照明按照展品不同，使用 LED 新型光源及传统卤素光源。工作照明光源采用自然光及荧光灯。

①大厅中心区域采用自然光照明，入口处采用荧光灯辅助照明；

②展览照明主要采用 LED 光源与卤素灯；

③普遍采用轨道照明系统；

④展览开展后，展厅内基本没有设置空间环境照明。

二 调研数据剖析

我们选择了博物馆内的大厅、走廊和 4 个主要展厅进行数据采集（图 2）。

（一）非陈列空间

1. 大厅照明

图2 辽宁省博物馆一层和三层平面图
（ ■ 现场数据采集区域）

大厅部分区域依靠自然光进行照明，玻璃顶棚的设计使得日光可以透过玻璃照射进场馆（图 3、4）。入口部分区域采用节能灯进行功能性照明，大堂均匀度和光色测试选取节能灯照明区域，使用中心布点法取 7×2 个点的平均值。图 5、6 分别为大厅和服务台的照度测量结果。图 7、8 分别为大厅照射光源的光谱分布和显色指数测量结果。大堂及周边各墙面反射率取采样点的平均值为 24.2%，大堂内人工光照明色温为 3094K，水平平均照度为 139.30lx，水平照度均匀度为 0.933。表 1 为大厅光源频闪测量结果。

2. 走廊照明

照明情况如图9所示。走廊顶部采用与大堂相同的

图3 辽宁省博物馆大厅

图4 大厅服务台

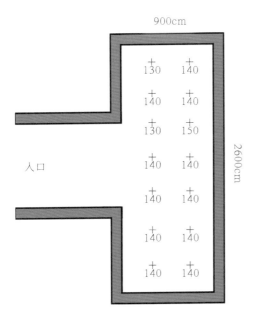

图5 大厅照度分布（均值139.30lx，均匀度0.933）

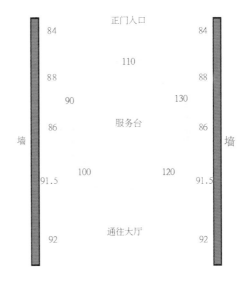

图6 大厅服务台照度分布（均值126.61x，均匀度0.916）

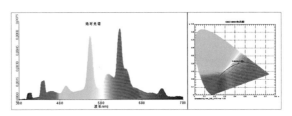

图7 大厅照射光源光谱

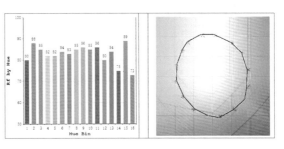

图8 大厅照射光源显色指数

表1 大厅闪烁测试数据

闪烁频率：100Hz	时间轴：毫秒
百分比（波动深度）：5.2%	扫描：5.0KHz
闪烁指数：0.011	通道：c7
平均照度：140lx	最大：147lx；最小：132lx
评价（可视闪烁）稍有存在16.2	

节能灯。图 10 为走廊照度测量结果。图 11、12 为走廊照射光源的光谱分布和显色指数测量结果。反射率为多次测量的平均值为 75%，均匀度和光色测试使用中心布点法取点 2×10 个，取平均值。人工光照明色温 2993K，水平平均照度为 121.2lx，水平照度均匀度为 0.866。表 2 为走廊光源频闪测量数据。

光照度E= 178.697 lx	E(fc)=16.6075 fc	辐射照度Ee= 0.51008 W/m2	
CIE x=0.4423	CIE y=0.4142	CIE u'=0.2497	CIE v'=0.5261
相关色温=2993 K	峰值波长=613.0 nm	半波宽=16.7 nm	主波长=581.8 nm
色纯度=57.1 %	红色比=25.7%	绿色比=72.0 %	蓝色比=2.3 %
Duv=0.00324	S/P=1.23		
显色指数Ra=80.3	R1= 86	R2= 89	R3= 75
R4= 84	R5= 80	R6= 80	R7= 87
R8= 60	R9= -7	R10= 58	R11= 74
R12= 53	R13= 89	R14= 83	R15= 79
SDCM= 5.1(F3000)	白光分级:OUT		

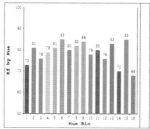

图12　走廊照射光源显色指数

表 2　走廊闪烁测试数据

闪烁频率：0.0Hz	时间轴：毫秒
百分比（波动深度）：0.6%	扫描：100.0KHz
闪烁指数：0.000	通道：c6
平均照度：52lx	最大：52lx；最小：52lx
评价（可视闪烁）：几乎没有	

图9　辽宁省博物馆走廊

760cm

139	128
122	126
114	116
110	115
105	129
109	134
107	121
121	137
128	135
123	108

3000cm

图10　辽宁省博物馆走廊照度分布（均值121.21x，均匀度0.866）

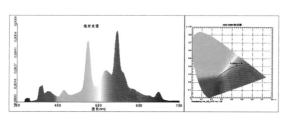

图11　走廊照射光源光谱

（二）陈列空间

1. 绘画作品照明（二号展厅）

辽宁省博物馆二号展厅（图 13）正在展出"梦里家山——旅美辽宁籍画家侯北人捐赠作品展"，本次调研对展厅中一面展柜中的八幅绘画作品进行了客观测量（图 14、15）。图 16、17 为二号展厅地面和展柜八幅绘画作品的照度测量结果。图 18、19 为二号展厅照射光源的光谱分布和显色指数测量结果。反射率取 3 个点的平均值为 34.4%，地面均匀度和光色测试使用中心布点法取点 3×6 个，测试结果取平均值。表 3 为《池塘荷色图》照度测量结果，表 4 为二号展厅频闪测量结果。

图13　二号展厅

图14 展柜内八幅绘画作品

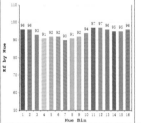

光照度E= 119.354 lx   E(fc)=11.0923 fc   辐射照度Ee=0.669315 W/m2
CIE x= 0.4707   CIE y= 0.4241   CIE u'=0.2634   CIE v'=0.5340
相关色温=2656 K   峰值波长=760.0 nm   半波宽=188.9 nm   主波长=583.2 nm
色纯度=68.6 %   红色比=26.5 %   绿色比=71.0 %   蓝色比=2.6 %
Duv=0.00402   S/P=1.27
显色指数Ra=96.6   R1= 97   R2= 97   R3= 98
R4= 96   R5= 96   R6= 96   R7= 98
R8= 95   R9= 89   R10= 94   R11= 95
R12= 91   R13= 96   R14= 99   R15= 95
SDCM= 4.4(F2700)   白光分级:OUT

图19 二号展厅照射光源显色指数

表3 《池塘荷色图》照度分布与均匀度

照度分布 (lx)			垂直平均照度 (lx)	垂直面照度均匀度
80	180	110		
110	150	110	101.89	0.491
57	70	50		

表4 二号展厅闪烁测试数据

闪烁频率:99.8Hz	时间轴:毫秒
百分比（波动深度）:4.0%	扫描:5.0KHz
闪烁指数:0.009	通道:c4
平均照度:165lx	最大:173lx；最小:160lx
评价（可视闪烁）:稍有存在 32.3	

80	180	110
110	150	110
50	70	50

图15 池塘荷色图照度分布（均值101.891x，均匀度0.491）

1150cm   550cm

5.4	4.7	5.4	5.4	5.4	5.0
5.4	6	7	6	5	4.4
3.8	8	11	12	11	3

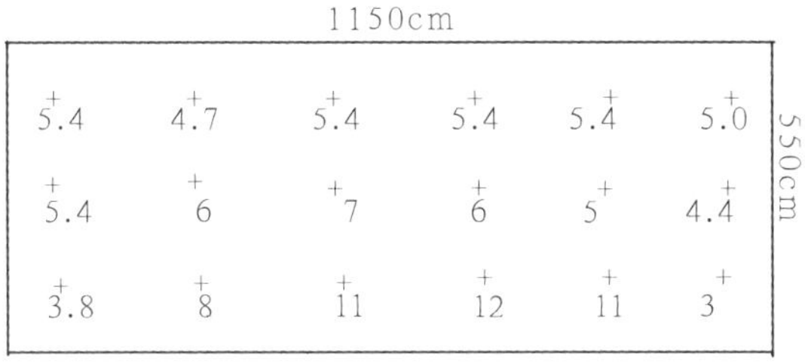

图16 二号展厅地面局部照度分布图（均值6.3061x，均匀度0.476）

60	100	80 180 110	210	180	170	110	110
50	86	110 150 110	150	110	130	70	90
30	53	50 70 50	70	57	75	46	53
波菜与梅图	古松图	池塘荷色图	松壑云泉图	云壑春晓图	竹石苏鸟图	秋江帆影图	紫藤图

图17 展柜内八幅绘画作品照度分布（均值92.91x，均匀度0.321）

2. 刺绣展品照明（四号展厅）

辽宁省博物馆四号展厅正在展出"情满辽河——辽宁民间绣品展"（图20），本次调研对展厅中墙面平面展品进行了客观测量。图21、22为四号展厅地面和刺绣展品的照度测量结果。图23、24为四号展厅照射光源的光谱分布和显色指数测量结果。反射率取3个点的平均值为34.4%，地面均匀度和光色测试使用中心布点法取点3×3个，测试结果取平均值。表5为刺绣展品亮度测量结果，表6为四号展厅频闪测量结果。

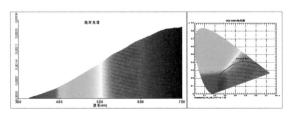

图18 二号展厅照射光源光谱

图20 四号展厅

480cm

+
5.4　　　+
10　　　+
20

入口　+
7.6　　+
7　　　+
11

+
14　　　+
11　　　+
7

620cm

出口

图21　四号展厅地面照度分布（均值10.334lx，均匀度0.523）

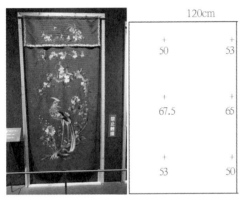

120cm

+
50　　　+
53

+
67.5　　+
65

+
53　　　+
50

210cm

图22　《刺绣"凤戏牡丹"门帘》及照度分布
（均值56.417lx，均匀度0.886）

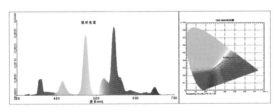

图23　四号展厅照射光源光谱

光照度E= 75.5333 lx　　　E(fc)=7.01982 fc　　　辐射照度Ee=0.205513 W/m2
CIE x= 0.4452　　　CIE y= 0.4127　　　CIE u'=0.2521　　　CIE v'=0.5260
相关色温=2935 K　　　峰值波长=613.0 nm　　　主波长=582.3 nm
色纯度=57.5 %　　　红色比=30.5 %　　　半波宽=12.9 nm
Duv=0.00232　　　S/P=1.25　　　绿色比=66.5 %　　　蓝色比=3.0 %
显色指数Ra=84.9　　　R1= 97　　　R2= 97　　　R3= 56
R4= 92　　　R5= 91　　　R6= 86　　　R7= 91
R8= 69　　　R9= 4　　　R10= 58　　　R11= 82
R12= 57　　　R13= 93　　　R14= 69　　　R15= 94
SDCM= 4.1(F3000)　　　白光分级:OUT

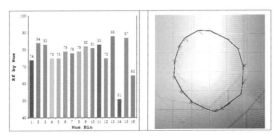

图24　四号展厅照射光源显色指数

表5　《刺绣"凤戏牡丹"门帘》亮度分布与亮度均匀度

亮度分布（cd/m²）		垂直平均亮度（cd/m²）	垂直面亮度均匀度
2.3	5.7		
2.6	2.5	2.85	0.667
1.9	2.1		

表6　四号展厅闪烁测试数据

闪烁频率：0.0Hz	时间轴：毫秒
百分比（波动深度）：0.6%	扫描：100.0KHz
闪烁指数：0.000	通道：c6
平均照度：52lx	最大：52lx；最小：52lx
评价（可视闪烁）：几乎没有	

3. 碑志展品照明（八号展厅）

辽宁省博物馆八号展厅正在展出"中国古代碑志展"（图 25），本次调研对展厅中不同展出方式的两块碑志进行了客观测量。图 26～28 为八号展厅地面和两块碑志的照度测量结果。图 29、30 为八号展厅照射光源的光谱分布和显色指数测量结果。反射率取 3 个点的平均值为 34.3%，地面均匀度和光色测试使用中心布点法取点 3×5 个，测试结果取平均值。表 7 为碑志亮度测量结果，表 8 为八号展厅频闪测量结果。

图25　八号展厅

800cm

出口　+
1.4　　+
2　　　+
3.5

+
1.3　　+
2.3　　+
3.3

+
1.1　　+
7　　　+
3.5

+
4.4　　+
3.8　　+
3.3

入口　+
3.5　　+
2.7　　+
3.5

1760cm

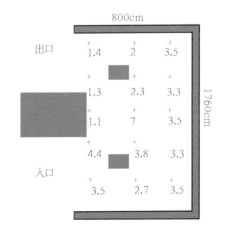

图26　八号展厅局部地面照度分布
（均值3.107lx，均匀度0.354）

70cm

<table>
<tr><td></td><td></td><td></td></tr>
<tr><td>+
80</td><td></td><td>+
90</td></tr>
<tr><td>+
80</td><td></td><td>+
86</td></tr>
</table>

70cm

图27　《襄城郡王高淯墓志》及其照度分布
（均值84.01lx，均匀度0.952）

120cm

<table>
<tr><td>+
43</td><td>+
75</td></tr>
<tr><td>+
26</td><td>+
30</td></tr>
</table>

120cm

图28　《耶律仁先墓志并盖》及其照度
分布（均值43.51lx，均匀度0.598）

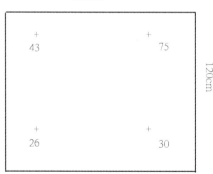

图29　八号展厅照射光源光谱

光照度E= 156.514 lx　　E(fc)=14.5459 fc　　辐射照度Ee=0.833763 W/m2

CIE x=0.4553　　　　CIE y=0.4195　　　CIE u'=0.2557　　　CIE v'=0.5300
相关色温=2834 K　　　峰值波长=727.0 nm　　半波宽=208.5 nm　　主波长=582.4 nm
色纯度=62.6 %　　　　红色比=25.2 %　　　绿色比=71.9 %　　　蓝色比=2.9 %
Duv=0.00371　　　　　S/P=1.36
显色指数Ra=96.8　　　R1=97　　　　　　R2=97　　　　　　R3=98
R4= 96　　　　　　　　R5= 96　　　　　　R6= 96　　　　　　R7= 98
R8= 95　　　　　　　　R9= 88　　　　　　R10= 94　　　　　R11= 95
R12= 91　　　　　　　 R13= 97　　　　　　R14= 99　　　　　R15= 95
SDCM= 5.0(F2700)　　　　　　　　　　白光分级:OUT

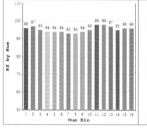

图30　八号展厅照射光源显色指数

表7　《襄城郡王高淯墓志》、《耶律仁先墓志并盖》
亮度分布与亮度均匀度

亮度分布 (cd/m²)				平均亮度 (cd/m²)		亮度均匀度	
《襄城郡王高淯墓志》		《耶律仁先墓志并盖》		《襄城郡王高淯墓志》	《耶律仁先墓志并盖》	《襄城郡王高淯墓志》	《耶律仁先墓志并盖》
3	2.5	4	6	2.825	3.725	0.885	0.430
2.8	3	1.6	3.3				

表8　八号展厅闪烁测试数据

闪烁频率：110.0Hz	时间轴：毫秒
百分比（波动深度）：3.3%	扫描：5.0KHz
闪烁指数：0.005	通道：c5
平均照度：82lx	最大：84lx　最小：79lx
评价（可视闪烁）：稍有存在 32.4	

4. 立体展品照明（十七号展厅）

辽宁省博物馆十七号展厅（图31）正在展出"古代辽宁"，本次调研对展厅中《龙纹石棺板》（图32）进行了客观测量。图33、34为十七号展厅地面和立体展品的照度测量结果。图35、36为十七号展厅照射光源的光谱分布和显色指数测量结果。反射率取3个点的平均值为34.3%，地面均匀度和光色测试使用中心布点法取点4×4个，测试结果取平均值。表9为立体展品的照度测量结果。表10为十七号展厅光源频闪测量结果。

图31　十七号展厅

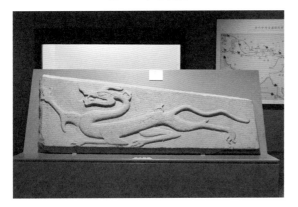

图32　十七号厅展品《龙纹石棺板》

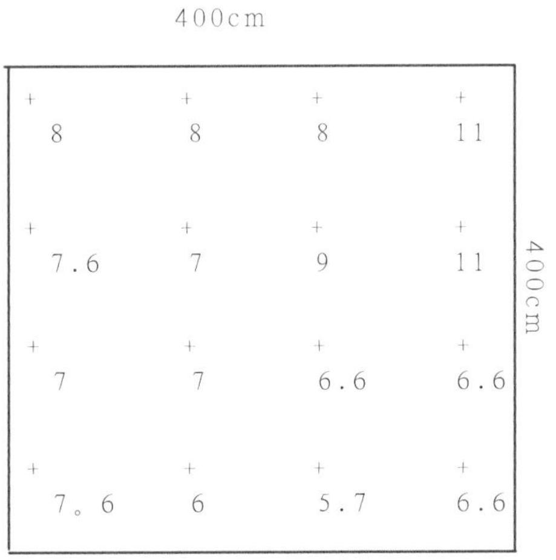

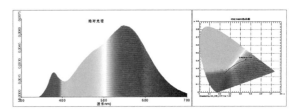

图35　十七号展厅照射光源光谱

光照度E= 377.773 lx	E(fc)=35.109 fc	辐射照度Ee=1.24836 W/m2
CIE x= 0.4504	CIE y= 0.4198	CIE u'=0.2524　CIE v'=0.5294
相关色温=2909 K	峰值波长=615.0 nm	半波宽=158.2 nm　主波长=581.8 nm
色纯度=61.2 %	红色比=24.1 %	绿色比=73.4 %　蓝色比=2.4 %
Duv=0.00438	S/P=1.31	
显色指数Ra=89.3	R1= 89	R2= 93　R3= 96
R4= 89	R5= 87	R6= 91　R7= 92
R8= 78	R9= 47	R10= 82　R11= 88
R12= 72	R13= 89	R14= 97　R15= 84
SDCM= 7.2(F3000)	白光分级:OUT	

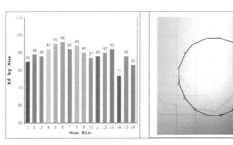

图36　十七号展厅照射光源显色指数

表9　《龙纹石棺板》亮度分布与亮度均匀度

亮度分布 (cd/m²)			垂直平均亮度 (cd/m²)	垂直面亮度均匀度
6.5	8.6	7.0	6.883	0.828
5.7	7.5	6.0		

表10　十七号展厅闪烁测试数据

闪烁频率 : 0.0Hz	时间轴 : 毫秒
百分比（波动深度）: 0.6%	扫描 : 100.0KHz
闪烁指数 : 0.000	通道 : c3
平均照度 : 402lx	最大 : 403lx；最小 : 398lx
评价（可视闪烁）: 几乎没有	

5. 各展厅的空间和温度信息（见表11）

表11　各展厅空间和温度信息

地点	观测空间（m）	环境温度	展品温度
展厅二	5.5×11.5×6.0	17.0℃	16.4℃
展厅四	4.8×6.2×6.0	20.0℃	20.3℃
展厅八	17.6×8.0×6.0	18.0℃	18.8℃
展厅十七	4.0×4.0×6.0	22.0℃	21.2℃

400cm

```
    +        +        +        +
   8        8        8        11

    +        +        +        +
  7.6        7        9        11

    +        +        +        +
   7        7       6.6       6.6

    +        +        +        +
  7。6        6       5.7       6.6
```

400cm

图33　十七号展厅局部地面照度分布（均值12.71x，均匀度0.447）

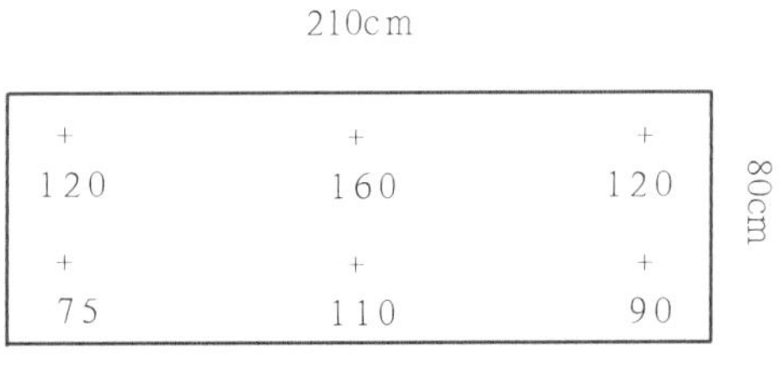

210cm

```
   +        +        +
 120      160      120

   +        +        +
  75      110       90
```

80cm

图34　《龙纹石棺板》照度分布（均值112.51x，均匀度0.667）

三 主观测评调研

主观评测全部采用现场邀请观众扫描二维码,进行填写问卷的方式进行评测,方便高效,便于统计。共采集20余人次共106组数据,陈列区域为二号厅绘画作品区域、四号厅刺绣裸展区域、八号厅墓志展品区域和十七号厅立体展品区域,其中,二号厅和四号厅为临时展厅,八号厅和十七号厅为常设展厅。非陈列区为大堂、走廊。基本陈列、临时展览、大厅、走廊的主观评测结果见表12~15。

表12 基本陈列主观评测结果

项目＼样本数＼分值	A+:10	A−:8	B+:7	B−:6	C+:5	C−:4	D+:3	D−:0	均值	二级权值	加权 ×10
展品色彩真实感程度	8	8	3	1	2	0	0	0	8.2	20%	16.4
光源色喜好程度	7	6	6	2	1	0	0	0	8.0	5%	4.0
展品细节表现力	10	4	4	2	1	1	0	0	8.2	10%	8.2
立体感表现力	8	5	5	3	1	0	0	0	8.1	5%	4.1
展品纹理清晰度	8	7	2	3	2	0	0	0	8.1	5%	4.1
展品外轮廓清晰度	5	11	2	3	1	0	0	0	8.0	5%	4.0
展品光亮接受度	9	7	2	3	0	1	0	0	8.3	5%	4.2
视觉适应性	6	5	5	3	2	1	0	0	7.6	5%	3.8
视觉舒适度(主观)	11	2	2	4	2	1	0	0	8.1	5%	4.1
心理愉悦感	7	5	5	3	1	1	0	0	7.8	5%	3.9
用光艺术的喜好感	12	2	3	3	1	1	0	0	8.4	20%	16.8
感染力的喜好度	5	7	5	2	2	1	0	0	7.6	10%	7.6

表13 临时展览主观评测结果

项目＼样本数＼分值	A+:10	A−:8	B+:7	B−:6	C+:5	C−:4	D+:3	D−:0	均值	二级权值	加权 ×10
展品色彩真实感程度	11	3	3	2	0	1	0	1	8.1	20%	16.2
光源色喜好程度	5	7	3	4	1	1	0	0	7.6	5%	3.8
展品细节表现力	9	5	2	3	0	1	0	0	8.3	10%	8.3
立体感表现力	9	6	0	4	1	1	0	0	8.1	5%	4.1
展品纹理清晰度	10	4	2	3	1	1	0	0	8.2	5%	4.1
展品外轮廓清晰度	7	7	0	6	0	1	0	0	7.9	5%	4.0
展品光亮接受度	8	6	3	3	0	1	0	0	8.1	5%	4.1
视觉适应性	7	7	2	4	0	1	0	0	8.0	5%	4.0
视觉舒适度(主观)	12	2	3	3	0	1	0	0	8.5	5%	4.3
心理愉悦感	5	9	3	3	0	1	0	0	7.9	5%	4.0
用光艺术的喜好感	8	7	3	2	0	1	0	0	8.2	20%	16.4
感染力的喜好度	5	8	2	5	0	1	0	0	7.7	10%	7.7

表14　大厅主观评测结果

项目 \ 样本数 \ 分值	A⁺:10	A⁻:8	B⁺:7	B⁻:6	C⁺:5	C⁻:4	D⁺:3	D⁻:0	均值	二级权值	加权 ×10
展品光亮接受度	5	9	5	0	0	1	0	0	8.1	10%	8.1
视觉适应性	5	7	1	6	0	1	0	0	7.7	10%	7.7
视觉舒适度（主观）	7	6	1	5	0	1	0	0	8.0	10%	8.0
心理愉悦感	4	11	2	2	0	1	0	0	7.9	10%	7.9
用光艺术的喜好感	10	5	3	1	0	1	0	0	8.6	40%	34.4
感染力的喜好度	5	7	1	5	1	1	0	0	7.6	20%	15.2

表15　走廊主观评测结果

项目 \ 样本数 \ 分值	A⁺:10	A⁻:8	B⁺:7	B⁻:6	C⁺:5	C⁻:4	D⁺:3	D⁻:0	均值	二级权值	加权 ×10
展品光亮接受度	3	4	11	4	0	0	0	0	7.4	10%	7.4
视觉适应性	2	5	2	13	0	0	0	0	6.9	10%	6.9
视觉舒适度（主观）	5	3	8	6	0	0	0	0	7.5	10%	7.5
心理愉悦感	3	4	5	8	1	0	1	0	7.0	10%	7.0
用光艺术的喜好感	3	8	5	8	1	0	0	0	7.3	40%	29.2
感染力的喜好度	2	5	2	8	3	0	1	1	6.4	20%	12.8

四　总结

（一）客观测量结果汇总

表 16　客观测量结果一览表

类型	用光的安全		灯具与光源性能							光环境分布				测试点图号
	照度光谱	表面温度（℃）	Rₐ	R9	Rf	Rg	闪烁指数	闪烁百分比 %	色容差	亮度（cd/m²）	亮度均匀度	照度（lx）	照度均匀度	
二号展厅		16.4	96.6	89.0	98.0	97.0	0.009	4.0	4.4	2.83	0.864	101.89	0.491	图15
四号展厅		20.3	99.6	99	100	100	0.000	0.6	4.5	2.85	0.667	56.42	0.886	图22
八号展厅		18.8	96.8	88.0	95.0	90.6	0.005	3.3	5.0	2.83	0.885	84.00	0.952	图27
十七号展厅		21.2	89.3	47.0	89.0	96.0	0.000	0.6	7.2	6.883	0.828	112.5	0.667	图33
大堂		———	87.0	23.0	83.0	100	0.011	5.2	6.2	———	———	139.3	0.933	图3
走廊		———	80.3	−7.0	79.0	97.0	0.000	0.6	5.1	———	———	121.21	0.866	图9

注：二、四、八、十七号展厅内是垂直测量结果，大堂、走廊是水平测量结果。

表17 主观测评结果一览表

	空间类别	样本数	得分	权值	最终得分
展陈空间	基本陈列	22	81.2	40	32.5
	临时展览	21	81	20	16.2
非展陈空间	大堂序厅	20	81.3	20	16.3
	过廊	22	70.8	10	7.1
	辅助空间	21	77.6	10	7.8

（二）主观测评结果汇总

通过本次调研，了解到辽宁省博物馆照明的光源分布、光源种类和光源的光学参数，分析其展览照明及工作照明，单从光效果来看，传统的卤素光源以其良好的显色性、配光以及易于调节亮暗等优点，长期作为展览主照明在使用。但是卤素灯色温偏低，色温<2700K，会造成亮度视觉较差，需要更大的照度，无形中增加了展品曝光量。根据各展品光学参数可以了解，卤素灯红外辐射很强，所以会相对增加红外辐射量，尤其是展柜照明。

上海民生现代美术馆照明调研报告

调研对象：上海民生现代美术馆
调研时间：2017 年 12 月 5 日
指导专家：胡国剑、林铁
调研人员：姜静、金绮樱、何倩蕊、史晓斌、程丹、但佳宇
调研设备：CX-2B 成像亮度计、U-20 紫外照度计、Photo2000ez 柱面／半柱面照度计、SPIC-200 光谱彩色照度计、
　　　　　SFIM-300 光谱闪烁照度计、PSC-30 便携式分光测色仪

一　概述

（一）美术馆建筑概述

图1　上海民生现代美术馆

上海民生现代美术馆由中国民生银行股份有限公司发起成立，旨在推动当代生活的艺术化呈示（图1、2）。通过艺术感性的整体建构来实现"让艺术走进民生，让民生走近艺术"的社会理想。美术馆致力于艺术的综合展示、国际交流和最广泛的公共教育，打造具有强大生命力的艺术空间。为了使大众理解多样性的艺术与文化并参与其中，美术馆在纯艺术与应用艺术、传统艺术与先锋艺术之间构建对话平台，打破不同艺术门类间的隔阂，拉近当代艺术与公众的距离。

图2　上海民生现代美术馆侧面

上海民生现代美术馆的前身是 2010 年上海世博会法国国家馆。在世博会期间，"美好城市的感性"通过法国馆的多元空间得到了完美的诠释，体现了人文与科技融合、历史与未来辉映的精神理念。

改建后的美术馆，对展览空间进行重新整合，在中庭位置新增层高 12.5m、总面积近 600m² 的核心筒展区。同时，按照永续性经营目标，常设展厅配备了恒温恒湿设备，使美术馆更满足顶级展品保护的要求。新馆对地面广场、空中花园、餐厅、咖啡厅及艺术品商店等区域进行了全面提升改造，可以在场馆内外支持不同规模的各类文化活动。

（二）美术馆照明概况

上海民生现代美术馆的观展流线独树一帜，观展人流随着坡道循序前行至顶部，观展流程一气呵成。馆内照明布置合理的兼顾了展品的表现及展厅空间的契合，在两者之间寻求最佳的平衡点。同时，根据展品的需求来引入或遮挡自然光，使展厅氛围与陈列展品相互呼应。

总体照明方式以导轨投光为主，结合局部嵌入式筒灯照明。

光源类型：LED 光源与传统光源并存
灯具类型：直接型为主
照明控制：分回路控制
开放时间：9:00～18:00（周一闭馆）

（三）美术馆调研概况

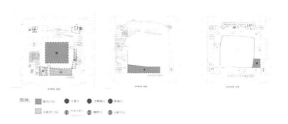

图3　现场数据采集区域

本次调研选取了主展厅及坡道展厅的两个节点作为陈列空间的数据采集点（图3）。同时选取了入口大堂、咖啡厅及文献中心作为非陈列空间的数据采集点。

二　展厅照明调研资料分析

（一）主展厅照明

主展厅（图4）面积为25m×22m，高度15.2m；地面反射率20%，墙面反射率88%；紫外含量0.3uw/cm²。

1. 主展厅平面照明采集点如图5，剖立面图如图6，照明测量数据见表1、2及图7、8。

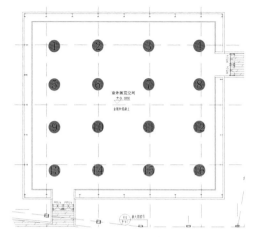

图5　主展厅平面采集点

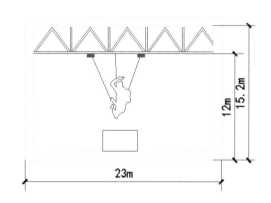

图6　主展厅剖立面图

图4　主展厅空间

表1　主展厅平面照明采集点数据表

取样编号	光照度（lx）	SDCM	CIE x	CIE y	色温（K）	R_a	R9	R_f
1	2.6	17.1	0.3477	0.3253	4775	92.9	86	90
2	3.8	17.9	0.3545	0.3321	4529	94.1	96	91
3	6.0	13.5	0.3576	0.3446	4494	96.0	83	94
4	8.0	10.8	0.3522	0.3443	4694	96.9	94	95
5	5.2	15.3	0.3662	0.3414	4161	93.8	70	90
6	6.3	14.8	0.3751	0.3473	3915	93.6	71	89
7	10.5	12.5	0.3899	0.3607	3609	92.3	41	87
8	10.5	11.0	0.3834	0.3615	3796	94.1	52	90
9	8.7	13.5	0.3849	0.3579	3721	89.3	26	86

10	28.6	4.4	0.4097	0.3834	3341	75.2	/	76
11	8.9	10.3	0.3756	0.3566	3981	90.0	30	88
12	12.4	8.3	0.4010	0.3714	3430	91.5	31	87
13	4.4	14.1	0.3723	0.3468	4000	93.3	58	89
14	8.0	9.6	0.3970	0.3679	3494	89.0	19	85
15	11.4	6.3	0.3993	0.3773	3523	89.7	20	87
16	5.9	7.3	0.3986	0.3741	3512	91.0	26	88
平均值	8.8	11.7	0.3791	0.3558	3936	91.4	54	88
均匀度	0.2913	最小照度值		2.6	最大照度值		28.6	

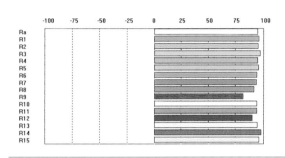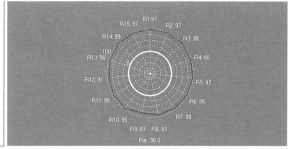

图7　主展厅平面照射光源显色指数表现图

表2　主展厅平面照明频闪采集点数据表

序号	光照度（lx）	最大照度（lx）	最小照度（lx）	闪烁百分比（%）	闪烁指数	频率（Hz）
1	2.5	5.7	0.0	100	15.4981	2082.5
2	3.7	7.6	0.5	86.83	10.2559	2098.4
3	5.4	8.9	1.8	67.08	7.2581	1623.2
4	7.4	11.2	4.0	47.82	5.0128	2036.5
5	5.1	8.4	1.7	65.99	7.5434	2073.3
6	6.4	9.4	3.3	47.39	6.2375	2082.5
7	10.6	14.2	6.3	38.22	3.7412	1994.4
8	10.9	13.9	7.6	29.51	3.4256	1982.4
9	8.4	11.7	5.1	39.53	4.3083	1824.4
10	29.0	31.9	25.1	11.99	1.4242	1093.9
11	10.0	13.3	6.9	31.72	3.8385	1793.6
12	12.6	15.8	9.4	25.14	3.0207	1721
13	4.4	7.8	1.2	72.77	8.7976	2069.1
14	8.2	11.2	4.6	41.23	4.5981	1856.7
15	11.1	14.7	7.9	30.15	3.3343	1963.6
16	5.9	9.1	2.0	64.16	6.4270	1855.6
均值	8.9	12.2	5.5	50.0	5.9201	1884.4

2.主展厅墙面照明采集点如图9，照明测量数据见表3。

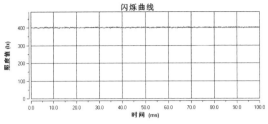

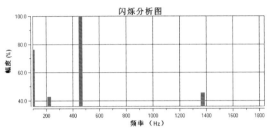

图8 主展厅平面照射光源频闪分析图

图9 主展厅墙面采集点

表3 主展厅垂直墙面亮度照明采集点数据表

取样编号	1	2	3	4	5	6	7	8	9	平均值	均匀度
亮度（cd／m²）	0.5	0.8	0.4	0.7	1.1	0.8	1.2	1.3	0.9	0.8	0.4875

（二）飞鹤展厅照明

长宽高：39m×6m×3.8m

反射率：石膏墙面87.60%，玻璃墙面5.78%，地面13.15%

紫外含量：1.2uW/cm²

1.飞鹤展厅空间照明（图10）平面采集点如图11，照明测量数据见表4、5及图12、13。

图10 飞鹤展厅空间

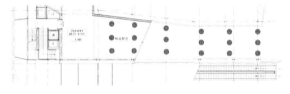

图11 飞鹤展厅平面采集点

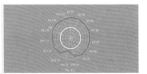

图12 飞鹤展厅平面照射光源显色指数表现图

表4 飞鹤展厅平面照明采集点数据表

取样编号	光照度（lx）	SDCM	CIE x	CIE y	色温（K）	R_a	R9	R_f
1	151.0	5.6	0.3470	0.3717	4999	82.6	-3	85
2	139.2	7.9	0.3595	0.3804	4629	79.9	-14	83
3	107.8	8.2	0.3605	0.3800	4597	80.4	-10	83
4	87.8	1.7	0.3453	0.3617	5026	87.6	26	88
5	106.2	8.9	0.3610	0.3656	4505	87.0	21	86
6	103.7	6.3	0.3674	0.3651	4299	87.5	21	86
7	108.7	2.5	0.3503	0.3659	4863	86.8	20	87
8	186.6	2.3	0.3751	0.3753	4139	84.9	8	84
9	282.8	2.3	0.3751	0.3749	4134	84.6	6	83
10	96.4	5.5	0.3558	0.3664	4678	87.1	21	87
11	229.3	3.6	0.3727	0.3761	4210	84.7	8	84
12	324.0	1.2	0.3796	0.3772	4028	84.3	3	83

198

13	174.5	6.6	0.3572	0.3770	4685	81.5	-8	84
14	174.5	6.6	0.3572	0.3770	4685	81.5	-8	84
15	258.5	2.8	0.3798	0.3743	3999	85.1	5	83
16	239.4	8.4	0.3711	0.3869	4326	80.8	-7	83
17	289.4	9.3	0.3716	0.3896	4326	82.3	5	85
18	265.4	8.4	0.3707	0.3865	4333	81.1	-8	84
平均值	184.7	5.5	0.3643	0.3751	4470.1	83.9	4.8	85
均匀度	0.4753		最小照度值		87.8	最大照度值		324.0

表 5 飞鹤展厅照明频闪采集点数据表

序号	光照度 (lx)	最大照度 (lx)	最小照度 (lx)	闪烁百分比 (%)	闪烁指数	频率 (Hz)
1	151.5	156.2	144.7	3.81	0.4628	524.3
2	141.9	147.0	135.8	3.94	0.4621	532.4
3	107.9	112.7	101.8	5.07	0.5225	620.9
4	88.9	92.0	84.2	4.43	0.4973	882.1
5	100.4	104.5	92.8	5.9	0.6217	639.4
6	100.9	105.7	92.9	6.44	0.7274	565.1
7	100.8	104.5	96.5	3.96	0.4923	576.5
8	188.2	192.7	182.2	2.8	0.3406	615
9	244.5	250.2	235.8	2.97	0.3640	584.9
10	98.7	102.2	94.8	3.78	0.4333	1013.2
11	183.5	187.8	179.1	2.37	0.2891	825.5
12	334.0	341.1	321.2	3	0.3633	485.4
13	158.4	163.1	150.3	4.1	0.4575	551.1
14	135.6	140.8	129.9	4	0.4564	495.9
15	233.2	241.3	223.1	3.92	0.4994	572.8
16	302.2	308.5	291.2	2.89	0.3171	501.6
均值	166.69	171.9	159.8	4.0	0.4567	624.1

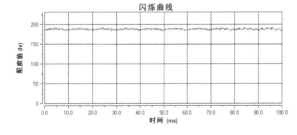
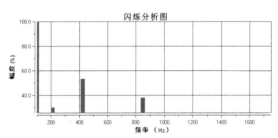

图13 飞鹤展厅平面照射光源频闪分析图

2. 飞鹤展厅空间照明墙面采集点如图 14，照明测量数据见表 6。

图14 飞鹤展厅墙面采集点

表6 飞鹤展厅墙面亮度照明采集点数据表

取样编号	1	2	3	4	5	6	7	8	9	平均值
亮度(cd/m²)	86.2	104.2	71.9	75.4	55.6	52.8	87.4	73.4	52.8	57.1
取样编号	10	11	12	13	14	15	16	17	18	均匀度
亮度(cd/m²)	55.2	55.5	34.2	40.9	44.3	44.1	39.2	30.3	23.7	0.4153

3. 飞鹤展厅立体展品照明采集点如图15，照明测量数据见表7及图16。

图15 飞鹤展厅展品采集点

表7 飞鹤展厅展品照明采集点数据

取样编号	光照度（lx）	SDCM	CIE x	CIE y	色温（K）	R_a	R9	R_f
1	495	7	0.3757	0.3877	4205	83	4	85
2	184	7	0.3694	0.3800	4331	84	9	86
3	36	5	0.3794	0.3885	4110	85	6	87
4	151	7	0.3588	0.3723	4611	88	30	88
5	83	8	0.3642	0.3772	4471	85	13	87
6	105	8	0.3627	0.3730	4493	85	14	86
平均值	176	7	0.3684	0.3798	4370.2	85	12.7	87

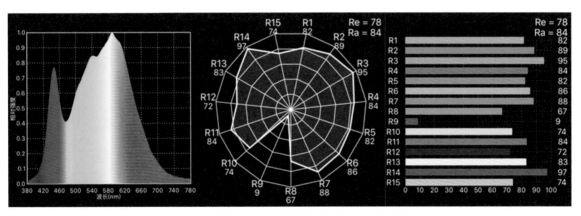

图16 飞鹤展厅展品照射光源光谱及显色指数表现图

（三）鹿头展厅照明

反射率：地面8.81%，墙面86.43%，如图17。

1. 鹿头展厅空间照明平面采集点如图18，照明测量
数据见表8及图19。

图17　鹿头展厅空间

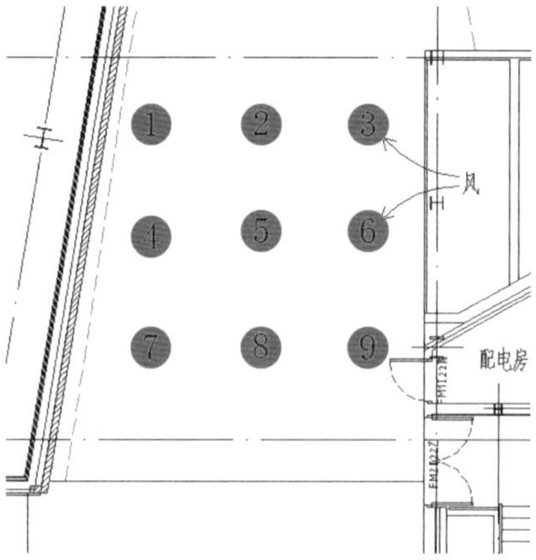

图18　鹿头展厅平面取点

表 8　鹿头展厅平面照明采集点数据表

取样编号	光照度（lx）	SDCM	CIE x	CIE y	色温（K）	R_a	R9	R_f
1	5	9	0.4539	0.4282	2920	86	24	88
2	9	11	0.4467	0.4232	2991	87	30	87
3	4	11	0.4513	0.4285	2960	85	22	87
4	3	11	0.4590	0.4350	2895	84	17	87
5	4	11	0.4489	0.4249	2970	86	26	88
6	3	10	0.4593	0.4334	2879	84	17	87
7	2	11	0.4762	0.4401	2701	77	−10	80
8	2	11	0.4664	0.4419	2842	80	0	83
9	2	10	0.4665	0.4411	2835	78	−5	82
平均值	4	11	0.4587	0.4329	2888.1	83	13.4	85
均匀度	0.5294	最小照度值		2.0	最大照度值		9.0	

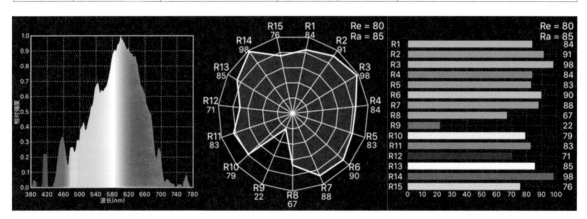

图19　鹿头展厅平面照射光源光谱及显色指数表现图

图20　鹿头展厅侧墙面采集点

2. 鹿头展厅空间照明侧墙面采集点如图 20，照明测量数据见表 9。

表 9　鹿厅侧墙面亮度照明采集点数据表

取样编号	1	2	3	4	5	6	7	8	9	平均值	均匀度
亮度(cd/m²)	1.0	2.1	1.1	1.3	1.0	1.6	1.5	1.0	0.6	1.2	0.5168

3.鹿头展厅立体展品及背景墙面采集点如图21,照明测量数据见表10、11及图22。

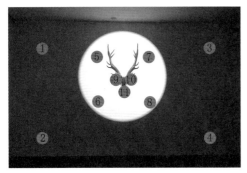

图21　鹿头展品及背景墙面采集点

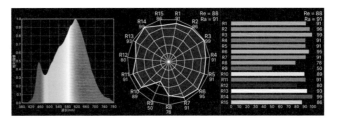

图22　鹿头厅展品照射光源光谱及显色指数表现图

表10　鹿头展厅墙面亮度照明采集点数据表

取样编号	展品亮度				背景亮度					对比度
	9	10	11	平均值	5	6	7	8	平均值	
亮度(cd/m²)	3.3	2.4	5.7	3.8	14.9	15.4	15.2	15.2	15.2	4:1

表11　鹿头展品照明采集点数据表

取样编号	光照度（lx）	SDCM	CIE x	CIE y	色温（K）	R_a	R9	R_f
9	91	6	0.4225	0.4020	3241	91	50	90
10	87	6	0.4226	0.4014	3234	92	51	90
11	92	8	0.4246	0.4041	3218	91	50	90
平均值	90	7	0.4232	0.4025	3231	91	50.3	90

（四）陈列空间照明数据小结

客观评估（见表12）：

表12　陈列空间照明客观评估统计表

编号	一级指标	二级指标		主展厅（临展）			坡道展厅（蔡志松临展—飞鹤展厅）			坡道展厅（蔡志松临展—鹿头展厅）		
				数据	分值	加权平均	数据	分值	加权平均	数据	分值	加权平均
1	用光的安全	照度		76lx	10	38	176lx	10	36	90lx	10	40
		年曝光量（lx·h/年）		217512lx·h			503712lx·h			257580lx·h		
		紫外含量检测		0.3μw/cm²	10		1.2μw/cm²	8		0.8μw/cm²	10	
		展品表面温升（红外）		0	10		0	10		0	10	
		眩光控制		略有不舒适眩光	8		偶有不舒适眩光	8		无不舒适眩光	10	
2	灯具与光源性能	显色指数	R_a	91	8	19	85	6	22	91	8	19
			R9	47			13			50		
			R_e	88			87			90		
		频闪控制		闪烁频率：1884.4Hz 百分比：50% 闪烁指数：5.9	8		闪烁频率：624Hz 百分比：4% 闪烁指数：0.4567	10		闪烁频率：1623Hz 百分比：52.2% 闪烁指数：6.5212	8	
		色容差		11	3		5.5	6		7	3	
3	光环境分布	亮（照）度水平空间分布		0.29	4	20	0.48	6	21	0.52	7	21
		亮（照）度垂直空间分布		0.48	6		0.41	6		0.51	7	
		对比度		2.5	10		2	10		4	7	

主观评价（见表13）：

表13　陈列空间照明主观评价统计表

一级指标	二级指标	主展厅		坡道展厅（飞鹤展厅）		权重
		原始分值	加权得分	原始分值	加权得分	
整体空间照明艺术表现	用光的艺术表现力	89	17.7	90	17.9	20%
	理念传达的感染力	90	9.0	83	8.3	10%
展品色彩表现	展品色彩还原程度	89	17.7	87	17.3	20%
	光源色喜好程度	87	4.3	88	4.4	5%
展品清晰度	展品细节表现力	83	8.3	90	9.0	10%
	立体感表现力	90	4.5	91	4.5	5%
	展品纹理清晰度	87	4.3	90	4.5	5%
	展品外轮廓清晰度	88	4.4	91	4.5	5%
光环境舒适度	展品光亮接受度	86	4.3	90	4.5	5%
	视觉适应性	86	4.3	88	4.4	5%
	视觉舒适度（主观）	88	4.4	89	4.4	5%
	心理愉悦度	84	4.2	85	4.2	5%
定性评估结果总得分		87.5		87.9		100%

三　非陈列空间照明调研资料分析

（一）入口大堂（开放式展厅）照明

反射率：地面88.55%，墙面29.69%

紫外含量：有自然光引入

1. 入口大堂（图23）空间照明平面采集点如图24，照明测量数据见表14、15及图25、26。

图23　入口大堂空间

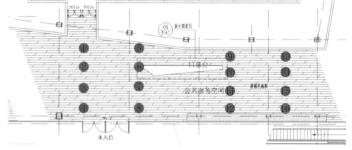

图24　入口大堂平面采点

表14　入口大堂平面照明采集点数据

取样编号	光照度（lx）	SDCM	CIE x	CIE y	色温（K）	R_a	R9	R_f
1	1670.0	5.8	0.3451	0.3700	5057	93.7	61	94
2	788.7	10.0	0.3660	0.3834	4448	90.7	46	93
3	1738.0	6.3	0.3483	0.3743	4959	92.1	58	93
4	1009.0	10.3	0.3641	0.3857	4519	90.0	43	92
5	968.5	4.8	0.3444	0.3671	5073	91.7	55	93
6	1286.0	8.1	0.3535	0.3819	4820	92.0	62	92
7	651.2	10.5	0.3639	0.3871	4532	89.5	42	92
8	916.4	10.3	0.3610	0.3886	4622	88.8	40	91
9	458.3	10.3	0.3691	0.3886	4390	88.1	32	91
10	801.9	12.0	0.3676	0.3904	4441	88.7	36	91
11	932.9	5.7	0.3524	0.3754	4831	90.1	42	93
12	817.7	8.2	0.3598	0.3815	4624	89.0	35	92
13	1278.0	10.4	0.3328	0.3606	5494	92.3	52	94
14	938.3	6.1	0.3543	0.3767	4775	88.5	31	91
15	1076.0	8.0	0.3364	0.3614	5356	93.4	60	95
16	766.1	7.4	0.3565	0.3805	4723	88.4	31	91
平均值	1006.1	8.4	0.3547	0.3783	4792	90.4	45	92
均匀度	0.4555		最小照度值	458.3	最大照度值		1738.0	

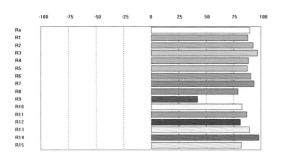
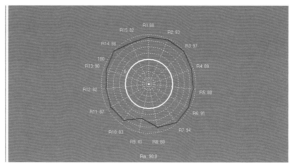

图25 入口大堂平面照射光源显色指数表现图

表 15 入口大堂照明频闪采集点数据表

序号	光照度 (lx)	最大照度 (lx)	最小照度 (lx)	闪烁百分比 (%)	闪烁指数	频率 (Hz)
1	1657.0	1667.0	1643.0	0.74	0.0949	732.9
2	797.8	809.2	784.4	1.56	0.1855	629.4
3	1704.0	1714.0	1688.0	0.75	0.0802	513.1
4	1023.0	1036.0	1009.0	1.36	0.1540	608.2
5	982.8	988.2	977.3	0.55	0.0678	991.5
6	1336.0	1346.0	1326.0	0.74	0.1289	698.6
7	676.6	683.9	669.7	1.05	0.1318	774.6
8	890.6	897.9	880.9	0.95	0.1049	602.4
9	509.5	516.8	497.8	1.87	0.2090	570.7
10	779.5	787.2	770.9	1.05	0.1191	822.6
11	820.5	829.9	808.2	1.33	0.1779	391
12	803.0	815.0	788.5	1.65	0.0931	392.4
13	1010.0	1020.0	997.7	1.11	0.1750	382.7
14	944.2	954.2	929.8	1.3	0.1525	490.4
15	1063.0	1071.0	1049.0	1.03	0.1230	472.1
16	761.7	770.9	747.8	1.52	0.1994	492.2
均值	985.1	944.2	973.0	1.2	0.1436	597.8

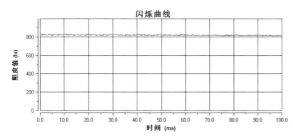
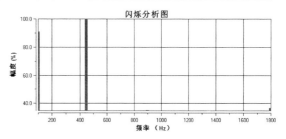

图26 入口大堂平面照射光源频闪分析图

2. 入口大厅（开放式展厅）

入口大厅空间照明墙面采集点如图 27，照明测量数据见表 16。

（二）咖啡厅照明

反射率：墙面 88.3%，地面 34.8%

紫外含量：0

图27 入口大厅墙面采集点

表16　入口大堂墙面亮度照明采集点数据表

取样编号	1	2	3	4	5	6	7	8	9	10	平均值	均匀度
亮度（cd/m²）	213.1	238.0	216.3	197.2	245.9	333.2	302.4	291.6	287.5	290.7	261.6	0.7539

1. 咖啡厅空间（图28）照明平面采集点如图29，照明测量数据见表17、18及图30、31。

2. 咖啡厅空间照明墙面采集点如图32，照明测量数据见表19。

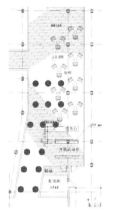

图28　咖啡厅空间　　　　　　　　　　图29　咖啡厅平面采集点

表17　咖啡厅平面照明采集点数据表

取样编号	光照度（lx）	SDCM	CIE x	CIE y	色温（K）	R_a	R9	R_f
1	431.4	6.7	0.3402	0.3651	5220	88.6	27	91
2	546.0	6.7	0.3233	0.3498	5893	90.0	34	92
3	598.7	14.1	0.2935	0.3239	7703	92.4	52	94
4	510.9	7.4	0.3400	0.3663	5230	88.8	31	91
5	385.1	8.4	0.3366	0.3627	5349	88.6	32	91
6	836.2	13.3	0.2948	0.3252	7603	92.4	52	94
7	597.0	6.0	0.3450	0.3704	5062	87.8	22	90
8	529.2	5.0	0.3207	0.3467	6019	89.9	31	91
9	943.5	14.8	0.2932	0.3264	7682	91.7	48	93
10	418.8	5.3	0.3488	0.3727	4938	88.9	33	92
11	353.4	6.8	0.3562	0.3784	4721	87.2	22	90
12	412.7	9.3	0.3621	0.3838	4566	86.1	18	90
13	433.2	11.1	0.3674	0.3879	4434	84.5	10	88
14	912.8	8.7	0.3608	0.3824	4597	89.1	36	92
15	674.6	10.4	0.3696	0.3896	4380	87.0	25	90
平均值	572.2	8.9	0.3368	0.3621	5560	88.9	32	91
均匀度	0.6176	最小照度值		353.4	最大照度值		943.5	

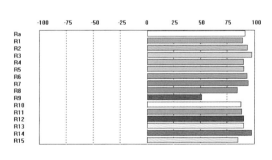

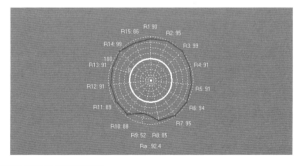

图30　咖啡厅平面照射光源显色指数表现图

表 18　咖啡厅照明频闪采集点数据表

序号	光照度 (lx)	最大照度 (lx)	最小照度 (lx)	闪烁百分比 (%)	闪烁指数	频率 (Hz)
1	403.2	408.5	394.6	1.73	0.2058	753.9
2	558.5	566.1	550.8	1.37	0.1678	686.6
3	585.0	590.9	575.9	1.28	0.1413	702.5
4	503.6	511.4	495.4	1.59	0.1790	631.5
5	388.4	393.9	381.2	1.64	0.2005	934.1
6	842.6	849.0	832.7	0.97	0.0967	830.6
7	603.5	610.6	590.2	1.7	0.1748	680.6
8	537.5	544.9	527.0	1.66	0.1762	694.7
9	980.9	986.8	973.6	0.68	0.0783	947.2
10	394.1	401.4	386.4	1.9	0.2282	811.4
11	352.6	359.6	344.3	2.17	0.2535	852
12	433.4	446.9	420.4	3.05	0.4760	312.5
13	432.2	440.8	417.7	2.69	0.2967	500.8
14	939.7	948.8	927.1	1.16	0.1310	632
15	681.0	689.4	669.7	1.45	0.1781	624
均值	575.7	583.3	565.8	1.7	0.1989	706.3

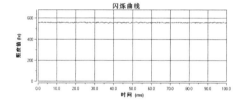

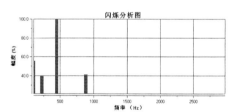

图31　咖啡厅平面照射光源频闪分析图

图32　咖啡厅墙面采集点

表 19　咖啡厅入口墙面亮度照明采集点数据表

取样编号	1	2	3	4	5	6	7	8	9	平均值	均匀度
亮度（cd/m²）	92.9	150.0	83.8	113.4	96.3	105.4	120.9	86.8	106.7	106.2	0.7883

（三）文献中心照明

反射率：地面 88.05%，墙面：3.74%

紫外含量：0

1. 文献中心空间（图 33）照明墙面采集点如图 34，照明测量数据见表 20、21 及图 35、36。

2. 文献中心空间照明平面采集点如图 37，照明测量数据见表 22、23 及图 38、39。

图33　文献中心空间　　　　　　　　　　图34　文献中心墙面采点

表 20　文献中心墙面照明采集点数据表

取样编号	光照度（lx）	SDCM	CIE x	CIE y	色温（K）	R_a	R9	R_f
1	164.3	7.3	0.4006	0.3996	5057	81.5	-8	84
2	164.3	5.2	0.4025	0.3971	4448	83.1	1	85
3	107.4	5.6	0.4022	0.3977	4959	82.1	0	84
4	342.9	5.3	0.4060	0.4018	4519	81.4	-9	84
5	224.1	6.6	0.4006	0.3978	5073	82.3	-4	84
6	241.0	5.5	0.4037	0.3997	4820	81.6	-5	84
7	462.9	4.8	0.4205	0.4042	4532	82.4	-2	84
8	387.0	3.7	0.4171	0.4027	4622	82.6	-2	84
9	385.5	3.5	0.4156	0.4027	4390	82.2	-2	84
平均值	275.5	5.3	0.4076	0.4004	4713	82.1	-3	84
均匀度	0.3899	最小照度值		107.4	最大照度值		462.9	

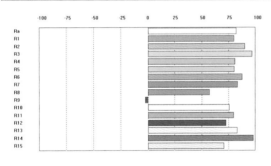

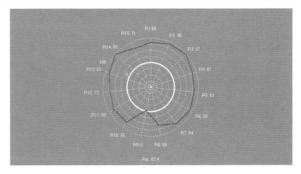

图35　文献中心墙面照射光源显色指数表现图

表 21　文献中心墙面照明频闪采集点数据表

序号	光照度（lx）	最大照度（lx）	最小照度（lx）	闪烁百分比（%）	闪烁指数	频率（Hz）
1	155.6	160.4	148.9	3.74	0.4169	601.7
2	124.1	128.6	118.9	3.9	0.4031	740.7
3	119.9	123.5	115.1	3.56	0.3689	835.3
4	314.2	320.9	301.3	3.16	0.3426	472.6
5	223.2	229.2	213.8	3.48	0.3768	516.8
6	229.4	236.3	220.1	3.55	0.4455	367
7	438.3	446.2	425.2	2042	0.2267	575.2
8	373.1	381.0	363.3	2.37	0.2411	670.8
9	373.9	381.0	365.4	2.09	0.2417	515.7
均值	261.3	267.5	252.4	3.1	0.3406	588.4

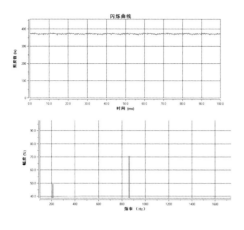

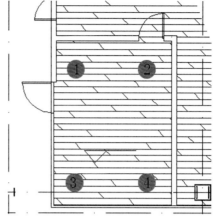

图36 文献中心墙面照射光源频闪分析图 图37 文献中心平面采点

表 22 文献中心门口地面照明采集点数据表

取样编号	光照度 (lx)	SDCM	CIE x	CIE y	色温 (K)	R_a	R9	R_f
1	730.8	5.5	0.4226	0.4037	3252	82.1	-3	83
2	296.3	5.6	0.4019	0.3973	3628	81.1	-10	83
3	1077.0	5.7	0.4341	0.4082	3082	81.8	0	83
4	232.6	4.1	0.4171	0.4039	3362	81.8	-2	83
平均值	584.2	5.2	0.4189	0.4033	3331	81.7	-4	83
均匀度	0.3982	最小照度值		232.6	最大照度值		1077.0	

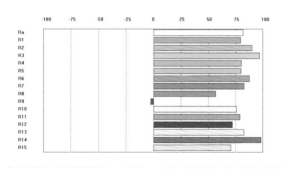

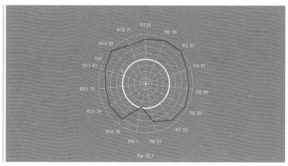

图38 文献中心平面照射光源显色指数分析图

表 23 文献中心平面照明频闪采集点数据表

序号	光照度 (lx)	最大照度 (lx)	最小照度 (lx)	闪烁百分比 (%)	闪烁指数	频率 (Hz)
1	849.4	859.2	832.0	1.61	0.1816	446.6
2	305.4	313.3	290.7	3.74	0.3633	466.5
3	1213.0	1221.0	1205.0	0.67	0.0944	383.4
4	271.9	276.1	267.5	1.57	0.1789	670.8
均值	659.9	667.4	648.8	1.9	0.2046	491.8

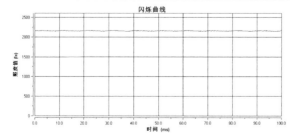

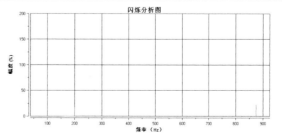

图39 文献中心平面照射光源频闪分析图

（四）非陈列空间数据测量小结

客观评估（见表 24）：

表 24　非陈列空间照明客观评估统计表

编号	一级指标	二级指标		入口大堂			咖啡厅			文献中心		
				数据	分值	加权平均	数据	分值	加权平均	数据	分值	加权平均
1	灯具与光源性能	显色指数	Ra	90	8	39.35	89	7	38.6	82	5	38.2
			R9	45			32			−3		
			Re	92			91			84		
		频闪控制		闪烁频率：597.8Hz 百分比：1.2% 闪烁指数：0.14	10		闪烁频率：706Hz 百分比：1.7% 闪烁指数：0.1989	10		闪烁频率：588.4Hz 百分比：3.1% 闪烁指数：0.3406	10	
		眩光控制		平视无不舒适眩光	10		平视无不舒适眩光	10		平视无不舒适眩光	10	
		色容差		8.4	3		8.9	3		5	5	
2	光环境分布	亮（照）度水平空间分布		0.45	6	39	0.61	7	41	0.4	5	32.5
		亮（照）度垂直空间分布		0.75	8		0.78	8		0.39	5	
		功率密度（大堂序厅）（W/m²）		5	10		5	10		4	10	

主观评价（见表 25）：

表 25　非陈列空间照明主观评价统计表

一级指标	二级指标	入口大厅		咖啡厅		文献中心		权重
		原始分值	加权得分	原始分值	加权得分	原始分值	加权得分	
整体空间照明艺术表现	用光的艺术表现力	89	35.5	87	34.6	85.5	34.20	40%
	理念传达的感染力	86	17.1	82	16.4	85.5	17.10	20%
光环境舒适度	展品光亮接受度	92	9.2	89	8.9	90.5	9.05	10%
	视觉适应度	93	9.3	92	9.2	85.5	8.55	10%
	视觉舒适度（主观）	92	9.2	86	8.6	82.5	8.25	10%
	心里愉悦度	90	9.0	86	8.6	87.0	8.70	10%

四　美术馆整体照明总结

　　通过对上海民生现代美术馆全方位的数据测量、访谈记录、问卷调查等调研方式，最终形成本报告以及相应的分数统计。最终的统计结果见表 26～28。

　　客观评估为良好。

表 26　美术馆空间照明客观评估分值表

客观评估	陈列空间			非陈列空间		
	主展厅	坡道展厅1	坡道展厅1	大堂序厅	过廊	辅助空间
评分	77	79	80	78	80	71
权重	0.2	0.2	0.2	0.2	0.1	0.1
加权得分	15.4	15.8	16	15.6	8	7.1

主观评价为优秀。

表 27　美术馆空间照明主观评估分值表

主观评估	陈列空间		非陈列空间		
	基本陈列或常设展	临时展览	大堂序厅	过廊	辅助空间
评分	87.5	87.9	89.2	86.2	85.9
权重	0.4	0.2	0.2	0.1	0.1
加权得分	35	17.58	17.84	8.62	8.59

对光维护评价为优秀。

表 28　美术馆空间照明维护管理分值表

编号		测试要点	统计分值
1	专业人员管理	配置专业人员负责照明管理工作	5
2		有照明设备的登记和管理机制，并能很好地贯彻执行	5
3		能够负责馆内布展调光和灯光调整改造工作	5
4		能够与照明顾问、外聘技术人员、专业照明公司进行照明沟通与协作	5
5		有照明设计的基础、能独立开展这项工作，能为展览或照明公司提供相应的技术支持	10
6	定期检查与维护	制定照明维护计划，分类做好维护记录	10
7		定期清洁灯具、及时更换损坏光源	10
8		定期测量照射展品的光源的照度与光衰问题，测试紫外线含量、热辐射变化，以及核算年曝光量并建立档案	0
9		有照明设备的登记和管理机制，并严格按照规章制度履行义务	10
10	光环境舒适度	有规划地制定照明维护计划，开展各项维护和更换设备的业务	20
11		可以根据实际需求，能及时到位地获得设备维护费用的评分项目	10

上海当代艺术博物馆照明调研报告

调研对象：上海当代艺术博物馆
调研时间：2017 年 12 月 14、27 日
指导专家：孙淼、施恒照
调研人员：林铁、史晓斌、何倩蕊、黄达
调研设备：CX-2B 成像亮度计、U-20 紫外照度计、Photo2000ez 柱面／半柱面照度计、SPIC-200 光谱彩色照度计、SFIM-
300 光谱闪烁照度计、PSC-30 便携式分光测色仪

一　概述

上海当代艺术博物馆成立于 2012 年 10 月 1 日，是中国大陆第一家公立当代艺术博物馆，也是上海双年展主场馆。它坐落于上海黄浦江畔，建筑面积 4.1 万 m²，展厅面积 1.5 万 m²，内部最高悬挑 27m，高达 165m 的烟囱既是上海的城市地标也是一个独立的展览空间。上海当代艺术博物馆建筑由原南市发电厂改造而来，2010 年上海世博会期间，曾是"城市未来馆"。它见证了上海从工业到信息时代的城市变迁，其粗犷不羁的工业建筑风格给艺术工作者提供了丰富的想象和创作可能。作为新城市文化的"生产车间"，不断自我更新，不断让自身处于进行时是这所博物馆的生命之源。上海当代艺术博物馆正努力为公众提供一个开放的当代文化艺术展示与学习平台；消除艺术与生活的藩篱；促进不同文化艺术门类之间的合作和知识生产。

上海当代艺术博物馆共有五层展厅，一层 3 个展厅（开放式展厅、设计中心、一号厅），二层 5 个展厅（平台厅、二号厅、三号厅、四号厅、五号厅），三层 1 个展厅（六号厅），五层 3 个展厅（七号厅、八号厅、九号厅），七层 1 个展厅（十号厅）。开放式展厅引入自然采光，展陈照明采用定制模组化灯槽（主要采用荧光灯结合导轨式金卤灯进行照明），使其灵活多变能满足不同的展览需求。六号厅采用可调节照度的发光顶棚及导轨式灯具进行照明，使其灵活多变能满足不同的展览需求。十号厅采用定制模组化灯槽（主要采用荧光灯结合导轨式射灯进行照明），使其灵活多变能满足不同的展览需求。

调研区域照明概况如下。

照明方式：轨道投光为主，辅以线性灯具及引入自然光。

光源类型：LED 灯为主，辅以金卤灯、荧光灯、卤素灯。

灯具类型：直接照明型

照明控制：回路控制

照明时间：周二至周日 11：00 ～ 19：00（18：00 停止入场），国定节假日均开放（周一闭馆）

二　调研数据剖析

为了全面的调查上海当代艺术博物馆内的照明情况（图 1），我们选择了一层开放式展厅和 1A 区、五层走廊、"青策计划 2017"展览、三层"超级工作室 50 年"展览（图 2 ～ 4）进行数据采集。"青策计划 2017"于 2017 年 11 月 25 日～ 2018 年 3 月 9 日展出，"超级工作室 50 年"于 2017 年 12 月 16 日～ 2018 年 3 月 11 日展出。

图1　上海当代艺术博物馆照明调研

图2　上海当代艺术博物馆一层展厅平面示意图

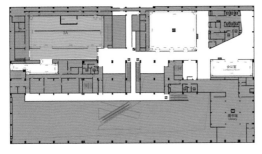

图3 上海当代艺术博物馆三层展厅平面示意图

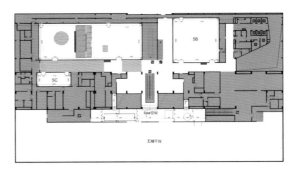

图4 上海当代艺术博物馆五层展厅平面示意图

（一）一层开放式展厅区和1A区

开放式展厅区和1A区位于上海当代艺术博物馆一层，日光可以透过一层底部玻璃照射进场馆。开放式展厅区在开灯的情况下照度为447.2lx，在关灯和仅自然光的情况下照度为75lx。1A区照度为91.38 lx。

开放式展厅区客观测量及其结果如图5～8，见表1、2所示。

图5 一层开放式展厅客观测量现场

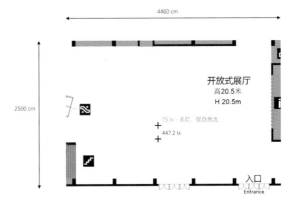

图6 一层开放式展厅照度

表1 一层开放式展厅区照度与显色性数据表

光照度	447.2 lx	辐射照度	1.70793 W/m²	E (fc)	41.558	相关色温	4146 K
CIE x	0.3743	CIE y	0.3731	CIE u'	0.2225	CIE v'	0.499
峰值波长	542.0 nm	半波宽	20.8 nm	主波长	578.4 nm	色纯度	24.3%
红色比	20.6%	绿色比	74.9%	蓝色比	4.5%	Duv	0.00011
S/P	1.79	SDCM	2.9	R_f	90	R_g	101
R_a	92.3	R1	99	R2	96	R3	78
R4	94	R5	95	R6	91	R7	94
R8	91	R9	69	R10	77	R11	92
R12	81	R13	99	R14	86	R15	97

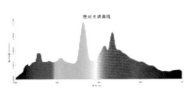

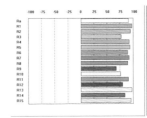
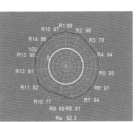

图7 一层开放式展厅照度光谱和显色指数图

表2 一层开放式展厅区闪烁测试数据

闪烁百分比	8.58%	闪烁指数	2.1941	频率	100.1 (Hz)
频率幅值1	0.0 (Hz) 1642.98 (%)	频率幅值2	100.0 (Hz) 100.00 (%)	频率幅值3	312.5 (Hz) 20.06 (%)
频率幅值4	200.0 (Hz) 13.02 (%)	频率幅值5	50.0 (Hz) 6.48 (%)	频率幅值6	612.5 (Hz) 4.61 (%)

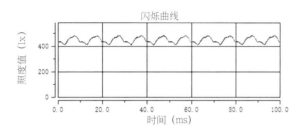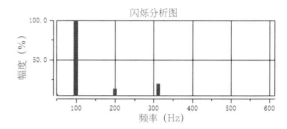

图8 一层开放式展厅区闪烁曲线和闪烁分析图

一层1A区客观测量及其结果如图9~12，见表3、4所示。

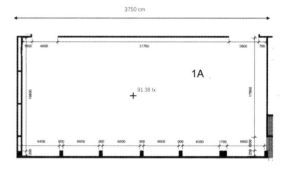

图9 一层1A区客观测量　　　　　图10 一层1A区照度图

表3 一层1A区照度与显色性数据

光照度	91.38 lx	辐射照度	0.285957 W/m²	E (fc)	8.443	相关色温	3932 K
CIE x	0.3864	CIE y	0.3889	CIE u'	0.2242	CIE v'	0.5077
峰值波长	545.0 nm	半波宽	13.3 nm	主波长	577.5 nm	色纯度	32.7%
红色比	23.4%	绿色比	72.7%	蓝色比	3.9%	Duv	0.00389
S/P	1.54	SDCM	3.5	R_f	77	R_g	100
R_a	80.6	R1	94	R2	89	R3	53
R4	87	R5	84	R6	74	R7	87
R8	77	R9	21	R10	43	R11	71
R12	49	R13	95	R14	69	R15	93

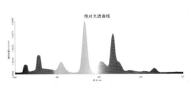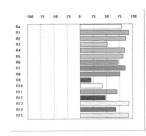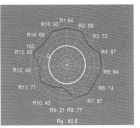

图11　一层1A区照度光谱与显色指数图

表4　一层 1A 闪烁测试数据表

闪烁百分比	3.58%	闪烁指数	0.4582	频率	967.0（Hz）
频率幅值 1	0.0（Hz）31304.60（%）	频率幅值 2	100.0（Hz）100.00（%）	频率幅值 3	3175.0（Hz）54.00（%）
频率幅值 4	1825.0（Hz）52.96（%）	频率幅值 5	3337.5（Hz）51.02（%）	频率幅值 6	2087.5（Hz）46.61（%）

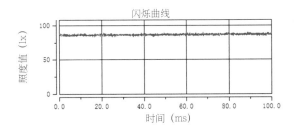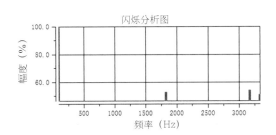

图12　一层1A区闪烁曲线和闪烁分析图

（二）五层走廊照明

我们选取了五层"青策计划 2017"展览外部的走廊进行测试，共取点 3 个。走廊靠近上下楼扶梯和纪念品商店的点由于受到其他照明灯具的影响，其照度明显较高，照度达到 237.5lx。下面报告中，我们选取受灯光串扰较小的位于走廊中间的点（照度 38.2 lx 的点）。

五层走廊客观测量及其结果如图 13～16，见表 5、6 所示。

图13　五层走廊客观测量现场

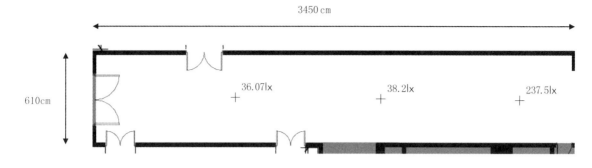

图14　五层走廊照度

表5　五层走廊照度与显色性数据

光照度	38.2 lx	辐射照度	0.134428 W/m²	E (fc)	3.55	相关色温	5294 K
CIE x	0.3384	CIE y	0.37	CIE u'	0.2001	CIE v'	0.4924
峰值波长	545.0 nm	半波宽	13.6 nm	主波长	560.0 nm	色纯度	12.60%
红色比	17.70%	绿色比	76.60%	蓝色比	5.80%	Duv	0.01165
S/P	2	SDCM	10.1	R_f	85	R_g	97
R_a	83.9	R1	90	R2	89	R3	68
R4	87	R5	84	R6	79	R7	92
R8	81	R9	31	R10	55	R11	75
R12	64	R13	90	R14	79	R15	90

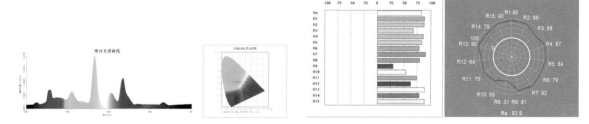

图15　五层走廊照度光谱与显色指数图

表6　五层走廊闪烁测试数据

闪烁百分比	29.70%	闪烁指数	7.1704	频率	100.2 (Hz)
频率幅值1	0.0 (Hz) 480.28 (%)	频率幅值2	100.0 (Hz) 100.00 (%)	频率幅值3	312.5 (Hz) 5.55 (%)
频率幅值4	212.5 (Hz) 4.00 (%)	频率幅值5	612.5 (Hz) 1.97 (%)	频率幅值6	400.0 (Hz) 1.95 (%)

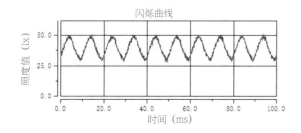
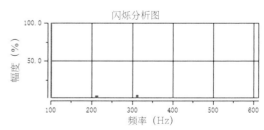

图16　五层走廊闪烁曲线与闪烁分析图

（三）五层"青策计划 2017"展览照明

五层青策计划正在展出，我们对展厅内外包括介绍墙、亲密空间、甜蜜的家（A 区 +B 区）、弧形展区、模型平台等进行了客观测量。

介绍墙客观测量及其结果如图 17、18，见表 7、8 所示。

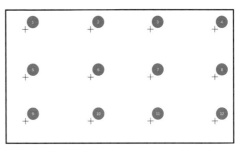

图17　介绍墙局部客观测量与采集点分布图

表 7　介绍墙（局部）采集点数据

采样编号	照度（lx）		闪烁百分比（%）	
1	141.6		2.69	
2	288.2		1.67	
3	302.5		2.08	
4	331.6		2	
5	229.1		3.23	
6	570.4		2.84	
7	611.1		2.73	
8	543		2.6	
9	232.7		2.76	
10	408.4		2.88	
11	558.3		3.34	
12	475.7		3.22	
平均值	391.05		2.67	
均匀度	36.2%	最小照度值	141.6	最大照度值 611.1

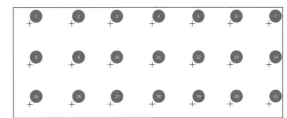

图18　介绍墙整体与其采集点分布图

表8　介绍墙（整体）采集点数据

采样编号	亮度 (cd/m²)	采样编号	亮度 (cd/m²)	采样编号	亮度 (cd/m²)
1	73.4	8	85.2	15	86.5
2	74.5	9	118.3	16	137.1
3	109.4	10	168	17	202.1
4	110.3	11	152.8	18	193.8
5	140.3	12	165.5	19	200.5
6	137.1	13	202.8	20	231.4
7	145.5	14	132.8	21	115.5
最小亮度值	73.4			最大亮度值	231.4
平均值	142			均匀度	51.7%

亲密空间客观测量及其结果如图19、20，见表9所示。

图19　亲密空间客观测量现场

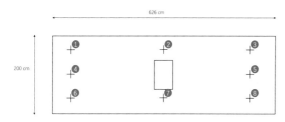

图20　亲密空间采集点分布

表9　亲密空间采集点数据表

采样编号	照度 (lx)		闪烁百分比（%）	
1	232.1		0.57	
2	281.2		0.61	
3	401.6		1.99	
4	188.6		0.67	
5	324.1		1.73	
6	142.5		0.75	
7	204.6		0.74	
8	243.8		1.45	
平均值	252.3		1.1	
均匀度	56.5%	最小照度值	142.5	最大照度值	401.6

甜蜜的家（A区＋B区）客观测量及其结果如图 21～26，见表 10～17 所示。

图21　甜蜜的家（A区＋B区）客观测量现场

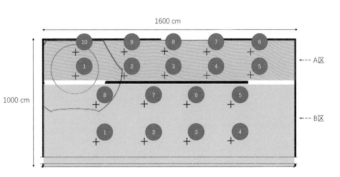

图22　甜蜜的家（A区+B区）采集点分布

表 10　甜蜜的家 A 区采集点数据表

采样编号	光照度 （lx）	辐射照度 （W/m²）	E（fc）	相关色温 （K）	CIE x	CIE y	CIE u'	CIE v'
1	142.1	0.465556	13.204	3534	0.4084	0.4034	0.2326	0.5169
2	290.7	0.958659	27.015	3528	0.4081	0.4017	0.233	0.5162
3	312.9	1.03525	29.078	3441	0.4127	0.4028	0.2355	0.5173
4	345.9	1.14304	32.151	3479	0.4105	0.4018	0.2345	0.5165
5	227.4	0.747825	21.13	3477	0.4117	0.4048	0.2341	0.5179
6	560.4	1.87124	52.082	3340	0.4185	0.4047	0.2385	0.5189
7	670	2.25726	62.266	3284	0.4209	0.4034	0.2405	0.5187
8	563.7	1.88234	52.389	3321	0.4191	0.4038	0.2392	0.5186
9	404.1	1.35612	37.56	3322	0.4197	0.4053	0.239	0.5193
10	477.9	1.61921	44.143	3218	0.4255	0.4059	0.2424	0.5204
平均值	399.5	1.33365	37.102	3394	0.4155	0.4038	0.2369	0.5181
照度均匀度	35.6%	最小照度值	142.1	最大照度值	670			

表 11 甜蜜的家 A 区采集点数据表

采样编号	峰值波长 (nm)	半波宽 (nm)	主波长 (nm)	色纯度 (%)	红色比 (%)	绿色比 (%)	蓝色比 (%)	Duv	S/P
1	545	20.1	578.9	43.7	21.9	74.7	3.3	0.0048	1.55
2	545	21.1	579.2	43.1	22	74.5	3.5	0.00415	1.56
3	545	23.4	579.7	44.8	22.1	74.6	3.3	0.00363	1.52
4	545	21.3	579.5	43.8	22	74.7	3.3	0.00365	1.53
5	545	20	579.2	45.1	22.2	74.5	3.2	0.00468	1.53
6	613	133.2	580.3	47.1	22.7	74.1	3.2	0.00328	1.5
7	614	138.2	580.8	47.4	22.9	74	3.1	0.0023	1.49
8	613	133.4	580.5	47	22.6	74.3	3.1	0.00278	1.48
9	613	132.3	580.3	47.6	22.8	74	3.2	0.0033	1.5
10	614	137.4	581	49.6	23.2	73.9	2.9	0.00251	1.45
平均值	579	78	579.9	45.9	22.4	74.3	3.2	0.003508	1.51

表 12 甜蜜的家 A 区采集点数据表

采样编号	SDCM	R_f	R_g	R_a	R1	R2	R3	R4	R5	R6	R7	R8	R9	R10	R11	R12	R13	R14	R15
1	5	90	99	90	93	93	83	93	90	87	96	85	53	74	88	69	94	89	90
2	4.3	91	98	90.8	94	94	85	93	90	89	96	84	54	77	89	71	94	90	91
3	3.4	90	98	90.1	92	94	86	92	89	89	95	83	52	77	88	71	93	91	89
4	3.4	90	99	89.6	92	93	85	92	89	88	95	83	51	75	88	70	93	90	89
5	4.5	91	99	90.3	94	93	83	94	90	88	96	85	55	75	89	69	94	89	91
6	4.5	91	99	91.4	94	94	88	94	91	91	95	84	56	80	91	74	94	92	90
7	4.8	91	99	91.4	93	95	90	93	91	91	94	83	55	82	91	75	94	93	90
8	4.4	90	99	90.3	92	94	88	93	90	89	94	83	53	78	89	73	93	92	89
9	4.9	91	99	91.6	94	95	88	94	91	91	95	84	56	81	91	74	95	92	90
10	6.8	91	99	90.8	93	95	89	93	90	90	94	83	54	80	91	74	93	92	89
平均值	4.6	91	99	90.6	93	94	87	93	90	89	95	84	54	78	90	72	94	91	90

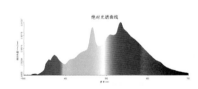 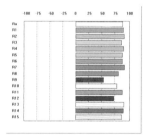 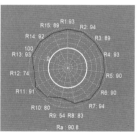

图23 甜蜜的家A区照度光谱和显色指数图

表 13 甜蜜的家 A 区闪烁测试数据表

采样编号	闪烁百分比 (%)	闪烁指数	频率 (Hz)	频率幅值 1	频率幅值 2	频率幅值 3	频率幅值 4	频率幅值 5	频率幅值 6
1	10.64	2.6852	100.2	0.0 (Hz) 1266.79 (%)	100.0 (Hz) 100.00 (%)	200.0 (Hz) 8.88 (%)	312.5 (Hz) 3.26 (%)	250.0 (Hz) 1.67 (%)	2175.0 (Hz) 1.24 (%)
2	6.86	1.6689	100.1	0.0 (Hz) 1937.74 (%)	100.0 (Hz) 100.00 (%)	200.0 (Hz) 12.32 (%)	312.5 (Hz) 8.65 (%)	412.5 (Hz) 2.15 (%)	612.5 (Hz) 1.75 (%)
3	8.78	2.0773	111.3	0.0 (Hz) 1624.08 (%)	100.0 (Hz) 100.00 (%)	200.0 (Hz) 27.44 (%)	312.5 (Hz) 7.43 (%)	412.5 (Hz) 3.82 (%)	612.5 (Hz) 3.20 (%)
4	8.96	2	110.2	0.0 (Hz) 1692.34 (%)	100.0 (Hz) 100.00 (%)	200.0 (Hz) 35.71 (%)	312.5 (Hz) 8.70 (%)	412.5 (Hz) 6.63 (%)	50.0 (Hz) 4.37 (%)
5	11.32	3.2255	100.1	0.0 (Hz) 1051.51 (%)	100.0 (Hz) 100.00 (%)	200.0 (Hz) 6.64 (%)	312.5 (Hz) 3.18 (%)	262.5 (Hz) 1.75 (%)	412.5 (Hz) 1.36 (%)

6	10.02	2.8419	100.1	0.0（Hz） 1183.94（%）	100.0（Hz） 100.00（%）	212.5（Hz） 7.16（%）	300.0（Hz） 3.61（%）	350.0（Hz） 1.39（%）	375.0（Hz） 1.31（%）
7	10.23	2.727	105.2	0.0（Hz） 1214.32（%）	100.0（Hz） 100.00（%）	200.0（Hz） 11.39（%）	312.5（Hz） 4.89（%）	412.5（Hz） 2.94（%）	612.5（Hz） 1.18（%）
8	10.9	2.5992	100	0.0（Hz） 1288.87（%）	100.0（Hz） 100.00（%）	200.0（Hz） 31.27（%）	312.5（Hz） 8.34（%）	412.5（Hz） 5.60（%）	612.5（Hz） 3.50（%）
9	10.32	2.8759	100.1	0.0（Hz） 1160.54（%）	100.0（Hz） 100.00（%）	200.0（Hz） 8.23（%）	312.5（Hz） 4.21（%）	512.5（Hz） 1.02（%）	362.5（Hz） 0.83（%）
10	12.85	3.2211	100.1	0.0（Hz） 1057.27（%）	100.0（Hz） 100.00（%）	200.0（Hz） 29.00（%）	312.5（Hz） 6.03（%）	412.5（Hz） 5.47（%）	612.5（Hz） 2.47（%）
平均值	10.09	2.5922	102.7						

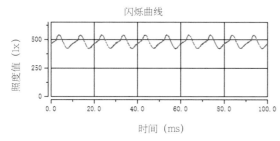
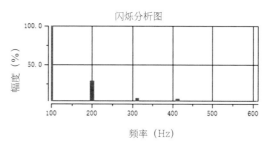

图24　五层甜蜜的家A区闪烁曲线和闪烁分析图

表 14　甜蜜的家 B 区采集点数据表

采样编号	光照度 （lx）	辐射照度 （W/m²）	E（fc）	相关色温 （K）	CIE x	CIE y	CIE u'	CIE v'
1	238.2	0.711128	22.134	3691	0.3954	0.3864	0.2311	0.508
2	277.8	0.831531	25.82	3663	0.3967	0.3867	0.2318	0.5083
3	411.7	1.27361	38.265	3486	0.4072	0.3939	0.2356	0.5129
4	190.9	0.572885	17.744	3626	0.3992	0.3893	0.2323	0.5097
5	233.2	0.704392	21.668	3669	0.3963	0.3861	0.2317	0.508
6	285.5	0.878467	26.534	3496	0.4067	0.3938	0.2353	0.5127
7	148	0.452726	13.753	3579	0.4013	0.3894	0.2336	0.5101
8	246.8	0.763112	22.939	3496	0.4063	0.393	0.2355	0.5123
平均值	254	0.77348	23.607	3588	0.4011	0.3898	0.2334	0.5103
照度均匀度	58.3%	最小照度值	148	最大照度值	411.7			

表 15　甜蜜的家 B 区采集点数据表

采样编号	峰值波长 （nm）	半波宽 （nm）	主波长 （nm）	色纯度 （%）	红色比 （%）	绿色比 （%）	蓝色比 （%）	Duv	S/P
1	545	13.1	580	34.6	24	71.7	4.3	0.00037	1.53
2	545	13.1	580.2	35.1	24	71.7	4.2	0.00019	1.52
3	545	14	580.5	40.4	23.8	72.4	3.8	0.001	1.49
4	545	13.2	580.1	36.6	24.2	71.6	4.1	0.00075	1.51
5	545	13.1	580.3	34.8	24.1	71.6	4.2	0.00003	1.52
6	545	13.7	580.5	40.2	24	72.1	3.8	0.00104	1.48
7	545	13.2	580.5	37.3	24.5	71.4	4.1	0.00032	1.5
8	545	13.6	580.6	39.9	24.2	71.9	3.9	0.00075	1.48
平均值	545	13.4	580.3	37.4	24.1	71.8	4.1	0.00056	1.5

表16　甜蜜的家 B 区采集点数据表

采样编号	SDCM	R_f	R_g	R_a	R1	R2	R3	R4	R5	R6	R7	R8	R9	R10	R11	R12	R13	R14	R15
1	6.6	79	100	83.5	96	93	60	89	86	80	90	74	16	54	74	59	97	73	93
2	5.9	79	100	83.6	95	93	61	89	86	81	90	74	16	55	74	59	97	74	93
3	1.1	83	100	85.9	94	94	70	90	87	84	91	76	28	63	79	65	96	80	91
4	4.9	79	100	83.8	96	93	61	89	86	81	90	74	16	55	74	59	97	74	93
5	6.1	79	100	83.9	96	94	61	89	87	81	90	74	17	55	75	60	98	74	93
6	1.4	82	100	85.4	95	94	68	90	87	83	91	75	25	61	78	63	97	78	92
7	3.7	80	100	84.6	96	94	62	90	87	82	90	74	19	57	76	61	98	75	93
8	1.4	82	100	85.4	95	94	67	90	87	83	91	75	24	61	78	63	97	78	92
平均值	3.9	80	100	84.5	95	94	64	90	87	82	90	75	20	58	76	61	97	76	93

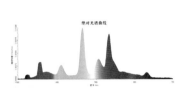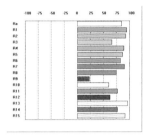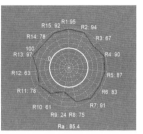

图25　甜蜜的家B区照度光谱和显色指数图

表17　甜蜜的家 B 区闪烁测试数据表

采样编号	闪烁百分比（%）	闪烁指数	频率（Hz）	频率幅值1	频率幅值2	频率幅值3	频率幅值4	频率幅值5	频率幅值6
1	3.02	0.5714	166.5	0.0 (Hz) 6141.22 (%)	100.0 (Hz) 100.00 (%)	487.5 (Hz) 11.56 (%)	612.5 (Hz) 8.08 (%)	987.5 (Hz) 5.59 (%)	3312.5 (Hz) 5.15 (%)
2	2.72	0.6101	110.8	0.0 (Hz) 5612.84 (%)	100.0 (Hz) 100.00 (%)	200.0 (Hz) 4.54 (%)	1925.0 (Hz) 3.06 (%)	375.0 (Hz) 3.02 (%)	2712.5 (Hz) 2.96 (%)
3	7.6	1.9863	100.1	0.0 (Hz) 1710.70 (%)	100.0 (Hz) 100.00 (%)	212.5 (Hz) 6.99 (%)	250.0 (Hz) 3.48 (%)	300.0 (Hz) 3.29 (%)	412.5 (Hz) 2.04 (%)
4	3.53	0.6686	111.6	0.0 (Hz) 5168.96 (%)	100.0 (Hz) 100.00 (%)	487.5 (Hz) 4.96 (%)	2587.5 (Hz) 4.61 (%)	2250.0 (Hz) 4.43 (%)	200.0 (Hz) 4.29 (%)
5	2.99	0.6532	111.6	0.0 (Hz) 5171.68 (%)	100.0 (Hz) 100.00 (%)	200.0 (Hz) 3.07 (%)	1900.0 (Hz) 3.00 (%)	3250.0 (Hz) 2.93 (%)	487.5 (Hz) 2.78 (%)
6	6.36	1.7262	100.1	0.0 (Hz) 1933.26 (%)	100.0 (Hz) 100.00 (%)	200.0 (Hz) 5.38 (%)	312.5 (Hz) 3.17 (%)	412.5 (Hz) 1.58 (%)	350.0 (Hz) 1.12 (%)
7	4.34	0.751	155.9	0.0 (Hz) 4665.44 (%)	100.0 (Hz) 100.00 (%)	2275.0 (Hz) 5.92 (%)	2462.5 (Hz) 4.93 (%)	1762.5 (Hz) 4.78 (%)	2200.0 (Hz) 4.52 (%)
8	5.68	1.4498	100.2	0.0 (Hz) 2363.19 (%)	100.0 (Hz) 100.00 (%)	212.5 (Hz) 6.80 (%)	300.0 (Hz) 3.84 (%)	362.5 (Hz) 1.80 (%)	3462.5 (Hz) 1.63 (%)
平均值	4.53	1.0521	119.6						

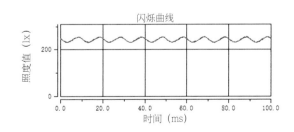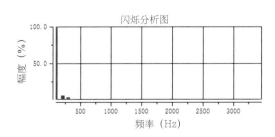

图26　甜蜜的家B区闪烁曲线和闪烁分析图

弧形展区客观测量及其结果如图27～30，见表18～20所示。

图27　弧形展区客观测量现场

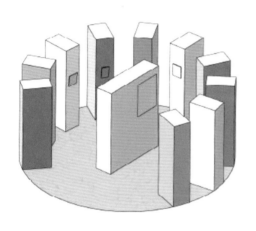 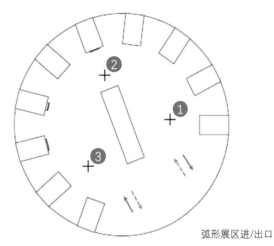

弧形展区进/出口

图28　弧形展区立面图采集点分布示意图

表18　弧形展区采集点数据表

采样编号	光照度 (lx)	辐射照度 (W/m²)	E (fc)	相关色温 (K)	CIE x	CIE y	CIE u'	CIE v'
1	478	1.6367	44.42	3024	0.4385	0.4103	0.2489	0.524
2	839	2.91818	77.979	2922	0.4449	0.4105	0.2529	0.5251
3	270.6	0.926863	25.147	3098	0.4324	0.4067	0.2466	0.5217
平均值	529.2	1.827248	49.182	3015	0.4386	0.4092	0.2495	0.5236
照度均匀度	51.1%	最小照度值	270.6	最大照度值	839			

表19　弧形展区采集点数据表

采样编号	峰值波长 (nm)	半波宽 (nm)	主波长 (nm)	色纯度 (%)	红色比 (%)	绿色比 (%)	蓝色比 (%)	Duv	S/P
1	613	134.9	582	54.8	24.6	72.5	2.9	0.00225	1.41
2	614	146.9	582.7	56.8	25.1	72.1	2.8	0.00149	1.38
3	613	88.8	581.8	51.9	24.4	72.5	3	0.0017	1.43
平均值	613	123.5	582.2	54.5	24.7	72.4	2.9	0.00181	1.41

表20　弧形展区采集点数据表

采样编号	SDCM	R_f	R_g	R_a	R1	R2	R3	R4	R5	R6	R7	R8	R9	R10	R11	R12	R13	R14	R15
1	4.5	92	98	93	95	97	93	95	93	95	94	83	57	87	94	80	96	95	90
2	3.2	92	98	93.8	95	97	97	95	94	97	93	83	60	91	96	82	96	97	90
3	6.1	91	99	92.3	95	96	90	94	92	94	94	82	53	84	92	80	96	93	91
平均值	4.6	92	98	93	95	97	93	95	93	95	94	83	57	87	94	81	96	95	90

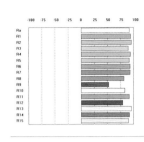
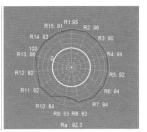

图29　弧形展区照度光谱和显色指数图

表21　弧形展区闪烁测试数据表

采样编号	闪烁百分比(%)	闪烁指数	频率(Hz)	频率幅值1	频率幅值2	频率幅值3	频率幅值4	频率幅值5	频率幅值6
1	30.11	9.1642	100.1	0.0 (Hz) 364.48 (%)	100.0 (Hz) 100.00 (%)	200.0 (Hz) 6.65 (%)	25.0 (Hz) 5.32 (%)	175.0 (Hz) 3.35 (%)	487.5 (Hz) 2.89 (%)
2	31.79	9.6316	100.1	0.0 (Hz) 346.30 (%)	100.0 (Hz) 100.00 (%)	200.0 (Hz) 6.48 (%)	312.5 (Hz) 1.48 (%)	487.5 (Hz) 1.47 (%)	375.0 (Hz) 1.11 (%)
3	28.36	8.191	99.8	0.0 (Hz) 419.70 (%)	100.0 (Hz) 100.00 (%)	212.5 (Hz) 5.83 (%)	250.0 (Hz) 4.14 (%)	362.5 (Hz) 3.88 (%)	487.5 (Hz) 3.75 (%)
平均值	30.09	8.9956	100.0						

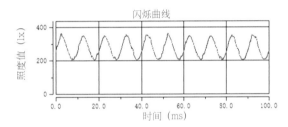
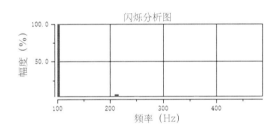

图30　弧形展区闪烁曲线和闪烁分析图

模型平台及地面客观测量及其结果如图31～34，见表22～25所示。

图31　模型平台客观测量现场

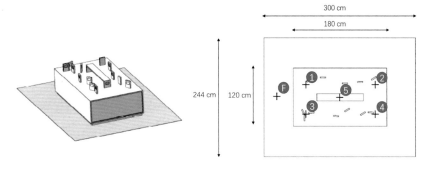

图32　模型平台及地面采集点分布图

表 22　模型平台及地面采集点数据表

采样编号	光照度 (lx)	辐射照度 (W/m²)	E (fc)	相关色温 (K)	CIE x	CIE y	CIE u'	CIE v'
模型平台 1	504.7	1.46514	46.904	3845	0.3891	0.3863	0.227	0.507
模型平台 2	484.7	1.41149	45.046	3870	0.3879	0.3855	0.2265	0.5065
模型平台 3	464.8	1.35881	43.199	3840	0.3884	0.3835	0.2277	0.5057
模型平台 4	457.3	1.33949	42.495	3846	0.388	0.3828	0.2277	0.5053
模型平台 5	515.2	1.55172	47.884	4400	0.3651	0.3701	0.2176	0.4963
模型平台 平均值	485.3	1.42533	45.106	3960	0.3837	0.3816	0.2253	0.5042
地面 F	451.2	1.31671	41.937	3902	0.3868	0.3863	0.2255	0.5067
模型平台 照度均匀度	94.2%	模型平台 最小照度值	457.3	模型平台 最大照度值	515.2			

表 23　模型平台及地面采集点数据表

采样编号	峰值波长 (nm)	半波宽 (nm)	主波长 (nm)	色纯度 (%)	红色比 (%)	绿色比 (%)	蓝色比 (%)	Duv	S/P
模型平台 1	545	13.2	578.7	32.7	23.2	72.6	4.3	0.00197	1.55
模型平台 2	545	13.3	578.6	32.1	23	72.7	4.3	0.00194	1.56
模型平台 3	545	13.1	579.2	31.7	23.3	72.3	4.4	0.00086	1.56
模型平台 4	545	13.2	579.3	31.3	23.3	72.4	4.3	0.00065	1.56
模型平台 5	545	14.2	576.3	20.6	20.3	75.5	4.3	0.00167	1.71
模型平台 平均值	545	13.4	578.4	29.7	22.6	73.1	4.3	0.00142	1.59
地面 F	545	13.3	578.2	32	22.6	73.1	4.3	0.00258	1.57

表 24　模型平台及地面采集点数据表

采样编号	SDCM	R_f	R_g	R_a	R1	R2	R3	R4	R5	R6	R7	R8	R9	R10	R11	R12	R13	R14	R15
模型平台 1	4.3	78	99	82	94	91	60	87	84	78	89	72	9	50	73	56	95	73	91
模型平台 2	3.7	78	99	82.1	94	91	60	88	85	78	89	72	10	51	73	56	95	73	91
模型平台 3	4.3	78	100	82.4	94	92	60	88	85	78	89	72	10	52	73	57	96	73	91
模型平台 4	4.2	78	100	82.5	95	92	60	88	85	79	89	72	11	52	74	57	96	73	92
模型平台 5	7	79	99	81.5	90	88	65	86	83	77	88	74	16	51	75	54	91	77	88
模型平台 平均值	4.7	78	99	82.1	93	91	61	87	84	78	89	72	11	51	74	56	95	74	91
地面 F	3.2	79	99	81.9	93	91	62	87	84	78	89	71	8	51	73	57	94	74	89

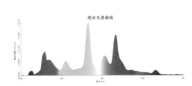 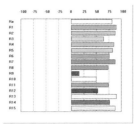 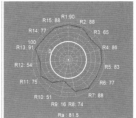

图33　模型平台照度光谱和显色指数图

表25　模型平台及地面闪烁测试数据表

采样编号	闪烁百分比（%）	闪烁指数	频率（Hz）	频率幅值1	频率幅值2	频率幅值3	频率幅值4	频率幅值5	频率幅值6
模型平台1	1.2	0.1913	201.3	0.0 (Hz) 21366.07 (%)	100.0 (Hz) 100.00 (%)	1700.0 (Hz) 11.74 (%)	2325.0 (Hz) 8.93 (%)	2975.0 (Hz) 8.29 (%)	150.0 (Hz) 8.06 (%)
模型平台2	1.53	0.2006	344.6	0.0 (Hz) 21932.91 (%)	100.0 (Hz) 100.00 (%)	2975.0 (Hz) 20.32 (%)	3250.0 (Hz) 11.54 (%)	50.0 (Hz) 11.40 (%)	2937.5 (Hz) 10.93 (%)
模型平台3	1.44	0.1857	496.4	0.0 (Hz) 25143.21 (%)	100.0 (Hz) 100.00 (%)	1712.5 (Hz) 20.81 (%)	3012.5 (Hz) 17.02 (%)	2937.5 (Hz) 15.52 (%)	3050.0 (Hz) 14.45 (%)
模型平台4	1.28	0.1651	525	0.0 (Hz) 33084.53 (%)	100.0 (Hz) 100.00 (%)	3375.0 (Hz) 18.81 (%)	4337.5 (Hz) 17.64 (%)	4400.0 (Hz) 16.10 (%)	3412.5 (Hz) 15.92 (%)
模型平台5	1.26	0.1591	461.2	0.0 (Hz) 28820.44 (%)	100.0 (Hz) 100.00 (%)	2300.0 (Hz) 15.09 (%)	2375.0 (Hz) 14.83 (%)	1650.0 (Hz) 10.85 (%)	1875.0 (Hz) 10.63 (%)
模型平台平均值	1.34	0.1804	405.7						
地面F	1.38	0.1901	314.6	0.0 (Hz) 22608.8 (%)	100.0 (Hz) 100.00 (%)	137.5 (Hz) 14.29 (%)	275.0 (Hz) 13.63 (%)	2975.0 (Hz) 12.64 (%)	3412.5 (Hz) 12.61 (%)

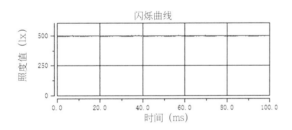 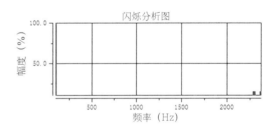

图34　模型平台闪烁曲线和闪烁分析图

（四）三层"超级工作室"展览照明

三层超级工作室正在展出，我们对展厅内外包括A区、B区、C区、A区童叟画、B区沙发等进行了客观测量。测量结果如图35～37，见表26～30所示。

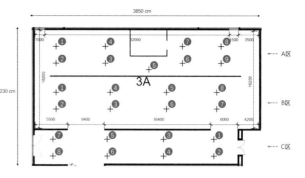

图35 超级工作室A区、B区、C区客观测量和采集点分布图

表 26 超级工作室 A 区采集点数据表

采样编号	光照度（lx）	SDCM	CIE x	CIE y	色温（k）	R_a	R9
1	247.1	4.2	0.4141	0.4034	3417	85.9	33
2	433.7	5.5	0.4227	0.4037	3251	89.1	45
3	323.0	3.2	0.4162	0.4014	3359	87.8	40
4	349.3	2.3	0.4139	0.3991	3386	88.2	41
5	263	4.8	0.4213	0.4020	3264	89.3	46
6	258.9	5.9	0.4027	0.3953	3595	86.0	32
7	201	8.2	0.3976	0.3940	3701	84.8	27
8	216.1	8.1	0.3985	0.3942	3680	84.7	27
9	235.1	7.3	0.3998	0.3941	3649	85.1	28
平均值	280.8	5.5	0.4096	0.3986	3748	86.8	35
照度均匀度	71.6%	最小照度值	201	最大照度值	433.7	频率（Hz）	110.9
闪烁百分比	6.65%	闪烁指数	1.83%	地面反射率	51.08	墙面反射率	4.43
紫外含量	43.24						

表 27 超级工作室 B 区采集点数据表

采样编号	光照度（lx）	SDCM	CIE x	CIE y	色温（k）	R_a	R9
1	170.7	5.3	0.4081	0.4010	3521	84.7	27
2	129.6	5.2	0.4110	0.4035	3481	84.6	26
3	309.2	2.7	0.4101	0.3976	3453	86.8	35
4	464.1	3.6	0.4182	0.4012	3317	88.2	40
5	413.1	2.1	0.4139	0.3986	3382	88.7	41
6	391.3	2.4	0.4099	0.3969	3452	88.0	38
7	352.2	2.6	0.4134	0.3996	3401	88.2	40
8	276.0	4.4	0.4063	0.3968	3526	86.8	35

平均值	313.3		3.5		0.4114		0.3994		3442		87.0		35
照度均匀度	41.4%		最小照度值		129.6		最大照度值		464.1		频率（Hz）		122.4
闪烁百分比	4.32%		闪烁指数		0.87%		地面反射率		51.08		墙面反射率		4.43
紫外含量	43.24												

表 28　超级工作室 C 区采集点数据

采样编号	光照度（lx）	SDCM	CIE x	CIE y	色温（k）	R_a	R9
1	73.65	3.5	0.409	0.3981	3481	88.7	43
2	192.1	3.7	0.3879	0.3879	3888	83.4	22
3	300.1	4.8	0.3902	0.3898	3845	83.4	21
4	85.31	2.8	0.4124	0.3996	3420	88.3	43
5	102.5	6.2	0.4242	0.405	3233	90	49
6	154.7	4.4	0.3895	0.885	3851	83.4	21
7	50.71	6.7	0.4102	0.4058	3514	82.5	15
8	95.48	6.2	0.4057	0.4001	3566	83.4	20
平均值	131.82	4.8	0.4036	0.3483	3600	85.4	29

照度均匀度	38.5%	最小照度值	50.71	最大照度值	300.1	频率（Hz）	105.5
闪烁百分比	18.91%	闪烁指数	4.95%	地面反射率	51.08	墙面反射率	4.43
紫外含量	43.24						

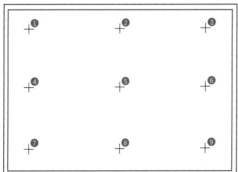

图36　三层超级工作室A区童叟画客观测量采集点分布

表 29　超级工作室 A 区童叟画采集点数据

采样编号	亮度（cd／m²）	采样编号	亮度（cd／m²）
1	185.2	6	350.2
2	165.3	7	182.5
3	202.5	8	196.5
4	85.6	9	321.5
5	79.7		
最小亮度值	79.7	最大亮度值	350.2
平均值	196.6	均匀度	40.5%

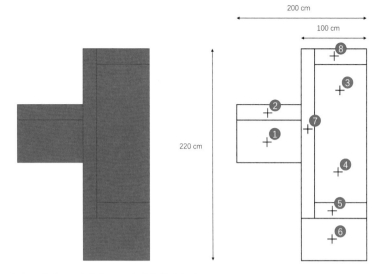

图37　超级工作室B区沙发客观测量采集点分布图

表30　超级工作室 B 区沙发采集点数据

采样编号	光照度（lx）	SDCM	CIE x	CIE y	色温（k）	R_a	R9
1	449.4	4.7	0.4211	0.4007	3258	88.8	42
2	466.4	2.9	0.4169	0.3996	3329	88.2	40
3	349.3	2.0	0.4135	0.3983	3387	87.3	36
4	467.6	4.2	0.4200	0.4007	3279	88.5	41
5	534.5	4.0	0.4196	0.4004	3283	88.8	42
6	535.3	4.1	0.4196	0.4007	3287	88.8	42
7	481.2	2.5	0.4159	0.3990	3346	88.2	40
8	319.1	3.8	0.4077	0.3973	3501	86.2	32
平均值	450.4	3.5	0.4168	0.3996	3334	88.1	39
照度均匀度	70.9%	最小照度值	319.1	最大照度值	535.3	频率（Hz）	100.1
闪烁百分比	9.86%	闪烁指数	2.88%				

表 31　客观测量结果汇总

类型	用光的安全	灯具与光源性能							光环境分布				
	照度光谱	R_a	R9	R_f	R_g	闪烁指数	闪烁百分比%	色容差	亮度 cd/m²	照度 lx	亮度均匀度%	照度均匀度%	照片
一层开放式展厅区		92.3	69	90	101	2.1941	8.58	2.9	—	447.2	—	—	
一层 1A 区		80.6	21	77	100	0.4582	3.58	3.5	—	91.38	—	—	
五层走廊		83.9	31	85	97	7.1704	29.7	10.1	—	38.2	—	—	
五层青策计划介绍墙	—							—	142	391.05	51.7	36.2	
五层青策计划亲密空间	—						1.1	—		252.3		56.5	
五层青策计划甜蜜的家 A 区		90.6	54	91	99	2.5922	10.09	4.6	—	399.5		35.6	
五层青策计划甜蜜的家 B 区		84.5	20	80	100	1.0521	4.53	3.9	—	254		58.3	
五层青策计划弧形展区		93	57	92	98	8.9956	30.09	4.6	—	529.2		51.1	
五层青策计划模型平台		81.9	8	79	99	0.1901	1.38	3.2	—	485.3		94.2	
三层超级工作室 A 区	—	86.8	35	—	—	0.0183	6.65	5.5	—	280.8		71.6	
三层超级工作室 A 区童叟图	—						—	—	196.6	—	40.5	—	
三层超级工作室 B 区	—	87	35	—	—	0.0087	4.32	3.5	—	313.3		41.4	
三层超级工作室 B 区沙发	—	88.1	39	—	—	0.0288	9.86	3.5	—	450.4		70.9	
三层超级工作室 C 区	—	85.4	29	—	—	0.0495	18.91	4.8	—	131.82		38.5	

三 主观测评调研

主观评测的非陈列区域为一层开放式展厅区、五层走廊，陈列区域为五层"青策计划"展览、三层"超级工作室"展览。

非陈列区域一层开放式展厅区现场共收回 20 份问卷，

五层走廊现场共收回 20 份问卷。陈列区域五层"青策计划"展览现场共收回 21 份问卷，三层"超级工作室"展览现场共收回 23 份问卷。

表 32 非陈列区域主观评测结果

测试要点		一层开放式展厅区	五层走廊
光环境舒适度	展品光亮接受度	7.95	7.3
	视觉适应性	7.9	7.7
	视觉舒适度（主观）	7.9	7.25
	心理愉悦感	7.8	7
整体空间照明艺术表现	用光的艺术表现力	7.8	7.15
	理念传达的感染力	7.55	7.1

表 33 陈列区域主观评测结果

测试要点		三层超级工作室	五层青策计划
展品色彩表现	展品色彩还原程度	7.7	7.43
	光源色喜好程度	7.17	7.67
展品细节清晰度	展品细节表现力	7.17	7.67
	立体感表现力	7.3	8.14
	展品纹理清晰度	7.61	7.38
	展品外轮廓清晰度	7.74	7.86
光环境舒适度	展品光亮接受度	7.26	7.33
	视觉适应性	7.78	7.48
	视觉舒适度（主观）	7.61	7.38
	心理愉悦感	7.48	7.43
整体空间照明艺术表现	用光的艺术表现力	7.39	7.1
	理念传达的感染力	7.48	6.9

清华大学艺术博物馆照明调研报告

调研对象：清华大学艺术博物馆
调研时间：2018 年 1 月 24 日
指导专家：荣浩磊、艾晶、程旭
调研人员：王超、高帅、董丽、杨秀杰、刘思辰、胡波、张勇、王豪华
调研设备：照度计（XYI-III），彩色照度计（SPIC-200），激光测距仪（BOSMA），分光测色仪（KONICA/CM-2600d），紫
　　　　　外辐照计（R1512003），红外光辐照计红外功率计（LH-130），亮度计（LMK mobile advance），多功能照度计

一　概述

（一）清华大学艺术博物馆建筑概述

图1　清华大学艺术博物馆

清华大学艺术博物馆凝聚着几代清华人的心愿，承载着清华人传承中华文化艺术使命的梦想。早在 1926 年，清华就创办了"考古陈列室"，1948 年成立文物馆，1952 年文物馆被裁撤，部分藏品外拨。1999 年中央工艺美术学院加盟清华大学，历代工艺美院人的积累与期盼使清华博物馆的梦想更近了。2003 年，艺术博物馆项目启动，由瑞士著名设计师博塔担纲艺术博物馆的建筑设计。2012 年，在三位校友的支持下，博物馆动工，2013 年，世纪金源集团慷慨捐资 2 亿元支持清华大学用于博物馆建设。2016 年，艺术博物馆落成并于 9 月正式对公众开放（图1）。

清华大学艺术博物馆现有藏品一万三千余组件，品类包括书画、织绣、陶瓷、家具、青铜器及综合艺术品六大类。藏品绝大多数来自工艺美院自 1956 年以来历年的收藏，以及校友及社会贤达的捐赠。艺术博物馆将充分展示馆藏精品，收纳最新原创成果，推进国内外馆际交流，实现资源共享，而共同延续人类文明历史的源流。

（二）艺术博物馆照明概况

清华大学艺术博物馆，共四层，每层均有展厅，配套设施齐全。入口门厅照明以自然光为主，主要展厅采

用全人工光。总体照明氛围营造良好，视觉舒适度较高。

照明方式：导轨投光为主

光源类型：LED

灯具类型：直接型为主

照明控制：手动开关

（三）艺术博物馆调研概况

本次对清华艺术博物馆的门厅、一层展厅及三层展厅进行详细的数据调研，测试区域平面图如图 2、3 所示。

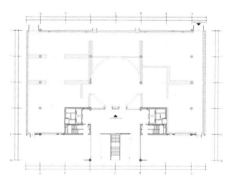

图2　一层展厅平面图

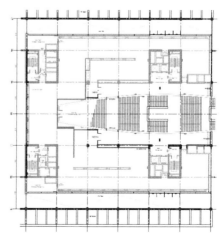

图3　三层展厅平面图

二 清华大学艺术博物馆照明调研数据分析

（一）艺术博物馆照明概况

数据采集工作，按照功能区分为陈列空间、非陈列空间。陈列空间中，选取典型绘画及立体展品进行调研测量；非陈列空间选择了具有代表性的通道和入口门厅，公共空间选取小卖店，调研区域如表1所示，照明效果如图4。

表1　调研区域情况一览表

调研类型／区域		对象	数量
陈列空间	展板	展板	1组
	立体展品	模型＋雕塑	5组
	平面展品	海报＋手稿	3组
	展柜	展柜	1组
非陈列空间	大堂序厅	门厅	1组
	过渡空间	通道	1组
	公共空间	小卖店	1组

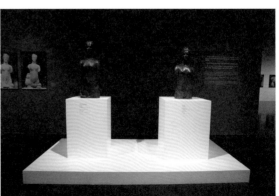

图4　清华大学艺术博物馆内空间照明效果图

（二）一层门厅

门厅长 32m，宽 24m。入口周围有大面积玻璃幕墙。灯具位置如图 5，照明情况见表 2 所示。

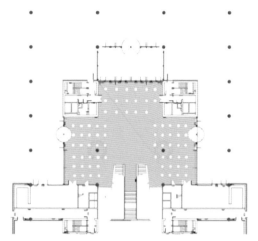

图5　灯具位置图

表 2　照明情况

位置	照明方式	光源类型	灯具类型	功率 W	紫外线 μW/lm
一层门厅	天然光／筒灯	LED	直接型	150	90

1. 照度采集

采用中心布点法，数据如图 6 所示。平均照度180lx；均匀度 0.71。

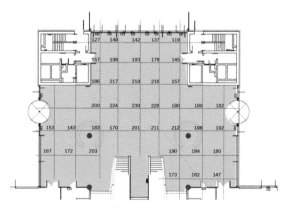

图6　照度数据

2. 亮度采集

门厅亮度采集，伪色图如图 7 所示，其数据见表 3。

图7　门厅伪色图

表 3　亮度数据表

序号	平均亮度 (cd/m²)	序号	平均亮度 (cd/m²)
1	72.8	9	17.8
2	97.8	10	16.2
3	234.2	11	27.1
4	197.8	12	29.2
5	99.0	13	24.1
6	56.2	14	17.0
7	15.4	15	20.2
8	16.4		

（三）一层展厅照明

一层展厅展品以立体雕塑为主，层高 8.5m，照明以导轨投光为主；采集到展厅反射率的数据，地面 0.07，深灰色背景墙面 0.2，浅灰色背景墙面 0.6，白色背景墙面 0.9，顶棚 0.9。以下为主要展品的测试数据。

1. 立体展品 1

展品与灯具位置关系如图 8，照明情况表 4 所示。

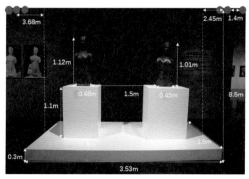

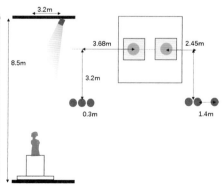

图8　展品尺寸和灯具位置侧面及平面图

表4　照明情况一览表

类型	展品类型	照明方式	光源类型	灯具类型	功率 W	紫外线 μW/lm	红外线 μW/m²
立体展品	雕塑	导轨投光	LED	直接型	35	0.8	0.005

灯具两侧对打照亮雕塑，左右两侧具有接近的亮度，利于辨识细节。

（1）照度采集

采集雕塑正面、侧面数据如图9所示。雕塑正面平均照度150lx；均匀度0.6。

（2）亮度及光谱数据采集

雕塑的伪色图如图10，其光谱分布图如图11，其亮度及光谱数据见表5、6。

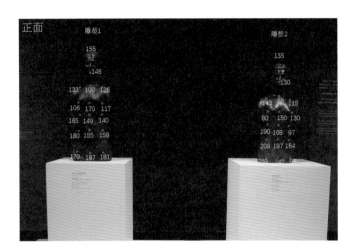

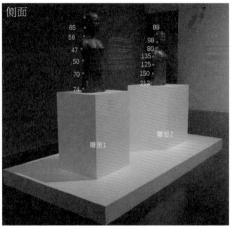

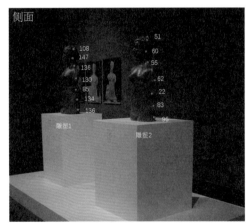

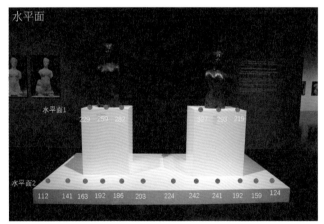

图9　雕塑照度数据

图10　雕塑伪色图

表5　亮度数据表

序号	1	2	3	4	5	6	7	8
测试位置	壁画1	壁画2	文字介绍1	背景墙面	雕塑1	雕塑2	展台	地面
平均亮度 (cd/m²)	8.7	6	5.6	3.6	4.4	6.2	37.5	3.1
亮度对比度	1.45							

表6　光谱数据采集表

色温 (K)	显指 R_a	R_f	R_g	R9	色容差
2882	97.8	95.9	102.3	93	7.9

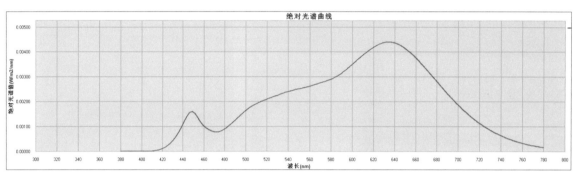

图11　光谱分布图

2. 垂直面立体展品2

展品与灯具位置关系如图12，照明情况见表7所示。

图12　展品尺寸和灯具位置剖面图

表7　照明情况一览表

类型	展品类型	照明方式	光源类型	灯具类型	功率 W	紫外线 μW/lm	红外线 μW/m²
垂直面立体展品	雕塑壁画	导轨投光	LED	直接型	35	0.9	0.003

（1）照度采集

中心布点法：以宽0.3m，高0.35m的矩形为布点模版。数据如图13所示。平均照度131lx；均匀度0.4；水平面平均照度145lx；均匀度0.4。

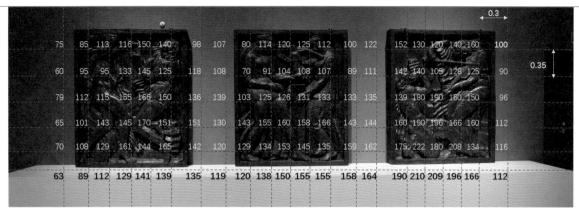

图13　展品照度数据图

（2）亮度及光谱数据采集

展品的伪色图及光谱分布图如图14、15，其亮度及光谱数据见表8、9。

图14　展品伪色图

表8　亮度数据表

序号	1	2	3	4	5	6
测试位置	雕塑1	雕塑2	雕塑3	背景墙面	展台	地面
平均亮度（cd/m²）	2.4	2.6	3.1	3.6	16.9	2.9
亮度对比度	0.72					

表9　光谱数据采集表

色温(K)	显指 Rₐ	R_f	R_g	R9	色容差
2902	97.8	95.9	101.8	95	1.6

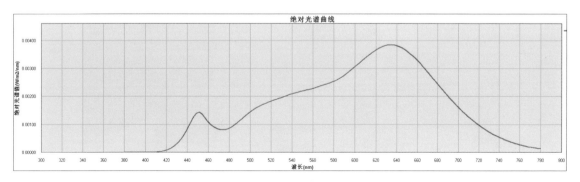

图15　展品光谱分布图

3. 立体展品 3

展品与灯具位置关系如图16，照明情况见表10所示。

灯具侧向照亮雕塑，左右两边形成明显亮度差异，具有一定戏剧性艺术效果。

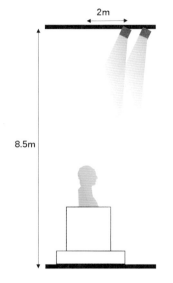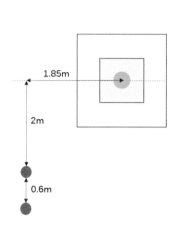

图16　展品尺寸和灯具位置剖面图及平面图

表 10　照明情况一览表

类型	展品类型	照明方式	光源类型	灯具类型	功率 W	紫外线 μW/lm	红外线 μW/m²
立体展品	雕塑	导轨投光	LED	直接型	35	0.4	0.004

（1）照度采集

测量雕塑正面、侧面、背面数据如图 17。

图17　雕塑照度数据

（2）亮度及光谱数据采集

立体展品的伪色图及光谱分布图，如图18、19，其亮度及光谱数据见表11，12。

图18　雕塑伪色图

表 11　亮度数据表

序号	1	2	3	4	5	6	7	8
测试位置	文字介绍1	展画1	文字介绍2	雕塑3	展台	地面1	地面2	背景墙面
平均亮度（cd/m²）	6.2	4.8	4.9	3.4	14.7	0.8	1.1	2.6
亮度对比度	1.3							

表 12　光谱数据采集

色温(K)	显指 R_a	R_f	R_g	R9	色容差
2882	97.8	95.9	102.3	93	7.9

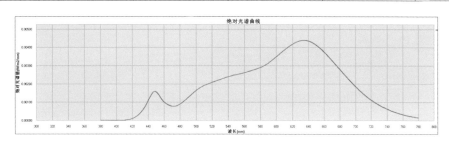

图19　光谱分布图

4. 垂直平面展品 4

展品与灯具位置关系如图 20，照明情况见表 13 所示。

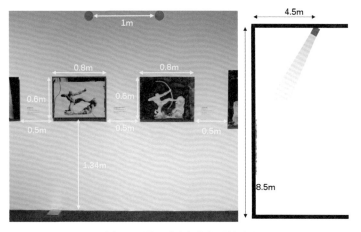

图20　展品尺寸和灯具位置剖面图

表13　照明情况一览表

类型	展品类型	照明方式	光源类型	灯具类型	功率 W	紫外线 μW/lm	红外线 μW/m²
垂直平面展品	绘画	导轨投光	LED	直接型	35	0.8	0.02

（1）照度采集

中心布点法，如图21所示。平均照度66lx，均匀度0.9；地面平均照度107lx，均匀度0.7。

图21　照度数据

（2）亮度及光谱数据采集

展品的伪色图及光谱分布图如图22、23，其亮度及光谱数据见表14、15。

图22　伪色图

表14　亮度数据表

序号	1	2	3	4	5	6
测试位置	展画1	展画2	展画3	展画4	背景墙面	地面
平均亮度 (cd/m²)	8.3	11.7	5.6	3.9	16	5.6
亮度对比度	0.52					

表15　光谱数据采集

色温（K）	显指 R_a	R_f	R_g	R9	色容差
2941	97.9	95.9	101.9	96	1.1

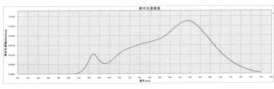

图23　光谱分布图

（四）三层展厅照明

三层展厅展品以垂直平面展品及立体模型为主，层高3.3m，照明以导轨投光为主；采集到展厅反射率的数据，地面0.12，墙面0.9，顶棚0.5。以下为主要展品的测试数据。

1. 展板

图24　展品尺寸和灯具位置剖面图

展板与灯具位置关系如图24，照明情况见表16所示。

表16　照明情况一览表

类型	展品类型	照明方式	光源类型	灯具类型	功率 W	紫外线 μW/lm	红外线	照明配件
展板	展板	导轨投光	LED	直接型	25	0.8	0.009	柔光镜片

（1）照度采集

中心布点法以宽0.5m，高0.5m的矩形为布点模版。数据如图25所示。平均照度282lx，均匀度0.7。

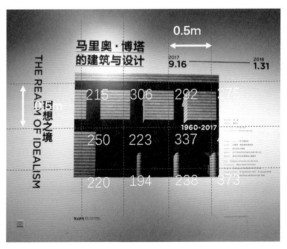

图25　照度数据

（2）亮度及光谱数据采集

展板的伪色图及光谱分布图如图26、27，其亮度及光谱数据见表17、18。

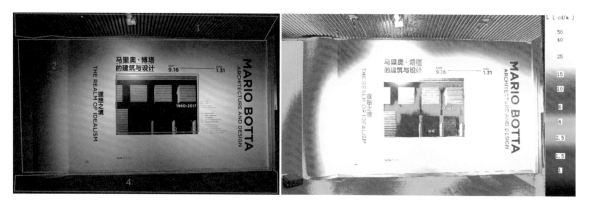

图26　伪色图

表17　亮度数据

序号	1	2	3	4
测试位置	天花板	墙面	展画	地面
平均亮度（cd/m²）	6.0	26.7	12.0	4.9
亮度对比度	0.45			

表18　光谱数据采集

色温（K）	显指 R_a	R_f	R_g	R9	色容差
2944	93.6	91.3	101.6	79	4.0

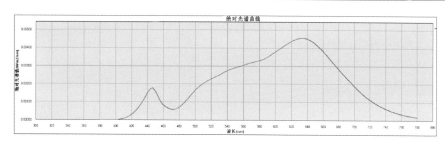

图27　光谱分布图

2. 平面展品1

展品与灯具关系如图28，照明情况见表19。

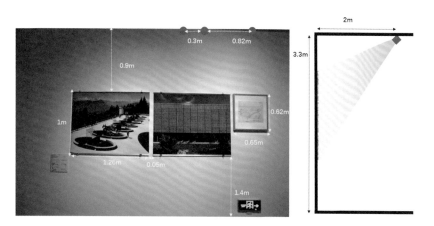

图28　展品尺寸和灯具位置剖面图

表 19　照明情况一览表

类型	展品类型	照明方式	光源类型	灯具类型	功率 W	紫外线 μW/lm	红外线 μW/m²	照明配件
平面展品	海报＋手稿	导轨投光	LED	直接型	25	0.8	0.005	柔光镜片

（1）照度采集

中心布点法：以宽 0.4m，高 0.2m 的矩形为布点模版。数据如图 29。平均照度 190lx；均匀度 0.3。

（2）单幅展品照度采集

中心布点法：以宽 0.2m，高 0.16m 的矩形为布点模版。数据如图 30。平均照度 219lx；均匀度 0.442。

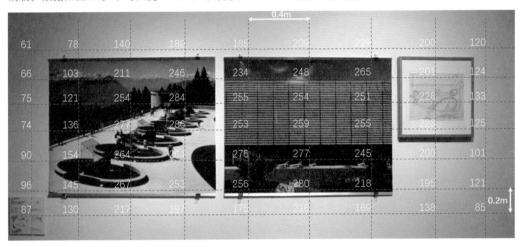

图29　照度数据

（3）亮度及光谱数据采集

平面展品的伪色图及光谱分布图如图 31、32，其亮度及光谱数据见表 20、21。

表 20　亮度数据表

序号	1	2	3	4
测试位置	展画 1	展画 2	展画 3	墙面
平均亮度（cd/m²）	17.8	14.0	50.0	30.9
海报亮度对比度	0.51		手稿亮度对比度	1.62

表 21　光谱数据采集

色温（K）	显指 R_a	R_f	R_g	R9	色容差
3079	93.7	90	104.1	83	5.1

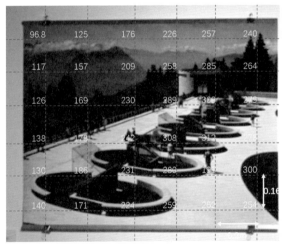

图30　单幅展品照度采集数据图

图31　伪色图

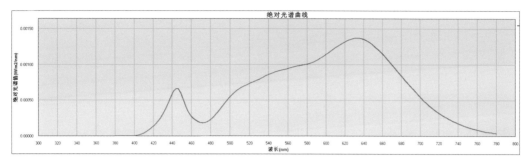

图32　光谱分布图

3. 平面展品2

展品与灯具位置关系如图33，照明情况见表22所示。

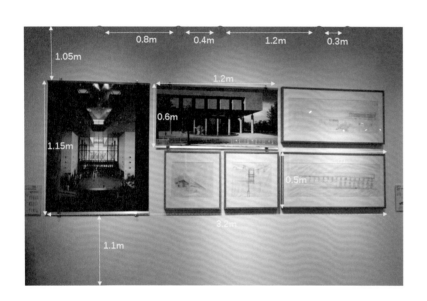

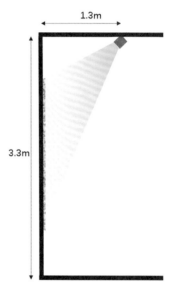

图33　展品尺寸和灯具位置剖面图

表22　照明情况一览表

类型	展品类型	照明方式	光源类型	灯具类型	功率 W	紫外线 μW/lm	红外线 μW/m²	照明配件
平面展品	海报＋手稿	导轨投光	LED	直接型	25	0.7	0.04	柔光镜片

（1）照度采集

采用中心布点法，整体数据如图34所示，平均照度214lx；均匀度0.6。单幅展品数据如图35所示，展品1平均照度211lx，均匀度0.5；展品2平均照度253lx，均匀度0.6。

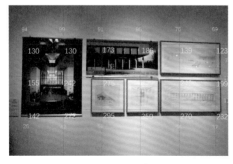

图34　整体展品照度数据图

图35　照度数据

（2）亮度及光谱数据采集

展品的伪色图及光谱分布图如图36、37，其亮度及光谱数据见表23、24。

图36　伪色图

表 23　亮度数据表

序号	1	2	3	4	5	6	7
测试位置	展画1	展画2	展画3	展画4	展画5	展画6	墙面
平均亮度（cd/m²）	11	17.1	49.1	48.9	68.6	54.1	31.4
海报亮度对比度	0.45			手稿亮度对比度		1.75	

表 24　光谱数据采集表

色温（K）	显指 R_a	R_f	R_g	R9	色容差
3201	94.7	92.4	103.1	86	6.6

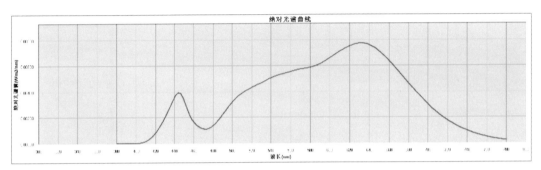

图37　光谱分布图

4. 立体模型 3

模型与灯具位置关系如图38，照明情况见表25所示。

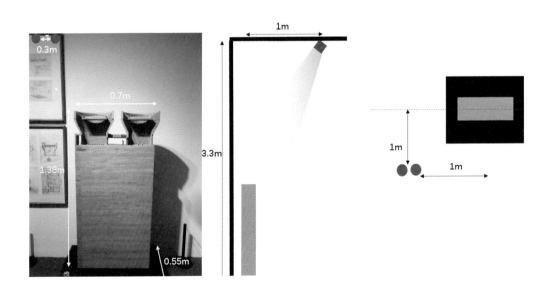

图38　展品尺寸和灯具位置剖面图及平面图

表 25　照明情况一览表

类型	展品类型	照明方式	光源类型	灯具类型	功率 W	紫外线 μW/lm	红外线 μW/m²	照明配件
立体模型	木质模型	导轨投光	LED	直接型	25	0.5	0.06	柔光镜片

（1）光谱数据采集

立体模型的光谱分布如图40，其光谱数据见表26。

图39　照度数据

表 26　光谱数据表

色温(K)	显指 R_a	R_f	R_g	R9	色容差
3149	92.9	89.5	103.9	80	7.5

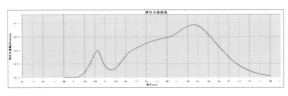

图40　光谱分布图

5. 展柜

展柜与灯具位置关系如图41，照明情况见表27所示。

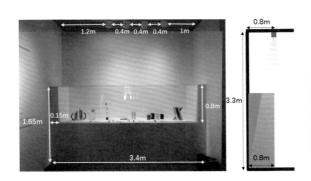

图41　展品尺寸和灯具位置剖面图

表 27　照明情况一览表

展品类型	照明方式	光源类型	灯具类型	功率 W	紫外线 μW/lm	红外线 μW/m²	照明配件
展柜	导轨光投	LED	直接型	25	0.6	0.06	柔光镜片

（1）展柜照度采集

采用中心布点法，数据如图42，平均照度45lx；均匀度0.8。

图42　照度数据

（2）亮度及光谱数据采集

展柜的伪色图及光谱分布图如图43、44，其亮度及光谱数据见表28、29。

图43　伪色图

表 28　亮度数据表

序号	1	2	3
测试位置	天花板	墙面	展品
平均亮度 (cd/m²)	13.5	30.8	45.4

表 29　光谱数据采集表

色温(K)	显指 R_a	R_f	R_g	R9	色容差
3149	92.9	89.5	103.9	80	7.5

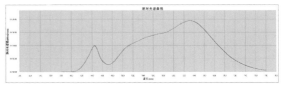

图44　光谱分布图

（五）四层－过廊

过廊外形为船型，过廊两侧对称。过廊东面有玻璃幕墙，照明方式为天然光和筒灯。灯具位置如图45，照明情况见表30所示。

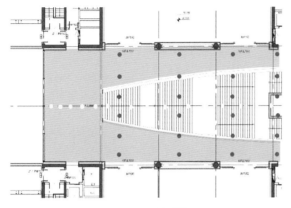

图45　照明平面图

表30　照明情况一览表

照明方式	光源类型	灯具类型	功率 W	紫外线μW/lm
天然光／筒灯	LED	直接型	75（红色）150（黄色）	90

（1）照度采集

采用中心布点法，数据如图46所示。

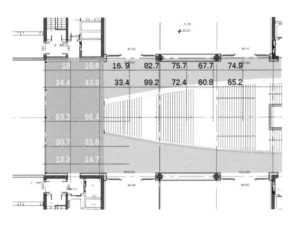

图46　照度数据

图47　伪色图

灰色平台平均照度：33lx；均匀度：0.4。

过廊平均照度：70.4lx；均匀度：0.24。

（2）亮度及光谱数据采集

过廊的伪色图及光谱分布如图47、48，其亮度及光谱数据见表31、32。

表31　亮度数据表

序号	1	2	3	4	5	6
测试位置	四楼墙壁	四楼地面	楼梯木质墙壁（明）	四楼天花板	楼梯木质墙壁（暗）	四楼落地窗
平均亮度（cd/m²）	12.7	2.6	9.4	10.9	1.9	756.4

表32　光谱数据采集表

色温（K）	显指 R_a	R_f	R_g	R9	色容差
3755	83.4	82	98	76	6.3

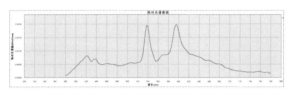

图48　光谱分布图

眩光（UGR）测试：根据人行视野，选取点位测试眩光指标，图49为眩光（UGR）测试，测试结果见表33所示。

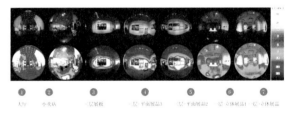

图49　眩光测试位置图

表33　眩光数据表

序号	1	2	3	4	5	6	7
测试位置	大厅	小卖店	三层展板	三层平面展品3	三层平面展品2	一层立体展品1	一层立体展品
眩光值	20.5	18.5	14.5	6.5	7.6	9.5	8.5

三　总结

综合以上测试数据，清华大学艺术博物馆总体照明满足展陈要求，多项指标优于标准要求，展厅灯具以LED为主。照明光源色温为3000K，偏差值±200K以内，显色指数均在92以上，高于标准≥90的要求，保证了展品颜色的还原度和真实度。测试色容差数据中，50%展品控制在5SDCM以内，30%展品色容差控制在7SDCM以内，20%有待改善。紫外含量均在$0.9\mu W/lm$以下，远低于$20\mu W/lm$的标准要求，红外含量范围$0.009\sim0.04\mu W/m^2$。展厅灯具有效控制眩光，所测UGR均不高于19，66%的数据不超过10；亮度及亮度对比度适宜，视觉舒适度良好。

根据访谈记录、主、客观调研数据，按照评分办法进行评分，统计结果如下（见表34～36）。

（1）客观评估
总体：良好

表34 客观照明质量评分表

客观评估	陈列空间		非陈列空间		
	基本陈列	临时展览	大堂序厅	过廊	辅助空间
评分	85.80	72.80	75.67	58.55	72.00
权重	0.4	0.2	0.2	0.1	0.1
加权得分	34.32	14.56	15.13	5.85	7.20

（2）主观评价
总体：良好

表35 主观照明质量评分表

主观评价	陈列空间		非陈列空间		
	基本陈列	临时展览	大堂序厅	过廊	辅助空间
评分	80.7	76.5	73.3	71.6	75.7
权重	0.4	0.2	0.2	0.1	0.1
加权得分	32.28	15.3	14.66	7.16	7.57

（3）对光维护
总体：优秀

表36 "对光维护"运营评分表

编号		测试要点	分数
1	专业人员管理	能够负责馆内布展调光和灯光调整改造工作	10
		能够与照明顾问、外聘技术人员、专业照明公司进行照明沟通与协作	
		配置专业人员负责照明管理工作	10
		有照明设备的登记和管理机制，并能很好地贯彻执行	
		有照明设计的基础，能独立开展这项工作，能为展览或照明公司提供相应的技术支持	
2	定期检查与维护	定期清洁灯具、及时更换损坏光源	20
		有照明设备的登记和管理机制，并严格按照规章制度履行义务	
		定期测量照射展品的光源的照度与光衰问题，测试紫外线含量、热辐射变化，以及核算年曝光量并建立档案	10
		制定照明维护计划，分类做好维护记录	
3	维护资金	可以根据实际需求，能及时到位地获得设备维护费用的评分项目	15
		有规划地制定照明维护计划，开展各项维护和更换设备的业务	15

中国美术学院美术馆照明调研报告

调研对象：中国美术学院美术馆
调研时间：2017 年 11 月 29 日
指导专家：罗明、翟其彦、姜靖
调研人员：王雨朝、胡宇、王美琳、郑诗琪、祝跃宸、田大林、赵柏钥、沈佳敏、徐强、吕西、
　　　　　韩露露、张星、陈国远
调研设备：远方 SFIM-300 闪烁光谱照度计、JETI 1211UV 光谱辐射度计、X-rite SpectroEye 光谱照度计、
　　　　　victor 303B 红外测温仪等

一　概述

中国美术学院美术馆成立于 2003 年，是在 1928 年创院时期展览馆的基础上重建而成（图1）。美术馆地处交通便利的杭州南山路，毗邻世界文化遗产——西湖。美术馆以艺术史的视觉呈现、核心价值观的艺术表达为手段，探讨当代艺术的时代使命、传统艺术的创新表达、服务公共文化体系建设。是一座集展示陈列、收藏研究、学术传播、公共教育诸功能为一体的综合性美术馆，同时也为大学的全方位发展提供创新思路与平台。设有办公室、展览部、典藏部、研究部、教育推广部等行政管理部门。美术馆建筑面积近 8000m²，展线 1300 余 m，拥有 6 个临时展厅、1 个常设展厅，展厅实现恒温恒湿。开馆十余年来，成功策划举办过各类、各种规模展览 500 余个，其中有重大学术影响力的展览几十个，并形成了自主品牌的展览系列，现在常年免费向公众开放。

藏品是美术馆的立足之本，美术馆现有藏品近 3000 件。收藏种类涉及古今中外的名家书画、中国陶瓷器、

图1　中国美术学院美术馆

青铜器、雕刻、工艺品、民间美术作品、画像石及摩崖石刻拓片等多个美术门类。凭借着中国美院在中国现当代美术教育史上的中国画重镇地位，藏品中的近现代中国画名家大师的作品的收藏比较系统，包括如黄宾虹、潘天寿、林风眠、陆俨少的作品皆在收藏之列。另外著名画家如油画家颜文樑、倪贻德，版画家力群、彦涵、

吴凡等人的作品，也有丰富的收藏。由于中国美院曾拥有和培养大量著名美术家，对于他们作品的收藏，成为美术馆藏品的重要组成部分，校友们大都热情支持母校的藏品建设，纷纷无偿捐赠自己的代表作，这也是中国美院美术馆藏品的特色。

二　调研数据剖析

为了全面的调查美术馆内定照明情况，我们选择了美术馆内的三个主要展厅（二号展厅，三号展厅，以及六号展厅），二层的走道以及一层大堂进行数据采集。

（一）非陈列空间调研

1. 大堂

大堂位于美术馆一层，主要照明类型为日光及荧光灯。大堂亮度测量点使用中心布点法取 2×3=6 个点；照度测量点如图 2 在一定空间范围内取 24 个点。大堂照明色温约 3546K，水平平均亮度 11.76cd/m²，水平面亮度均匀度 84.3%，平均照度 56.02lx。具体数据见图 3～9，表 1 所示。

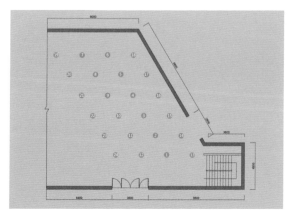

图2　大堂平面图以及照度测量点

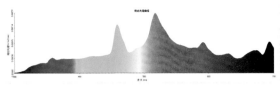

图3　大堂绝对光谱曲线（单位W/m²）

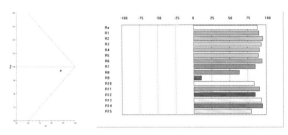

图4　大堂照明显色指数（基于照度）

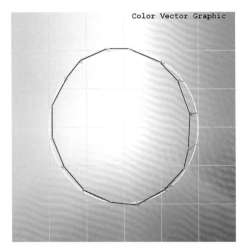

图5　大堂照明色域（基于照度）

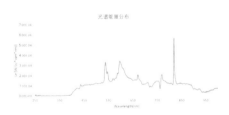

图6　大堂光谱能量分布　单位W/(sr·m²·nm)

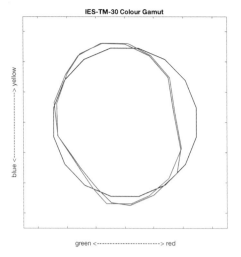

图7　大堂照明色域（基于亮度）

5.0 SDCM

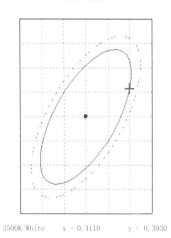

3500K/White　　x = 0.4110　　y = 0.3930

图8　大堂照明SDCM

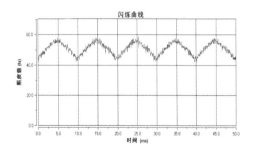

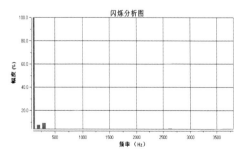

图9　大堂采样点闪烁曲线和闪烁分析图

表1　大堂照明显色指数（基于亮度）

			IES-TM-30	IES-TM-30_cam16
CCT	3546	Rf	92.7	92.5
duv	0.00025	Rg	98.3	98.3
MCRI	89.0	Rcs,h1	-0.0665	-0.0661
Ra	92.5	Rcs,h2	-0.0312	-0.0353
R1	95.9	Rcs,h3	-0.0116	-0.0147
R2	98.3	Rcs,h4	0.0078	0.0039
R3	93.5	Rcs,h5	0.0244	0.0232
R4	96.0	Rcs,h6	0.0217	0.0266
R5	94.5	Rcs,h7	0.0047	0.0068
R6	97.2	Rcs,h8	-0.0065	0.0016
R7	90.4	Rcs,h9	-0.0132	-0.0136
R8	74.5	Rcs,h10	-0.0331	-0.0373
R9	34.6	Rcs,h11	-0.0058	-0.0136
R10	88.9	Rcs,h12	0.0210	0.0186
R11	95.5	Rcs,h13	0.0198	0.0240
R12	89.6	Rcs,h14	-0.0014	0.0072
R13	98.2	Rcs,h15	-0.0210	-0.0062
R14	95.3	Rcs,h16	-0.0407	-0.0454

2. 二层走廊

二层走廊连接展厅 3 与展厅 4，主要以 LED 灯照明为主，混杂有日光。走廊亮度测量点使用中心布点法取 2×2=4 个点；照度测量点如图 10 所示在一定范围内取 10 个点。走廊照明环境色温约为 3163K，水平平均亮度 44.45cd/m²，水平面亮度均匀度 69.7%，平均光照度 190lx。其他数据详见图 11～17，表 2 所示。

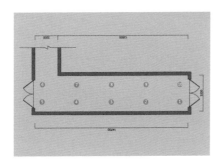

图10　二层走廊平面图以及照度测量点

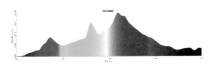

图11　二层走廊绝对光谱曲线（单位W/m²）

图12　二层走廊照明显色指数（基于照度）

图13　二层走廊照明色域（基于照度）

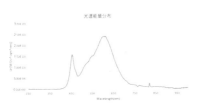

图14　二层走廊光谱能量分布　单位W/(sr·m²·nm)

表2　二层照明显色指数（基于亮度）

			IES-TM-30	IES-TM-30_cam16
CCT	3163	Rf	85.0	84.0
duv	-0.00398	Rg	97.8	97.6
MCRI	88.9	Rcs,h1	-0.0954	-0.1006
Ra	86.2	Rcs,h2	-0.0657	-0.0742
R1	86.2	Rcs,h3	-0.0191	-0.0249
R2	94.5	Rcs,h4	0.0113	0.0220
R3	95.8	Rcs,h5	0.0141	0.0181
R4	84.6	Rcs,h6	0.0306	0.0305
R5	86.6	Rcs,h7	-0.0297	-0.0095
R6	92.6	Rcs,h8	-0.0272	-0.0321
R7	83.9	Rcs,h9	-0.0450	-0.0542
R8	65.2	Rcs,h10	-0.0315	-0.0451
R9	22.4	Rcs,h11	-0.0042	-0.0042
R10	86.5	Rcs,h12	0.0750	0.0585
R11	84.5	Rcs,h13	0.0475	0.0581
R12	77.6	Rcs,h14	0.0523	0.0391
R13	88.7	Rcs,h15	-0.0196	-0.0111
R14	98.7	Rcs,h16	-0.0607	-0.0578

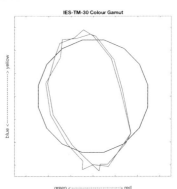

图15　二层走廊照明色域（基于亮度）

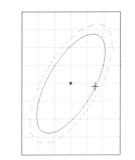

图16　二层走廊照明SDCM

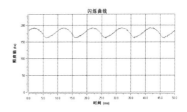

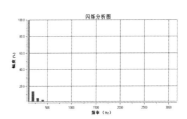

图17　二层走廊采样点闪烁曲线和闪烁分析图

（二）陈列空间调研

1. 二号展厅照明（局部）

二号展厅以画和纺织品为主，调研目标展品处光源类型为金属卤素灯。展品亮度测量点使用中心布点法取 3×3=9 个点；照度测量点如图 18 所示在展品所在平面取 20 个点。二号展厅照明环境（局部）色温约为 2631K，垂直平均亮度 7.29cd/m²，垂直面亮度均匀度 16.1%，展品与背景亮度对比度 0.13，平均垂直光照度 53.15lx。其他数据详见图 19～25，表 3 所示。

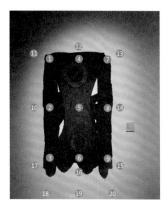

图18　二号展厅目标展品以及照度测量点

图19　二号展厅目标展位绝对光谱曲线（单位 W/m²）

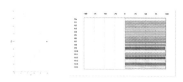

图20　二号展厅目标展位照明显色指数（基于照度）

图21　二号展厅目标展位照明色域（基于照度）

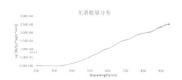

图22　二号展厅目标展位光谱能量分布　单位 W/(sr·m²·nm)

表3　二号展厅目标展位照明显色指数（基于亮度）

			IES-TM-30	IES-TM-30_cam16
CCT	2631	Rf	97.9	97.8
duv	0.00125	Rg	98.7	98.6
MCRI	88.6	Rcs,h1	-0.0038	-0.0023
Ra	99.0	Rcs,h2	-0.0034	-0.0036
R1	99.0	Rcs,h3	-0.0076	-0.0097
R2	99.1	Rcs,h4	-0.0174	-0.0164
R3	99.4	Rcs,h5	-0.0185	-0.0263
R4	98.6	Rcs,h6	-0.0176	-0.0192
R5	98.7	Rcs,h7	-0.0150	-0.0162
R6	98.8	Rcs,h8	-0.0085	-0.0086
R7	99.3	Rcs,h9	-0.0031	-0.0039
R8	98.9	Rcs,h10	0.0015	-0.0012
R9	97.4	Rcs,h11	0.0035	0.0023
R10	98.1	Rcs,h12	0.0048	0.0037
R11	98.2	Rcs,h13	-0.0057	-0.0022
R12	96.8	Rcs,h14	-0.0004	-0.0103
R13	98.8	Rcs,h15	-0.0084	-0.0041
R14	99.7	Rcs,h16	-0.0020	0.0005

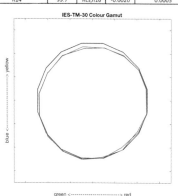

图23　二号展厅目标展位照明色域（基于亮度）

5.9　SDCM

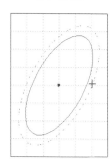

F2700(Note1)　x = 0.4590　y = 0.4120

图24　二号展厅目标展位照明SDCM

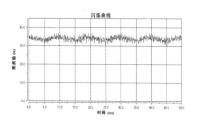

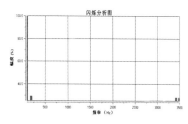

图25　二号展厅目标展位采样点闪烁曲线和闪烁分析图

2. 三号展厅照明（局部）

三号展厅以手工艺品为主，调研目标展柜处光源类型为金属卤素灯与LED。展品亮度测量点使用中心布点法在展品水平面上取 3×3-1=8 个点；照度测量点如图26所示在展柜所在平面取5个点。三号展厅照明环境（局部）色温约为3453K，水平平均亮度253.76cd/m²，水平面亮度均匀度 7.7%，平均垂直光照度166.6lx。其他数据详见图 27～33，表 4 所示。

展柜所采用的 LED 光源没有控制眩光。光源均匀度低，且在一定观察角度直射观察者眼睛，会在一定程度上对观察者造成不适感。

图26　三号展厅目标展柜以及照度测量点

图27　三号展厅目标展柜绝对光谱曲线（单位W/m²）

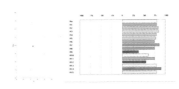

图28　三号展厅目标展柜照明显色指数（基于照度）

图29　三号展厅目标展柜照明色域（基于照度）

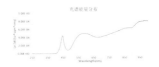

图30　三号展厅目标展柜光谱能量分布　单位W/(sr·m²·nm)

表4　三号展厅目标展柜照明显色指数（基于亮度）

			IES-TM-30	IES-TM-30_cam16
CCT	3453	Rf	76.7	75.9
duv	-0.00212	Rg	101.3	100.3
MCRI	85.0	Rcs,h1	-0.0791	-0.0754
Ra	80.8	Rcs,h2	-0.0785	-0.0889
R1	80.8	Rcs,h3	-0.0213	-0.0335
R2	83.9	Rcs,h4	0.0641	0.0331
R3	84.6	Rcs,h5	0.1312	0.1355
R4	80.5	Rcs,h6	0.1118	0.1029
R5	78.6	Rcs,h7	0.0466	0.0669
R6	75.0	Rcs,h8	-0.0411	-0.0338
R7	86.8	Rcs,h9	-0.0926	-0.0915
R8	75.8	Rcs,h10	-0.1350	-0.1467
R9	38.8	Rcs,h11	-0.0500	-0.0660
R10	60.5	Rcs,h12	0.0450	0.0102
R11	76.1	Rcs,h13	0.0905	0.0806
R12	54.9	Rcs,h14	0.1256	0.1221
R13	80.4	Rcs,h15	0.0631	0.0626
R14	90.9	Rcs,h16	-0.0024	0.0121

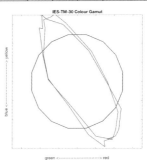

图31　三号展厅目标展柜照明色域（基于亮度）

6.4　SDCM

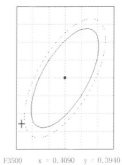

F3500　　x ≈ 0.4090　　y ≈ 0.3940

图32　三号展厅目标展柜照明SDCM

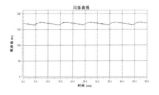

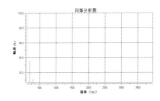

图33　三号展厅目标展柜采样点闪烁曲线和闪烁分析图

3. 六号展厅照明（局部）

六号展厅以画作为主，调研目标展品处光源类型为荧光灯。展品亮度测量点使用中心布点法在展品垂直面上取 3×3=9 个点；照度测量点如图 34 所示在展柜所在平面取 18 个点。六号展厅照明环境（局部）色温约为4998K，垂直平均亮度 68.37cd/m²，垂直面亮度均匀度66.8%，展品与背景亮度对比度 0.64，平均垂直光照度296.0lx。其他数据详见图 35～41，表 5 所示。

图34 六号展厅目标展品以及照度测量点

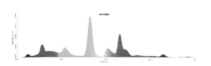

图35 六号展厅目标展品绝对光谱曲线（单位W/m²）

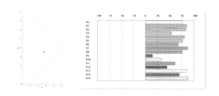

图36 六号展厅目标展品照明显色指数（基于照度）

图37 六号展厅目标展品照明色域（基于照度）

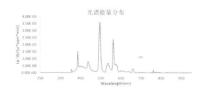

图38 六号展厅目标展品光谱能量分布 单位W/(sr·m²·nm)

表5 六号展厅目标展品照明显色指数（基于亮度）

	IES-TM-30		IES-TM-30_cam16
CCT	4998	Rf	77.3	75.8
duv	0.0115	Rg	96.0	96.4
MCRI	80.4	Rcs,h1	-0.0969	-0.0874
Ra	78.0	Rcs,h2	-0.0206	-0.0148
R1	87.5	Rcs,h3	-0.0455	-0.0585
R2	85.4	Rcs,h4	0.0193	0.0043
R3	52.8	Rcs,h5	0.0732	0.0815
R4	82.1	Rcs,h6	0.0476	0.0349
R5	77.7	Rcs,h7	-0.0543	-0.0038
R6	68.2	Rcs,h8	-0.0911	-0.0941
R7	89.1	Rcs,h9	-0.1805	-0.1840
R8	81.0	Rcs,h10	-0.1425	-0.1658
R9	27.4	Rcs,h11	-0.0444	-0.0736
R10	35.4	Rcs,h12	0.0270	0.0130
R11	60.0	Rcs,h13	0.0855	0.0717
R12	42.2	Rcs,h14	0.0677	0.1090
R13	86.9	Rcs,h15	0.0428	0.0648
R14	69.2	Rcs,h16	0.0316	0.0395

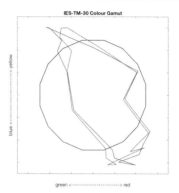

图39 六号展厅目标展品照明色域（基于亮度）

10.1 SDCM

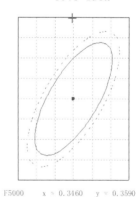

F5000 x ≈ 0.3460 y ≈ 0.3590

图40 六号展厅目标展品照明SDCM

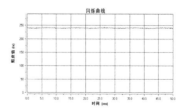

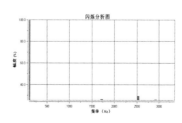

图41 六号展厅目标展品采样点闪烁曲线和闪烁分析图

三　主观测评调研

主观评测采用的量表，添加了"冷暖度"、"明亮度"、"鲜艳度"三个问题。共有21名被试当天参与调研。陈列区域为二号厅纺织品区域、三号厅手工艺品展柜、六号厅画作区域，非陈列区为大堂以及二楼走廊。（图42～44，表7、8）

表6　被试信息表

被试编号	年龄	专业／工作	完成度
1	23	色彩科学照明工程	陈列＋非陈列
2	24	色彩科学照明工程	陈列＋非陈列
3	22	色彩科学照明工程	陈列＋非陈列
4	27	色彩科学照明工程	陈列＋非陈列
5	23	光学工程	陈列＋非陈列
6	22	色彩科学照明工程	陈列＋非陈列
7	22	色彩科学照明工程	陈列＋非陈列
8	22	光学工程	陈列＋非陈列
9	25	色彩科学照明工程	陈列＋非陈列
10	21	色彩科学照明工程	陈列＋非陈列
11	23	光学工程	陈列＋非陈列
12	22	色彩科学照明工程	陈列＋非陈列
13	23	光学工程	陈列
14	22	光学工程	陈列
15	24	色彩科学照明工程	陈列＋非陈列
16	59	色彩科学照明工程	陈列＋非陈列
17	24	色彩科学照明工程	陈列＋非陈列
18	40	照明	陈列＋非陈列
19	35	照明	陈列
20	35	照明	陈列＋非陈列
21	35	照明	陈列
平均	27		

图42　主观评测结果（陈列）

中国美院美术馆主观评测结果（非陈列）

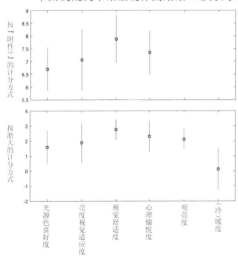

图43　主观评测结果（非陈列）

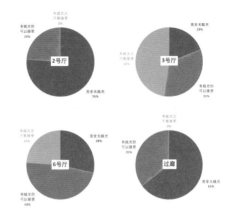

图44　眩光主观评价结果

表7　陈列空间21位观众测评平均分

测试要点		二号展厅	三号展厅	六号展厅
展品色彩表现	展品色彩还原程度	6.67	6.14	6.33
	光源色喜好程度	6.71	5.67	5.81
展品细节清晰度	展品细节表现力	6.43	6.10	6.62
	立体感表现力	6.95	6.43	5.95
	展品纹理清晰度	6.62	6.76	6.76
	展品外轮廓清晰度	6.29	6.81	7.24
光环境舒适度	展品光亮接受度	6.57	5.81	6.33
	视觉适应性	6.90	5.90	6.81
	视觉舒适度（主观）	6.86	5.86	6.29
	心理愉悦感	6.43	5.95	6.38
整体空间照明艺术表现	用光的艺术表现力	6.62	5.52	5.38
	理念传达的感染力	6.81	5.90	5.67

表8　非陈列空间（走廊）17位观众测评平均分

光环境舒适度	光源色喜好度	6.71
	视觉适应性	7.06
	视觉舒适度（主观）	7.88
	心理愉悦感	7.35

四　总结

（一）主观测评结果汇总

中国美术学院美术馆，馆内藏品丰富。其特色为收藏许多具创新性用于教学之作品，调研数据显示，了解美术馆照明的照明光源分布、光源种类和光源的参数，分析其展览照明及工作照明，单从光效果来看，主要展间　用传统的卤素光源具良好显色性、配光以及易于调节亮暗等优点，美术馆的公共空间和展陈空间，运用了多种光源，互为补充协调，达到了较为理想的展示效果。少数卤素灯色温稍偏低，亮度视觉稍暗。LED光源仅用在三号厅展柜有些眩光，会影响视觉效果。

（二）客观测评结果汇总（见表9）

表9　美术馆客观测评一览表

类型	用光的安全			灯具与光源性能									光环境分布					
	照度光谱	亮度光谱	表面温度（℃）	CCT（K）	R_a	R9	R_f	R_g	$R_{cs,h1}$	闪烁指数	闪烁百分比 %	色容差	亮度 cd/m²	照度 lx	亮度对比度	亮度均匀度 %	照度均匀度 %	照片
二展厅			17	2631	99.0	97.4	97.9	98.7	0.0038	0.00012	10.011	5.9	7.29	53.151	0.13	16.1	20.5	
三展厅			16.2	3453	80.8	38.8	76.7	101.3	0.0791	0.00004	4.176	6.4	253.76	166.6		7.7	69.7	
六展厅			14.6	4998	78.0	27.4	77.3	96.0	0.0969	0	1.4	10.1	68.37	296	0.64	66.8	78.9	
大堂				3546	92.5	34.6	92.7	98.3	0.0665	0.00003	16.37	5.0	11.76	56.02		84.3	37.6	
走廊			———	3163	86.2	22.4	85	97.8	−0.0954	0.00026	10.42	5.0	44.45	190.198		69.7	44.2	

注：二、三、六号展厅内是垂直测量结果，大堂、走廊、休闲区是水平测量结果。

龙美术馆（西岸馆）照明调研报告

调研对象：龙美术馆（西岸馆）
调研时间：2017 年 12 月 26、27 日
指导专家：陈同乐、施恒照
调研人员：洪尧阳、吴科林、梁柱兴、曾瑜、刘言言
调研设备：群耀（UPRtek）MK350D 手持式分光光谱计、世光（SEKONIC）L–758CINE 测光表、森威
（SNDWAY）SW–M40 实用型测距仪、路昌（Lutron）UV–340A 紫外辐射计、联辉诚 LH–130 红外
辐射计、路昌（Lutron）TM–902C 温度计等

一　概述

（一）美术馆建筑概况

龙美术馆是由中国收藏家刘益谦、王薇夫妇创办的国内颇具规模和收藏实力的私立美术馆。由龙美术馆（浦东馆）、龙美术馆（西岸馆）、龙美术馆（重庆馆）三个大规模的场馆构成"两城三馆"的艺术架构。

图1　龙美术馆（西岸馆）外观

龙美术馆（西岸馆）位于黄浦江滨，由中国建筑师柳亦春（大舍建筑设计事务所）负责设计建造，建筑总面积约 33000 平方米，展示面积达 16000 平方米，于 2014 年 3 月 29 日开馆（图1）。该馆主体建筑以独立墙体的"伞拱"悬挑结构为基础，共分为四层。一层、二层主要为当代艺术展示空间；地下一层为古代、近现代作品展示区域，临时展厅主要为比较珍贵、对光相对敏感、体积相对较小的艺术作品。

（二）美术馆照明概况

龙美术馆（西岸馆）一层（图2）、二层为挑高的"伞拱"结构，天花表面为清水混凝土，陈列空间和非陈列空间均采用柜外投光作为主照明方式，轨道灯具主要为 LED 光源，部分展厅有自然采光。地下一层（图3）为传统的"白盒子"矩形结构，柜外陈列空间采用 LED

轨道投光灯和 LED 轨道式线性洗墙灯结合的方式进行主展示照明，展柜采用柜内 LED 灯具照明，部分展厅有自然采光；地下一层非陈列空间采用线性荧光灯进行公共照明。

图2　一层展厅照明概况

图3　地下一层展厅照明概况

调研区域照明概况如下。
照明方式：柜外投射为主，辅以线性洗墙灯
光源类型：LED 灯为主
灯具类型：轨道灯为主
照明控制：调光控制系统

照明时间：周二至周日 10：00 ～ 18：00（周一闭馆）

（三）美术馆调研区域概况

龙美术馆（西岸馆）有三层展厅，展示空间多样化，展示作品丰富。指导专家商议选取几个有代表性的空间进行照明调研，照明调研区域如图4，馆方人员协同参观了整个美术馆（图5）。

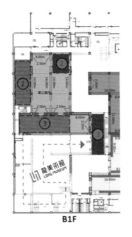

调研区域：

非陈列空间　陈列空间

①1层大堂序厅　①1层雕塑展厅
②B1层展厅序厅　②B1层绘画展厅-1
③B1层过廊　③B1层绘画展厅-2

图4　现场照明调研区域示意图

图5　馆方人员现场介绍

（四）美术馆调研前准备工作

调研工作展开前，指导专家、馆方人员与调研单位就美术馆照明质量研究课题进行访谈（图6），掌握了美术馆的基本照明信息，对后续的调研工作进行前期沟通。访谈结束后，馆方人员陪同指导专家与调研单位参观了解馆内的具体情况。

图6　调研前课题访谈

二　调研数据采集分析

（一）陈列空间照明调研

1. 一层雕塑展厅 1

雕塑展厅高 12m。雕塑作品 1 为《敞开者 The Open》。

图7　一层雕塑展厅

（1）概述

调研的区域为一层第一展厅（雕塑展厅高12m）的一部分（图7），该区域长33m、宽16m、高12m，共有五个展示雕塑作品。"敞开者The Open"是"向京·没有人替我看到"艺术雕塑作品集中的一个，材料为玻璃钢着色，尺寸为360cm×360cm×610cm。

该区域展示照明使用的是天花的LED轨道灯，重点射灯和洗墙灯组合使用，色温均为4000K，雕塑作品右侧有轻微自然采光。

（2）雕塑作品1背景墙照明数据采集

在雕塑作品1后面背景墙（图8）找一块10m×4m的区域采集照明数据，数据采集点的间距为1.3m×2.4m，共取8个数据采集点，数据采集点分布如下图9。经现场测量，雕塑作品1背景墙的照度和亮度见表1。

图8 背景墙照明数据采集示意图

图9 背景墙数据采集点分布示意图

（3）雕塑作品1底座照明数据采集

在作品1的底座（图10）采集照明数据，底座尺寸为8m×6m，数据采集点的间距为2m×2m，共取10个数据采集点，数据采集点分布如下图11。经现场测量，雕塑作品1底座的照度和亮度见表2。

图10 雕塑底座照明数据采集示意图

图11 雕塑底座数据采集点分布示意图

（4）雕塑作品1照明数据采集

对作品1进行采集照明数据，数据采集点根据雕塑作品轮廓决定，共取15个数据采集点，数据采集点分布如下图12。经现场测量，雕塑作品1的照度和亮度见表3。

图12 雕塑作品1照明数据采集点分布示意图

（5）雕塑作品1照明数据整理

经现场测量，雕塑作品1用光安全、灯具与光源特性和光环境分布数据采集见表4～6。

雕塑作品1照射光源光学特性如图13。

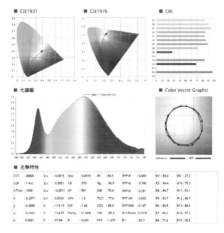

图13 雕塑作品1照射光源光学特性

表1 雕塑作品1背景墙照度、亮度数据采集表

采样编号	1	2	3	4	5	6	7	8
照度(lx)	20	28	25	19	21	23	25	21
亮度(cd/m²)	1.9	2.1	2.0	1.6	1.4	1.6	1.9	2.1
平均照度(lx)	22.8		最大照度(lx)	28		最小照度(lx)	19	
平均亮度(cd/m²)	1.83		最大亮度(cd/m²)	2.1		最小亮度(cd/m²)	1.4	

表2 雕塑作品1底座照度、亮度数据采集表

采样编号	1	2	3	4	5	6	7	8	9	10
照度(lx)	80	14	70	100	100	70	140	70	100	100
亮度(cd/m²)	18	1.2	10	24	16	17	37	17	16	28
平均照度(lx)	84.4		最大照度(lx)	140		最小照度(lx)	14			
平均亮度(cd/m²)	18.4		最大亮度(cd/m²)	37		最小亮度(cd/m²)	1.2			

表3 雕塑作品1照度、亮度数据采集表

采样编号	1	2	3	4	5	6	7	8	9	10	11	12	13	14	15
照度(lx)	134	154	178	146	138	110	222	230	210	202	238	227	204	197	235
亮度(cd/m²)	10	12	15	14	9	9	21	23	8	12	15	14	14	14	15
平均照度(lx)	188.3		最大照度(lx)	238		最小照度(lx)	110								
平均亮度(cd/m²)	13.7		最大亮度(cd/m²)	23		最小亮度(cd/m²)	8								

表4 雕塑作品1用光安全数据采集表

展品类型		用光安全			
		平均照度	年曝光时间	光谱分布图	指定距离内的被照表面温度
立体	裸展	188.3 lx	549836 lx·h/年	图13	0.1℃

表5 雕塑作品1灯具与光源特性数据采集表

展品类型		灯具与光源特性							
		光源类型	显色指数				频闪 Pct Flicker	色容差 SDCM	色温 CCT
			R_a	R9	R_f	R_g			
立体	裸展	LED	85.3	27.2	85.5	96.9	3.29%	3.3	3886K

表6 雕塑作品1光环境分布数据采集表

展品类型		照度水平空间分布	照度垂直空间分布	展品与背景亮度对比度	展品与背景照度对比度
立体	裸展	0.35	0.58	7.49	8.26

2. 地下一层绘画展厅 1——绘画作品 1:《安东涅·库帕尔画像》

图14　绘画作品1调研区域示意图

图15　绘画作品1背景墙照明数据采集点分布示意图

(3) 绘画作品 1 照明数据采集

在作品 1 区域采集照明数据，数据采集点间距为 15cm×20cm，共取 9 个数据采集点，数据采集点分布如图 16。经现场调研测量，绘画作品 1 的照度和亮度见表 8。

(1) 概述

调研的区域为地下一层第三展厅（绘画展厅）的一部分（图 14），空间布局为传统的"白盒子"矩形结构，高 3.6m。调研绘画作品《安东涅·库帕尔画像》是展览"伦勃朗、维米尔、哈尔斯：莱顿收藏荷兰黄金时代作品集"的艺术绘画作品集中的一个，该作品为巴西栗板（苏库皮拉板）油画，尺寸为 83.5cm×67.6cm。

该区域展示照明使用的是天花的 LED 轨道灯和 LED 轨道式线性洗墙灯，重点射灯和洗墙灯组合使用，轨道灯色温为 3000K，洗墙灯色温为 4000K。

(2) 绘画作品 1 背景墙照明数据采集

在绘画作品 1 四周附近区域采集照明数据，数据采集点与作品的距离为 20cm，采集点间距为 15cm 和 20cm，共取 12 个数据采集点，数据采集点分布如图 15。经现场调研测量，绘画作品 1 背景墙的照度和亮度见表 7。

图16　绘画作品1照明数据采集点分布示意图

表 7　绘画作品 1 背景墙照度、亮度数据采集表

采样编号	1	2	3	4	5	6	7	8	9	10	11	12
照度 (lx)	15	16	16	13	11	10	7	7	7	8	10	11
亮度 (cd/m²)	0.76	0.76	0.8	0.57	0.5	0.38	0.3	0.3	0.3	0.33	0.43	0.5
平均照度 (lx)	10.9		最大照度 (lx)	16		最小照度 (lx)	7		照度均匀度	0.64		
平均亮度 (cd/m²)	0.49		最大亮度 (cd/m²)	0.8		最小亮度 (cd/m²)	0.3		亮度均匀度	0.61		

表 8　绘画作品 1 照度、亮度数据采集表

采样编号	1	2	3	4	5	6	7	8	9
照度 (lx)	120	140	170	170	150	120	110	130	140
亮度 (cd/m²)	1.0	2.1	1.7	3.5	6	2.5	0.5	0.7	0.8
平均照度 (lx)	138.9	最大照度 (lx)		170	最小照度 (lx)		110	照度均匀度	0.79
平均亮度 (cd/m²)	2.09	最大亮度 (cd/m²)		6	最小亮度 (cd/m²)		0.5	亮度均匀度	0.24

(4) 绘画作品 1 照明数据

经现场调研测量，绘画作品 1 用光安全、灯具与光源特征和光环境分布数据采集见表 9 ～ 11。

表 9　绘画作品 1 用光安全数据采集表

展品类型		用光安全			
		平均照度	年曝光时间	光谱分布图	指定距离内的被照表面温度
平面	柜外	138.9 lx	405588 lx*h/ 年	图 17	0℃

表 10　绘画作品 1 灯具与光源特性数据采集表

展品类型		灯具与光源特性							
		光源类型	显色指数				频闪 Pct Flicker	色容差 SDCM	色温 CCT
			R_a	R9	R_f	R_g			
平面	柜外	LED	96.1	84.1	94.1	101.7	3.84%	6.3	3152K

表 11　绘画作品 1 光环境分布数据采集表

展品类型		照度垂直空间分布	展品与背景亮度对比度	展品与背景照度对比度	展品亮度均匀度	展品照度均匀度
平面	柜外	0.79	4.27	12.74	0.24	0.79

绘画作品 1 照射光源光学特性如图 17。

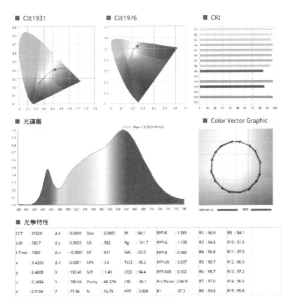

图17　绘画作品1照射光源光学特性

3. 地下一层绘画展厅 2——绘画作品 2:《农民在小酒馆外的狂欢》

图18　地下一层绘画展厅现场图片

（1）概述

调研的区域为地下一层第三展厅（绘画展厅）的一部分（图18），空间布局为传统的"白盒子"矩形结构，高4.1m。调研绘画作品《农民在小酒馆外的狂欢》是展览"伦勃朗、维米尔、哈尔斯：莱顿收藏荷兰黄金时代作品集"的艺术绘画作品集中的一个，该作品为布画油画，作品尺寸为102.5cm×181.6cm。

该区域展示照明使用的是天花LED轨道灯，色温为3000K。

（2）绘画作品 2 背景墙照明数据采集

在绘画作品2四周附近区域采集照明数据，数据采集点与作品的距离为20cm，采集点间距为25cm和35cm，共取14个数据采集点，数据采集点分布如图19。经现场调研测量，绘画作品2背景墙的照度和亮度见表12。

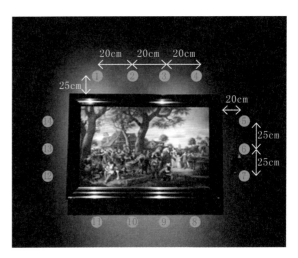

图19　绘画作品2背景墙照明数据采集点分布示意图

（3）绘画作品 2 照明数据采集

在作品2区域采集照明数据，数据采集点间距为35cm×25cm，共取12个数据采集点，数据采集点分布如图20。经现场调研测量，绘画作品1的照度和亮度见表13。

图20　绘画作品2照明数据采集点分布示意图

表 12　绘画作品 2 背景墙照度、亮度数据采集表

采样编号	1	2	3	4	5	6	7	8	9	10	11	12	13	14
照度(lx)	57	30	37	32	6.0	7.6	10	35	40	40	46	13	14	13
亮度(cd/m²)	0.8	0.54	0.57	0.54	0.26	0.27	0.25	0.66	0.7	0.66	0.5	0.3	0.29	0.33
平均照度 (lx)	27.2		最大照度 (lx)		57		最小照度 (lx)		6.0		照度均匀度		0.22	
平均亮度 cd/m²	0.48		最大亮度 (cd/m²)		0.8		最小亮度 (cd/m²)		0.25		亮度均匀度		0.52	

表 13　绘画作品 2 照度、亮度数据采集表

采样编号	1	2	3	4	5	6	7	8	9	10	11	12
照度(lx)	80	53	57	65	70	60	60	80	75	60	65	60
亮度(cd/m²)	0.93	0.44	0.66	1.5	0.7	1.2	0.8	1.0	0.5	0.6	0.6	0.47
平均照度 (lx)	65.4		最大照度 (lx)	80	最小照度 (lx)	53	照度均匀度		0.81			
平均亮度 (cd/m²)	0.78		最大亮度 (cd/m²)	1.5	最小亮度 (cd/m²)	0.44	亮度均匀度		0.56			

（4）绘画作品 2 照明数据

经现场调研测量，绘画作品 2 用光安全、灯具与光源特性和光环境分布数据采集见表 14～16。

表 14　绘画作品 2 用光安全数据采集表

展品类型		用光安全			
		平均照度	年曝光时间	光谱分布图	指定距离内的被照表面温度
平面	柜外	65.4 lx	190968 lx·h/ 年	图 21	0℃

表 15　绘画作品 2 灯具与光源特性数据采集表

展品类型		灯具与光源特性							
		光源类型	显色指数				频闪 Pct Flicker	色容差 SDCM	色温 CCT
			R_a	R9	R_f	R_g			
平面	柜外	LED	84.3	25.3	84.4	98.1	7.17%	6.2	3120K

表 16　绘画作品 2 光环境分布数据采集表

展品类型		照度垂直空间分布	展品与背景亮度对比度	展品与背景照度对比度	展品亮度均匀度	展品照度均匀度
平面	柜外	0.81	1.63	2.4	0.56	0.81

绘画作品 2 照射光源光学特性如图 21。

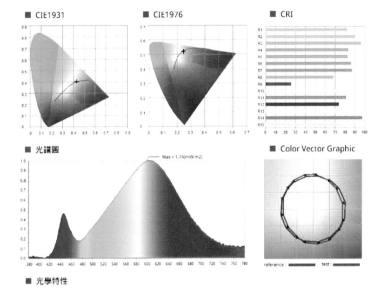

方法与体系研究

照明质量评估

■ 光學特性

CCKT：3120K	Δx：0.0007	Duv：0.0006	Rf：84.4	PPF-R：0.660	R2：89.4	R9：25.3	
LUX：92.47	Δy：0.0017	λD：582	Rg：98.1	PPF-G：0.580	R3：95.4	R10：75.8	
I-Time：1000	Δu'：0.0002	λP：601	GAI：57.1	PPF-B：0.167	R4：83.0	R11：80.7	
x：0.4294	Δv'：0.0008	λPV：1.7	TLCI：74.3	PPF-UV：0.008	R5：82.4	R12：73.5	
y：0.4027	x：98.59	S/P：1.37	CQS：84.1	PPF-NIR：0.173	R6：86.0	R13：83.5	
u'：0.2463	y：92.47	Purity：49.79%	CRI：84.3	PPF-IR：0.008	R7：87.2	R14：97.4	
v'：0.5197	z：38.56	Tc：8.594	PPF：1.395	R1：82.6	R8：68.2	R15：77.4	

图21　绘画作品2照射光源光学特性

（二）陈列空间照明数据总结

通过对调研数据的整理，陈列空间照明质量的主观和客观评分见表 17、18。

1. 陈列空间照明质量主观评分

表 17　陈列空间照明质量主观评分表

评分指标			基本陈列		临时展厅	
一级指标	二级指标	权重	得分均值	加权 ×10	得分均值	加权 ×10
展品色彩表现	展品色彩真实感程度	20%	8.6	17.2	8.6	17.2
	光源色喜好程度	5%	8.4	4.2	8.3	4.2
展品细节清晰度	展品细节表现力	10%	8.6	8.6	8.4	8.4
	立体感表现力	5%	8.0	4.0	9.0	4.5
	展品纹理清晰度	5%	8.6	4.3	8.4	4.2
	展品外轮廓清晰度	5%	8.4	4.2	8.6	4.3
光环境舒适度	展品光亮接收度	5%	8.3	4.2	8.5	4.3
	视觉适应性	5%	8.1	4.1	7.7	3.9
	视觉舒适度（主观）	5%	8.0	4.0	8.0	4.0
	心理愉悦感	5%	8.1	4.1	7.7	3.9
整体空间照明艺术表现	用光艺术的喜好程度	20%	7.7	15.4	7.5	15.0
	感染力的喜好度	10%	7.9	7.9	7.7	7.7

2. 陈列空间照明质量客观评分

表18　陈列空间照明质量客观评分表

评分指标			1层雕塑展厅		B1层绘画展厅1		B1层绘画展厅2	
			雕塑作品1		绘画作品1		绘画作品2	
一级指标	二级指标		权重	数据	加权分值	数据	加权分值	数据	加权分值

一级指标	二级指标		权重	数据	加权分值	数据	加权分值	数据	加权分值
用光的安全	照度（lx）		15%	188.3	15	138.9	15	65.4	15
	年曝光量（lx*h/年）			549836		405588		190968	
	光源的光谱分布 SPD	紫外(mW/㎡)	10%	0.003	10	0.007	10	0.008	10
		蓝光(mW/㎡)		0.281		0.340		0.167	
	展品表面温升（红外）		10%	0.1℃	10	0℃	10	0℃	10
	眩光控制		5%	偶有不舒适眩光	4	无不舒适眩光	5	无不舒适眩光	5
灯具与光源性能	显色指数	R_a	12%	85.3	6	96.1	10.4	84.3	5.6
		R9		27.2		84.1		25.3	
		R_f		85.5		94.1		84.4	
	频闪控制（频闪百分比）		9%	3.29%	7.2	3.84%	5.4	7.17%	5.4
	色容差（SDCM）		9%	3.3	5.4	6.3	2.7	6.2	2.7
光环境分布	照度水平空间分布		8%	0.35	3.2	无	5.6	无	5.6
	照度垂直空间分布		14%	0.58	8.4	0.79	11.2	0.81	14
	亮度对比度		8%	7.49	4.8	4.27	5.6	1.63	6.4

（三）非陈列空间照明调研

1. 一层大堂序厅

（1）概述

调研的区域为一层大堂序厅（图22），该区域长17m、宽7m、高12m。该区域照明使用的是天花的LED轨道灯，色温为4000K。美术馆正门入口连接大堂序厅，售票处在大堂序厅进门右侧。入口大门是透明玻璃门，上方是透明玻璃窗，因此大堂序厅采用的是天花LED轨道灯和自然采光的结合。

图22　大堂序厅地面照明数据采集示意图

（2）一层大堂序厅地面照明数据采集

在序厅地面采集照明数据，数据采集点的间距为2m×2m，共取36个数据采集点，数据采集点分布如图23。经现场调研测量，大堂序厅地面的照度和亮度见表19。

图23　大堂序厅地面数据采集点分布示意图

（3）一层大堂序厅墙面照明数据采集

在一层大堂序厅正对大门的墙面（图24）作为采集照明数据的区域，该区域长8.6m，高4m，数据采集点的间距为1.3m×1.8m，共取10个数据采集点，数据采集点分布如图25。大堂序厅墙面的照度和亮度见表20。

图24 大堂序厅墙面照明数据采集示意图

图25 大堂序厅墙面数据采集点分布示意图

（4）一层大堂序厅照明数据

一层大堂序厅灯具与光源特性和光环境分布数据采集见表21、22。

一层大堂序厅地面照射光源光学特性如图26。

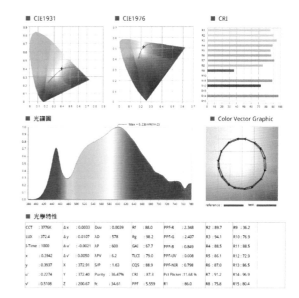

图26 一层大堂序厅地面照射光源光学特性

表19 大堂序厅地面照度、亮度数据采集表

采样编号	1	2	3	4	5	6	7	8	9	10	11	12
照度(lx)	120	140	160	160	340	280	200	110	150	140	300	420
亮度(cd/m²)	4.0	11	9.8	6.0	13	10	7.5	4.6	5.3	9.0	20	15
采样编号	13	14	15	16	17	18	19	20	21	22	23	24
照度(lx)	500	340	180	110	140	140	180	150	210	200	150	280
亮度(cd/m²)	14	13	7.5	5.0	5.3	3.7	5.3	5.3	8.0	18	9.0	5.2
采样编号	25	26	27	28	29	30	31	32	33	34	35	36
照度(lx)	130	150	230	260	80	150	130	110	130	170	140	86
亮度(cd/m²)	9.0	5.0	7.5	8.4	10	4.6	4.3	3.7	7.0	6.0	7.5	3.5
平均照度(lx)	190.7		最大照度(lx)	500		最小照度(lx)	80		照度均匀度			0.42	
平均亮度(cd/m²)	8.1		最大亮度(cd/m²)	20		最小亮度(cd/m²)	3.5		亮度均匀度			0.43	

表20　大堂序厅墙面照度、亮度数据采集表

采样编号	1	2	3	4	5	6	7	8	9	10
照度(lx)	70	75	75	75	86	110	110	110	110	90
亮度(cd/m²)	7.5	7.5	7.5	8.0	7.5	11	10	11	11	9.8
平均照度 (lx)	91.1	最大照度 (lx)		110	最小照度 (lx)		75	照度均匀度		0.82
平均亮度(cd/m²)	9.1	最大亮度 (cd/m²)		11	最小亮度 (cd/m²)		7.5	亮度均匀度		0.82

表21　一层大堂序厅灯具与光源特性数据采集表

空间类型		灯具与光源特性							
		光源类型	显色指数				频闪 Pct Flicker	色容差 SDCM	色温 CCT
			R_a	R9	R_f	R_g			
大堂序厅	平面	LED+日光	87.3	36.2	88	98.2	11.68%	3.4	3776K
	立面	LED+日光	85.9	30.4	86.3	98.3	11.72%	9.2	3842K

表22　一层大堂序厅光环境分布数据采集表

空间类型		平均照度 (lx)	平均亮度 (cd/m²)	照度空间分布	亮度空间分布
大堂序厅	平面	190.7	8.1	0.42	0.43
	立面	91.1	9.1	0.82	0.82

2. 地下一层绘画展厅序厅

(1) 概述

调研的区域为地下一层绘画展厅的序厅（图27），该区域长6m、宽5.2m、高3.6m。该区域照明使用的是天花的LED轨道式线性洗墙灯和LED轨道灯，洗墙灯色温为4000K，轨道灯色温为3000K。展厅地面为深色地毯，因此地面的反射率较低。

(2) 地下一层绘画展厅序厅地面照明数据采集

在展厅序厅地面采集照明数据，数据采集点的间距为1.5m×1.5m，共取12个数据采集点，数据采集点分布如图28。展厅序厅地面的照度和亮度见表23。

图27　展厅序厅地面照明数据采集示意图

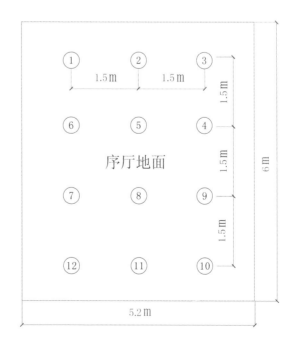

图28　展厅序厅地面数据采集点分布示意图

（3）地下一层绘画展厅序厅墙面照明数据采集

在地下一层绘画展厅序厅正对的大门墙面作为采集照明数据的区域（图29），该区域长6m、高3.6m，数据采集点的间距为1m×1.5m，共取12个数据采集点，数据采集点分布如图30。展厅序厅墙面的照度和亮度数据见表23、24。

图29　展厅序厅墙面照明数据采集示意图

图30　展厅序厅墙面数据采集点分布示意图

表23　展厅序厅地面照度、亮度数据采集表

采样编号	1	2	3	4	5	6	7	8	9	10	11	12
照度(lx)	14	9	11	15	13	25	43	17	9	7	8	16
亮度(cd/m²)	0	0	0	0.33	0	0.38	0.7	0.35	0	0	0	0.33
平均照度(lx)	15.6		最大照度(lx)	43		最小照度(lx)	7		照度均匀度	0.45		
平均亮度(cd/m²)	0.17		最大亮度(cd/m²)	0.7		最小亮度(cd/m²)	0		亮度均匀度	0		

表24　展厅序厅墙面照度、亮度数据采集表

采样编号	1	2	3	4	5	6	7	8	9	10	11	12
照度(lx)	12	21	37	35	25	25	20	15	16.5	20	22	19.6
亮度(cd/m²)	0.03	0.6	0.76	1.0	1.2	1.9	0.9	0.47	0.9	0.3	0.7	0.35
平均照度(lx)	22.3		最大照度(lx)	37		最小照度(lx)	12		照度均匀度	0.54		
平均亮度(cd/m²)	0.76		最大亮度(cd/m²)	1.9		最小亮度(cd/m²)	0.03		亮度均匀度	0.04		

(4) 地下一层绘画展厅照明数据

经测量，地下一层绘画展厅灯具与光源特性和光环境分布数据采集见表 25、26。

表 25　绘画展厅序厅灯具与光源特性数据采集表

空间类型		灯具与光源特性							
		光源类型	显色指数				频闪 Pct Flicker	色容差 SDCM	色温 CCT
			R_a	R9	R_f	R_g			
展厅序厅	平面	LED	93.5	90.4	90.3	105.6	5.26%	9.4	4053K
	立面	LED	94.5	91.9	91.6	104.9	1.45%	9.2	4179K

表 26　绘画展厅序厅光环境分布数据采集表

空间类型		平均照度 (lx)	平均亮度 (cd/m²)	照度空间分布	亮度空间分布
展厅序厅	平面	15.6	0.17	0.45	0
	立面	22.3	0.76	0.54	0.04

展厅序厅地面照射光源光学特性如图 31。

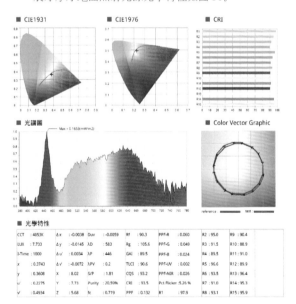

图31　展厅序厅地面照射光源光学特性

照明数据采集区域①：
过廊地面

图32　过廊地面照明数据采集示意图

(2) 地下一层过廊地面照明数据采集

在过廊地面找一块 18m×5.4m 的区域采集照明数据，数据采集点的间距为 2m×2m，共取 18 个数据采集点，数据采集点分布如图 33。过廊地面的照度和亮度见表 27。

3. 地下一层过廊

(1) 概述

调研的区域为地下一层绘画展厅出入口前的过廊（图 32），该区域宽 5.4m，高 3.6m。该区域照明使用的是天花的轨道式条形灯，光源为 T5 荧光灯，色温为 3000K。

图33　过廊地面数据采集点分布示意图

表 27　过廊地面照度、亮度数据采集表

采样编号	1	2	3	4	5	6	7	8	9
照度 (lx)	170	170	170	170	160	140	130	110	120
亮度 (cd/m²)	5.7	23	11	26	13	5.0	3.7	3.7	3.0
采样编号	10	11	12	13	14	15	16	17	18
照度 (lx)	170	180	180	180	150	120	120	160	150
亮度 (cd/m²)	8.0	8.0	7.5	7.5	6.5	3.5	4.0	4.6	17
平均照度 (lx)	152.8	最大照度 (lx)		180	最小照度 (lx)		110	照度均匀度	0.72
平均亮度 (cd/m²)	8.93	最大亮度 (cd/m²)		26	最小亮度 (cd/m²)		3.0	亮度均匀度	0.34

表 28　过廊墙面照度、亮度数据采集表

采样编号	1	2	3	4	5	6	7	8	9
照度 (lx)	110	110	110	110	110	80	60	43	65
亮度 (cd/m²)	5.0	6.0	6.0	6.5	6.0	4.6	4.3	4.3	4.0
采样编号	10	11	12	13	14	15	16	17	18
照度 (lx)	53	50	53	75	130	140	140	140	160
亮度 (cd/m²)	3.5	3.3	3.3	4.3	7.5	8.0	8.0	8.0	5.7
平均照度 (lx)	96.6	最大照度 (lx)		160	最小照度 (lx)		43	照度均匀度	0.45
平均亮度 (cd/m²)	5.46	最大亮度 (cd/m²)		8.0	最小亮度 (cd/m²)		3.3	亮度均匀度	0.6

（3）地下一层过廊墙面照明数据采集

在过廊墙面（图34）找一块长18m、高3.6m的区域采集照明数据，数据采集点的间距为1.2m×2m，共取18个数据采集点，数据采集点分布如图35。过廊墙面的照度和亮度见表28。

图34　过廊墙面照明数据采集示意图

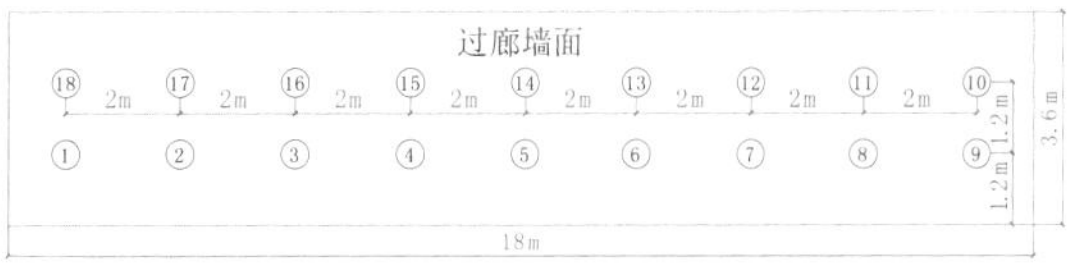

图35　过廊墙面数据采集点分布示意图

（4）地下一层过廊照明数据整理

地下一层过廊灯具与光源特性和光环境分布数据采集见表29、30。

过廊地面照射光源光学特性如图36。

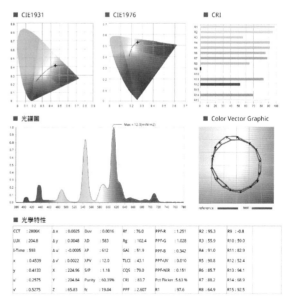

图36　过廊地面照射光源光学特性

表 29　地下一层过廊灯具与光源特性数据采集表

空间类型		灯具与光源特性						
		光源类型	显色指数				频闪 Pct Flicker	色容差 SDCM	色温 CCT
			R_a	R9	R_f	R_g			
过廊	平面	荧光灯	83.7	−0.8	76.0	102.4	5.63%	4.7	2806K
	立面	荧光灯	83.7	−1.9	75.8	102.4	4.68%	4.8	2778K

表 30　地下一层过廊光环境分布数据采集表

空间类型		平均照度 (lx)	平均亮度 (cd/m²)	照度空间分布	亮度空间分布
过廊	平面	152.8	8.93	0.72	0.34
	立面	96.6	5.46	0.45	0.6

（四）非陈列空间照明数据总结

非陈列空间照明质量的主观和客观评分见表31、32。

1. 非陈列空间照明质量主观评分

表 31　非陈列空间照明质量主观评分表

评分指标			一层大堂序厅		地下一层展厅序厅		地下一层过廊	
一级指标	二级指标	权重	得分均值	加权 x10	得分均值	加权 x10	得分均值	加权 x10
光环境舒适度	展品光亮接受度	10%	7.3	7.3	无		8.7	8.7
	视觉适应性	10%	7.3	7.3			8.0	8.0
	视觉舒适性（主观）	10%	7.2	7.2			7.7	7.7
	心理愉悦感	10%	7.7	7.7			7.7	7.7
整体空间照明艺术表现	用光艺术的喜好度	40%	8.1	32.4			7.7	30.8
	感染力的喜好度	20%	7.7	15.4			6.7	13.4

2. 非陈列空间照明质量客观评分

表 32　非陈列空间照明质量客观评分表

评分指标				一层大堂序厅		地下一层展厅序厅		地下一层过廊	
一级指标	二级指标		权重	数据	加权分值	数据	加权分值	数据	加权分值
灯具与光源性能	显色指数	R_a	15%	87.3	7.5	93.5	14	83.7	6
		R9		36.2		90.4		−0.8	
		R_f		88		90.3		76.0	
	频闪控制（频闪百分比）		10%	11.68%	5	5.26%	7	5.63%	7
	眩光控制		15%	无不舒适眩光	15	无不舒适眩光	15	偶有不适眩光	12
	色容差（SDCM）		10%	3.4	6	9.4	0	4.7	5
光环境分布	照度水平空间分布（均匀度）		20%	0.43	10	0.45	10	0.72	16
	照度垂直空间分布（均匀度）		15%	0.82	15	0.54	9	0.45	7.5
	功率密度（序厅）（W/㎡）		15%	4	15	4	15	6	15

三 美术馆总体照明总结

通过对龙美术馆（西岸馆）全方位的调研分析、访谈记录、问卷调查等调研方式，最终形成本报告以及相应的分数统计。最终的统计结果见表33～35。

（一）主观照明质量评估分数总结

主观总体评分等级：良好

表33 美术馆主观照明质量评分表

主观评估	陈列空间		非陈列空间		
	基本陈列	临时展厅	大堂序厅	展厅序厅	过廊
得分	82.2	81.6	77.3	无	76.3
权重	40%	20%	20%	10%	10%
加权得分	32.8	16.3	15.4	无	7.6

（二）客观照明质量评估分数总结

客观总体评分等级：良好

表34 美术馆客观照明质量评分表

客观评估	陈列空间		非陈列空间		
	基本陈列	临时展厅	大堂序厅	展厅序厅	过廊
得分	80.3	74	73.5	70	68.5
权重	40%	20%	20%	10%	10%
加权得分	32.1	14.8	14.7	7	6.9

（三）"对光维护"运营评估分数总结

运营总体评分等级：优秀

表35 美术馆"对光维护"运营评分表

评分项目	测试要点	统计分值
专业人员管理	能够负责馆内布展调光和灯光调整改造工作	5
	能够与照明顾问、外聘技术人员、专业照明公司进行照明沟通与协作	5
	配置专业人员负责照明管理工作	5
	有照明设备的登记和管理机制，并能很好地贯彻执行	5
	有照明设计的基础，能独立开展这项工作，能为展览或照明公司提供相应的技术支持	10
定期检查与维护	定期清洁灯具、及时更换损坏光源	10
	有照明设备的登记和管理机制，并严格按照规章制度履行义务	10
	定期测量照射展品的光源的照度与光衰问题，测试紫外线含量、热辐射变化，以及核算年曝光量并建立档案	0
	制定照明维护计划，分类做好维护记录	10
维护资金	可以根据实际需求，能及时到位地获得设备维护费用的评分项目	20
	有规划地制定照明维护计划，开展各项维护和更换设备的业务	10

广州美术学院美术馆照明调研报告

调研对象：广州美术学院美术馆

调研时间：2017 年 12 月 7 日

指导专家：徐华、骆伟雄

调研人员：胡波、李魏、许艳钗、沈健友、陈文创、胡斌、徐阳、吴文洁、温萍萍

调研设备：深达威手持式激光测距仪 SW-100、欣宝科仪 lx1010B 照度表、福禄克 FLUKE 62MINI 红外测温枪、
Asensetek ALP-01 照明护照、美德时 Anymetre TH603A 温湿度计
台湾泰纳 TN-2340 紫外线辐照计、远方 SFIM-300

一　概述

（一）美术馆建筑概述

广州美术学院美术馆于 1958 年与广州美术学院同时建成（图 1）。2003 年 11 月，在旧馆原址上落成新馆并投入使用。新美术馆总建筑面积 7162m²，总高 28.3m。展厅面积达 2001m²，最大展厅空间 722m²，最小展厅空间 87m²，没有固定展陈空间，四个临时展厅。公共空间 614m²。展馆一楼设有多功能学术会议厅、报告厅和休息室。多功能学术会议厅与展馆大堂连接，可一体化使用。办公区间包括文物库房、文物工作室、办公空间、地下车库。新美术馆展厅、画库均配置恒温、恒湿设备。展馆照明、保安、监控等系统均按国际化标准建造。广州美术学院美术馆可以承接来自世界各地美术馆、博物馆和个人的展览，并按照国际标准条件展出。

图1　广州美术学院美术馆

（二）照明概况

正色美意——郑餐霞百年艺术展于 2017 年 11 月 15 日～2017 年 12 月 15 日在广州美术学院美术馆 1 号厅、2 号厅、2A 厅展出。

照明场景分为两大类，展览照明及工作照明。

美术馆照明控制方式：各个展厅独立控制，手动开关。

光源应用：展览照明皆使用卤素导轨灯、基础照明使用紧凑型荧光灯。

① 大堂中央采用玻璃顶棚（主要是自然光照明，只有少量的基础照明灯具）；

② 钨丝筒灯照明（作为展览照明的基础光）；

③ 采用轨道照明系统（作为展览照明的展品照明）；

④ 部分天花灯槽的间接照明（用于营造柔和氛围及强调空间感）。

广州美术学院美术馆为非重点美术馆，目前没有固定展览，均为临时展览。照明总投入在 100 ～ 500 万间，公共空间及陈列空间的灯具设备投入 100 万以下。配置 2 人负责照明管理工作，配合馆内布展调光和灯光调整改造工作，定期清洁灯具、及时更换损坏光源。维护资金比较机动，根据实际需求，获得设备维护费用。使用灯具见图 2、3。

图2　卤素导轨灯外观及内部

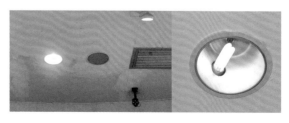

图3　紧凑型荧光灯外观及内部

（三）调研数据剖析

因为馆内没有固定展览，均为临时展览。所以我们只对大堂以及一楼的一号临时展览进行数据采集。

1. 大堂照明

大堂位于美术馆入口处，中空的设计使得日光可以透过顶部玻璃造型射入场馆。反射率取采样点的平均值，大堂均匀度和光色测试使用中心布点法取18个点的平均值。大堂内（晴天）日光色温5602K，平均照度为311.8lx，照度均匀度为80.0%，见图4、5。

图4　大堂

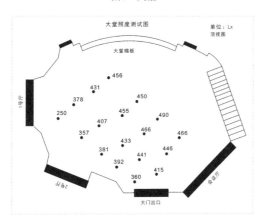

图5　大堂照度分布（均值311.8lx，均值均匀度80%）

表1　大堂地面测量参数表

相关色温 CCT	5602k	显色指数 CRI (R$_a$)	98
Re (R1~R15)	97	光色品质 CQS	97
光照度	2154 | ux	呎烛光	200.1 fc
CIE1931 x	0.3301	CIE1931 y	0.3451
CIE1976 u'	0.2037	CIE1976 v'	0.4792
峰值波长	455 nm	主波长	538 nm
色纯度	3%	黑体线距离 Duv	0.0031
暗明视觉比 SP Ratio	2.3	TLCI (Qa)	99.4
光量子通量密度 (380~780mm)	45.83μmol/m²/s	GAI	91.8

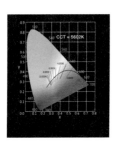
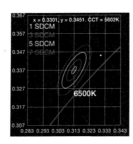

图6　大堂地面表面色温及色容差

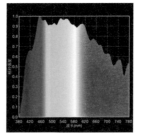
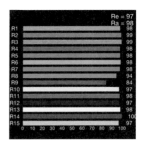

图7　大堂地面表面光谱及显色指数数据

表2　大堂地面闪烁测试数据表

光照度E（lx）308	最大照度（lx）321.5	最小照度（lx）297.9
闪烁百分比（%）6.21	闪烁指数0.0079	频率2310.2
峰值3455	档位1	
频率幅值-1（Hz~%）0.0-21157.47	频率幅值-2（Hz~%）2250.0-100.00	
频率幅值-3（Hz~%）2625.0-99.25	频率幅值-4（Hz~%）2025.0-91.39	
频率幅值-5（Hz~%）2975.0-87.95	频率幅值-6（Hz~%）3450.0-78.24	

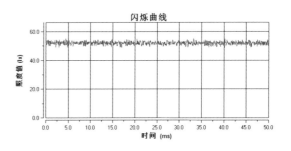

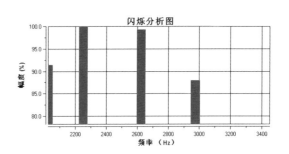

图8　大堂地面采样点闪烁曲线和闪烁分析图

2. 大堂楣板

取点高度分别为1.3米和2.5米，取6个点进行测试，色温4312K，平均照度为328.7lx，照度均匀度为95%，见图9、10。

图9　大堂楣板表面

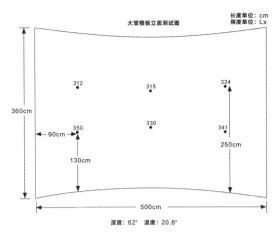

图10 大堂楣板表面照度分布（均值328.7lx，均值均匀度95%）

表3 大堂楣板测量参数表

相关色温 CCT	4312k	显色指数 CRI (R₉)	98
Re (R1~R15)	96	光色品质 CQS	97
光照度	370 | ux	呎烛光	34.4 fc
CIE1931 x	0.3684	CIE1931 y	0.3721
CIE1976 u'	0.2190	CIE1976 v'	0.4977
峰值波长	607 nm	主波长	577 nm
色纯度	22%	黑体线距离 Duv	0.0015
暗明视觉比 SP Ratio	1.9	TLCI (Qa)	98.6
光量子通量密度(380~780nm)	8.64 μmol/m²/s	GAI	81.0

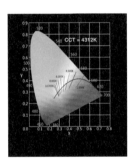
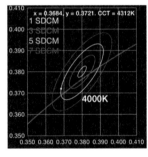

图11 大堂楣板表面色温及色容差

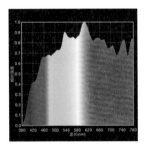
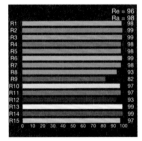

图12 大堂楣板表面光谱及显色指数数据

表4 大堂楣板闪烁测试数据表

光照度E（lx）378		最大照度（lx）403.6	最小照度（lx）348.1
闪烁百分比（%）2.66		闪烁指数0.0036	频率1062.9
峰值1774		档位2	
频率幅值-1（Hz~%）0.0-47175.39		频率幅值-2（Hz~%）1650.0-100.00	
频率幅值-3（Hz~%）3275.0-69.84		频率幅值-4（Hz~%）2525.0-60.25	
频率幅值-5（Hz~%）225.0-55.83		频率幅值-6（Hz~%）4800.0-54.65	

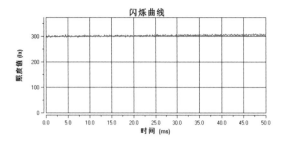

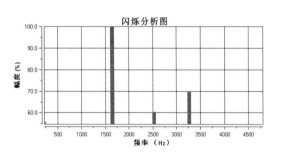

图13 大堂楣板采样点闪烁曲线和闪烁分析图

照明环境情况：大堂分别对地面和楣板立面进行测试，总体照明情况良好，照度均匀度很高。但效果还是比较理想。

3.1 号展厅展品——莫愁画

照明环境情况：对一号展厅莫愁画立面进行测试，展品表面覆盖光面玻璃保护展品。灯具安装距离墙面1米，色温2794K，均值1291lx，均值均匀度62%，见图14～16。

图14 一号展厅莫愁画

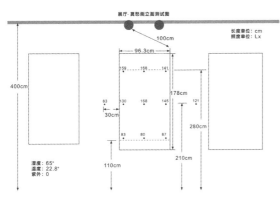

图15　莫愁画表面照度分布（均值1291x，均值均匀度62%）

表5　莫愁画测量参数表

相关色温 CCT	2794 K	显色指数 CRI（Ra）	97
Re（R1~R15）	95	光色品质 CQS	96
光照度	101 lux	呎烛光	9.4 fc
CIE1931 x	0.4512	CIE1931 y	0.4067
CIE1976 u'	0.2586	CIE1976 v'	0.5245
峰值波长	780 nm	主波长	584 nm
色纯度	57 %	黑体线距离Duv	-0.0007
暗明视觉比 SP Ratio	1.4	TLCI（Qa）	98.1
光量子通量密度（380-780nm）	3.33μmol/m²/s	GAI	52.9

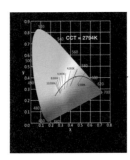
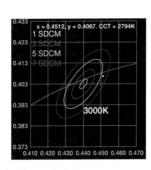

图16　莫愁画表面色温及色容差

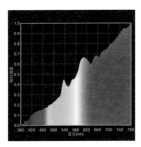
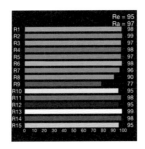

图17　莫愁画表面光谱及显色指数数据

表6　莫愁画闪烁测试数据表

光照度E（lx）108	最大照度（lx）160	最小照度（lx）80
闪烁百分比（%）61.44	闪烁指数0.0967	频率487.6
峰值2874	档位2	
频率幅值-1（Hz~%）0.0-470.13	频率幅值-2（Hz~%）250.0-100.00	
频率幅值-3（Hz~%）750.0-86.07	频率幅值-4（Hz~%）500.0-70.69	
频率幅值-5（Hz~%）1000.0-62.0	频率幅值-6（Hz~%）1250.0-35.29	

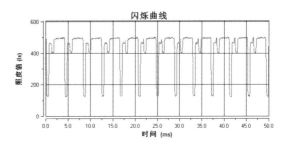

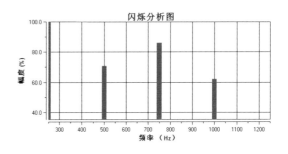

图18　莫愁画采样点闪烁曲线和闪烁分析图

4. 一号展厅展品——挺立霜天不寄篱

照明环境情况：对一号展厅"挺立霜天不寄篱"画的立面进行测试，展品裱玻璃外框全覆盖。顶部有三角天窗，收集自然光，左右各一导轨灯远距离投光，均值221.3lx，均值均匀度86.7%，照度很均匀，见图19~21。

图19　一号展厅——挺立霜天不寄篱

图20　一号展厅——挺立霜天不寄篱光环境

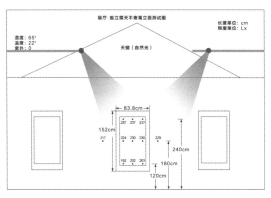

图21　挺立霜天不寄篱画表面照度分布
（均值221.31x，均值均匀度86.7%）

表7　挺立霜天不寄篱画测量参数表

相关色温 CCT	2953 K	显色指数 CRI（Ra）	89
Re（R1~R15）	84	光色品质 CQS	88
光照度	240 lux	呎烛光	22.3 fc
CIE1931 x	0.4388	CIE1931 y	0.4023
CIE1976 u'	0.2526	CIE1976 v'	0.5210
峰值波长	599 nm	主波长	583 nm
色纯度	52 %	黑体线距离Duv	-0.0010
暗明视觉比 SP Ratio	1.4	TLCI（Qa）	75.7
光量子通量密度（380-780nm）	4.99μmol/㎡/s	GAI	55.8

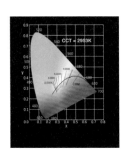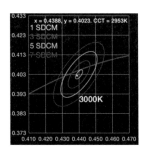

图22　挺立霜天不寄篱画表面色温及色容差

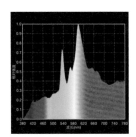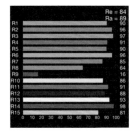

图23　挺立霜天不寄篱画表面光谱及显色指数数据

表8　挺立霜天不寄篱闪烁测试数据表

光照度E（lx）230	最大照度（lx）249.4	最小照度（lx）161.3
闪烁百分比（%）1.36	闪烁指数0.0014	频率2242.2
峰值17567	档位1	
频率幅值-1（Hz~%）0.0-125758.59		频率幅值-2（Hz~%）1825.0-100.00
频率幅值-3（Hz~%）2575.0-86.91		频率幅值-4（Hz~%）2300.0-86.85
频率幅值-5（Hz~%）2100.0-84.09		频率幅值-6（Hz~%）2800.0-82.75

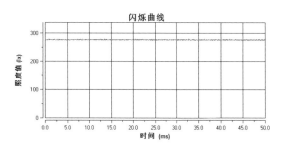

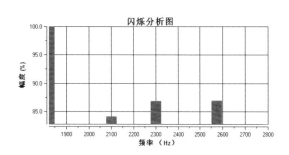

图24　挺立霜天不寄篱采样点闪烁曲线和闪烁分析图

5. 一号展厅展品——郁金锦簇

　　照明环境情况：对1号展厅郁金锦簇画立面进行测试，展品裱玻璃外框全覆盖。均值99.1lx，均值均匀度76.6%，照明比较均匀，见图25、26。

图25　一号展厅——郁金锦簇

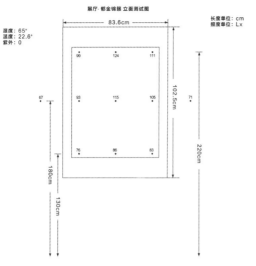

图26 郁金锦簇画表面照度分布
（均值99.11x，均值均匀度76.6%）

表9 郁金锦簇画测量参数表

相关色温 CCT	2623 K	显色指数 CRI（Ra）	99
Re（R1~R15）	99	光色品质 CQS	99
光照度	90 lux	呎烛光	8.4 fc
CIE1931 x	0.4660	CIE1931 y	0.4114
CIE1976 u'	0.2661	CIE1976 v'	0.5286
峰值波长	780 nm	主波长	585 nm
色纯度	63 %	黑体线距离Duv	−0.0002
暗明视觉比 SP Ratio	1.3	TLCI（Qa）	100.0
光量子通量密度（380~780nm）	8.57μmol/㎡/s	GAI	46.9

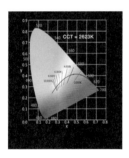 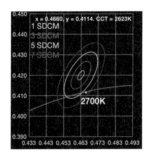

图27 郁金锦簇画表面色温及色容差

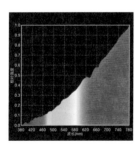 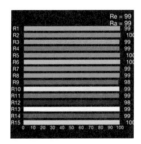

图28 郁金锦簇画表面光谱及显色指数数据

表10 郁金锦簇画闪烁测试数据表

光照度E（lx）90		最大照度（lx）109.8	最小照度（lx）72.3
闪烁百分比 44.31		闪烁指数0.1240	频率100.1
峰值6663		档位1	
频率幅值-1（Hz~%）0.0-262.91		频率幅值-2（Hz~%）100.0-100.00	
频率幅值-3（Hz~%）200.0-7.98		频率幅值-4（Hz~%）300.0-3.58	
频率幅值-5（Hz~%）400.0-1.77		频率幅值-6（Hz~%）1525.0-0.86	

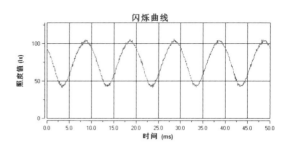

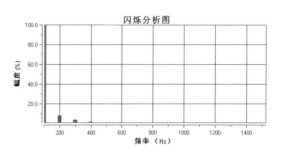

图29 郁金锦簇画采样点闪烁曲线和闪烁分析图

表11 三幅展品光环境分布分析表

展品名称	垂直面照度均匀度	展品与背景照度均匀度对比
莫愁画	62%	79.1%
挺立霜天不寄箓	86.7%	100.7%
郁金锦簇	76.6%	69.6%

（四）各区域信息综合

展厅配置恒温、恒湿设备。湿度为65%，温度22℃～23℃之间。大堂的数据跟展厅的数据明显区分，可见对展品的保护措施很到位，见表12。

表12 各区域温湿度表

地点	展品名称	展品大小	温度	湿度
大堂	大堂楣板	360cm×500cm	20.6°	62°
展厅1	莫愁画	96.3cm×178cm	22.8°	65°
展厅1	挺立霜天不寄箓	83.8cm×152cm	22°	65°
展厅1	郁金锦簇	83.6cm×102.5cm	22.6°	65°

卤素导轨灯（英国品牌）紫外线均为0，见表13。

表13 各区域紫外线值

地点	展品名称	展品大小	紫外线
大堂	大堂楣板	360cm×500cm	0
展厅1	莫愁画	96.3cm×178cm	0
展厅1	挺立霜天不寄箓	83.8cm×152cm	0
展厅1	郁金锦簇	83.6cm×102.5cm	0

表14 各区域照度情况表

地点	展品名称	环境	照度均值	均匀度
大堂	地面	自然光	311.8 lx	80%
大堂	大堂楣板	导轨灯+自然光	328.7 lx	95%
展厅1	莫愁画	导轨灯	129 lx	62%
展厅1	挺立霜天不寄箓	导轨灯+自然光	221.3 lx	86.7%
展厅1	郁金锦簇	导轨灯	99.1 lx	76.6%

在有自然光因素存在的展品，照度 200 以上，均匀度都较高，达 80% 以上。

而单独卤素导轨灯照明的展品，照度和均匀度欠佳，但并不能反映灯具性能不好，只是没有自然光的因素存在，见表 14。

（五）总结

根据实地调研，测量展品用光安全、灯具与光源性能、光环境分布等指标，并结合人员主观评价，得出以下汇总表格，作为广州美术学院美术馆临时展厅的综合评分。（见表 15、16）。

1. 展陈空间客观测量结果汇总

主观评测采用的量表，展陈空间收集 39 份数据，见表 17。

评估结果分析，临时展厅 3 幅展品的实测结果得分和主观评价结果得分均高于 90，表明广州美术学院美术馆的展厅照明情况优秀。展厅光源为卤素灯，红色光谱显色一般，但展品表面照度及色温均满足规范要求。根据主观评价结果，临时展厅得到了 85.3 分，直接体现出了观众对广州美术学院美术馆照明的认可。

2. 非展陈空间客观测量结果汇总

根据实地调研，测量灯具与光源性能、光环境分布等指标，并结合人员主观评价，得出以下汇总表格，作为广州美术学院美术馆非展陈空间的综合评分（见表 18、19）。

表 15　客观测量结果汇总表

类型	用光安全		灯具与光源性能							光环境分布		
	照度光谱	表面温度 ℃	R_a	R9	R_f	R_g	闪烁指数	闪烁百分比 %	色容差 SDCM	照度 lx	照度均匀度 %	照片
莫愁画		22.8	97.0	77.0	94.6	96.0	0.0967	61.44	7	129	62	
挺立霜天不寄篱		22	89.0	16.0	86.0	89.6	0.0014	1.36	1	221.3	86.7	
郁金锦簇		22.6	99.0	98.0	97.6	98.5	0.1240	44.31	7	99.1	76.6	

表 16　客观评估表

编号	一级指标	二级指标		临时展厅——莫愁画			临时展厅——挺立霜天不寄篱			临时展厅——郁金锦簇		
				数据	分值	加权平均	数据	分值	加权平均	数据	分值	加权平均
1	灯具与光源性能	显色指数	R_a	97.0		63	89.0		63	99.0		63
			R9	77.0	10		16.0	10		98.0	10	
			R_f	94.6			86.0			97.6		
		频闪控制		0.0967	10		0.0014	10		0.1231	10	
		色容差		良好	8		优秀	8		良好	8	
2	光环境分布	照度水平分布		/	10	31	/	10	33	/	10	28
		照度垂直分布均匀度		62%	10		86.7%	10		76.6%	10	

表 17　主观评估表

一级指标	二级指标	临时展厅		权重
		原始分值	加权得分	
展品色彩表现	展品色彩还原程度	345	17.6	20%
	光源色喜好程度	324	4.2	5%
展品清晰度	展品细节表现力	331	8.5	10%
	立体感表现力	328	4.2	5%
	展品纹理清晰度	338	4.4	5%
	展品外轮廓清晰度	352	4.5	5%
光环境舒适度	展品光亮接受度	330	4.3	5%
	视觉适应性	327	4.2	5%
	视觉舒适度（主观）	345	4.4	5%
	心理愉悦感	337	4.3	5%
整体空间照明艺术表现	用光的艺术表现力	320	16.4	20%
	理念传达的感染力	318	8.3	10%

表 18　客观测量结果汇总表

类型	用光安全		灯具与光源性能							光环境分布		
	照度光谱	表面温度 ℃	R_a	R9	R_f	R_g	闪烁指数	闪烁百分比 %	色容差 SDCM	照度 lx	照度均匀度 %	照片
大堂		20.5	97.0	94.0	96.3	98.7	0.0079	6.21	7 之外	311.8	80	
大堂楣板		25.3	98.0	82.0	96.1	98.0	0.0036	2.26	5	328.7	95	

表 19　客观评估表

编号	一级指标	二级指标		大堂（地面）			大堂楣板		
				数据	分值	加权平均	数据	分值	加权平均
1	灯具与光源性能	显色指数	R_a	97.0	10	50	98.0	10	52
			R9	94.0			82.0		
			R_f	97.0			96.1		
		频闪控制		0.0079	9		0.0036	9	
		色容差		中等	5		良好	8	
2	光环境分布	照度水平空间分布		/	10	36	/	10	36
		照度垂直空间分布均匀度		80%	10		95%	10	

主观评测采用预评估标准所用的量表，非展陈空间收集 21 份数据，见表20。

表20　主观评估表

一级指标	二级指标	大堂		权重
		原始分值	加权得分	
光环境舒适度	展品光亮接受度	186	8.9	10%
	视觉适应性	184	8.8	10%
	视觉舒适度	176	8.4	10%
	心理愉悦感	180	8.6	10%
整体空间艺术表现	用光的艺术表现力	173	32.8	40%
	理念传达的感染力	171	16.2	20%

评估结果分析，根据客观参数测试和主观评价结果，非陈列空间大堂照明得分高于80，天窗采光设计使得大堂处拥有良好的光环境，观众对于大堂空间的光环境满意度较高。

3. 客观参数评估结果

根据现场主观评价结果，广州美术学院美术馆客观参数总分得分36.14（见表21），由于可测地方比较少，因此部分区域权重缺少，影响到分数。陈列空间的评分取三幅展品的平均分，非展陈空间取大堂地面与楣板的平均分。

4. 主观参数评估结果

根据现场主观评价结果，广州美术学院美术馆主观感受总分得分33.8（见表22），由于可测地方比较少，因此部分区域权重缺少，影响到分数。但是除去权重比分，分数还是比较高，80以上。说明参观者对照明效果满意，能够满足展品观赏要求。

通过这次调研我们了解到广州美术学院美术馆照明的照明光源分布、光源种类和光源的光学参数，分析其展览照明及工作照明。总体来说照明情况比较理想，对展品的保护做得比较到位。由于年代久远，考虑到灯具的使用寿命，而且导轨灯具是国外灯具，目前已停产，更换存在困难，馆方也有改进的需求。需要调研并给出指导方案。

表21　客观参数评估表

主观评估	陈列空间	非陈列空间	总分
	临时展览	大堂	
评分	93.7	87	/
权重	0.2	0.2	/
加权得分	18.74	17.4	36.14

表22　主观参数评估表

主观评估	陈列空间	非陈列空间	总分
	临时展览	大堂序厅	
评分	85.3	83.7	/
权重	0.2	0.2	/
加权得分	17.1	16.7	33.8

广东珠海古元美术馆照明调研报告

调研对象：广东珠海古元美术馆
调研时间：2017 年 12 月 28 日
指导专家：索经令、陈江
调研人员：陈坚锐、吴科林、周明坚、梁柱兴、周俊杰、黎健森、梁焯坤
调研设备：群耀（UPRtek）MK350D 手持式分光光谱计、世光（SEKONIC）L-758CINE 测光表、森威
（SNDWAY）SW-M40 实用型测距仪、路昌（Lutron）UV-340A 紫外辐射计、联辉诚 LH-130 红外
辐射计、路昌（Lutron）TM-902C 温度计等

一　概述

（一）美术馆建筑概况

古元美术馆位于广东省珠海市香洲区梅华东路 388 号，是珠海市第一座市立的美术馆（图1），以中国杰出的人民美术家、美术教育家古元先生的名字命名。

图1　珠海古元美术馆外观

古元美术馆于 2006 年奠基，2008 年开馆，占地 10000 m²，建筑面积 8161 m²。美术馆主体建筑一共有 3 层，整体外观为不规则的多边形结构，馆内有 5 个展厅和多功能报告厅、画库、研究室、接待室、办公室等设施。馆内收藏了古元先生捐赠给珠海市政府的原作版画 105 幅、水彩画 70 幅、速写 8 幅和复制品 52 幅，是一个集美术馆、小型博物馆和个人纪念馆于一体的综合性文化场所。

（二）美术馆照明概况

古元美术馆有 3 层，一层有一个常设展厅（图2），二层有两个临时展厅（图3），三层有一个临时展厅、二、三层台阶连接处有一个多功能展区。常设展厅和临时展厅都是采用 LED 轨道射灯作为展示照明；公共空间的二层大堂序厅天花是透明玻璃，因此，该区域白天主要是引入自然采光作为主照明，天色较暗则采用天花的工矿灯照明，二层过廊主要采用 LED 灯带和自然采光结合的照明方式。

图2　一层常设展厅照明概况

图3　二层临时展厅照明概况

调研区域照明概况如下。

照明方式：柜外投射为主

光源类型：LED 灯为主

灯具类型：轨道灯为主

照明控制：回路控制

照明时间：周二至周日 9:00 ~ 17:00（周一闭馆）

（三）美术馆调研区域概况

古元美术馆有 3 层展厅，展示空间多样化，展示作品

丰富。指导专家参观了整个美术馆后，商议选取几个有代表性的空间进行照明调研，照明调研区域如图4所示。

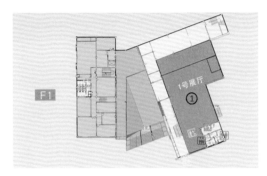

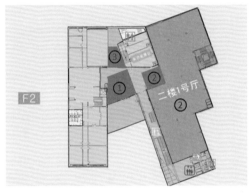

调研区域：

非陈列空间　　陈列空间

① 2F大堂序厅　① 1F常设展厅1号厅

② 2F过廊　　　② 2F临时展厅1号厅

③ 2F公共阅读区

图4　现场照明调研区域示意图

（四）美术馆调研前准备工作

调研工作展开前，指导专家、馆方人员与调研单位就美术馆照明质量研究课题进行访谈，掌握了美术馆的基本照明信息，对后续的调研工作进行前期沟通。访谈结束后，馆方人员陪同指导专家与调研单位参观了解馆内的具体情况（图5、6）。

图5　调研前课题访谈

图6　馆方人员现场介绍

二　调研数据采集分析

（一）陈列空间照明调研

1. 一层常设展厅一号厅

调研的区域为一层的常设展厅一号厅（图7），空间布局为传统的"白盒子"矩形结构。该展厅是古元先生的专题展厅，展示的作品主要为古元先生的艺术作品和使用过的物品。此次调研的对象为古元先生的木刻版画作品《天安门早晨》和展厅地面的照明情况。

照明数据采集区域：
展厅地面

图7　一层常设展厅一号厅地面照明数据采集点分布示意图

表1 一层常设展厅一号厅地面照度数据采集表

采样编号	1	2	3	4	5	6	7	8	9	10	11	12
照度 (lx)	26	40	30	46	28	30	28	28	40	40	43	35
平均照度 (lx)	34.5		最大照度 (lx)		46		最小照度 (lx)		26		照度 均匀度	0.75

表2 一层常设展厅一号厅地面灯具与光源特性数据采集表

空间类型	灯具与光源特性							
	光源类型	显色指数				频闪 Pct Flicker	色容差 SDCM	色温 CCT
		R_a	R9	R_f	R_g			
展厅地面	LED	84.8	30.6	84.3	98.1	10.64%	7.6	3715K

表3 一层常设展厅1号厅地面光环境分布数据采集表

空间类型	平均照度 (lx)	照度水平空间分布（照度均匀度）
展厅地面	34.5	0.75

展厅天花全部使用轨道射灯作为展示照明，灯具光源为 LED，灯具色温采用暖白和自然白，功率为 20W(1500lm)。

（1）一层常设展厅一号厅地面照明数据采集

在展厅地面找一块 8m×3m 的区域采集照明数据，数据采集点间距为 2m×0.9m，共取 12 个数据采集点，数据采集点分布如图7，数据见表1。

照明数据整理见表2、3。

（2）版画作品1《天安门早晨》照明数据采集

①作品1背景画框照明数据采集

在作品1四周的背景画框附近区域采集照明数据，画框尺寸为 80cm×90cm，数据采集点与作品的距离为 20cm，共取 4 个数据采集点，数据采集点分布如图8，照度和亮度数据见表4。

②版画作品1照明数据采集

在作品1区域采集照明数据，作品尺寸为 27cm×16.5cm，数据采集点间距为 10cm，共取 2 个数据采集点，数据采集点分布如图9，照度和亮度数据见表5。

图8 版画作品1背景画框照明数据采集点分布示意图

图9 版画作品1照明数据采集点分布示意图

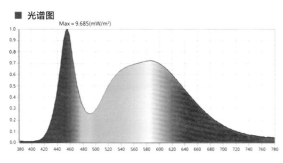

■ 光谱图

Max = 9.685(mW/m²)

图10　版画作品1照射光源光谱图

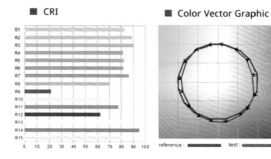

■ CRI　　　■ Color Vector Graphic

图11　版画作品1照射光源显色指数表现图

③版画作品 1 照明数据整理见表 6 ~ 8，其照射光源光学特性如图 10、11。

表 4　版画作品 1 背景画框照度、亮度数据采集表

采样编号	1	2		3		4	
照度 (lx)	320	260		260		280	
亮度 (cd/m²)	45	34		28		32	
平均照度 (lx)	280	最大照度 (lx)	320	最小照度 (lx)	260	照度均匀度	0.93
平均亮度 (cd/m²)	34.8	最大亮度 (cd/m²)	45	最小亮度 (cd/m2)	28	亮度均匀度	0.8

表 5　版画作品 1 照度、亮度数据采集表

采样编号	1		2			
照度 (lx)	300		300			
亮度 (cd/m²)	52		70			
平均照度 (lx)	300	最大照度 (lx)	300	最小照度 (lx)	300	照度均匀度	1
平均亮度 (cd/m²)	61	最大亮度 (cd/m²)	70	最小亮度 (cd/m²)	52	亮度均匀度	0.85

表 6　版画作品 1 用光安全数据采集表

展品类型		用光安全			
		平均照度	年曝光时间	光谱分布图	指定距离内的被照表面温度
平面	柜外	300 lx	876000 lx · h/ 年	图 10	0℃

表 7　版画作品 1 灯具与光源特性数据采集表

展品类型		灯具与光源特性							
		光源类型	显色指数				频闪 Pct Flicker	色容差 SDCM	色温 CCT
			R_a	R9	R_f	R_g			
平面	柜外	LED	83	21	79.7	95.6	10.03%	8.9	4745K

表 8　版画作品 1 光环境分布数据采集表

展品类型		照度 水平空间分布	照度 垂直空间分布	展品与背景 亮度对比度	展品与背景 照度对比度
平面	柜外	0.75	1	1.75	0.94

2. 二层临时展厅一号厅

调研的区域为二层的临时展厅一号厅，空间布局为传统的"白盒子"矩形结构。该展厅正在展览的是《情系高原——古锦其中国画展》，此次调研的对象为绘画作品《盖新房》和展厅地面的照明情况。

展厅天花全部使用轨道射灯作为展示照明，灯具光源为LED，色温为自然白，功率为20W(1500lm)。

(1) 二层临时展厅一号厅地面照明数据采集

① 在二层临时展厅一号厅地面找一块6.6m×2.4m的区域采集照明数据，数据采集点间距为1.2m×1.2m，共取8个数据采集点，数据采集点分布如图12，数据见表9。

② 临时展厅地面照明数据整理见表10、11。

(2) 绘画作品1《盖新房》照明数据采集

① 作品1背景墙照明数据采集

在作品1的背景墙附近区域采集照明数据，数据采集点与作品的距离为20cm，数据采集点间距为90cm×90cm，共取12个数据采集点，数据采集点分布如图13，照度和亮度数据见表12。

图12 二层临时展厅一号厅地面照明数据采集点分布示意图

图13 绘画作品1背景墙照明数据采集点分布示意图

表9 二层临时展厅一号厅地面照度数据采集表

采样编号	1	2	3	4	5	6	7	8
照度(lx)	50	46	46	43	50	53	53	50
平均照度(lx)	48.9		最大照度(lx)	53	最小照度(lx)	43	照度均匀度	0.88

表10 二层临时展厅一号厅地面灯具与光源特性数据采集表

空间类型	灯具与光源特性						
	光源类型	显色指数				频闪 Pct Flicker	色容差 SDCM	色温 CCT
		R_a	R9	R_f	R_g			
展厅地面	LED	97.3	95.5	93.1	101.1	1.37%	9.5	3736K

表11 二层临时展厅一号厅地面光环境分布数据采集表

空间类型	平均照度(lx)	照度水平空间分布（照度均匀度）
展厅地面	48.9	0.88

② 绘画作品 1 照明数据采集

在作品 1 区域采集照明数据，作品尺寸为 240cm×240cm，数据采集点间距为 90cm×90cm，共取 9 个数据采集点，数据采集点分布如图 14，照度和亮度数据见表 13。

③ 绘画作品 1 照明数据整理见表 14～15，其照射光源光学特性如图 15、16。

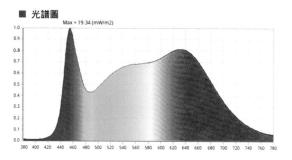

图15　绘画作品1照射光源光谱图

图14　绘画作品1照明数据采集点分布示意图

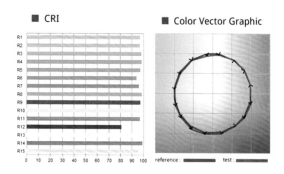

图16　绘画作品1照射光源显色指数表现图

表 12　绘画作品 1 背景墙照度、亮度数据采集表

采样编号	1	2	3	4	5	6	7	8	9	10	11	12
照度(lx)	131	150	142	198	340	300	302	360	329	400	420	243
亮度(cd/m²)	23	28	20	77	52	34	30	45	37	42	70	34
平均照度(lx)	276.3		最大照度 (lx)	420	最小照度 (lx)	131		照度均匀度		0.47		
平均亮度(cd/m²)	41		最大亮度 (cd/m²)	77	最小亮度 (cd/m²)	20		亮度均匀度		0.49		

表 13　绘画作品 1 照度、亮度数据采集表

采样编号	1	2	3	4	5	6	7	8	9
照度(lx)	400	472	451	560	700	600	520	520	500
亮度(cd/m²)	90	70	80	24	52	50	30	40	23
平均照度(lx)	524.8	最大照度 (lx)		700	最小照度 (lx)		400	照度均匀度	0.76
平均亮度(cd/m²)	51	最大亮度 (cd/m²)		90	最小亮度 (cd/m²)		23	亮度均匀度	0.45

表 14　绘画作品 1 用光安全数据采集表

展品类型		用光安全			
		平均照度	年曝光时间	光谱分布图	指定距离内的被照表面温度
平面	柜外	524.8 lx	1532416 lx·h/ 年	图 15	0.1℃

表 15　绘画作品 1 灯具与光源特性数据采集表

展品类型		灯具与光源特性							
		光源类型	显色指数				频闪 Pct Flicker	色容差 SDCM	色温 CCT
			R_a	R9	R_f	R_g			
平面	柜外	LED	96.7	96.9	90.7	100.4	0.42%	17.2	4233K

表 16　绘画作品 1 光环境分布数据采集表

展品类型		照度 水平空间分布	照度 垂直空间分布	展品与背景 亮度对比度	展品与背景 照度对比度
平面	柜外	0.88	0.76	1.24	1.9

（二）陈列空间照明数据总结

陈列空间照明质量的主观和客观评分见表 17、18。

1. 陈列空间照明质量主观评分

表 17　陈列空间照明质量主观评分表

评分指标			基本陈列		临时展厅	
一级指标	二级指标	权重	得分均值	加权×10	得分均值	加权×10
展品色彩表现	展品色彩真实感程度	20%	9.2	18.4	8.0	16.0
	光源色喜好程度	5%	9.0	4.5	7.0	3.5
展品细节清晰度	展品细节表现力	10%	9.0	9.0	7.0	7.0
	立体感表现力	5%	9.1	4.6	8.0	4.0
	展品纹理清晰度	5%	9.0	4.5	7.0	3.5
	展品外轮廓清晰度	5%	8.9	4.5	8.0	4.0
光环境舒适度	展品光亮接收度	5%	9.0	4.5	7.0	3.5
	视觉适应性	5%	9.0	4.5	8.0	4.0
	视觉舒适度（主观）	5%	9.2	4.6	7.0	3.5
	心理愉悦感	5%	9.4	4.7	8.0	4.0
整体空间照明艺术表现	用光艺术的喜好程度	20%	9.3	18.6	8.0	16.0
	感染力的喜好度	10%	9.1	9.1	7.0	7.0

2. 陈列空间照明质量客观评分

表 18　陈列空间照明质量客观评分表

评分指标			一层常设展厅			二层临时展厅		
			版画作品 1			绘画作品 1		
一级指标	二级指标	权重	数据	加权分值	加总	数据	加权分值	加总
用光的安全	照度 (lx)	15%	300	15	39	524.8	12	37
	年曝光量 (lx·h/ 年)		876000			1532416		
	光源的光谱分布 SPD　紫外 (mW/ ㎡)	10%	0.0082	10		0.0152	10	
	蓝光 (mW/ ㎡)		1.441			3.074		
	展品表面温升 (红外)	10%	0℃	10		0.1℃	10	
	眩光控制	5%	偶有不适眩光	4		无不舒适眩光	5	
灯具与光源性能	显色指数　R_a	12%	83	4.8	9.3	96.7	12	21
	$R9$		21			96.9		
	R_f		79.7			90.7		
	频闪控制（频闪百分比）	9%	10.03%	4.5		0.42%	9	
	色容差 （SDCM）	9%	8.9	0		17.2	0	
光环境分布	照度水平空间分布	8%	0.75	6.4	26.8	0.88	8	25.6
	照度垂直空间分布	14%	1	14		0.76	11.2	
	亮度对比度	8%	1.75	6.4		1.24	6.4	

（三）非陈列空间照明调研

1. 二层大堂序厅

调研的区域为二层大堂序厅（图 17），大堂序厅的天花和入口大门的墙面都是透明玻璃，因此大堂序厅白天主要引入自然光作为主照明，天色较暗则采用天花的工矿灯照明。

（1）二层大堂序厅地面照明数据采集

在二层大堂序厅地面找一块 6.6m×6m 的区域采集照明数据，数据采集点的间距为 1.8m×1.2m，共取 19 个数据采集点，数据采集点分布如图 18。

图17　大堂序厅地面照明数据采集示意图

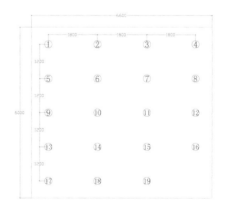

图18　大堂序厅地面数据采集点分布示意图

①自然采光

当自然采光比较充足时，大堂序厅的主要照射光源为自然光，其地面照射光源光学特性如图19、20，地面数据见表19。

表19　二层大堂序厅自然采光地面照度数据采集表

采样编号	1	2	3	4	5	6	7	8	9	10
照度(lx)	1200	2000	2000	1100	1300	1700	1500	1300	1100	1600
采样编号	11	12	13	14	15	16	17	18	19	
照度(lx)	1600	1400	900	1000	1200	1200	900	1200	1000	
平均照度(lx)	1326.3	最大照度(lx)		2000	最小照度(lx)		900	照度均与度		0.68

表20　二层大堂序厅自然采光＋工矿灯地面照度数据采集表

采样编号	1	2	3	4	5	6	7	8	9	10
照度(lx)	1900	1900	1900	970	1500	1200	1500	1000	1300	1600
采样编号	11	12	13	14	15	16	17	18	19	
照度(lx)	1600	970	900	1100	1300	900	970	1100	840	
平均照度(lx)	1286.8	最大照度(lx)		1900	最小照度(lx)		840	照度均与度		0.65

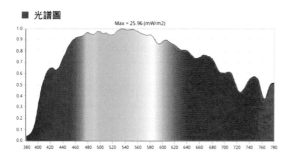

图19　二层大堂序厅自然采光地面照射光源光谱图

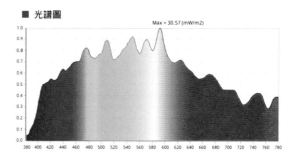

图21　二层大堂序厅自然采光＋工矿灯地面照射光源光谱图

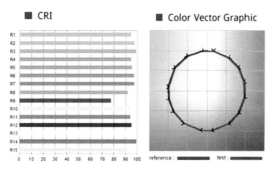

图20　二层大堂序厅自然采光地面照射光源显色指数表现图

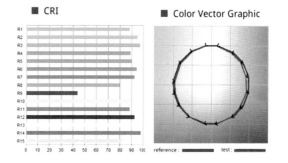

图22　二层大堂序厅自然采光＋工矿灯地面照射光源显色指数表现图

②自然采光＋工矿灯

当自然采光不足时，大堂序厅的主要照射光源为自然光＋工矿灯，其照明光源光学特性如图21、22，地面数据见表20。

(2) 二层大堂序厅墙面照明数据采集

在二层大堂序厅靠近服务台的墙面（图23）找一块6m×5.5m的区域采集照明数据，数据采集点的间距为1.2m×1.5m，共取6个数据采集点，数据采集点分布如图24，墙面照度测量数据见表21。

图23　大堂序厅墙面照明数据采集示意图

(3) 二层大堂序厅照明数据

灯具与光源特性和光环境分布数据采集见表22、23。

2. 二层过廊

调研的区域为二层过廊（图25），该区域高4.15米。二层过廊连接二层大堂序厅和二层临时展厅一号厅，过廊的左手边为开放空间，因此白天主要引入自然光作为主照明，天色较暗则采用天花的LED灯带作为主照明。

图25　二层过廊地面照明数据采集示意图

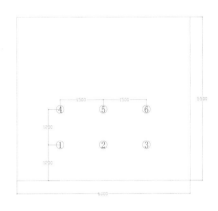

图24　大堂序厅墙面数据采集点分布示意图

表 21　二层大堂序厅墙面照度数据采集表

采样编号	1	2	3	4	5	6
照度(lx)	740	560	500	740	600	560
平均照度(lx) 616.7	最大照度(lx) 740	最小照度(lx) 500			照度均匀度 0.81	

表 22　二层大堂序厅灯具与光源特性数据采集表

空间类型		灯具与光源特性							
		光源类型	显色指数				频闪 Pct Flicker	色容差 SDCM	色温 CCT
			R_a	R9	R_f	R_g			
大堂序厅	地面	自然光	95.7	77	96.8	97.5	0.08%	9.7	5545K
		自然光＋工矿灯	90.5	43.7	93.1	95.1	7.63%	6.3	5265K

表 23　二层大堂序厅光环境分布数据采集表

空间类型		平均照度(lx)	照度空间分布（照度均匀度）
大堂序厅	平面	1286.8	0.65
	立面	616.7	0.81

（1）二层过廊地面照明数据采集

在地面找一块6m×5.6m的区域采集照明数据，数据采集点的间距为1.2m×1.8m，共取15个数据采集点，数据采集点分布如图26。

①自然采光

当自然采光比较充足时，过廊的主要照射光源为自然光，其光源光学特性如图27、28，数据见表24。

②自然采光＋LED灯带

当自然采光不足时，二层过廊的主要照射光源为自然光＋LED灯带，其光源光学特性如图29、30，地面照度数据见表25。

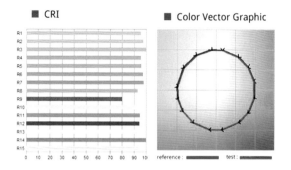

图28　二层过廊自然采光地面照射光源显色指数表现图

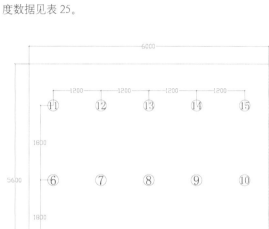

图26　二层过廊地面数据采集点分布示意图

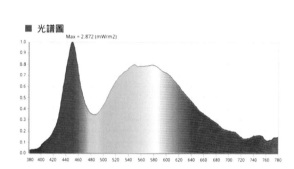

图29　二层过廊自然采光+LED灯带地面照射光源光谱图

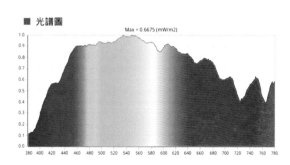

图27　二层过廊自然采光地面照射光源光谱图

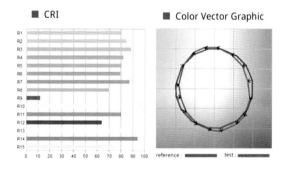

图30　二层过廊自然采光+LED灯带地面照射光源显色指数表现图

表24　二层过廊自然采光地面照度数据采集表

采样编号	1	2	3	4	5	6	7	8
照度(lx)	40	40	100	200	300	40	50	60
采样编号	9	10	11	12	13	14	15	
照度(lx)	100	100	60	180	200	150	110	
平均照度(lx)	115.3		最大照度(lx)	300	最小照度(lx)	40	照度均与度	0.35

表25 二层过廊自然采光 +LED 灯带地面照度数据采集表

采样编号	1	2	3	4	5	6	7	8
照度(lx)	80	100	150	240	340	90	140	160
采样编号	9	10	11	12	13	14	15	
照度(lx)	200	180	160	260	230	180	200	
平均照度(lx)	180.7		最大照度(lx)	340	最小照度(lx)	80	照度均与度	0.44

(2) 二层过廊墙面照明数据采集

在二层过廊靠近入口大门的墙面（图31）找一块
5.6m×4.15m 的区域采集照明数据，数据采集点的间
距为 1.2m×1.8m，共取 6 个数据采集点，数据采集点
分布如图32，墙面照度测量数据如表 26。

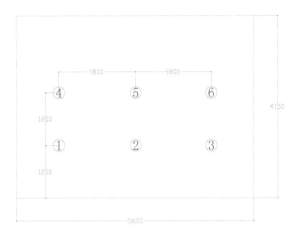

图32 二层过廊墙面数据采集点分布示意图

表26 二层过廊墙面照度数据采集表

采样编号	1	2	3	4	5	6
照度(lx)	90	90	120	90	110	140
平均照度(lx)	106.7	最大照度(lx)	120	最小照度(lx)	90	照度均匀度	0.84

图31 二层过廊墙面照明数据采集示意图

(3) 二层过廊照明数据整理

灯具与光源光学特性和光环境分布采集见表27、28。

表27 二层过廊灯具与光源特性数据采集表

空间类型		灯具与光源特性							
		光源类型	显色指数				频闪 Pct Flicker	色容差 SDCM	色温 CCT
			R_a	R9	R_f	R_g			
大堂序厅	地面	自然光	96.2	79.7	96.4	97.5	0.54%	5.1	5347K
		自然光 +LED 灯带	81.3	11.5	81.1	96.3	3.48%	3.7	5215K

表28　二层过廊光环境分布数据采集表

空间类型		平均照度（lx）	照度空间分布（照度均匀度）
大堂序厅	平面	180.7	0.44
	立面	106.7	0.84

3. 二层辅助空间（公共阅读区）

调研的区域为二层公共阅读区（图33），该区域连接大堂序厅，右手边为二三层台阶连接处的多功能展区。由于天花是透明玻璃顶棚，因此该区域主要引入自然光作为主照明。

（1）二层公共阅读区地面照明数据采集

在地面找一块 5.6m×4.8m 的区域采集照明数据，数据采集点的间距为 1.8m×0.9m，共取 15 个数据采集点，数据采集点分布如图34，其照射光源光学特性如图35、36，地面照度数据见表29。

图33　二层阅读区地面照明数据采集示意图

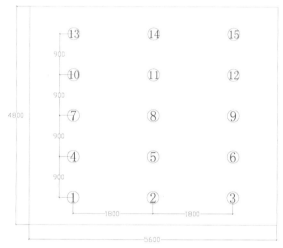

图34　二层阅读区地面数据采集点分布示意图

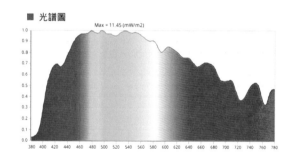

图35　二层公共阅读区自然采光地面照射光源光谱图

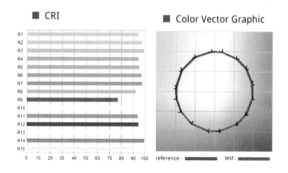

图36　二层公共阅读区自然采光地面照射光源显色指数表现图

表29　二层公共阅读区自然采光地面照度数据采集表

采样编号	1	2	3	4	5	6	7	8
照度(lx)	600	740	800	520	840	800	560	740
采样编号	9	10	11	12	13	14	15	
照度(lx)	840	520	700	800	520	600	800	
平均照度(lx)	692		最大照度(lx)	840	最小照度(lx)	520	照度均匀度	0.75

(2) 二层公共阅读区墙面照明数据采集

在二层公共阅读区靠近台阶的墙面（图37）找一块区域采集照明数据，数据采集点的间距为 1.2 米 ×1 米，共取 7 个数据采集点，数据采集点分布如图38，其墙面照度数据见表30。

图37　二层阅读区墙面照明数据采集示意图

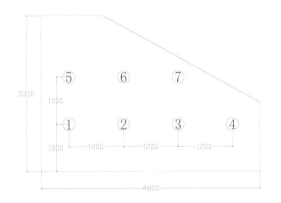

图38　二层阅读区墙面数据采集点分布示意图

表 30　二层公共阅读区墙面照度数据采集表

采样编号	1	2	3	4	5	6	7
照度 (lx)	300	340	320	320	450	520	520
平均照度 (lx)	395.7	最大照度 (lx)	520	最小照度 (lx)	300	照度均匀度	0.76

(3) 二层公共阅读区照明数据整理

二层公共阅读区灯具与光源特性和光环境分布数据采集见表31、32。

表 31　二层公共阅读区灯具与光源特性数据采集表

空间类型		灯具与光源特性					频闪 Pct Flicker	色容差 SDCM	色温 CCT
		光源类型	显色指数						
			R_a	R9	R_f	R_g			
大堂序厅	地面	自然光	95.5	76.7	96.5	97.3	0.00%	6.6	5949K

表 32　二层公共阅读区光环境分布数据采集表

空间类型		平均照度 (lx)	照度空间分布（照度均匀度）
大堂序厅	平面	692	0.75
	立面	395.7	0.76

（四）非陈列空间照明数据总结

(1) 非陈列空间照明质量主观评分（见表33）

表 33　非陈列空间照明质量主观评分表

评分指标			二层大堂序厅		二层辅助空间		二层过廊	
一级指标	二级指标	权重	得分均值	加权 x10	得分均值	加权 x10	得分均值	加权 x10
光环境舒适度	展品光亮接受度	10%	8.0	8.0	9.3	9.3	8.4	8.4
	视觉适应性	10%	7.8	7.8	9.3	9.3	7.7	7.7
	视觉舒适性（主观）	10%	8.3	8.3	9.5	9.5	7.7	7.7
	心理愉悦感	10%	8.3	8.3	9.3	9.3	8.3	8.3
整体空间照明艺术表现	用光艺术的喜好度	40%	8.3	33.2	9.3	37.2	7.9	31.6
	感染力的喜好度	20%	8.1	16.2	9.5	19.0	8.3	16.6

（2）非陈列空间照明质量客观评分（见表34）

表34　非陈列空间照明质量客观评分表

评分指标				二层大堂序厅		二层公共阅读区		二层过廊	
一级指标	二级指标		权重	数据	加权分值	数据	加权分值	数据	加权分值
灯具与光源性能	显色指数	R_a	15%	90.5	9	95.5	13	81.3	6.5
		R9		43.7		76.7		11.5	
		R_f		93.1		96.5		81.1	
	频闪控制（频闪百分比）		10%	7.63%	6	0.00%	10	3.48%	7
	眩光控制		15%	无不舒适眩光	15	无不舒适眩光	15	无不舒适眩光	15
	色容差（SDCM）		10%	6.3	3	6.6	3	3.7	6
光环境分布	照度水平空间分布（均匀度）		20%	0.65	14	0.75	16	0.44	10
	照度垂直空间分布（均匀度）		15%	0.81	15	0.76	12	0.84	15
	功率密度（序厅）（W/m²）		15%	7.5	12	0	15	5.5	15

三　美术馆总体照明总结

通过对珠海古元美术馆全方位的调研分析、访谈记录、问卷调查等调研方式，最终形成本报告以及相应的分数统计。最终的统计结果如下（见表35～37）。

（1）主观照明质量评估分数总结

主观总体评分等级：优秀

表35　美术馆主观照明质量评分表

主观评估	陈列空间		非陈列空间		
	常设展厅	临时展厅	大堂序厅	辅助空间	过廊
得分	91.5	76	81.8	93.6	80.3
权重	40%	20%	20%	10%	10%
加权得分	36.6	15.2	16.4	9.4	8.0

（2）客观照明质量评估分数总结

客观总体评分等级：良好

表36　美术馆客观照明质量评分表

客观评估	陈列空间		非陈列空间		
	常设展厅	临时展厅	大堂序厅	辅助空间	过廊
得分	75.1	83.6	74	84	74.5
权重	40%	20%	20%	10%	10%
加权得分	30	16.7	14.8	8.4	7.5

(3)"对光维护"运营评估分数总结

运营总体评分等级：优秀

表 37　美术馆"对光维护"运营评分表

评分项目	测试要点	统计分值
专业人员管理	能够负责馆内布展调光和灯光调整改造工作	5
	能够与照明顾问、外聘技术人员、专业照明公司进行照明沟通与协作	5
	配置专业人员负责照明管理工作	5
	有照明设备的登记和管理机制，并能很好地贯彻执行	5
	有照明设计的基础，能独立开展这项工作，能为展览或照明公司提供相应的技术支持	10
定期检查与维护	定期清洁灯具、及时更换损坏光源	10
	有照明设备的登记和管理机制，并严格按照规章制度履行义务	10
	定期测量照射展品的光源的照度与光衰问题，测试紫外线含量、热辐射变化，以及核算年曝光量并建立档案	0
	制定照明维护计划，分类做好维护记录	10
维护资金	可以根据实际需求，能及时到位地获得设备维护费用的评分项目	20
	有规划地制定照明维护计划，开展各项维护和更换设备的业务	10

上海喜玛拉雅美术馆照明调研报告

调研对象：上海喜玛拉雅美术馆
调研时间：2017 年 12 月 27 日
指导专家：陈同乐、林铁、黄秉中
调研人员：徐瑞阳、史晓斌、何倩蕊
调研设备：远方 SFIM-300 闪烁光谱照度计、JETI 1211UV 光谱辐射度计、X-rite SpectroEye spectrophotometer、victor 303B 红外测温仪等

一 概述

（一）美术馆建筑概述

上海喜玛拉雅美术馆由著名建筑师矶崎新设计，前身为创建于 2005 年的上海证大现代艺术馆，是证大集团董事长戴志康出资建设。主馆位于上海大浦东人文核心地块喜玛拉雅中心内，是从事艺术收藏、展览、教育、研究与学术交流的民营非营利性公益艺术机构。自成立以来，美术馆在当代的社会语境下以开放的姿态和前瞻性的视野探索美术馆的新模式，重视学术梳理、尝试打通学科壁垒、努力连接当代与传统、推进国际文化艺术交流，致力成为提升专业、走向公众的新型美术馆。

上海喜玛拉雅美术馆注重开展国际间的文化艺术交流，通过展览、学术交流等多种形式的探索，努力构建国内外艺术家、机构、公众之间的互动平台，在全球化环境中寻求新的发展可能。喜玛拉雅美术馆以积极主动的姿态活跃在上海，树立了以当代性、学术性和开放性为特点的新型美术馆品牌，并逐渐将影响力辐射至国际。自 2005 年以来，该馆已举办近 60 个国际艺术交流项目，已成为中国的民间国际文化交流的重要平台（图 1）。

图1　上海喜玛拉雅美术馆

（二）照明概况

喜玛拉雅美术馆分为 2 层，4 层为常设展厅，3 层为临时展厅，其中"奇迹：贝利尼家族与文艺复兴特展"在 3 层进行展出。

美术馆整体照明场景分为两大类：展览照明及日常通用照明。公共空间，例如大堂，有能透射自然光的玻璃天窗，因此白天主要是引入自然采光作为主照明，夜晚或光线较暗时则采用大功率筒射灯进行主照明，灯具嵌入在灯槽中（用于洗墙、营造柔和氛围及强调空间感）。展厅则基本为人工照明，光源应用上基本采用 LED 照明。

① 光源类型：LED 灯为主，序厅采用照明投影方式；
② 照明方式：轨道射灯为主；
③ 照明控制方式：各展厅独立控制，手动开关。

二 调研数据剖析

为了全面的调查美术馆内的照明情况，我们选择了美术馆内的大堂、入口、中厅和侧厅进行数据采集（图2）。

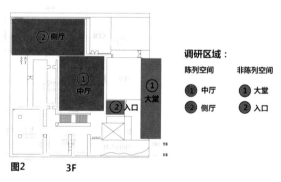

图2　现场照明调研区域示意图

（一）大堂照明

大堂位于美术馆中央，大面积玻璃幕墙的设计使得日光可以透过立面玻璃照射进场馆（图 3）。反射率取采样点的平均值，大堂均匀度和光色测试使用中心布点法取 3×3 个点的平均值。大堂内（阴天）日光色温4300K，地面亮度为 73.29cd/m²，平均照度为 150lx，均匀度为69.0%（图4～9）测量数据见表1、2。

图3　美术馆大堂

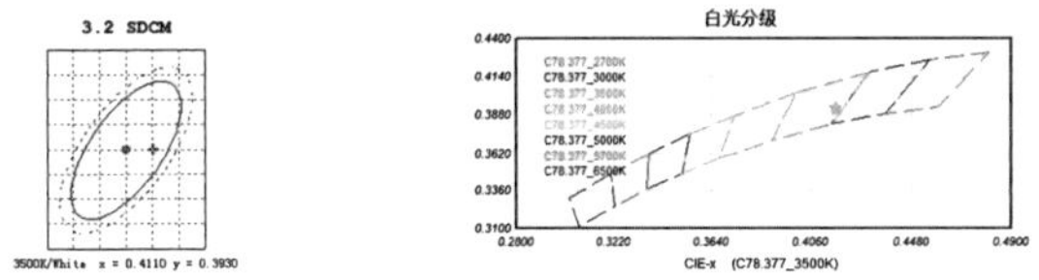

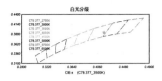

图6　大堂色容差图

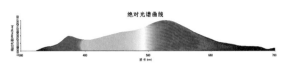

图7　大堂照度光谱

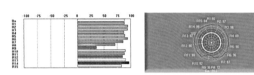

图8　大堂照度数据显色指数数据

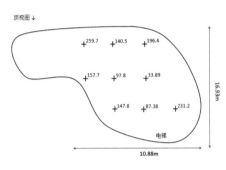

图4　大堂地面照度采集分布图（均值150lx，均值均匀度60.0%）

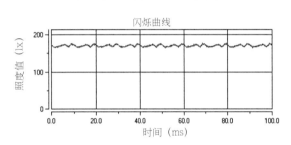

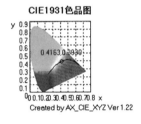

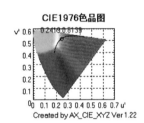

图5　大堂CIE色品图

图9　大堂采样点闪烁曲线和闪烁分析图

表1　大堂照明测量数据表

取样编号	光照度(lx)	SDCM	CIE X	CIE Y	色温(K)	R_a	R9
1	177.4	7.0	0.3471	0.3731	4996	88.6	30
2	79.78	9.0	0.3515	0.3799	4874	89.0	33
3	189.9	7.0	0.3693	0.3616	4214	89.5	44
4	215.3	4.7	0.3184	0.3458	6124	93.6	61
5	259.7	2.4	0.3501	0.3625	4856	93.6	60
6	140.5	2.2	0.3442	0.361	5064	94.0	59
7	196.4	1.7	0.3774	0.3802	4109	92.2	49
8	157.7	6.0	0.4209	0.3933	3198	89.5	35
9	97.8	3.3	0.4163	0.393	3288	89.6	36
10	33.89	4.9	0.3696	0.3703	4265	93.7	57
11	147.8	5.1	0.4182	0.3912	233	89.4	35
12	87.38	6.0	0.3502	0.3731	4895	88.0	28
13	231.2	10.5	0.3269	0.3546	5732	90.0	39

表2　大堂闪烁测试数据

光照度（lx）:171	最大照度（lx）:178.3	最小照度（lx）:164.4
闪烁百分比（%）:4.04	闪烁指数：0.6581	频率（Hz）:245.7
频率（Hz）:幅值（%）_1		频率（Hz）:幅值（%）_4
0.0———9365.81		312.5———61.20
频率（Hz）:幅值（%）_2		频率（Hz）:幅值（%）_5
200.0———100.00		512.5———24.55
频率（Hz）:幅值（%）_3		频率（Hz）:幅值（%）_6
100.0———99.63		250.0———18.34

（二）前厅（入口）照明

图10　美术馆前厅（入口）

照明情况为无专门照明，使用地面 LED 动画保持亮度（图10）。反射率为多次测量的平均值，均匀度和光色测试使用中心布点法取点 2×2，取平均值。混合照明色温 10000K，水平面平均照度为 15.9lx，均匀度为 10%(图 11～15)。

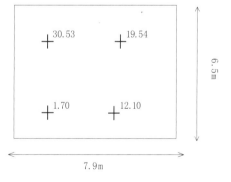

图11　前厅（入口）地面照度数据采集分布图

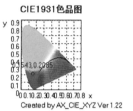 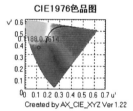

图12　前厅（入口）CIE色品图

 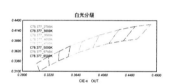

图13　前厅（入口）色容差图

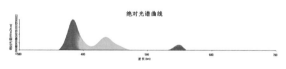

图14　前厅（入口）光谱曲线图

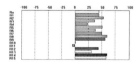 

图15　前厅（入口）显色指数数据图

（三）陈列空间照明（侧厅）

喜玛拉雅美术馆2号展厅（图16），反射率取3个点的平均值，大堂均匀度和光色测试使用中心布点法取点 3×3，取平均值（图17～22，见表3）。

图16 侧厅

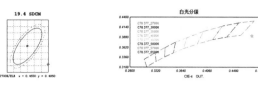

图19 侧厅色容差图

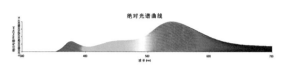

图20 侧厅光谱曲线图

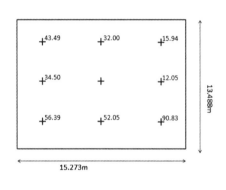

图17 侧厅地面水平照度分布

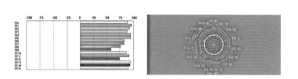

图21 侧厅显色指数图

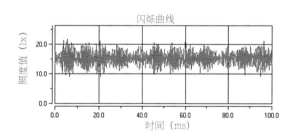

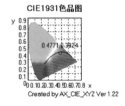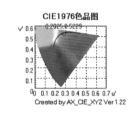

图18 侧厅CIE色品图

图22 侧厅闪烁曲线与闪烁分析图

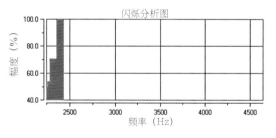

表3 侧厅闪烁数据测试

光照度(lx):15.34	最大照度(lx):21.87		最小照度(lx):9.007
闪烁百分比(%):41.65	闪烁指数:5.1774		频率(Hz):2283.7
频率(Hz):幅值(%)_1		频率(Hz):幅值(%)_4	
0.0---3195.1		2300.0---53.74	
频率(Hz):幅值(%)_2		频率(Hz):幅值(%)_5	
2400.0---100.00		2250.0---49.56	
频率(Hz):幅值(%)_3		频率(Hz):幅值(%)_6	
2325.0---70.54		4637.5---40.16	

4. 陈列空间照明：中厅（1号厅）

中厅反射率取3个点的平均值，大堂均匀度和光色测试使用中心布点法取点3×3，取平均值。

照明情况为展品的射灯顶部照射展品具体相关参数如图24～29，见表4。

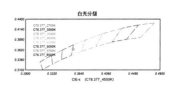
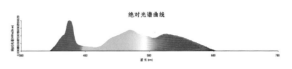

图26 中厅色容差图

图23 中厅

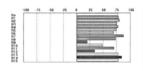

图27 中厅光谱数据图

图28 中厅显色指数数据图

入口

+5.95   +4.06   +9.30

+28.69   +9.40   +12.14   16.743m

+8.61   +10.48   +8.61

21.817m

图24 中厅整体地面照度分布

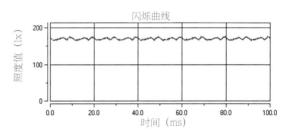
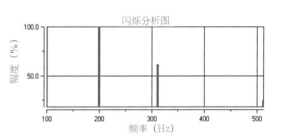

图29 中厅闪烁曲线和闪烁分析图

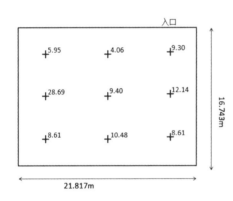

图25 中厅CIE色品图

表4 中厅闪烁数据分析

光照度(lx):128.7	最大照度(lx):135.2	最小照度(lx):122.4
闪烁百分比(%):4.99	闪烁指数：0.8469	频率（Hz）：111.2
频率（Hz）:幅值（%）_1		频率（Hz）:幅值（%）_4
0.0———9365.81		312.5———61.20
频率（Hz）:幅值（%）_2		频率（Hz）:幅值（%）_5
200.0———100.00		512.5———24.55
频率（Hz）:幅值（%）_3		频率（Hz）:幅值（%）_6
100.0———99.63		250.0———18.34

三 总体照明评估

(一)客观测量结果汇总(见表5)

表5 测量结果汇总表

类型	用光的安全			灯具与光源性能								光环境分布				
	照度光谱	亮度光谱	表面温度℃	R_a	R9	R_f	R_g	Rcs,h1	闪烁指数	闪烁百分比%	色容差	亮度cd/m²	照度lx	亮度对比度	亮度均匀度%	照度均匀度
中厅			——	74.1	9.88	77	97	—	0.0312	4.99	4.9	———	10.8	———	———	37.6
侧厅			———	91.1	55	88	104	—	0.0518	41.65	21.5	———	42.65	———	———	28.2
大堂			———	90.8	43.5	89	97	—	0.0066	4.04	3.2	———	150	———	———	150
前厅			——	41.3	−28	———			0.4354	100	69.9	———	15.9	———	———	10

(二)主观定性调研数据分析(见表6～9)

1. 常设展

表6 常设展区主观调研表

项目	A⁺:10	A⁻:8	B⁺:7	B⁻:6	C⁺:5	C⁻:4	D⁺:3	D⁻:0	均值	二级权值	加权×10
展品色彩真实感程度	6	7	7	1	0	0	0	0	8.1	20%	16.2
光源色喜好程度	5	7	6	3	0	0	0	0	7.9	5%	4
展品细节表现力	6	5	6	3	1	0	0	0	7.9	10%	7.9
立体感表现力	8	3	6	4	0	0	0	0	8.1	5%	4.1
展品纹理清晰度	8	4	6	3	0	0	0	0	8.2	5%	4.1
展品外轮廓清晰度	9	4	4	3	1	0	0	0	8.2	5%	4.1
展品光亮接受度	6	6	8	1	0	0	0	0	8.1	5%	4.1
视觉适应性	7	3	7	4	0	0	0	0	8	5%	4
视觉舒适度(主观)	9	0	7	5	0	0	0	0	8	5%	4
心理愉悦感	9	1	9	2	0	0	0	0	8.2	5%	4.1
用光艺术的喜好度	7	4	7	3	0	0	0	0	8	20%	16
感染力的喜好度	7	5	6	3	0	0	0	0	8.1	10%	8.1

2. 临时展览

表 7　临时展览主观调研表

项目	A⁺:10	A⁻:8	B⁺:7	B⁻:6	C⁺:5	C⁻:4	D⁺:3	D⁻:0	均值	二级权值	加权×10
展品色彩真实感程度	3	6	8	2	0	0	0	0	7.7	20%	15.4
光源色喜好程度	3	5	8	3	0	0	0	0	7.6	5%	3.8
展品细节表现力	3	2	7	6	0	1	0	0	7.1	10%	7.1
立体感表现力	4	5	7	3	0	0	0	0	7.7	5%	3.9
展品纹理清晰度	2	3	7	7	0	0	0	0	7.1	5%	3.6
展品外轮廓清晰度	3	5	8	2	1	0	0	0	7.5	5%	3.8
展品光亮接受度	3	5	6	4	1	0	0	0	7.4	5%	3.7
视觉适应性	4	5	6	4	0	0	0	0	7.7	5%	3.9
视觉舒适度（主观）	7	2	7	3	0	0	0	0	8.1	5%	4.1
心理愉悦感	4	5	7	3	0	0	0	0	7.7	5%	3.9
用光艺术的喜好度	2	5	7	4	1	0	0	0	7.3	20%	14.6
感染力的喜好度	2	6	5	5	1	0	0	0	7.3	10%	7.3

3. 非展陈空间

表 8　非陈列区主观调研表

项目\样本数\分值	A⁺:10	A⁻:8	B⁺:7	B⁻:6	C⁺:5	C⁻:4	D⁺:3	D⁻:0	均值	二级权值	加权×10
展品光亮接受度	12	5	16	7	2	1	0	1	7.5	10%	7.5
视觉适应性	11	8	12	9	3	1	0	0	7.5	10%	7.5
视觉舒适度（主观）	12	7	16	6	2	0	0	1	7.6	10%	7.6
心理愉悦感	12	9	11	7	5	0	0	0	7.6	10%	7.6
用光艺术的喜好度	16	6	4	9	8	1	0	0	7.6	40%	30.4
感染力的喜好度	14	4	10	8	7	1	0	0	7.5	20%	15

4. 主观整体评价等级：良好

表 9　主观整体评价表

主观评估	陈列空间		非陈列空间
	基本陈列	临展区	大堂、通道等
得分	80.7	75.1	75.6
权重	40%	20%	40%
加权得分	32.3	15.0	30.2

（三）运营总体评分：良好（见表 10）

表 10　运营总体评分表

编号	评分项目	统计要点	分值
1	专业人员管理	配置专业人员负责照明管理工作	4
2		有照明设备的登记和管理机制，并能很好地贯彻执行	4
3		能够负责馆内布展调光和灯光调整改造工作	4
4		能够与照明顾问、外聘技术人员、专业照明公司进行照明沟通与协作	4
5		有照明设计的基础，能独立开展这项工作，能为展览或照明公司提供相应的技术支持	8
6	定期检查与维护	制定照明维护计划，分类做好维护记录	8
7		定期清洁灯具、及时更换损坏光源	7
8		定期测量照射展品的光源的照度与光衰问题，测试紫外线含量、热辐射变化，以及核算年曝光量并建立档案	7
9		有照明设备的登记和管理机制，并严格按照规章制度履行义务	9
10	维护资金	有规划地制定照明维护计划，开展各项维护和更换设备的业务	12
11		可以根据实际需求，能及时到位地获得设备维护费用的评分项目	12

1. 主观和对光维护的建议

该馆功能齐全，设施先进，建筑由建筑大师矶崎新设计，是一座国际化的现代美术馆，因场馆和所在区域的原因，光的使用和维护有一定的特殊性，本次调研，收集的信息以大学生为主，年轻人较多，常设展整个评价优于临时展览，常设展的反馈是光亮接受度略差，局部空间展品用光表现不够清晰，临时展览也是细节表现不够清晰，用光的艺术感染力略弱一些。大堂空间的用光感染力也略微显示薄弱，今后还有提升的空间。馆方在照明管理上表现较好，人员技术力量雄厚，今后需要加强在设备登记管理方面的提高。

2. 客观评估建议

上海喜玛拉雅美术馆整体照明，无论是序厅还是正厅，运用了丰富多彩照明演绎，很好地体现了美术馆价值，也很好地还原了展品。如序厅采用了投影照明形式，有效地吸引了观众，展厅照明方式虽简单，但用光的艺术很好地表达了展览信息内容。此外，公共空间如大堂、接待中心等高大空间，有效地利用了自然光，在满足观众参观的前提下，还可以节约环保。

实验报告

实验计划是整个研究计划的一项重要内容，前期设计了 4 项实验、美术馆照明光品质实验、观众视觉舒适度研究、各种光源综合指标模拟实验、照明对文物损伤的实验。后因实地预评估中遇到问题，又新增加了"反射眩光评价"和"书画展品光环境喜好" 2 项实验。6 项研究成果不同程度地支撑着我们的标准项目，为各项指标落实提供了合理性验证依据。这些实验工作分别由浙江大学、武汉大学、天津大学、大连工业大学、清控人居光电研究院、中国标准化研究院实验中心，4 所高校与 2 个国家级实验室共同承担。在统筹计划下开展，进度也由各承担单位自主安排。通过有目的地征集实验品和规定研究方向，为美术馆照明质量的评估标准提供有价值的参考依据，很多研究成果具有先进性和国际领先水平，对今后我国博物馆、美术馆照明的研究有拓展作用，也填补了我国在此领域研究的诸多空白。整个实验内容意义重大。

本章节内容重在全面解读各项实验成果。① 在光致损伤性实验中，涉及 4 种常规光源对色彩影响的分析，颜料色相在受光照射后偏移以及变化周期规律，各光源的损伤比对等内容 ;② 对各项光源技术指标的采集实验。作为整个研究工作的一项重要内容，通过征集测试光源，利用预评估的指标对光源的质量模拟实验，进一步提供新的参考依据 ;③ 在视觉健康舒适度人因实验中，第一次在国内开展了博物馆、美术馆关于人的视觉舒适度实验，通过实地招募志愿者参与，开拓性得出该馆照明对应的人眼视功能生理指标，参考现行标准来判断人的视觉舒适度，提供一项全新评估博物馆、美术馆照明质量的新思路 ;④ 光源的颜色品质实验。通过提炼评价光源的色彩指标，提供了选择指标的依据，测试了各灯具的技术指标以及各光源存在差异的分析 ;⑤ 反射眩光评价实验，模拟真实环境人对图像眩光的感知，研发反射眩光指数 (RGI) 眩光指标和计算方法。介绍了心理物理实验的方法，验证了原博物馆标准中对眩光 (UGR > 19) 的限定值不适用的原因，推荐新标准方法等内容 ;⑥ 对书法展品喜好度实验。通过实验人群模拟实验，了解他们对书法展品各光源的喜好情况，为实际工作提供参考。

人工照明对绘画光损伤影响

撰写人：王楠、谭慧姣
研究单位：天津大学建筑学院
项目指导：党睿
支持单位：中国国家博物馆

一　绪论

（一）研究内容

研究三种典型既有光源、金卤灯、卤钨灯和WLED（白光LED）对中国传统绘画色彩的相对损害系数，得到三种光源对不同绘画的影响规律，并评估出不同光源对不同绘画的适用性。研究主要通过实验进行，制作中国传统绘画模型试件，利用三种光源对模型试件进行周期性照射，在每个照射周期后测量绘画模型试件的色度学参数。

首先，在D65标准光源下，采用BM-5型色彩亮度计测量试件的CIE XYZ色坐标（x，y）和亮度值L，统一录制测量数据，对色坐标（x，y）L进行转换，通过色度学和数学方法将其转换为主波长、亮度、兴奋纯度参数，进而绘制主波长、亮度、兴奋纯度随曝光量的色彩衰变曲线，对色彩衰变曲线进行分析，得到不同光源照射下绘画颜料的变化规律。

其次，采用BM-5型色彩亮度计测量绘画模型试件的CIE LAB色坐标（a，b）和米制亮度值L*，统一录制测量数据，对色坐标（a，b）L*进行转换，通过色差公式$\Delta E^*_{ab} = \sqrt{\Delta L^{*2} + \Delta a^2 + \Delta b^2}$将（a，b）L*转换为色差△E，进而绘制色差随曝光量衰变曲线，对色差衰变曲线进行函数分析，得到三种照明光源对中国传统绘画的相对影响系数。

（二）研究意义

① 本文通过长期照射实验的方法研究照射光源对中国传统绘画的色彩影响，基于色差分析的方法分析颜料色差的改变，基于色彩参数的改变研究绘画色彩的衰变规律，实验方法及分析方法本身为相关研究提供思路。

② 本文得到了在不同光源长期照射下，颜料色色坐标及颜料色差的变化数据，为相关研究提供了数据基础。

③ 本文基于实验的方法得到了三种典型既有光源对中国传统绘画色彩的影响，明确了绘画色彩参数随照射时间的周期性衰变规律，确定了绘画色彩衰变的关键时间节点，为博物馆绘画最佳展览时间提供了参考。

④ 本文得到了三种典型既有光源对中国传统绘画色彩的相对影响系数，为博物馆、美术馆绘画照明的光源选择提供了依据。

⑤ 本文得到了不同光源对中国传统绘画色彩的影响规律，确定了不同光源对绘画色彩的损伤程度，为美术馆照明质量的评估标准制定工作提供了基础。

综上所述，通过本研究结果，避免或减少文物因人工照明所造成的历史信息失真和遗产价值降低的威胁，具有重要的科学意义与现实意义。

二　典型既有光源对中国传统绘画色彩影响实验

（一）实验方案

1. 模型试件

模型试件的制作是由天津大学艺术研究所按传统技法和工艺完成。根据中国传统绘画的分类，模型试件也分为两组，分别为无机颜料绘画试件和有机颜料绘画试件。包括五种无机颜料，青（石青）、白（蛤粉）、黑（古代石墨）、红（朱砂）、黄（雌黄），在每块绘画模型试件上绘制这五种无机颜料。首先对颜料浓度进行严格配比，确保五种颜料浓度相同；然后在纸板上均匀喷绘颜料，完成绘制；最后，将五种颜料试件切割成三等份，每份都包含以上五种颜色，进行重新组合成三份，并按照古典技法使用小麦淀粉制成的糨糊进行手工装裱，完成模型试件的制作。四种有机颜料，红（胭脂）、黄（藤黄）、青（花青）、黑（松墨），在每块绘画模型试件上绘制这四种有机颜料。制作方法与无机颜料试件一致，绘画模型样本如图1所示，左侧为无机颜料绘画试件，右侧为有机颜料绘画试件。

图1　无机颜料绘画与有机颜料绘画模型试件样本
（图片来源于作者自摄）

2. 实验光源

以博物馆专用金卤灯（CCT=2700K，R_a=95，35W）、专用卤钨灯并结合使用红外滤光片滤除其红外光谱（CCT=2700K，R_a=97，50W）以及RYGB型WLED(CCT=2700K，R_a=92，13.3W)作为实验光源。采用Photo Research PR680分光辐射亮度计测量金卤灯、卤钨灯、WLED的光源光谱分布，见图2。同时对光源参数进行周期性检测，一旦发现光源有光衰现象马上进行更换，保证实验精度。

为保证各个周期实验测试的科学一致性，测试均选择在标准光源D65的照射条件下进行。D65光源是国际照明委员会NO51（TC-1.3）文件推荐使用的人工日光标准光源，其色温为6500±200K，显色指数大于96，可保证测试时试件的颜色效果近似在太阳光下观测效果。

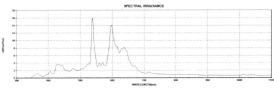

（a）博物馆专用金卤灯光谱分布图

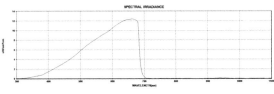

（b）卤钨灯+红外滤光片光谱分布图

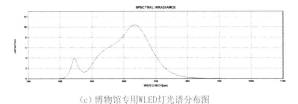

（c）博物馆专用WLED灯光谱分布图

图2　博物馆三种典型光源光谱分布图

3. 实验方法

实验在天津大学全暗光学实验室中进行，按光源种类分为三个照射组同时开展：首先，设置三台具有相同环境参数控制指标的照明实验箱，按照标准对箱内的温

度、湿度、空气质量进行调节，按照标准要求控制温度为20℃，控制相对湿度在50%～60%之间，同时控制空气质量，保证甲醛含量小于0.08%，苯含量小于0.09%，氨气含量小于0.2%，并在实验过程中保持恒定；其次，使用遮光帘对3台实验箱进行分隔，保证各试验箱之间不产生干扰；第三，将绘画试件置于光源下方进行垂直照射，并通过调整光源照射时距离试件的高度使每组试件表面辐照度相等。各绘画模型试件表面辐照度均为17.5W/m²。图3为实验方案示意图、测试示意图及现场测试照片。

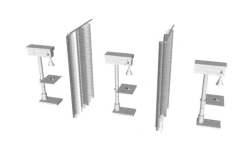

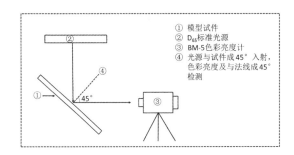

① 模型试件
② D65标准光源
③ BM-5色彩亮度计
④ 光源与试件成45°入射，色彩亮度及与法线成45°检测

图3　实验方案示意图、测试示意图、测试现场
（图片源于作者自摄）

实验采取循环周期照射的方式，整个实验一共进行16个周期，每6天作为一个照射周期，每天照射时间为早上9点到晚上9点，整个实验照射时间为1152h，总曝光量为20160Wh/m²。在每个照射周期后测量绘画模型试件的色度学参数。首先，在D65标准光源下，采用BM-5型色彩亮度计测量试件的CIE XYZ色坐标（x，y）和亮度值L，统一录制测量数据。对色坐标（x，y）与亮度值L进行转换，通过色度学和数学方法将其转换为主波长、亮度、兴奋纯度参数，进而绘制主波长、亮度、兴奋纯度随曝光量的色彩衰变曲线。对色

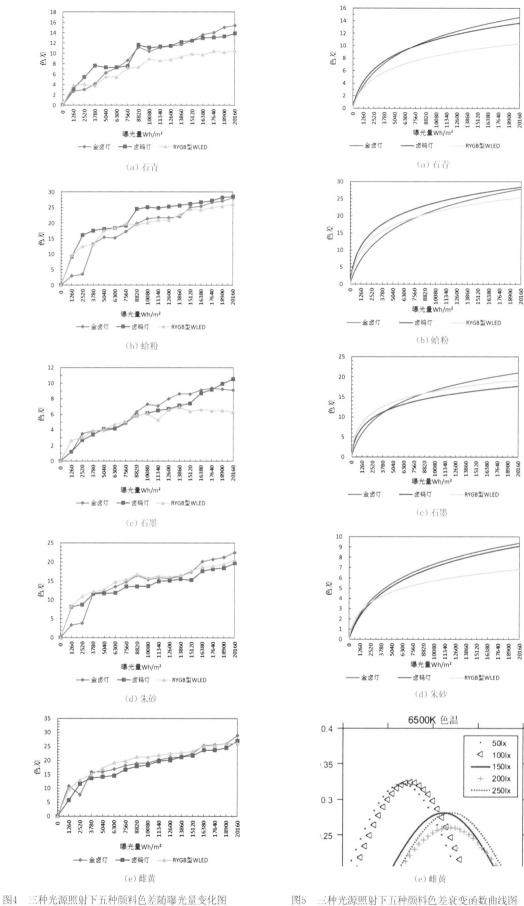

图4　三种光源照射下五种颜料色差随曝光量变化图　　图5　三种光源照射下五种颜料色差衰变函数曲线图

彩衰变曲线进行分析，得到不同光源照射下绘画颜料的变化规律。

其次，采用 BM-5 型色彩亮度计测量绘画模型试件的 CIE LAB 色坐标（a，b）和米制亮度值 L*，统一录制测量数据。对色坐标（a，b）L* 进行转换，通过色差公式 $\Delta E^*_{ab} = \sqrt{\Delta L^{*2} + \Delta a^2 + \Delta b^2}$ 将（a，b）L* 转换为色差 $\triangle E$，进而绘制色差随曝光量衰变曲线，对色差衰变曲线进行函数分析，得到三种照明光源对中国绘画的相对影响系数，以此对绘画照明光源提供指导。

（二）实验结果

1. 典型既有光源对无机颜料色彩的影响系数

根据实验测得的 CIE LAB 基础数据，计算青（石青）、白（蛤粉）、黑（古代石墨）、红（朱砂）、黄（雌黄）五种颜色在金卤灯、卤钨灯、RYGB 型 WLED 三种光源照射下，各个周期相对于初始状态的色差值 $\Delta E^*_{ab1} \sim \Delta E^*_{ab16}$，计算公式如下：

$$\Delta E^*_{abi} = \sqrt{(L'_i - L'_0)^2 + (a_i - a_0)^2 + (b_i - b_0)^2}，\text{其中：i=1-16} \quad (1)$$

根据计算结果，以曝光量为横坐标，以色差值为纵坐标，绘制各个周期色差随曝光量变化的实验结果折线图（图 4）。

观察无机颜料色差变化折线图可以发现，不同光源照射下五种颜色色差随曝光量变化基本符合对数函数关系，因此对各光源照射下五种颜料色差随曝光量变化数据进行回归分析，拟合颜料色差随曝光量变化对数曲线（图 5）。

根据无机颜料色差变化函数曲线，各光源照射下四种颜料色差 ΔE^*_{ab} 随曝光量 H_{dm} 的变化曲线符合对数函数关系。实验过程中为得到不同光源的量化影响，控制各书画试件表面辐照度 E_{dm} 相均均为 17.5 W/m²，因此根据公式（2）可拟合得到各光源照射下五种无机颜料色差随曝光量的函数关系式（见表 1），此函数关系式可应用于推理得到任何曝光量值下的色差变化值。

$$\Delta E^*_{ab} = f(H_{dm}), \quad H_{dm} = E_{dm} \cdot t \quad (2)$$

通过观察图 5 无机颜料色差变化曲线可以发现，在各光源照射下，五种颜料色差呈现出先快后慢并逐渐趋缓的变化趋势，最终随曝光量的不断增加将趋于稳定。因此可以认为，当曝光量增加到无穷大时，颜料色差将趋于某一稳定值不再变化。为了确定不同光源对颜料的最终影响，当照射时间 t 足够大时，将五种无机颜料在各光源照射下色差的变化函数关系式求比值，可得到各光源照射下五种颜料的相对影响系数。

现定义五种颜料在金卤灯照射下的最终色差平均值为 1.00，按此系数对各光源最终照射结果进行折减，可得到各光源照射下五种颜料的相对影响系数，以用来评价各光源对五种颜料色彩的相对影响程度（见表 2）。

表 1　各光源对五种无机颜料的色差影响函数表

波长(nm)	颜料	函数关系	函数相关性（R²）
金卤灯	石青	$\Delta E^*_{ab}=5.074 \cdot \ln(t+69)-21.536$	0.932
	蛤粉	$\Delta E^*_{ab}=9.476 \cdot \ln(t+64)-39.508$	0.961
	古代石墨	$\Delta E^*_{ab}=3.161 \cdot \ln(t+62)-13.072$	0.929
	朱砂	$\Delta E^*_{ab}=6.642 \cdot \ln(t+50)-26.109$	0.925
	雌黄	$\Delta E^*_{ab}=6.565 \cdot \ln(t+24)-21.046$	0.869
卤钨灯	石青	$\Delta E^*_{ab}=3.951 \cdot \ln(t+38)-14.374$	0.932
	蛤粉	$\Delta E^*_{ab}=6.736 \cdot \ln(t+17)-19.194$	0.953
	古代石墨	$\Delta E^*_{ab}=3.196 \cdot \ln(t+71)-13.649$	0.903
	朱砂	$\Delta E^*_{ab}=4.000 \cdot \ln(t+14)-10.629$	0.901
	雌黄	$\Delta E^*_{ab}=6.807 \cdot \ln(t+33)-23.809$	0.957
WLED	石青	$\Delta E^*_{ab}=2.951 \cdot \ln(t+35)-10.569$	0.893
	蛤粉	$\Delta E^*_{ab}=6.097 \cdot \ln(t+17)-17.754$	0.965
	古代石墨	$\Delta E^*_{ab}=1.643 \cdot \ln(t+18)-4.785$	0.911
	朱砂	$\Delta E^*_{ab}=4.046 \cdot \ln(t+9)-9.395$	0.952
	雌黄	$\Delta E^*_{ab}=6.009 \cdot \ln(t+15)-16.664$	0.988

表 2　不同光源对四种颜料的相对影响程度

光源	石青	蛤粉	古代石墨	朱砂	雌黄	平均值
金卤灯	0.82	1.53	0.51	1.07	1.06	1.00
卤钨灯	0.64	1.09	0.52	0.65	1.10	0.80
WLED	0.43	0.99	0.27	0.65	0.97	0.66

2. 典型既有光源对有机颜料色彩的影响系数

根据实验测得的 CIE LAB 基础数据，计算胭脂（红色）、藤黄（黄色）、花青（青色）、松墨（黑色）四种颜色在金卤灯、卤钨灯、RYGB 型 WLED 三种光源照射下，各个周期相对于初始状态的色差值。根据计算结果，以曝光量为横坐标，以色差值为纵坐标，绘制各个周期色差随曝光量变化的实验结果折线图（图 6）。

观察有机颜料色差变化折线图可以发现，不同光源照射下四种颜料色差随曝光量变化基本符合对数函数关系，因此对各光源影响下四种有机颜料色差随曝光量变化数据进行回归分析，拟合颜料色差随曝光量变化对数曲线（图7）。

根据有机颜料色差变化函数曲线，各光源照射下四种颜料色差 ΔE^*_{ab} 随曝光量 H_{dm} 的变化曲线符合对数函数关系。实验过程中为得到不同光源的量化影响，控制各书画试件表面辐照度 E_{dm} 相同均为 17.5 W/m^2，因此根据公式（2）可拟合得到各光源照射下四种颜料色差随曝光量的函数关系式（见表3），此函数关系式可应用于推理得到任何曝光量值下的色差变化值。

通过观察有机颜料色差变化曲线可以发现，在各光源照射下，四种颜料色差呈现出先快后慢并逐渐趋缓的

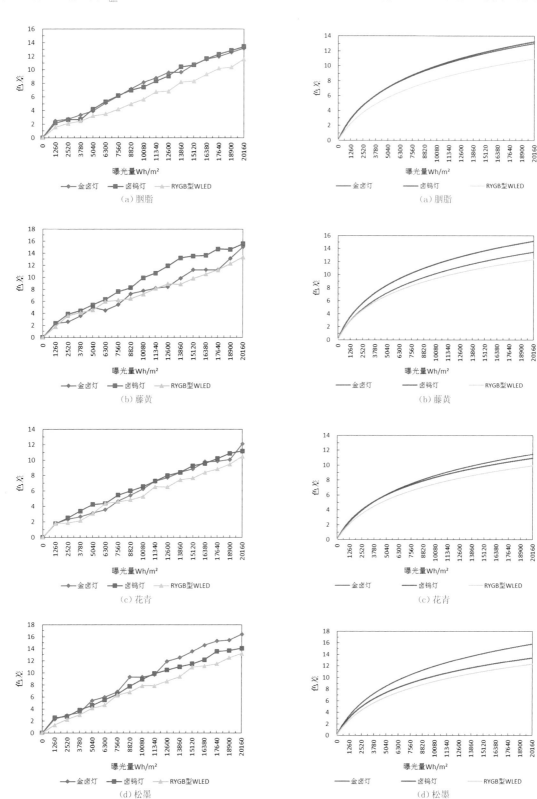

图6　三种光源照射下四种颜料色差随曝光量变化图　　　图7　三种光源照射下四种颜料色差衰变函数曲线图

表 3　各光源对四种颜料的色差影响函数表

波长（nm）	颜料	函数关系	函数相关性（R^2）
金卤灯	胭脂	$\Delta E^*_{ab}=4.997 \cdot \ln(t+93)-22.620$	0.887
	藤黄	$\Delta E^*_{ab}=5.346 \cdot \ln(t+102)-24.684$	0.847
	花青	$\Delta E^*_{ab}=4.684 \cdot \ln(t+110)-21.980$	0.834
	松墨	$\Delta E^*_{ab}=6.210 \cdot \ln(t+99)-28.489$	0.909
卤钨灯	胭脂	$\Delta E^*_{ab}=5.226 \cdot \ln(t+100)-24.041$	0.886
	藤黄	$\Delta E^*_{ab}=5.623 \cdot \ln(t+84)-24.876$	0.930
	花青	$\Delta E^*_{ab}=4.116 \cdot \ln(t+88)-18.388$	0.907
	松墨	$\Delta E^*_{ab}=4.973 \cdot \ln(t+84)-22.019$	0.921
WLED	胭脂	$\Delta E^*_{ab}=4.506 \cdot \ln(t+112)-21.258$	0.842
	藤黄	$\Delta E^*_{ab}=4.588 \cdot \ln(t+85)-20.364$	0.887
	花青	$\Delta E^*_{ab}=3.934 \cdot \ln(t+101)-18.144$	0.858
	松墨	$\Delta E^*_{ab}=4.842 \cdot \ln(t+99)-22.215$	0.926

变化趋势，最终随曝光量的不断增加将趋于稳定。因此可以认为，当曝光量增加到无穷大时，颜料色差将趋于某一稳定值不再变化。为了确定不同光源对颜料的最终影响，当照射时间 t 足够长时，将四种颜料在各光源照射下色差的变化函数关系式求比值，可得到各光源照射下四种颜料的相对影响系数。

现定义四种有机颜料在金卤灯照射下的最终色差平均值为 1.00，按此系数对各光源最终照射结果进行折减，可得到各光源照射下四种颜料的相对影响系数，以用来评价各光源对四种颜料色彩的相对影响程度（见表 4）。

表 4　不同光源对四种颜料的相对影响程度

光源	胭脂	藤黄	花青	松墨	平均值
金卤灯	0.94	1.01	0.88	1.17	1.00
卤钨灯	0.98	0.99	0.77	0.94	0.92
WLED	0.85	0.86	0.74	0.91	0.84

基于模拟实验的产品指标测试分析报告

撰写人：高帅
测试参与：杨秀杰、刘健、李冰
测试单位：北京清城品盛照明研究院有限公司
参与测试单位：北京清控人居光电研究院有限公司
项目指导：荣浩磊
支持单位：华格、赛尔富、红日、晶谷、埃克苏、汤石、欧普

一　测试背景与目标

本次测试为"美术馆照明质量评估方法与体系的研究"课题的一部分，主要针对美术馆中常用灯具的参数进行测试与研究，以了解市面 LED 灯具产品的技术水平，为评估体系中指标的确定提供依据。

本次数据采集，采用模拟实验测试的方法，选取美术馆中典型的洗墙照明应用，提出照明要求，征集对应解决方案的 LED 灯具产品，建立统一检测规则，使用专业仪器和方法进行测试，对数据进行统计分析。

二　测试模型

此次实验仅针对提供样品进行测试，测试条件如图 1。

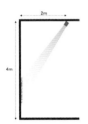

图1　测试模型及测试布点展示图

被测典型应用为 4m 高空间，灯具距墙 2m，1200mm×1200mm 被测面，按中心布点法设置网格，便于布点测试。设置相同的照度要求，控制平均照度在 360lx±10lx 范围内（考虑调光误差）。本次实验共征集灯具样品 14 款，部分灯具图片如图 2。

图2　部分灯具样品图

本次实验每个类型灯具征集两种色温，3000K、4000K，分别进行测试数据比对，灯具样品参数见表 1。

表 1　样品参数

色温	编号	功率 W	角度	备注
3000K	W1	25	30°	可调光
	W2	28	25°	可调光
	W3	30	24°	可调光
	W4	25	/	可调光
	W5	30	36°	不可调光
	W6	28	29°	可调光
	W7	36.7	30°	可调光
4000K	M1	25	30°	可调光
	M2	28	25°	可调光
	M3	30	24°	可调光
	M4	25	/	可调光
	M5	30	36°	不可调光
	M6	28	29°	可调光
	M7	36.7	30°	可调光

三　测试数据类型

根据评价体系中的指标项，本次测试包含了用光安全（紫外、红外辐射含量）、灯具性能（显色参数 R_a/$R9$/R_f、频闪、色容差）、光的分布（亮／照度均匀度）三个方面的参数，如图 3。

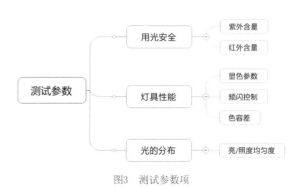

图3　测试参数项

（一）紫外、红外辐射含量

紫外、红外辐射可能引起展品变褪色、干化、变形、裂纹等，因此其含量是衡量产品安全的重要指标。目前国标中对紫外含量的要求为小于 20μW/lm，在前期研究中发现，随着 LED 技术不断进步，LED 灯具紫外含量基本在 10μW/lm 以下，有很大的提升。红外辐射限值在现行标准中未提及，本次测试仅呈现客观数值。

（二）显色参数

显色参数包含显色指数（R_a、R9）、色彩保真度（R_f）、色彩饱和度（R_g）。显色指数是常用参数，色彩保真度数值与显色指数数值具有一定相关性，但 R_f 数值具有一定优势，因此本次实验也对 R_f 进行了测试。由于色彩饱和度（R_g）代表各标准色在测试光源下与参考光源相比饱和度的改变，其评价是一个主观感受的结果，无标准限值，因此本次测试未涉及。

（三）频闪

频闪与参观者的视觉感知有关，影响观展体验，严重引起不适，本次测量采集闪烁频率和波动深度，对频闪参数进行比对。

（四）色容差

色容差考核灯具的色温指标与标准光源色温的偏差，与观展感受、展品效果呈现相关。

（五）亮/照度均匀度

本次测试，通过均匀度考核光在垂直展品表面的光分布，是影响观展视觉感受、清晰度的重要指标。

四 测试数据分析

依据设定的实验条件和照明要求，对征集的各种解决方案，在实验室内按照真实情况安装，由国家 CNAS、CMA 认可资质的专业实验室采用有效标定的专业仪器，对各项指标进行检测，由展陈和照明设计师对指标进行分析和评估（图4）。

对每款灯具进行现场测量和数据记录，见表2，如图5。

表2 数据记录表

编号		W2
平均照度 lx		366
均匀度		0.69
平均亮度/最大亮度 cd/m²		90.9/131.8
紫外线 μW/lm		0.7
红外线 μW/㎡		0.008
色温 K		2986
色容差 SDCM		1.9
显色指数	93.1	R8	86
R1	94	R9	67
R2	96	R10	89
R3	97	R11	94
R4	94	R12	80
R5	93	R13	94
R6	95	R14	98
R7	94	R15	91

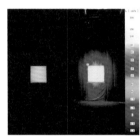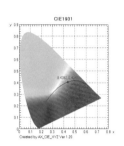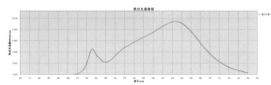

图5 测试数据记录图

测试完成后对数据进行对比处理和分析，如图6。

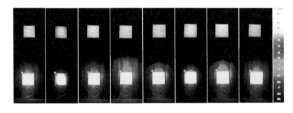

图6 部分测试数据对比图

（一）紫外含量数据对比分析

本次测试对 315nm～400nm 的紫外含量进行测试，数据显示，3000K、4000K 灯具的紫外含量均不大于 0.7μW/lm，最优值可到 0.3μW/lm；两色温段灯具总体紫外含量水平相差不大（红线为平均值）；多数数据集中于 0.7μW/lm 和 0.5μW/lm 两个数值段；其中四个厂家的两种色温的紫外含量有差异，但差异不大。从数据看，LED 紫外含量控制方面具有较大优势（图7）。

图4 现场测试图

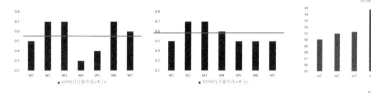

图7 紫外线含量数据对比图

（二）红外含量数据对比分析

本次测试对760nm ~ 1100nm的红外含量进行测试，数据显示，3000K、4000K灯具的红外含量均不大于$0.01\mu W/㎡$，最优值可到$0.004\mu W/㎡$；红外含量与色温区别无明显相关；多数数据集中于$0.006\mu W/㎡~0.008\mu W/㎡$区间；测试过程中，无明显温升。因目前无现行标准限值规定，本次数据测量，可为标准的制定提供参考（图8）。

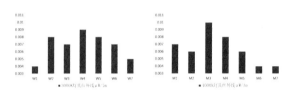

图8 红外线含量数据对比图

（三）显色指数及R9数据对比分析

测试数据中，85%以上的数据显示，显色指数在90以上，最高数据为97，多数数据集中于90 ~ 95之间（9款），达到95以上的灯具3款，达到85以上的灯具2款；而R9指数差异较大，除W4/M4两款的灯具（95/92）外，均在85以下，7款灯具不足60，占50%，最低数值为51；与色温差异无明显相关。从数据看来，多数LED产品显色指数满足标准中不小于90的要求，具备达到较高显色性的能力，接近传统卤素光源的显色性；虽R9值差异大，且部分数值较低，但从数据分布来看，也具备高R9值的可能，对产品研发及产品选用具有一定指导（图9）。

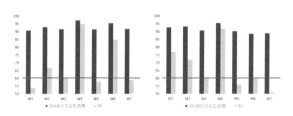

图9 显色指数与R9数据对比图

（四）色彩保真度 R_f 数据对比分析

3000K、4000K灯具的测试数据均在86以上，达到90以上的灯具共8款，占一半以上。4000K灯具整体色彩保真数值呈现略低于3000K灯具的趋势（图10）。

（五）色容差数据对比分析

3000K、4000K灯具的测试数据均在7SDCM以内，2款灯具在5 ~ 7SDCM之间，12款灯具在5SDCM以下，占86%，多数满足标准要求。3000K灯具整体色容差数值略低于4000K灯具。可见，大多LED产品在色容差控制方面呈现较好水平（图11）。

图10 色彩保真度R$_f$数据对比图

图11 色容差数据对比图

（六）照度均匀度数据对比分析

3000K、4000K灯具的测试数据均在0.4 ~ 0.7之间，2款灯具在0.7 ~ 0.8之间、6款灯具在0.6 ~ 0.7之间、5款灯具在0.5 ~ 0.6之间、1款灯具在0.4 ~ 0.5之间，多数数据集中在0.6 ~ 0.7之间，较不小于0.8的规范要求略低，有待提高（图12）。

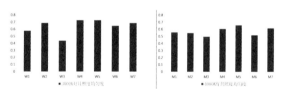

图12 照度均匀度数据对比图

（七）频闪数据对比分析

对频闪数据进行统计，仪器评价存在频闪的灯具有4款，由于测试过程中，为达到相同照度，除W5/M5灯具外，均进行了调光。为验证调光对频闪的影响，测试后，对4款出现频闪的灯具，在满功率输出的情况下，进行了二次测试，结果显示，频闪情况有所改善。测试表明，多数LED灯具均可进行良好的频闪控制；调光可能会引起频闪的产生，但大部分灯具依然能够在调光后有效控制频闪，可见目前LED产品具备有效控制频闪的能力（见表3）。

表 3　色温与频闪对照表

色温	灯具	频率 Hz	闪烁百分比	闪烁指数	仪器评价
3000K	W1	100	48.5%	0.149	十分严重
	W2	0	0	0	几乎没有
	W3	3921.6	11.6%	0.030	高频豁免
	W4	0	0	0	几乎没有
	W5	0	0	0	几乎没有
	W6	0	0	0	几乎没有
	W7	99.8	11%	0.032	明显存在
4000K	M1	100	48.5%	0.149	十分严重
	M2	0	0	0	几乎没有
	M3	3906.3	21.2%	0.060	高频豁免
	M4	2040.8	2.8%	0.006	几乎没有
	M5	0	0	0	几乎没有
	M6	0	0	0	几乎没有
	M7	100	10.9%	0.032	明显存在

五　总结

　　LED 在紫外辐射含量控制方面具有明显优势。LED 的显色指数、色彩保真度参数方面均不弱于传统光源；测试产品中 R9 值部分较低，差异较大，但最高也能达到 95，灯具选取时需测试进行甄别；色容差方面，多数产品能够达到 5SDCM 以内，色彩一致性较好；单灯均匀度未达到标准不小于 0.8 的要求，需改善；多数产品不存在频闪问题，但调光可能引起频闪，由于目前美术馆中对灯具调光多有需求，因此调光引起灯具频闪的问题，亟待改善。除色彩保真度、色容差参数呈 3000K 略优于 4000K 的趋势，其他指标差异均与色温差异无明显相关性，此项结果可有效指导照明设计，但还需扩大测量样本量，以得出确切结论。

　　通过本次模拟实验测试研究，可以发现，灯具产品的参数指标差异较大，良莠不齐，如无检测获取实际参数，较难评估产品优劣，并规避应用风险。因此，公开开放征集解决方案，实测比对关键指标，可以让我们实时了解照明行业真实的技术水平和市场供给能力，而模拟实验检测的方法为这一目标提供了有效手段。

中国国家博物馆视觉健康舒适度人因评测分析报告

撰写人：蔡建奇
测试单位：中国标准化研究院
项目负责：蔡建奇
支持单位：中国国家博物馆

一 实验目的

为客观量化评价中国国家博物馆照明对于人眼的视觉系统影响，中国标准化研究院与中国国家博物馆等单位合作，共同在中国国家博物馆 X 展厅和 Y 展厅进行总计 24 人的视觉人因实验。为博物馆照明和美术馆照明标准的研制提供客观生理数据依托。

二 测试方法

（一）测试项目

本次评测依据 ISA 7002-2017《LED products——Test of visual healthy and comfort degree Part 2：Test method and technological requirements basing on physiological function of human eyes》标准，通过样本量为 24 人的人因实验——通过评测被试者在中国国家博物馆额定照明空间内进行 45 分钟展品的观视，测试观视前后的视觉功能变化，得出博物馆照明对于人眼视功能的生理影响变化。量化评测出博物馆照明对于人眼视觉疲劳的影响情况。

测试的视功能生理指标包括人眼基础屈光（RS）、调节集合调节比（AC/A）、高阶像差（HOAs）、调制传递函数（MTF）、眼轴长度（AL）、角膜曲率（KM）、前房深度（ACD）、角膜中心厚度（CT）、角膜宽度（WTW）、瞳孔直径（PS），共计 10 个客观生理量。

视觉舒适度客观生理评价模型——VICO 模型，是基于样本量为 9351 人次的人眼视功能参数数据库，通过多参数评价理论和 BP 神经网络原理所构建的，如图 1 所示。

本次测试结果采用 24 名被试者在 45 分钟视觉作业前后的视功能生理数据——基础屈光、调节集合调节比（AC/A）、高阶像差（HOAs）、调制传递函数（MTF）、眼轴长度（AL）、角膜曲率（KM）前房深度（ACD）、角膜中心厚度（CT）、角膜宽度（WTW）、瞳孔直径（PS）。通过 VICO 算法模型，得出产品的视觉舒适度测量结果——VICO 测试值。VICO 指数共分为 5 级。级数越高说明视觉健康舒适度程度越低，产品对于人眼的视疲劳影响越大，具体如表 1 所示。

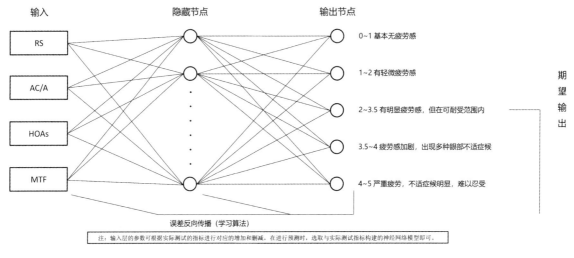

图1　视觉疲劳BP神经网络预测模型VICO结构图

表1 视觉健康舒适度（VICO 指数）量化分级表

分级	1	2	3	4	5
VICO 指数测量值	0～1	1～2	2～3	3～4	4～5
视觉感知表征	基本无疲劳感	有轻微疲劳感	有明显疲劳感，但在耐受范围内	疲劳感加剧，出现多种眼部不适	严重疲劳感，不适症候明显，难以忍受

图2 测试简要流程图

（二）测试设备

① 视觉质量综合测试平台（IDE-H）用于测量人眼的高阶像差（HOAs）和调制传递函数（MTF）；

② 验光机（KR-1）用于测量人眼的球光、散光和角膜曲率。

③ 综合验光台（DK-3100）用于测量人眼睫状肌的调节集合调节比（AC/A）。

④ 光干涉式眼轴长测量仪（AL-Scan）用于测量眼轴长度（AL）、角膜曲率（KM）、前房深度（ACD）、角膜中心厚度（CT）、角膜宽度（WTW）、瞳孔直径(PS)。

（三）测试项目

中国国家博物馆照明光环境。

（四）简要测试流程

评测依据 ISA7002-2017《LED products——Test of visual healthy and comfort degree Part 2：Test method and technological requirements basing on physiological function of human eyes》标准要求。

首先，被试者在测试现场休息（眼睛不能观看电子类产品）15分钟后，通过验光机、视觉综合测试平台及综合验光台，测试被试者初始状态下的基础屈光、人眼调节聚集调节比、人眼像差、调制传递函数、眼轴长度、角膜曲率、前房深度、角膜中心厚度、角膜宽度、瞳孔直径的初始数据（见表2），然后开始在博物馆展厅内进行45分钟视觉作业任务（任务为观看各类画作），最后在视觉作业任务结束后对被试者再进行一次基础屈光、调节集合调节比、高阶像差和调制传递函数、眼轴长度、角膜曲率、前房深度、角膜中心厚度、角膜宽度、瞳孔直径测试。测试流程图如图2所示。

（五）被试样本

本次测试的实验对象总计24人，文化水平初中以上，

表2 视功能生理指标测试内容表

序号	测试项目名称
1	基础屈光（Refractive）
2	人眼像差（Aberration）
3	调制传递函数（MTF）
4	人眼调节集合调节比（AC/A）
5	眼轴长度（AL）
6	角膜曲率（KM）
7	前房深度（ACD）
8	角膜中心厚度（CCT）
9	角膜宽度（WTW）
10	瞳孔直径（PS）

年龄5～41周岁，平均年龄30.2周岁。所有被试者视力状态正常，无眼部疾病。被试人信息见表3所示。

表3 被试人信息统计表

测试类别	人数	平均年龄	男女比例	屈光范围 (m⁻¹)	平均屈光 (m⁻¹)	
					左	右
博物馆照明	24	30.2	5:19	+1.8 ～ -5.95	-2.09	-1.85

三 测试结果分析

本次测试结果与本实验室前期进行的其他三类光环境的视觉实验结果进行比对分析，其中，国家博物馆简称GB；暗空间简称JR；教学空间简称CS；办公空间简称YS。

我们对上述四类光环境的人眼视功能结果进行了分析，主要包括光学传递函数（MTF）、高阶像差、调节聚集调节比（AC/A），分析结果如下。

在图3中，椭圆代表置信椭圆（置信度90%，表示这个场所测试人群的该参数值有90%的可能性出现在这个范围内）。置信椭圆的分布可以代表这个场所测试数据的分布特征。椭圆位置越靠上或靠右，说明这些点的数值越大。

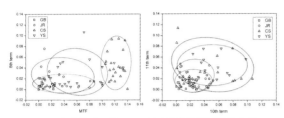

图3　光学传递函数（MTF）及高阶像差测试结果分析

在MTF与第8、10、11项像差方面，GB数据变化明显小于其他三类光环境，说明国家博物馆照明下的观视作业引起的人眼视功能受到的影响小于其他三类光环境。

在图4中，中间的横线表示中位数（比它大的数和比它小的数的个数相同），箱子上、下边框是上四分位数和下四分位数（将数由小到大排列，前25%～75%的数）。箱子两端上、下线条端点表示最大值和最小值。

由图4可以看出，CS和YS中位数明显高于GB与JR。箱子体本身有重合部分，但整体看来还是CS和YS明显高于GB与JR。

因此，博物馆观视作业下人眼AC/A受到的影响小于其他三类光环境。

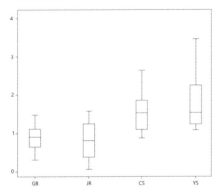

图4　调节聚集调节比（AC/A）测试结果分析

四　结论

本次在国家博物馆照明光环境下的人眼视觉舒适度测试分析结果如上，依据ISA 7002-2017《LED products——Test of visual healthy and comfort degree Part 2：Test method and technological requirements basing on physiological function of human eyes》及CSA 035.2-2017《LED照明产品视觉健康舒适度测试第2部分：测试方法——基于人眼生理功能的测试指标》标准，中国国家博物馆照明的人眼视觉

舒适度符合要求小于3，但总体视觉舒适度仍需改进。

五　参考术语

（一）光健康（light health）

基于自然光环境，科学、合理、适度的利用人工光源，使光环境满足人们生理和心理的健康安全需求，这样的理念称为光健康。人在光照环境中，不同波长、强度的光会对眼睛、皮肤、大脑等人体器官产生光生物效应，不同光生物效应会对人体健康产生不同的影响。

（二）视觉健康舒适度（visual health and comfort）

通过生理指标，客观评价光和光介质对于人体视觉系统影响的评价体系。其目标是使人体视觉系统能够维持预定的工作状态，保持生理机能正常，使光设计和光应用满足人体在生理与心理方面的健康安全需求。

视觉健康舒适度评价体系由测试方法和应用要求两部分组成。

测试方法主要分为三个方面，以评价人眼视觉生理功能变化及视疲劳为重点的视觉舒适度（VICO）评价指标；以评价眼底影响为重点的视网膜细胞活力评价指标；以评价人的应激反应、认知负荷、工作效率为重点的脑力负荷评价指标。

应用要求分为室内应用要求和户外应用要求两方面。

（三）视觉舒适度VICO（visual comfort index）

基于眼视光学和主观认知所形成的评价光及光介质对于人眼视觉生理功能变化及视疲劳影响的指标——视觉舒适度指标，该指标独立于物理指标（光谱能量分布、色温、显色指数、照度、亮度、频闪、色域等），是完全从人眼视功能角度客观量化评价光照及光介质对于人眼视觉生理功能影响的指标，主要用于评价照明、显示及眼镜产品对于人眼在视光学角度下的视疲劳影响。

视觉舒适度（VICO指数）共分为五级，级数越高说明人眼的视疲劳程度越高，即所测试的照明产品提供的光环境对人眼视觉健康舒适度影响程度越大，具体量化分级如表4所示。

表4　视觉舒适度（VICO指数）量化分级

等级	1级	2级	3级	4级	5级
测试值	$0 \leq VICO < 1$	$1 \leq VICO < 2$	$2 \leq VICO < 3$	$3 \leq VICO < 4$	$4 \leq VICO < 5$
视觉状态	基本无疲劳感	有轻微疲劳感	有明显疲劳感，但在可耐受范围内	疲劳感加剧，出现多种眼部不适症候	严重疲劳感，不适症候明显，难以忍受
产品合格评判	合格		不合格		

注：眼部不适症候包括流眼泪、视力模糊、眼痒、畏光、眼胀、异物感、眼花、眼干、头疼、头晕、恶心、呕吐等各类综合症状。

美术馆照明光源颜色品质客观分析报告

撰写人：刘强、黄政、林虹余、王炜明、王蔚然、杨星晨、刘颖、濮凡辰
测试单位：武汉大学
项目指导：刘强
支持单位：华格、赛尔富、红日、晶谷、埃克苏、汤石、欧普

一 实验背景与目标

在 2017 年度文化行业标准化研究项目"美术馆照明质量评估方法与体系的研究"支持下，本团队就现阶段我国美术馆照明灯具七家主要供应商提供的 14 组代表性光源颜色品质进行了综合分析与测评。研究通过实际光源辐射亮度测量，获取各光源灯具相对光谱功率分布信息，并由此计算各灯具光谱所对应的 21 类典型颜色评价指标。在此基础上，通过统计学方法对各指标关联性进行讨论，并结合目前国际照明领域最新研究成果确定代表性客观指标，随后针对各实验光源颜色品质进行综合分析。本研究相关成果，预计可为我国美术馆照明设计与应用提供理论参考。

图1 灯具光谱功率分布测量实景图

二 光源光谱功率分布信息测量与获取

在本项研究中，本团队收集到了汤石、赛尔富、欧普、晶谷、华格、红日、埃克苏 7 家著名展陈灯具制造商提供的 14 组典型灯具（每组品牌 3000K、4000K 色温各 1 组）。由于本项工作为纯粹学术研究，无任何商业成分，故此处将其随机命名为（品牌 1-3000K、品牌 1-4000K、品牌 2-3000K 等）。在下文中，将不再提及任何灯具品牌信息。

在光源光谱功率分布采集阶段，在武汉大学颜色科学与技术实验室的标准暗室条件下进行各光源辐亮度光谱分布测量。照明光源、标准白板以及光谱辐射度计三者构成一个 45°/0°光学测量几何条件，如图 1 所示。其中，标准白板测量中心、光源中心、SpectraScan PR-705 光谱辐射度计镜头中心均距离地面 120cm；LED 光源距离标准白板中心 180cm，中心线与标准白板水平面的夹角为 45°；光谱辐射度计与标准白板中心的距离为 250cm，且与标准白板的夹角为 90°。在整个实验过程中，利用光谱辐射度计按上述测量条件获取各灯具对应光谱辐亮度分布曲线。为去除在光谱曲线两端由系统误差造成的噪声，通过数据截取选取 400nm ～ 700nm 波段数据，并将波长采样

间隔统一为 10nm。

图 2 及图 3 所示为本实验最终测量所得 14 种灯具的光谱功率分布曲线图及对应色域形状分布。其中，该色域形状分布表示方法为北美照明协会最新提出的光源颜色质量评价维度，其表示测试光源在显色性方面与参考光源的相似程度。由图 2 及图 3 可看出，本实验所采用的 14 组灯具在色域形状分布方法皆与参考光源具有较强的一致性。

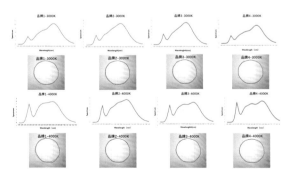

图2 实验灯具光谱功率分布及色域形状分布图（品牌1～4）

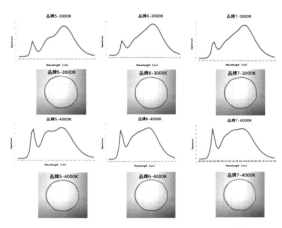

图3　实验灯具光谱功率分布及色域形状分布图（品牌5-7）

三　光源颜色品质客观指标概述

在光源颜色品质客观表征方面，本研究以前述测量采集到的各光源光谱功率分布为基础，对目前本领域国际研究较为经典的21组颜色品质评价指标进行计算。受篇幅所限，本文此处仅对其进行简要介绍。有关各颜色评价指标的详细信息，读者可参阅本课题组最新研究论文（Liu Q, Huang Z, Xiao K, Pointer MR, Westland S, Luo MR. Gamut Volume Index: A colour preference metric based on meta-analysis and optimized colour samples. Optics Express. 2017;25(14):16378-91.）及对应参考文献。

（一）显色指数 CRI（Colour Rendering Index）

显色指数是国际照明委员会（CIE）于1965年确定的光源显色性评价国际标准，其实质为特定颜色样本在待测光源下色度信息与其在参考光源下色度信息间的色差值。半个世纪以来，CRI一直是照明工业各领域应用的绝对标准。然而，随着LED照明技术的发展，该指标在照明颜色品质评价层面的不足也逐渐凸显。

（二）IES-TM30 R_f & R_g

Rf和Rg是北美照明工程协会IESNA所提出的IES TM-30照明颜色品质评价体系的两项重要维度。其中，R_f用于表征各标准色在测试光源照射下与参考光源相比的相似程度，即色彩保真度；R_g则代表各标准色在测试光源下与参考光源相比饱和度的改变。这两个指标的计算是基于新开发的一组来自均匀分布在色空间和波长空间中的实际样本的反射率数据。该指标通过与参考光源进行对比来量化光源的色彩保真度和色域面积，能够更好地对光源照明质量进行综合评价。由于IES方法提供了更精准的忠实显色评价、颜色偏好补充评价以及特殊颜色显示的更多细节信息，其已被国内外学者认可并逐渐在展陈照明领域应用。

（三）颜色质量尺度 CQS（Colour Quality Scale）

CQS系统于2006年由美国国家标准与技术研究院（NIST）Wendy Davis博士和NIST院士、国际照明委员会（CIE）副主席兼第二部分主任 Yoshi Ohno 博士共同提出并逐渐完善。此项光质量评价体系通过将待测灯光与标准光源进行比较来表征其颜色再现的多维属性。相比于显色指数，CQS系统在颜色样本数量、颜色样本饱和度以及平均色差计算方法等方面均有优化。在CQS系统中，Qa指标反映光源颜色的真实度；Qf用来评价相同色温条件和参考光源相比，物体颜色外观的保真度（去除饱和度因子）；Qg对应相对色域面积；Qp强调物体的颜色偏好；Δ 表示CQS的平均色度偏移，即在一定的颜色空间中被测光源的颜色样本和同一相关色温下的参考光源之间的色度差异。

（四）CRI-CAM02UCS

CRI-CAM02UCS新型显色指数由浙江大学罗明教授于2011年提出，其相比传统显色指数具有更好的颜色还原性预测精度。具体而言，该指标包括颜色还原性预测的两大核心算法，即新型色适应变换算法及视觉均匀颜色空间优化。

（五）色分辨指数 CDI（Colour Discrimination Index）

CDI于1972年由美国光学学会 W. A. Thornton 等人提出。该指标独立于参考光源，是一种基于绝对色域的度量，用于评估光源的颜色分辨能力。该指数最显著的特点，在于其基于"在某种光源的照明下，能区别颜色的能力愈强，则此光源的显色性愈好"的假设。

（六）锥面面积指数 CSA（Cone Surface Area）

CSA指标于1997年由英国曼彻斯特理工大学 S. A. Fotios 博士提出，其独立于参考光源，基于绝对色域，称为锥面面积指数。该指数结合了一般显色指数计算中所用的8个样品在1976u'v'色域中的面积和光源的u'v'坐标。CSA表示的是以CRI计算中使用的前8个样品的色域面积为底面、1976w'坐标为高的锥形的表面积。

（七）颜色偏好指数（Colour Preference Index）

CPI指标于1974年由美国光学协会的 W.A. Thornton 提出。该指标是基于色差的度量，用来表征色彩保真度。通过给光源D65赋值100，并保持与显色指数相同的计算形式，Thornton的CPI公式为：CPI=156-7.18（ΔE）。其中 ΔE 是1960年的 CIE uv 色度图中的色移的平均向量长度。

（八）反差感觉指数（Feeling of Contrast Index）

FCI指数由松下电器产业株式会社的 Hashimoto 等人于2000年提出。发明人认为其可表征在任何光源下定量估计对比度感觉的效果。此项指标是通过对 CIELAB 色彩空间中特别选择的四色组合构成的色域区域进行简单变换而得出。部分学者认为，将其与 CIE 显色指数一起使用，可更好地表征光源的显色能力。

（九）全光谱颜色指数（Full Spectrum Colour Index）

FSCI 指标由美国伦斯勒理工学院 Mark S. Rea 博士提出。它采用的是区别于其他指标的计算方法，其旨在量化测试光源的光谱功率分布（SPD）与等能光谱的绝对差异。

（十）色域面积指数（Gamut area Index）

该指标于 2008 年由美国伦斯勒理工学院 Mark S. Rea 以及 J.P.Fressinier 两位学者提出。发明人认为，色样的色度或者辨色能力提高对颜色感知具有正面影响，故此项指标更加注重颜色的饱和度和颜色区分度的变化。GAI 指标对应表示色空间上多个色度坐标点连接形成的封闭多边形的面积区域，即待测光源下 8 个颜色样本（同计算 CRI 使用的 8 个色样）在 CIE LAB 色度图上形成的多边形色域面积。截至目前，多项研究显示，此项指标在颜色喜好预测方面具有较强的有效性。

（十一）色域体积指数（Gamut Volume Index）

GVI 指标由武汉大学刘强副教授课题组于 2017 年底提出，用于评价照明场景的颜色偏好。它的度量标准基于优化颜色样本的绝对色域体积，经多组心理物理学实验验证，相比于现有 20 种经典指标展现出了照明颜色喜好的最优表征性能。该指标不仅适用于同色异谱明场景，而且适用混色温场景。

（十二）基于颜色记忆的显色指数 MCRI

2012 年，比利时鲁汶大学 KAG Smet 博士提出了基于颜色记忆的显色指数 MCRI（Memory Colour Rendering Index）。该指标的构建方式与其他指标存在明显差异，其核心思想在于"在待测光源照射下，物体色彩越接近观察者记忆色貌，则待测光源颜色质量越高"。在近期研究工作中，相关学者发现此项指标与照明颜色喜好存在密切关系。

（十三）CRI2012

CRI2012 由比利时鲁汶大学 KAG Smet 博士等人提出，其旨在对原始 CIE 显色指数进行升级。具体而言，该指标主要从颜色空间、色适应变换算法以及颜色样本选取等角度对传统显色指数进行修正。

（十四）颜色质量指数 Colour Quality Index（CQI、CQI2'）

自 2015 年以来，德国达姆斯塔特工业大学 Khanh 团队依据其设计的心理物理学实验，通过现有光源颜色指标多元线性拟合的方式，先后提出了多项组合指标。其中，CQI 指标表示光源相关色温以及记忆显色指数 MCRI 的线性组合，CQI'指标表示光源相关色温、色度偏移量 Δ 以及记忆显色指数 MCRI 的线性组合。

（十五）R$_a$+GAI（显色指数与色域面积指数混合指标）

显色指数 R$_a$ 与色域面积指数 GAI 的混合使用，最早由美国伦斯勒理工学院 Mark S.Rea 博士提出，其认为二者混合可以更为综合的对光源颜色品质进行表征。随后，比利时鲁汶大学 KAG Smet 博士以及法国学者 Jost-Boissard 等人的工作，证实了显色指数与色域面积指数平均加权指标的有效性。

四 光源颜色品质客观指标关联性分析

基于实验部分采集的 14 种代表性光源光谱功率分布数据，本研究编程计算了前述 21 种典型光源颜色质量指标的具体数值。随后，为揭示各指标之间的内在关联性，进而选择确定典型评价指标，本研究先后采用 Spearman 相关系数分析、主成分分析以及聚类分析三种统计学方法，对上述指标的内在关联性进行了讨论，如图 4 所示。

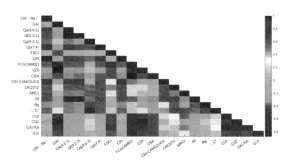

图4 光源颜色品质客观评价指标相关性分析

相关性分析是指对两个或多个具备相关性的变量元素进行分析，从而衡量两个变量因素的相关密切程度。在图 4 中，以色块颜色表示不同指标之间的相关性，即红色为强正相关性，绿色为弱相关性，蓝色为强负相关性。从图 4 中可以看出，各类指标是否基于特定参考光源，对指标间相关性影响明显。例如，颜色还原性度量（R$_a$、CRI-CAMUCS、Qa、Qp、Qf 等）具有较强的负相关性，而绝对色域类指标（如 GAI、GVI、CDI、CSA 等）也具有较强的正相关性。

图 5 表示前述 21 种光源颜色指标的主成分分析载荷图。其中，主成分分析（principal components analysis, PCA）是一种简化数据集的技术。它是一个线性变换。这个变换把数据变换到一个新的坐标系统中，使得任何数据投影的第一大方差在第一个坐标（称为第一主成分）上，第二大方差在第二个坐标（第二主成分）上，依次类推。主成分分析经常用减少数据集的维数，同时保持数

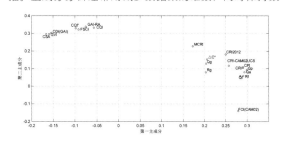

图5 光源颜色品质客观评价指标主成分分析

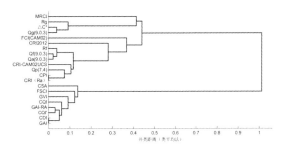

图6　光源颜色品质客观评价指标聚类分析

据集的对方差贡献最大的特征。在本项研究中，经计算本实验数据的前两组主成分累计贡献率接近90%，故此处采用二维分析法对各类指标在主成分空间的载荷分布进行可视化表征。如图4所示，主成分分析结果与前述相关性分析结果具有较强的一致性。

在统计学领域，聚类分析是指将物理或抽象对象的集合分组为由类似的对象组成的多个类的分析过程。图6所示为采用类平均法依据图4中spearman相关系数进行聚类的最终树形图。该图更为直观的表现了各光源颜色品质客观评价指标间的相关性。同样，由图可见，各指标计算方法的差异（相对色差、相对色域、绝对色域等）对于最终指标分组结果具有显著影响。

五　美术馆典型光源颜色品质客观测评

在前述统计分析基础上，结合本文第二部分相关指标特性介绍，本研究最终确定 CRI、GAI、MCRI、R_f、R_g、GVI 六类指标作为代表性评价维度，并依此对本研

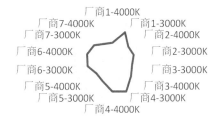

图7　实验光源显色指数CRI测评

图8　实验光源色域面积指数GAI测评

图9　实验光源记忆显色指数MRCI测评

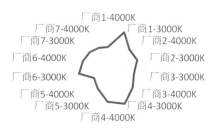

图10　实验光源IES TM-30 Rf测评

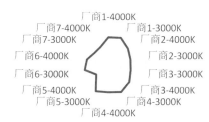

图11　实验光源IES TM-30 Rg测评

图12　实验光源色域体积指数GVI测评

究涉及的 14 组实验光源颜色品质进行综合评定，其结果如图 7～12 所示。

其中，由图 8 以及图 12 可见，基于绝对色域的 GAI 以及 GVI 指标受色温影响较大，不同品牌光源统一显现出 4000K 色温分值（对应颜色喜好）高于 3000K 色温的趋势，该结果与本课题组近期与美术馆即博物馆相关调研结果保持一致。在其他指标方面，不同品牌光源呈现出一定程度的不一致性。

为更为直观的表现各实验光源在前述 6 项指标维度

表1　实验光源颜色品质综合测评

	CRI	GAI	MCRI	R_f	R_g	GVI
厂商1-3000K	优	劣	--	优	优	--
厂商1-4000K	劣	优	劣	劣	--	--
厂商2-3000K	--	劣	--	--	--	劣
厂商2-4000K	--	--	劣	--	--	--
厂商3-3000K	--	--	--	--	--	优
厂商3-4000K	--	--	劣	--	--	--
厂商4-3000K	优	--	优	优	优	--
厂商4-4000K	优	优	优	优	--	优
厂商5-3000K	--	--	--	--	优	--
厂商5-4000K	劣	--	--	劣	劣	优
厂商6-3000K	--	--	--	--	--	劣
厂商6-4000K	--	优	优	--	--	--
厂商7-3000K	--	劣	劣	--	劣	劣
厂商7-4000K	劣	--	劣	劣	劣	--

方面的表现，本研究统计了图7～12中所述各光源综合评分情况（即，若某光源在某指标打分方面排名前三，则定义为"优"，反之排名后三名则定义为"劣"），并将前述结果统一呈现表1中。由表1可见，4号厂商提供的两盏光源灯具在本次测评中表现出最好的照明颜色品质，而2号及7号厂商所提供灯具的颜色品质相对较差。

美术馆照明设计涵盖众多学科领域，具有较强的多学科交叉性。本文仅从照明颜色品质角度，从客观层面对美术馆照明的一般场景光源颜色品质进行研究与讨论。需要特别说明的是，光源颜色品质的测评，同样应涵盖主观测评层面。然而，由于主观测评结果通常受观察人员认知背景、实验物体颜色特性、主观实验设计方法等多种因素影响，故在研究规模一定的条件下，客观测评往往更能有效反映各评价指标间的关联性。在本团队后续工作中，将进一步加强此部分工作调研力度，同时在主观测评方面予以兼顾。

1. D. Nickerson and C. W. Jerome, "Color rendering of light sources: CIE method of specification and its application," Illum. Eng. 60, 262-271 (1965).

2. K. W. Houser, M. Wei, A. David, M. R. Krames, and X. S. Shen, "Review of measures for light-source color rendition and considerations for a two-measure system for characterizing color rendition," Opt. Express 21(8), 10393-10411 (2013).

3. K. Smet, W. R. Ryckaert, M. R. Pointer, G. Deconinck, and P. Hanselaer, "Correlation between color quality metric predictions and visual appreciation of light sources," Opt. Express 19(9), 8151-8166 (2011).

4. T. Khanh, P. Bodrogi, Q. Vinh, and D. Stojanovic, "Colour preference, naturalness, vividness and colour quality metrics, Part 1: Experiments in a room," Light. Res. Technol., 1477153516643359 (2015).

5. T. Khanh, P. Bodrogi, Q. Vinh, and D. Stojanovic, "Colour preference, naturalness, vividness and colour quality metrics, Part 2: Experiments in a viewing booth and analysis of the combined dataset," Light. Res. Technol., 1477153516643570 (2016).

6. T. Khanh and P. Bodrogi, "Colour preference, naturalness, vividness and colour quality metrics, Part 3: Experiments with makeup products and analysis of the complete warm white dataset," Light. Res. Technol., 1477153516669558 (2016).

7. S. Jost-Boissard, M. Fontoynont, and J. Blanc-Gonnet, "Perceived lighting quality of LED sources for the presentation of fruit and vegetables," J. Mod. Opt. 56(13), 1420-1432 (2009).

8. L. Jiang, P. Jin, and P. Lei, "Color discrimination metric based on cone cell sensitivity," Opt. Express 23(11), A741-A751 (2015).

9. Q. Wang, H. Xu, F. Zhang, and Z. Wang, "Influence of color temperature on comfort and preference for LED indoor lighting," Optik 129, 21-29 (2017).

10. M. Wei and K. W. Houser, "Systematic Changes in Gamut Size Affect Color Preference," Leukos 13(1), 23-32 (2017).

11. Y. Lin, M. Wei, K. Smet, A. Tsukitani, P. Bodrogi, and T. Q. Khanh, "Colour preference varies with lighting application," Light. Res. Technol., 1477153515611458 (2015).

12. M. Wei, K. W. Houser, G. R. Allen, and W. W. Beers, "Color Preference under LEDs with Diminished Yellow Emission," Leukos 10(3), 119-131 (2014).

13. M. Islam, R. Dangol, M. Hyvärinen, P. Bhusal, M. Puolakka, and L. Halonen, "User preferences for LED lighting in terms of light spectrum," Light. Res. Technol. 45(6), 641-665 (2013).

14. M. Royer, A. Wilkerson, M. Wei, K. Houser, and R. Davis, "Human perceptions of colour rendition vary with average fidelity, average gamut, and gamut shape," Light. Res. Technol., 1477153516663615 (2016).

15. F. L. Schmidt and J. E. Hunter, Methods of meta-analysis: Correcting error and bias in research findings (Sage publications, 2014), chap. 2.

16. S. M. C. Nascimento and O. Masuda, "Best lighting for visual appreciation of artistic paintings-experiments with real paintings and real illumination," J. Opt. Soc. Am. A 31(4), A214-A219(2014).

17. N. Narendran and L. Deng, "Color rendering properties of LED light sources," Proc SPIE 4776, 61-67 (2002).

18. E. E. Dikel, G. J. Burns, J. A. Veitch, S. Mancini, and G. R. Newsham, "Preferred chromaticity of color-tunable LED lighting," Leukos 10(2), 101-115 (2014).

19. N. Kakitsuba, "Comfortable indoor lighting conditions evaluated from psychological and physiological responses," Leukos 12(3), 163-172 (2016).

20. B. C. Park, J. H. Chang, Y. S. Kim, J. W. Jeong, and A. S. Choi, "A study on the subjective response for corrected colour temperature conditions in a specific space," Indoor Built Environ 19(6), 623-637 (2010).

21. F. Szabó, R. Kéri, J. Schanda, P. Csuti, and E. Mihálykó-Orbán, "A study of preferred colour rendering of light sources: Home lighting," Light. Res. Technol. 48(2), 103-125 (2016).

22. J. P. Freyssinier and M. Rea, "A two-metric proposal to specify the color-rendering properties of light sources for retail lighting," Proc SPIE 7784, 7784V (2002).

23. M. Rea, L. Deng, and R. Wolsey, "NLPIP Lighting Answers: Light Sources and Color," Troy, NY: Rensselaer Polytechnic Institute (2004).

24. W. Davis and Y. Ohno, "Color quality scale," Opt. Eng. 49(3), 033602 (2010).

25. K. Hashimoto, T. Yano, M. Shimizu, and Y. Nayatani, "New method for specifying color rendering properties of light sources based on feeling of contrast," Color Res. Appl. 32(5), 361-371 (2007).

26. W. A. Thornton, "Color-discrimination index," J. Opt. Soc. Am. A 62(2), 191-194 (1972).

27. S. A. Fotios, "The perception of light sources of different colour properties", Doctor of Philosophy Thesis, UMIST, United Kingdom (1997).

28. W. A. Thornton, "A validation of the color-preference index," J. Illum. Eng. Soc. 4(1), 48-52 (1974).

29. M. R. Luo, "The quality of light sources, Color. Technol. 127, 75-87 (2011).

30. K. A. Smet, J. Schanda, L. Whitehead, and R. M. Luo, "CRI2012: A proposal for updating the CIE colour rendering index," Light. Res. Technol. 45(6), 689-709 (2013).

31. A. David, P. T. Fini, K. W. Houser, Y. Ohno, M. P. Royer, K. A. Smet, M. Wei, and L. Whitehead, "Development of the IES method for evaluating the color rendition of light sources," Opt. Express 23(12), 15888-15906 (2015).

32. K. A. G. Smet, W. R. Ryckaert, M. R. Pointer, G. Deconinck, and P. Hanselaer, "Memory colours and colour quality evaluation of conventional and solid-state lamps," Opt. Express 18(25), 26229-26244 (2010).

33. S. Jost-Boissard, P. Avouac, and M. Fontoynont, "Assessing the colour quality of LED sources: Naturalness, attractiveness, colourfulness and colour difference," Light. Res. Technol. 47(7), 769-794(2014).

34. M. S. Rea and J. P. Freyssinier Nova, "Color rendering: A tale of two metrics," Color Res. Appl. 33(3), 192-202 (2008).

35. P. van der Burgt and J. van Kemenade, "About color rendition of light sources: The balance between simplicity and accuracy," Color Res. Appl. 35(2), 85-93 (2010).

36. J. M. Quintero, A. Sudrià, C. E. Hunt, and J. Carreras, "Color rendering map: a graphical metric for assessment of illumination," Opt. Express 20(5), 4939-4956 (2012).

37. Z. Huang, Q. Liu, S. Westland, M. R. Pointer, M. R. Luo, and K. Xiao, "Light dominates colour preference when correlated colour temperature differs," Light. Res. Technol. (posted 6 June 2017, in press).

38. J. Schanda, CIE Colorimetry (Wiley Online Library, 2007), chap. 3

39. Liu Q, Huang Z, Xiao K, Pointer MR, Westland S, Luo MR. Gamut Volume Index: A color preference metric based on meta-analysis and optimized colour samples. Optics Express. 2017; 25(14): 16378-91.

美术馆中艺术品反射眩光的评估

撰写人：罗明、田大林
研究单位：浙江大学
项目指导：罗明
支持单位：中国国家博物馆

一 实验背景与目标

参观、欣赏博物馆中的美术作品已经成为当代人类文化生活的重要组成部分，然而由于很多博物馆的光环境没有进行相应的调制，导致艺术作品的细节呈现以及感染力、表现力都会大打折扣。在这些影响艺术作品的照明问题中，眩光是非常重要且普遍的一种，大多是由不适宜的照明条件所导致。如何定义一个眩光，怎样对艺术品的光环境进行测算，如何评价一个眩光对艺术作品观察情况的影响，都是目前亟待解决的问题。本文从眩光的概念出发，介绍几种测量眩光以及背景光的方法，以及利用亮度、位置等信息计算眩光的公式，评价目前评价眩光的指标适用于博物馆眩光的准确性，并对未来的艺术品眩光评估提供新的思路。

二 眩光的定义及分类

什么是眩光？国际照明委员会（CIE）对眩光的定义为，眩光（glare），指的是视野中，由于不适宜的亮度范围或分布，或在空间或时间上存在极端的亮度对比，以致引起视觉不舒适或者降低物体可见度的视觉情况。按照引发的后果不同，眩光通常可分为两类，失能眩光及不适眩光。

失能眩光(disability glare)是降低视觉功效和可见度的眩光，同时它也往往伴有不舒适感。失能眩光产生的原因是由于视野内高亮度光源的杂散光进入眼睛，在眼球内散射而使视网膜上的物像清晰度和对比度下降。在博物馆的照明环境中，一般不存在失能眩光的情况。

不适眩光(discomfort glare)是仅仅影响视觉舒适度，但是并不至于影响视觉分辨率的眩光。产生不适眩光的原因通常是视野中不同区域内光亮度差别过大进而对人眼的适应水平造成影响。

另外一种眩光是当光源照射成像显示屏幕时，媒介表面反射的、并非图像自身产生的光称之为面纱眩光(veiling glare)。有时，面纱眩光也被称之为环境光晕(ambient flare)。

依眩光产生形式的不同，眩光基本可分为直接眩光(straight glare)和反射眩光(reflected glare)。由光源直接照射人眼产生的眩光是直接眩光，而当观察的方向与物体表面反射强光的特定方向重合或接近时，物体表面反射的光也会产生眩光，也就是反射眩光。在实际博物馆及美术馆的艺术品展出照明中，大部分展览空间采用的都是掩藏式光源，观察者在视野中一般不会看到光源，因此大部分的眩光属于反射眩光，在博物馆照明中，最常见的是由艺术品表面产生的反射眩光。如图1所示，反射眩光会使得画作的暗的部分变得明亮，从而降低了画作的对比度，影响画作被观察时的视觉效果。

图1 反射眩光效果

三 CIE眩光评价公式

不适眩光通常和人的适应水平有关。不适眩光主要受四个因素的影响，即眩光的亮度 L_s、眩光的尺寸（用空间角 ω 表示）、眩光的位置（距离 r 及方位角 θ）以

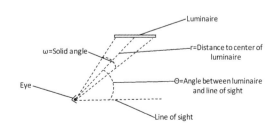

图2 影响不适眩光参数示意图

及背景的亮度 L_b，如图 2 所示。一般的，光源亮度越高、尺寸越大、位置越接近视线中心或者背景越暗，所引起的眩光越明显。

为了评估一个眩光是否为不适眩光，目前经常使用的评价不适眩光的数学模型为由 CIE 国际照明委员会推荐的人工光源模型（Unified Glare Rating，UGR），其数学表达公式为（图3）。

$$UGR = 8 \cdot log_{10}\left(\frac{0.25}{L_b} \sum_{i=1}^{n} \frac{L_{s,i}^2 \cdot \omega_{s,i}}{p_i^2}\right)$$

图3　UGR数学公式

其中，$L_{s,i}$ 为第 i 个眩光源的亮度，$w_{s,i}$ 为第 i 个眩光源的空间角，L_b 为背景环境的亮度，P_i 为第 i 个光源的位置系数。

在 CIE 国际照明委员会的标准中，如果一个眩光的 UGR 大于 19，就认为这个眩光是不适眩光，而如果 UGR 小于 19 则认为这个眩光是可以接受的眩光。可知，只要拥有眩光的四个物理参数 $L_{s,i}$、$w_{s,i}$、L_b 和 P_i，就可以计算出眩光的 UGR 值，就可以判断一个眩光是否为不适眩光，那么对于一个存在眩光的光环境，如何获取这四个物理参数就是关键问题。由于空间角和位置系数只需测量距离并计算即可，相对于亮度的测量较为简单，下面不再赘述，此处将介绍几种测量眩光亮度及背景亮度的方法。

四　眩光公式参数的测量

（一）仪器直接测量

浙江大学罗明教授团队为了验证 UGR 公式对于小尺寸 LED 芯片阵列的适用性，进行了一系列的实验和研究。他们分别考虑光源均匀性以及光谱成分的模型结合，提出了综合考虑二者影响的两种眩光模型。其效果均远胜于 UGR 模型。其中 mUGR 与传统的 UGR 模型类似，均是基于实验数据建立的经验公式；建立了人眼感知与眩光评价的联系，有望成为未来全新的眩光评价工具。

在这个实验中测量了眩光源亮度及背景亮度，下面将对这些参数的测量方法进行分别介绍。

1. 眩光源的亮度 $L_{s,i}$

实验设计制造了四组共十五种不同均匀度的光源，如图 4（I）所示，实验环境如图 4（II）所示。

实验采用 Radiant ProMetric 1600F 高动态范围成像光度色度计对光源的亮度分布进行测量。测量之前，采用 JETI 分光光度计对 ProMetric 1600F 进行了均匀场校正以及亮度校正。

实验在使用 ProMetric 1600F 测量光源亮度分布之前，面临两个难题。

首先每种光源均拥有几个由低到高的亮度等级且相邻等级的亮度按照倍数关系递增，在对不同亮度等级进行测量时，仅仅通过调整曝光时间已经无法覆盖光源亮

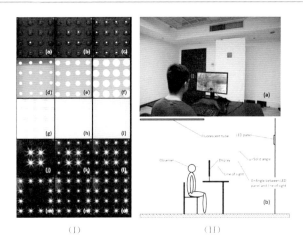

图4　（I）不同的LED光源（II）实验环境与观察者

度范围，需要结合不同衰减率的 ND 镜进行测量，ND 镜对亮度的修正关系是否准确需要进行研究。本实验分别采用 ProMetric 1600F 与 CL-200 测定了光源各个亮度等级的亮度或照度。测定结果显示，ProMetric 1600F 测定的各个等级亮度图像的平均值之间的比例与 CL-200 测得的各个等级的照度比例不同。以 RLED 1 的 1、5 亮度等级为例，ProMetric 1600F 测得的平均亮度为 15 与 467 cd/m²，高低亮度之间的比例为 31.1；照度计测得的照度为 1.07 与 37.45 lx，高低照度之间的比例为 35。两种比例相差超过 10%，表明 ProMetric 1600F 或者 Minolta CL-200 的线性度存在问题。因为 CL-200 的动态范围为 0.1lx ~ 99999 lx，所以可以推断 CL-200 仍在线性区，而 ProMetric 1600 存在非线性效应。

其次，实验的一部分光源为裸露的 LED 芯片，由于 LED 亮度极高，在完全对焦的情况下，LED 仅仅占据 5 ~ 6 个像素点，该区域严重曝光过度而其他区域曝光不足，无法充分利用成像亮度计的测量能力。

针对问题一，实验对光源的测量方法进行了改进。首先假设对于同一光源，不同亮度等级的相对亮度分布一致；然后采用 ProMetric 1600 捕获最低亮度等级的 LED 光源图像；之后采用 CL-200A 照度计测定光源在各个亮度等级的照度，并且计算不同等级之间的照度比值；最后通过该比值以及第一步所获得亮度图像，按比例计算出更高亮度等级的光源的亮度图像。

针对问题二，实验在欠对焦的情况下对 LED 芯片进行测定，实际测定的 LED 亮度分布如图 5 所示（以 RLED 3 为例）。由图可知，该亮度分布图中，每一个 LED 芯片的像都弥散为较大的光斑。设光斑的直径为 r_1、平均亮度为 L_1，LED 芯片的实际直径为 r_2，平均亮度为 L_2。根据光度学原理，单个光斑的光强度 I_1 如下所示。

$$I_1 = L_1 \cdot (\pi \cdot r_1^2) \tag{4.1}$$

同理，实际单个芯片的光强度 I2 如下所示。

$$I_2 = L_2 \cdot (\pi \cdot r_2^2) \tag{4.2}$$

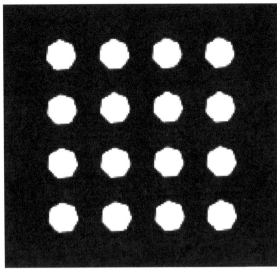

图5　RLED 3亮度分布图

又由成像亮度计的原理可知，其在不同对焦情况下测得的光斑的光强保持不变，即：

$$I_1 = I_2 \tag{4.3}$$

即：

$$L_2 = L_1 \cdot \frac{r_1^2}{r_2^2} \tag{4.4}$$

实验所用 LED 芯片实际发光面的直径为 1 mm，欠聚焦下的弥散斑的直径为 2.1 cm。带入上式可知，单个 LED 芯片的平均亮度 $L_2 = 421 \cdot L_1$。

实验对光环境进行测定时，使用的测量仪器为 CL-200 照度计；Promeitric 亮度色度照相机，如图 6 所示。

图6　测量仪器CL-200照度计及Promeitric亮度色度照相机

2. 背景光的亮度 L_b

在这个实验中，采用天花板的荧光灯提供背景照明，该照明方式提供的照明环境并不均匀。为了比较不同测量方法对最终结果的影响，实验分别采用了三种方案测定背景光亮度。

方法 A：使用 CL-200A 照度计在观察者的眼睛位置测量垂直照度 Ev，然后将照度 Ev 除以 π 得到 L_b；

方法 B：使用 ProMetric 1600F 测量背景的亮度分布图，如图七所示，然后对整个相机视场内的像素值进行平均获得 L_b；

方法 C：由于视线周边的环境光对观察者的适应水平

影响更大，所以仅对图 7 中圈内所示视场区域进行亮度的平均获得 L_b，该区域大小对应于观察者的 20° 视角。

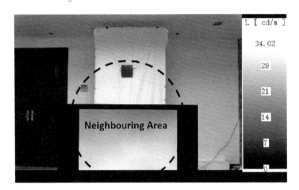

图7　背景亮度图像

三种方法测得的明暗两种背景下的 L_b 如表 1 所示。

在表 1 的三组数据中，A、B 所使用的方法较为粗糙，结果不够精确，但是操作简单；方法 C 得出的数据较为准确，但需要使用相对精确且昂贵的设备及相应的图像处理软件进行计算。采用方法 C 时，需采用较佳的照相机，其解析度需高，动态范围大，方能得到准确地读值。

需要指出的是，在测量背景光时，光源处于关闭状态，显示器处于开启状态，并显示中度灰，显示器对背景亮度也有贡献。

表1　亮暗背景下测得的 L_b

项目	方法 A	方法 B	方法 C
暗背景 L_b	1.6	3.9	12
亮背景 L_b	14.3	15.4	19.4

方法 A 采用 CL-200 照度计；方法 B 采用 ProMetric 1600F，对视场中的像素进行平均；方法 C 对视场中环形区域像素进行平均。

（二）艺术品眩光测算的相机拍摄法

上面介绍了在实验室里如何测量 UGR 公式所需的参数（背景光亮度，反射眩光亮度）。在博物馆眩光的评价中，大部分眩光均属于反射眩光，也就是观察者在视野中不能直接看到光源，上述方法仅能够从艺术品的表面的反射来预估光源的位置，进行反射眩光的计算。如果能以一种更简便易行且准确的方式测算反射眩光的 UGR 参数，那么将对博物馆照明设计和眩光评估提供极大的便利。浙江大学罗明教授提出了一种使用普通的照相机拍摄艺术作品以及照明情况并利用拍摄的照片计算上述参数的方法，在中国美院美术馆的实地调研中进行了一个预实验并取得了一定研究成果，下面将介绍这种方法的具体步骤。

1. 眩光亮度及背景光亮度

由表一得知，使用方法 C 来测量背景光亮度较为精准，但使用的仪器 ProMetric 较重，且需一台电脑，不易操作。本实验采用普通的相机对其进行替代。CIE 三刺激值 XYZ 中的 Y 值与亮度呈线性关系，因此只要能够计算出观察者位置观测的 CIE 三刺激值，并且获得 Y 值和亮度线性关系的系数，就可以计算出观察者位置接收的背景亮度和眩光亮度。而 CIE 三刺激值 XYZ 可以通过照相机模型、由观察者位置拍摄的照片的 RGB 值获得。基于这种方法，对中国美院美术馆第 6 号展厅中的一幅画作及眩光进行了测算，方式为首先拍摄一张同时包含艺术画作、墙壁背景，以及一张 24 色卡的照片，如图 8 所示。拍摄所用相机为佳能 EOS 5D mark Ⅱ。

图8 拍摄的照片包含画作主体、环境条件
以及一张24色卡

然后测量此 24 色卡的 24 个 CIE 三刺激值 XYZ，以及色卡中前 3 个灰阶（最下排的前 3 个色块）的亮度。测量工具为 JETI 分光光度计，如图 9 所示。

图9 JETI分光光度计

用 MATLAB 获取拍摄的图片中，24 色卡的 RGB 值。用多项式拟合的方法，拟合 24 色的 RGB 值和 XYZ 值，获取照相机模型。多项式拟合的表现由相关系数的数量决定，此处使用了 11 个相关系数。经计算照相机模型预测的 24 色与实际值的平均色差为 4.23。利用照相机模型将整张图片从 RGB 转化成 XYZ。在测量的三个灰阶的

亮度与其 Y 值之间，使用线性拟合，获得其系数，然后用这个线性式将整张图片的 Y 值换算成亮度值，即获得了整张图片的亮度分布图。整个流程如图 10 所示。

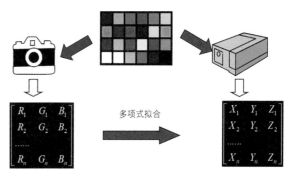

图10 获取亮度分布图的流程

计算画作区域的平均亮度，然后以平均亮度的 2.5 倍作为标准选择定义眩光源。计算获得的亮度分布图经归一化后以灰度图像的形式显示，如图 11 所示。其中，绿色部分为整个环境及画作，平均亮度为 42cd/m²；红色部分为画作主体，平均亮度为 24.8cd/m²；蓝色部分为画作的背景，平均亮度为 62cd/m²；黄色部分为眩光，平均亮度为 101cd/m²。

图11 亮度分布归一化的灰度图

2. 空间角及位置系数

通过照片中 24 色卡的尺寸与实际尺寸的比例关系，计算出图片中单个像素的面积；然后用上面提到的方法判定每个像素是否为眩光后，统计眩光像素的数目，计算眩光像素所占的面积。然后测量相机位置到眩光源的距离，用公式算出空间角 $w_{s,i}$=0.253。以及测量相机与画作的空间位置关系并对照古斯位置系数表，通过查表可得位置系数 p=4。使用图三所示的 UGR 公式，分别将三个不同的背景亮度代入计算，计算结果如表 2 所示。

表2　UGR 值与选用的背景亮度

背景	亮度 (cd/m²)	UGR
整张照片	42	−0.21
画作主体	24.8	1.62
画作背景	62	−1.56

3. 心理物理学实验

如上所述，目前的标准为，当 UGR>19 时，眩光源即被认为是不适眩光，而 UGR<19 时则认为这个眩光是可以接受的。为了确认这个标准对于反射眩光的适用性，同时进行了心理物理学实验，对这幅画作以及眩光的人眼主观感受进行评价和统计，共有 20 人参与了眩光的评价，评价的选项为有眩光且不能接受，有眩光但可以接受，以及完全无眩光。经过统计，实验结果表明，有约 24% 的人认为有眩光且无法接受，有 48% 的人认为有眩光但可以接受。心理物理学实验的结果如图 12 表示。

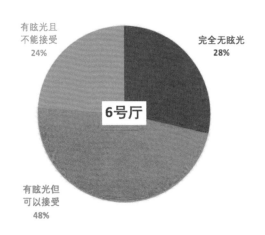

图12　心理物理学实验结果

综合心理物理学实验结果与 UGR 计算结果，不难发现虽然 UGR 值远低于不适眩光的标准值，但观察者仍有 25% 的部分认为这个眩光是不能接受的。也就是说，对于间接眩光的评价，UGR 不能作为一个判断间接眩光是否不适的标准。

4. 实验结论

从计算得到的 UGR 值来看，这幅画作所处光环境的眩光没有达到不适眩光的临界值，因此应当属于可以接受的眩光。然而心理物理学实验的结果却与计算结果相反，这说明 UGR 公式在判断艺术作品表面的反射眩光是否为不适眩光时，并不能作为恰当的标准。因此，我们需要一个新的用于评价物体表面反射眩光的方法及标准。

五　未来展望

通过对上述实验结论的分析及总结，未来对于改进博物馆照明眩光情况的工作应从以下几个方面入手。第一，为了使艺术作品能够完整清晰、富有表现力地呈现在大众面前，照明环境中所有眩光的影响都应当被移除；

第二，需要建立一个新的反射眩光指标 (Reflected Glare Index，RGI)，来表征反射眩光的不适程度；第三，基于相机拍摄测算的系统可以应用于后续的实验中，优点是相机与观察者的位置可以相同；第四，可以设计一个颜色图像处理分析软件，来获取一张彩色图片的亮度分布图，并计算反射眩光系数 RGI；第五，需要设计进行心理物理学实验，标定反射眩光系数 RGI 的评估等级。

1. Yang, Y., Luo, R.M., Ma, S.N. and Liu, X.Y., 2017. Assessing glare. Part 1: Comparing uniform and non-uniform LED luminaires. Lighting Research & Technology, 49(2), pp. 195-210. H.

2. Y. Yang, M. R. Luo and S. N. Ma, Assessing glare. Part 2: Modifying unified glare rating for uniform and non-uniform LED luminaires, Light. Res and Tech., DOI: 1477153516642622, first published on 5 April, 2016.

3. Y. Yang, M. R. Luo and WJ Huang, Assessing glare, Part 3: Glare sources having different colours, Light. Res and Tech., DOI: 1477153516676640, first published on 6 December, 2016.

4. Y. Yang, M. R. Luo and W. J. Huang, Assessing glare. Part 4. Generic models predicting discomfort glare of light-emitting diodes, Light. Res and Tech., DOI: 1177/1477153516684375, first published on 16 March, 2017.

5. Ma S, Yang Y, Luo MR, Liu X. Assessing discomfort glare for raw white LED with different patterns. Leukos. doi:10.1080/15502724.2016.1252683.

6. W. Huang, Y. Yang and M. R. Luo, Discomfort glare caused by white LEDs having different spectral power distributions, Light. Res and Tech., DOI: 10.1177/1477153517704996 | First Published April 19, 2017.

7. W. Huang and M. R. Luo, Verification of CAM15u colour appearance model and the QUGR glare model, Light. Res and Tech. doi.org/10.1177/1477153517734402.

8. M. R. Luo, Y. Yang, W. J. Huang, and S. N. Ma, (0) Generic glare models for predicting non-uniform and coloured LED sources, CIE 2017 Midterm conference, 38-25 Oct. 2017Jeju, Korea, 79-82.

9. Hong G, Luo M R, Rhodes P A. A study of digital camera colorimetric characterisation based on polynomial modelling[J]. 2001.

光环境与书画展品喜好程度的相关性实验研究

撰写人：张原铭、王志胜、高闻、林嘉源、邹念育
测试单位：大连工业大学光子学研究所
项目指导：邹念育、艾晶
支持单位：中国国家博物馆

一　实验背景

书法作为国粹，是一个民族符号，代表了中国文化的博大精深，体现着民族文化的永恒魅力。书法作品大多收藏于博物馆和美术馆，同时中国绝大多数博物馆都设有书画展厅，其中书法作品是主要的展品之一，而且存量巨大。目前国家对于博物馆、美术馆光环境的设计标准主要是依据GB/T23863—2009《博物馆照明设计规范》和 JGJ66—2015《博物馆建筑设计规范》（以下简称"规范"）。而两项规范大多数是针对传统光源，具体指标对已经开始大量应用的LED照明并不完全适用。同时值得关注的是我国迄今尚无明确的美术馆照明设计规范，所以目前博物馆和美术馆对书法作品的照明情况各不相同。

国际照明委员会等相关组织对博物馆展品按照光化学性质进行了划分，书法展品属于最高敏感级，按照上述规范，照明光源色温应≤2900K，照度应≤50lx。我国书法作品主要采用黑色墨汁书写于宣纸之上，国内有关光照对于色彩影响的研究表明，书法作品采用的墨汁的主要成分石墨，具有极其稳定的光化学特性，受光照的影响并不显著。本文基于当前博物馆、美术馆书法作品展陈光环境的现状，在主观层面通过心理物理学实验，获取观察者在不同色温及照度组合下，对于书法展品艺术性的喜好程度。

二　书法作品展陈光环境现状

在2016年出版的《光之变革》——博物馆美术馆LED应用调查报告，收录了大量著名博物馆、美术馆的光环境调研报告。结合实地调研及《光之变革》中的数据，可将目前博物馆、美术馆对书法展品的照明方案可分为三类。第一类采用低照度低色温光源进行照明，第二类采用高色温高照度光源进行照明，第三类采用自然光结合人工光源进行照明。

结合文化部2017年度文化行业标准化研究项目"美术馆照明质量评估方法与体系的研究"，我们对东北地区三家博物馆／美术馆——辽宁省博物馆、鲁迅美术学院艺术博物馆、中山美术馆进行实地调研发现，上述三馆对书法作品的照明所采用的色温与照度存在明显的差异。因此，本文就光环境与书法展品喜好程度的相关性进行研究，探讨适于书法作品展示和欣赏的光环境。

三　实验方法

（一）照度与色温参数选择

1941年发表的Kruithof舒适度区域是照明领域最早反应色温和照度舒适度的实验成果，结论为低照度的低色温光源和高照度的高色温光源被认为是舒适照明（图1中非阴影区域）。图1中长条矩形区域是罗明团队总结的博物馆、美术馆照明照度、色温的实际可选范围，照度200lx ～ 800lx，色温3000K ～ 6000K（图1中矩形框区域），但已有研究表明，照度在200lx ～ 800lx之间，随着照度和色温的不断提升，观察者对于展品的喜好程度增加的并不明显。所以本次实验照度选择为50lx ～ 250lx，共5组照度值，每组间隔50lx；色温选择为2500K ～ 6500K，共5组色温值，每组间隔1000K，如图1虚线框所示。

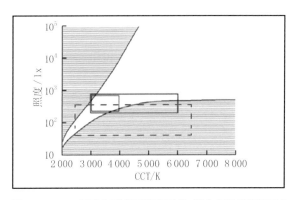

图1　Kruithof舒适度区域（无阴影区域）、博物馆照明舒适区域（方框）及本研究照度色温所选范围（虚线框）

（二）实验方案

本次心理物理学实验搭建一个光环境展示空间，模拟书画展品空间环境。其中，书法作品挂于墙壁一侧，选用 LED 智能光源，显色指数 $R_a=92$，色温及光通量可调。以 30°角度，垂直距离 40cm 对书法作品进行照明。邀请观察者模拟博物馆参观者，距离书法作品 80cm 展开观察，如图 2（a）所示。

图2 心理物理学实验几何条件示意图（a）及作品书法实例（b）

实验选取 30 名观察者，其中男女各 15 人，年龄范围为 18 ~ 26 岁，均为大连工业大学学生，其均通过色盲测试且事先不了解实验内容。具体实验时，实验人员随机采用不同光源对书法作品进行照射，来实现不同照度和色温的组合，要求观察者依据 7 级李克特量表对其展陈喜好进行打分，即非常喜欢（3 分），比较喜欢（2 分），轻微喜欢（1 分），不喜欢也不讨厌（0 分），轻微不喜欢（-1 分），比较不喜欢（-2 分），非常不喜欢（-3 分）。

为去除色适应等视觉现象对最终实验结果的影响，实验中要求观察者采用口述方式进行打分，实验人员负责记录数据。同时，为避免记忆色效应的影响，在改变照度和光源色温时，要求观察者闭眼适应 20 ~ 30s。

四 实验结果

本次心理物理学实验共获得 30 名观察者对于书法作品在 5 种照度和 5 种相关色温光源下，总计 750 组书法展品喜好程度的数据。

表 1 为不同照明光源条件下，30 名观察者对不同照度和光源色温下书法展品喜好评价的平均得分情况。其中，平均得分越高，说明喜好程度越高，平均分高于 0 分说明观察者对于该照明条件下的书法展品较为喜欢。从表 1 中可以看出，在不同照度和光源色温下，观察者对于书法展品喜好程度存在显著差异。整体来看，在 2500K 和 6500K 相关色温照明条件下观察者喜好程度较低，而在 3500K、4500K 和 5500K 条件下喜好程度较高；照度方面，不同照度照明条件下均有较高的喜好程度，并且随着照度的增加，观察者对书法展品的喜好程度也随之增加。此外，研究发现在 4500K、200lx 的照明条件下书法展品的喜好得分达到 0.86。

表 1 不同照度和光源色温下书法展品喜好程度实验结果（平均值）

色温 照度	2500K	3500K	4500K	5500K	6500K	平均分
50lx	0.26	0.42	0.38	0.13	-0.68	0.10
100lx	-0.02	0.45	0.42	0.39	-0.51	0.15
150lx	-0.47	0.58	0.57	0.45	0.24	0.27
200lx	-0.63	0.68	0.86	0.61	0.37	0.38
250lx	-0.56	0.67	0.43	0.51	0.41	0.29
平均分	-0.28	0.56	0.53	0.42	-0.03	—

表 2 以标准差的形式，对不同照度和光源色温下书法展品喜好评价一致性进行表述。其中，标准差越小，说明喜好评价一致性越高，标准差越高，说明喜好评价一致性越低。从表 2 可以看出，书法展品喜好评价一致性受照度和光源色温的共同影响。整体来看，4500K 光源色温下书法展品喜好一致性较高，而 2500K 光源色温下评价一致性较低，200lx 照度下书法展品喜好一致性较高，而 50lx 照度下评价一致性较低。相比之下，50lx 照度和 2500K 光源色温下评价标准差相对较高，说明不同观察者之间对其喜好评价的差异性较大，而在 200lx 照度和 4500K 光源色温下评价标准差相对比较低，说明不同观察者之间对其喜好程度更为接近。

表 2 不同照度和光源色温下书法展品喜好程度实验结果（标准差）

色温 照度	2500K	3500K	4500K	5500K	6500K	平均分
50lx	1.84	1.51	1.24	1.35	1.24	1.44
100lx	1.53	1.43	1.25	1.13	1.23	1.31
150lx	1.62	1.33	1.25	1.32	1.42	1.39
200lx	1.31	1.13	1.08	1.46	1.53	1.30
250lx	1.24	1.57	1.36	1.40	1.42	1.40
平均分	1.50	1.39	1.24	1.33	1.37	—

图 3（a）~（e）分别为在 50lx、100lx、150lx、200lx 和 250lx 照度下，色温的改变对于书法展品喜好评价的正态分布图。根据图像可以发现，在同一照度不同光源色温条件下，观察者的喜好分布差异性较为显著。图 4（a）~（e）分别为在 2500K、3500K、4500K、5500K 和 6500K 色温下，照度的改变对于书法展品喜好评价的正态分布图，由图可知，在同一光源色温不同照度条件下，观察者的喜好分布明显更为一致。该现象说明，光

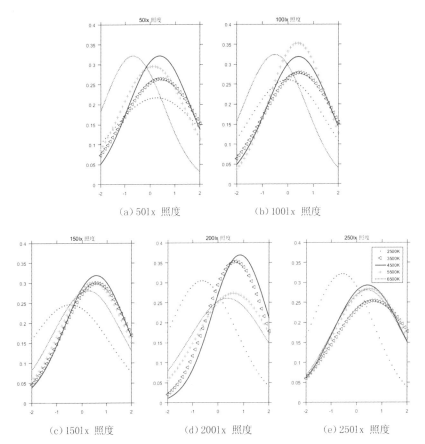

(a) 50lx 照度　　　　　　　　　(b) 100lx 照度

(c) 150lx 照度　　　　(d) 200lx 照度　　　　(e) 250lx 照度

图3　相同照度不同光源色温下的书法展品喜好程度分布（其中图中纵坐标为选择率，横坐标表示喜好程度）

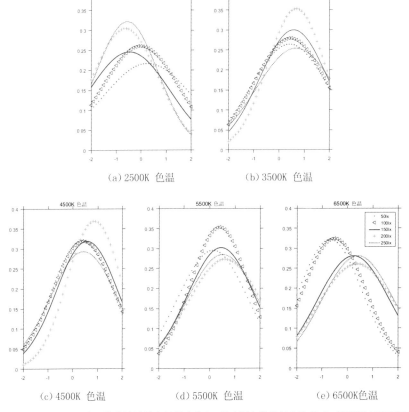

(a) 2500K 色温　　　　　　　　　(b) 3500K 色温

(c) 4500K 色温　　　　(d) 5500K 色温　　　　(e) 6500K色温

图4　同一光源色温不同照度下的书法展品喜好程度分布（其中图中纵坐标为选择率，横坐标表示喜好程度）

源色温对于参展者对书法展品的喜好影响显著强于照度的影响。相比之下，在照度为 150lx 时，观察者喜好分布差异较小，即观察者对于书法展品的喜好受光源色温的影响较低。对比现象值得在后续的研究中关注。

五 结论

本文搭建了书法作品展陈光环境，通过主观层面心理物理实验，对书法作品在不同照度和光源色温下喜好程度的相关性进行了分析与讨论。实验数据结果表明，

在实验观察者为年轻人的条件下，书法展品的喜好程度随着照度的增加而提高，并在 200lx 的照度下喜好程度和评价一致性达到较高水平；书法展品在低色温区域和高色温区域光源照明下的喜好程度较低，中色温区域的光源更适合对书法展品照明；同时，光源色温对于书法展品的喜好影响显著强于照度的影响，但在照度为 150lx 的照明条件下，色温对书法展品的喜好影响较低。研究结果可为今后博物馆、美术馆照明标准的制定工作提供参考。

拓展研究

当"光"成为艺术

陈同乐

美术馆中的灯光艺术是展览中非常核心的因素之一。美术馆中的灯光不仅用于照明和营造展览氛围，更为重要的是，它还是展览效果的一部分，与美术作品共同营造出在观众眼中和心中的艺术形象。

美术馆和博物馆的展品形式不同，需要的观赏感觉也不同，美术馆大多展示为雕塑与画作，保护要求和观赏环境也不尽相同，会较多的利用自然光，或模拟自然光。博物馆则更多需要暗环境与明暗对比较大产生的艺术戏剧感，所以比较少采用自然光和均匀通透的模拟自然光设计。无论用自然光还是用人工光做展览，美术馆的照明设计都是一项复杂的任务，它涉及对光源的基本物理学、几何学、人机工程学、感知心理学和对技术设备与保管的认识。

当前，很多美术馆对灯光设计重视不够，根本还谈不上专业化设计，许多美术馆不仅缺少投入灯光专业技术的研究资金，而且还缺少用于采购专业照明设备的资金。同时，在美术馆的照明设计中，也缺乏专业、系统、成熟的理论体系做指导。

当今美术馆的灯光设计，更多是在摸索中前行，幸运的是，我本人作为主要成员先后参与了2015年文化部科技创新项目"LED在博物馆、美术馆的应用现状与前景研究"和2017年度文化行业标准化研究项目"美术馆照明质量评估方法与体系的研究"两项研究工作，已经拥有了大量的技术资料供今后工作研究参考。有专业厂家参与研究工作，及专家反馈的技术建议，会直接应用到生产上。我们课题组花费大量的时间进行这些研究工作，目的是让展览设计者了解一个概念，什么是博物馆、美术馆的专业照明，怎样完美表现它（图1、2）。

一 立足于观展者的视角

在美术馆照明设计中，设计者需要有换位思考的意识，要经常用参观者的视角，来审视自己的设计方案。

当前，观众参观与欣赏美术馆已成为民众的一种生活方式，从孩童到学生，从家庭主妇到退休老人，都会

图1　江苏省美术馆陈列馆

图2　江苏省美术馆现代之维展

经常走进美术馆。观众身体年龄的不同，知识水平的不同，决定着不同层次的观展者对灯光强弱的适应情况。如过强的灯光会损伤青少年的视力，而过暗的光线却令

老人看不清楚展品。这些因素都要求照明设计师要了解观众的视觉心理需求，要有量化的照明设计，规定最大限制值，合理地满足不同观众的视觉舒适度要求。

设计师还要以参观者的身份进行思考，还要对每个艺术展品以及说明牌进行检查，譬如发现有些时候，观众是否不愿意继续观看展品或在艺术作品前停留时间过短，是因为照明灯光不足造成，还是照明效果不佳导致的精力分散。这些皆可能因为照明设计师考虑不周的结果。此外，只有了解了观众的生理与心理反应，以及了解人的眼睛对光线的敏感度，才可以正确引导。较低的光色和较高的光色，人眼对其视觉敏感度不同，较低色温（偏暖色光）的光线，像白炽灯，在低照度要求等级下，参观者会感觉空间更亮，而色温较高（偏冷色光）的荧光灯，则需要更高的照度等级，才能实现同样的视觉效果。

二　自然光的有效引入

美术馆自然光的使用必须从保护展品的立场出发。一些展品，例如自然光就可以适合于石刻、雕塑等艺术品展示，因石刻、雕塑等展品受自然光中的紫外线损伤弱，如能合理地运用自然光，还能提高石刻和雕塑等艺术品的展示效果。但其他艺术作品则不同，展示中必须要做好自然光中紫外线的过滤处理，像压膜玻璃等形式。另外，设计者还要考虑自然光从屋顶或窗户进入后，与展品和展厅的氛围关系。从屋顶和窗户进来的自然光投射的位置，有时会使地面或墙壁看起来比展品还亮，空间照明的亮度层次会混乱。设计者经常采用分散自然光的形式，利用半透明装置或天花板来改变观众直接看到天空。或在展厅墙面利用柔性材质作漫射体，消除多余的自然光反射。

在展陈照明设计时，设计师还要考虑自然光会在晴天"日光"时表现的光线过强，阴天有时还会光线不足的情形。处理柔和自然光是一种方式，处理较强的自然光则完全不同。强烈的自然光会极大地损伤绘画作品、印刷品、丝织品等对光较敏感的展品。此时，设计者必须要通过不透明或半透明的天窗或软帘等形式来控制自然光。而且，还要控制自然光中的有害辐射和热量，如安装防辐射的镀膜玻璃。因为光和热相互关联，所以必须在设计阶段将平衡两者关系，并在展览运行期间保持对自然光的有效监控。

三　人工光的合理规划

在自然光源不足的情况下，必须要考虑人工光予以补充照明。设计师此时要掌握自然光与人工光的平衡关系，才能创造出令人舒适的光照效果。人工光具有可控性优势，不管是总（分）控制、照明等级、紫外线、照度、色彩、热量等都可以进行精确地设计调节。

设计师要做好用光的量化管理，以分配光强，来满足不同艺术展览的需要。首先，必须要满足观众的视看需求，为他们做好展览的用光视觉导览。对各功能分区通过用光的不同等级予以划分，以便观众可以轻易地识别展览的不同区域，首先是展厅入口与出口识别，其次，是展览本身用光节奏，通过各种不同的灯光对比效果，来营造迥异的艺术气氛，凸显艺术展品的不同主题。

当然，展厅还必须提供应急照明，出现电源故障的情况下，能及时清楚地疏散观众，保证人身安全。设计上，应急照明必须要独立回路控制，或者通过电池，以便在主电路出现故障或应急照明电路与主电路冲突时，应急灯还能保证正常使用。另外，应急照明还必须要能照亮出口等标志（图 3 ～ 5）。

图3　加拿大现代艺术博物馆

图4　荷兰梵高博物馆

图5　加拿大东亚艺术博物馆

四 光影的色彩与明暗

这里谈的光影是指：要用恰当地光影来表现艺术作品。在美术馆展览中，艺术展品要有正确地显色是其成功照明设计的前提。新型 LED 光源目前发展迅速，它在节能和光效方面具有优势，但由于没有统一的美术馆照明规范标准借鉴，在用光要求谨慎的美术馆界，大家还处在探索阶段。传统的白炽灯是全光谱光线，显色性能好，但色温会偏红色，而传统的荧光灯则会偏蓝色。设计师对光源的选择，要以艺术展品的保护为前提，其次才是对艺术展品题材的表现，如：要表现热情奔放的主题，灯光要用暖色，对于表达沉思静谧的作品，灯光需用冷光，艺术作品不同，设计师也必须制订不同方案来决策用光问题。用不同光色来区分不同的主题展览形式，用不同光强来强调不同展品的亮点。利用明暗对比区分空间和强化对人的心理暗示作用，还可以更好地展示不同材质的艺术作品。

五 美术馆光影的视觉技巧

要控制观众的视线和光源的投射，会涉及（光的明暗、光的等级和光的反射）等内容，这些皆需要通过设计师严谨的计算来解决，就像一把椅子的靠背和扶手，是集合了材料、人体尺度、人类工程学的内容来设计一样，灯光方案会涉及观众在不同位置上的视线与照明装置等输出、目标区域和方向之间的匹配关系。

每个照明设备都会有一道锥形光束，观众的眼睛也会形成视野的锥形体。设计者必须要保证这两个锥形体在展品与展厅空间的视觉交叠。人的视锥往往在观察细节时，区域会非常小，当设计师用这样的方式来考虑用光表现不同尺寸的展品时，自然会形成一个心理预期，通过照明的光束角来获取良好地照明展示效果。当然这个视角锥形体区域的详细感知和环绕它的更大空间则是视觉感知区，只需要感知色调和色彩的变化。

六 灯具技术的选择

设计师在选择灯具时，要考虑什么是美术馆的理想灯具。它不仅能保护光源，还可以控制光线，同时，还可以最大限度地发挥潜能、散热良好、易于安装，且能防止角度偏离等优点。另外，合适的外观设计，隐蔽的"见光不见灯"设置，符合标准的推荐数值，以及灯具的寿命、灵活更换性都要综合考虑。此外，设计上还要考虑灯具的电路布置，能清楚地阐明照明设备的电路分布位置。电路布置不仅是设计的一部分，而且还要满足展览管理上的需要，并注明灯具的使用开关，还有是否已成组控制等信息。

总之，美术馆的灯光艺术，会关乎整体美术馆的水平，对美术馆的展陈效果有着至关重要的作用，随着我国文化事业的迅速发展，对美术馆进行照明设计，除了

要满足观众的视觉舒适度体验以外，还要能利用现代的照明智能技术来提升整体设计的服务水平。追求美术馆的高品质展陈照明效果，不仅重视展品保护，还要能营造灯光的艺术体验，同时，要用科学的技术手段来创造优雅而舒适地观展环境，让观众始终在轻松愉悦地光环境中欣赏展品才是正确方向。对于设计师而言，需要根据不同展品的材质类型和对陈列的整体特色来设计灯光，科学选灯用光，合理地搭配光色，才能实现高品质的用光效果。 这些目标实现，都需要安全可靠，经济适用，技术先进，节约能源，维护方便等技术手段做依托（图6、7）。

图6 加拿大艺术博物馆

图7 比利时教堂博物馆

解析美术馆照明质量的评估方法与体系研究

艾晶

一　引言

我国美术馆现阶段发展迅猛，展品类型和展览形式丰富多彩，与传统博物馆在展陈照明方面有差异。如何在美术馆中营造更加舒适的光环境，令观众满意，还能很好地保护展品，需要有大量地工作深入研究。我们课题是针对我国的博物馆、美术馆照明开展的研究，始于2015～2016年文化部科技创新项目"LED在博物馆、美术馆的应用现状与前景研究"，对全国58家博物馆和美术馆进行了实地调研，从中发现了一些关于馆方实际的照明质量问题，在新建和改扩建的博物馆、美术馆缺少照明质量评估标准，在馆方运营管理方面缺少照明业务评估考核，旧馆改造没有照明评估审核做技术支撑等等。当下新型光源LED的发展，正逐步替代传统光源，我们在学术认知上的匮乏，使应用技术上没有甄别照明产品优劣的依据，馆方照明业务缺少科学引导，各种问题层出不穷，正制约着我国博物馆和美术馆整体质量的提高。因此我们承担了2017～2018年度文化行业标准化研究项目"美术馆照明质量评估方法与体系的研究"工作，再次遴选全国42家美术馆深入研究，用理论研究、实验测试和数据分析等综合方法，量化各项美术馆照明质量的评估指标，来满足实际需要。对于如何评价美术馆照明质量，国内仍是一项全新研究领域，我们的工作也是一项填补我国美术馆照明质量评估的行业标准空白研究领域，对于加快淘汰劣质照明产品和引导照明设计，合理地验收美术馆的照明施工与管理水平将会起积极作用，以助推我国美术馆全面提升照明质量。

本人作为项目负责人，向大家解析我们研究的内容，介绍经验，以进一步梳理研究工作，此文为阶段性成果。

二　美术馆照明的特殊性

（一）我国美术馆的发展现状

美术馆是为提高公众文化艺术修养、协助艺术教育、传播美术作品及各类艺术作品的机构，具有收藏、展示、研究、教育、传播的职能。根据全国美术馆藏品普查工作规程，将我国现有的美术馆藏品分为绘画、书法篆刻、雕塑、工艺美术、设计艺术、民间美术、摄影、现代装置、多媒体、综合艺术、其他等11个类别。组织展示方式为两种，第一种是对馆藏进行陈列展示，第二种是各种临时展览。目前，我国美术馆分为公立和私人两大类。现在开放形式基本实现了免费开放的有400多家，私人免费开放的也有9家之多。我国文化部在2008年颁布了对《全国重点美术馆评估办法》，在2010年开展了首次对全国重点美术馆评估工作。第一批有9家国家重点美术馆在2011年1月11日公布，中国美术馆、上海美术馆（中华艺术宫）、江苏省美术馆、广东美术馆、陕西省美术博物馆、湖北美术馆、深圳市关山月美术馆、北京画院美术馆、中央美术学院美术馆。第二批4家全国重点美术馆已于2015年12月18日公布，浙江美术馆、广州艺术博物院（广州美术馆）、武汉美术馆、中国美术学院美术馆榜上有名。在2013年底，据全国美术馆藏品普查工作的统计，全国各级各类美术馆共328家，其中文化系统归口管理国有美术馆268家，而到2016年底全国各级各类美术馆就增至462家，其中文化系统归口管理国有美术馆449家[1]，发展速度非常迅猛。

（二）美术馆照明的特殊性

美术馆照明与博物馆有差异，首先表现在展陈照度条件上的不同，展品类型主要以近现代展品为主，综合材质展品也较丰富，与文物展品居多的博物馆相比，在照明方式与表现方法上有明显差异，而且在运用宽敞明亮的布光方式居多。另外，利用自然光和仿造自然光的照明设计形式较普遍。此外，照明设计更注重对展品的色彩还原和真实感表达。其次，对于参观博物馆的观众也有明显年龄层次上的差别，一些相对艺术欣赏水平较高的观众来美术馆参观的概率更高，他们表现在审美上的要求更显著，反映在视觉舒适度方面的体验感更强烈，相比博物馆观众有更高的审美趋向。另外，在展馆空间尺度方面，美术馆与传统博物馆也有明显不同，尤其是当代艺术品的展示越来越多地出现大体量与大尺度作品，也让新建设的美术馆在空间设计上，会迎合开敞明亮的大空间、大尺度的场所感，与历史文物和文献展居多的博物馆在展陈空间表现形式上有差别，与重视展品保护为主的博物馆形成明显的照明表现手法上的反差。在照明设计上也会迥异，为高空间而选择的照明灯具产品，对灯具的各项物理指标技术要求也会明显高于博物馆的照明产品技术指标。还有对展品色彩还原方面也高于博物馆，这些特殊形式，我们在做美术馆照明评估标准中会合理地引导评估方向。

在照明管理方面也有别于博物馆。我国大多数美术馆没有基本陈列，甚至没有固定的馆藏品，主要工作以临时展览和对外交流展为主，展览周期比较短，常常仅有几天，由于会频繁地更换展品，对照明产品的质量要求也会提高。另外，对光源与灯具产品的使用与维护方面，损坏率增加也会提高美术馆的照明光源和灯具的质量要求，在照明设备的稳定性和安全性方面增强。此外，美术馆在灯具维护方面，也强于博物馆需求，在照明设备的使用上，为满足馆方后期管理上的灵活需求，也会选用能调节和多种用途的智能控制系统为最佳。当然对于美术馆管理者来说，对照明产品的后期维护业务工作量也比博物馆繁重。在对设备后期资金管理方面也会投入更多地资金，以上因素皆明显高于博物馆的照明质量要求。当前我们课题调研数据显示，美术馆在运用新型光源LED方面也反应迅速，在淘汰传统光源的速度上明显比博物馆快。

现阶段我国美术馆照明的变革，①随着LED照明产品技术的成熟，在光源应用方面发生了变化，很多传统光源已经开始停产和面临淘汰，特别像传统的博物馆卤素光源和荧光灯的应用范围正在逐年缩减，各种实际原因导致馆方对日常维护照明产品与设备方面存在困难。②目前，LED照明技术仍处在完善阶段，在节能和智能化方面有明显优势，对展品的保护方面也表现突出，紫外线和红外线含量极低，对展品也有很好地保护作用。因此有利于它在博物馆和美术馆的推广与普及，很多新建和改扩建的场所，已基本上选用了LED作为主流产品。

三 明确目标任务，构建标准体系

（一）目的与任务的构思

首先，我们依据当前博物馆、美术馆的标准发展现状来思考。我国现行标准虽然有上千部，但直接或间接涉及博物馆、美术馆的照明标准目前国内仅有四部，行业标准两部JGJ66-2015《博物馆建筑设计规范》和WH/T79-2018《美术馆照明规范》；国家标准两部GB50034-2013《建筑照明设计标准》和GB/T 23863-2009《博物馆照明设计规范》。到目前为止，我国还没有一部正式发布的关于"美术馆的照明质量的标准"。尽管涉及博物馆、美术馆的标准数量少，但大家对其认知

依然不够，自从2015年我们承担的文化部科技创新项目"LED在博物馆、美术馆的应用现状与前景研究"的调研，对全国58家博物馆和美术馆的访谈中发现，馆方业务管理人员对博物馆、美术馆照明标准的内容掌握者不足10%，仅知道有GB/T23863-2009《博物馆照明设计规范》的占10%左右，不清楚、不了解我国都有哪些博物馆、美术馆照明标准的居多。这个统计数据，虽然是抽样调研的分析结果，但数量足以反映出我国当前博物馆和美术馆在照明质量管理方面缺少科学依据，基本处在盲目状态，所以我们开展此项研究工作，非常具有现实指导意义和紧迫感。在分析现状的基础上，我们最终确立了标准的应用点，即满足现实美术馆的工作需要，锁定此研究目标和应用范围①为美术馆的照明施工验收进行评估；②为美术馆的老馆照明改造进行评估；③为美术馆日常照明业务管理进行评估。

另外，我们对美术馆照明质量的评估指标体系编制主要包括两点。一是为我国美术馆的照明质量的评估工作提供科学的依据，规范行业照明管理方面的运行评估工作；二是通过确立运行评估指标体系，进一步完善我国美术馆照明工作的健康发展，也有利于我国美术馆整体照明质量的提高，加快淘汰劣质产品，规避风险，更好地保护展品发挥积极作用。

（二）评估方法与体系的构思

对美术馆的照明质量评估，我们是建立在科学理论研究的基础上借鉴与拓展发挥，通过前期收集和整理现有国内外博物馆、美术馆的照明资料和当前该领域的重要研究成果，了解我国美术馆的实际状况，用借鉴与创新相结合的方式，来制定新的评估方案和各项内容指标的设定，我们参考了《国家一级博物馆运行评估报告》、《全国美术馆藏品普查工作标准工作规程》、GB/T12454-2017《光环境评价方法》、GB/T51148-2016《绿色博览建筑评价标准》等细则。部分课题组成员参加了2017年在英国伦敦召开的"第一届国际博物馆照明高峰研讨会"，近距离地与国际博物馆、美术馆同行交流了最新的国际研究动态。

美术馆的照明对于展品保护与展陈效果也始终是一对矛盾体。一方面，展品的保护要求照明对展品损坏程度要降到最低，但低照度虽有利于保护展品，但过低照度会降低观众欣赏展品的美感；另一方面，令人愉悦的观众视觉体验又要求美术馆创造令人舒适的用光环境，这很可能会用提高亮度的办法来满足要求，但照度过强也会对展品造成褪色、光化损伤等影响。如何评价与评估美术馆的照明质量，是一项很难平衡的实际问题。

评估方法与体系借鉴上的思考，我们通过收集资料发现，我国《国家一级博物馆运行评估报告》的评估指标是以主观评估和客观评估相结合的方式为主，以贯彻资料数据考核与实地考察相结合的方法为原则。国标

GB/T12454-2017《光环境评价方法》，是通过建立评价组，包括专家评价组和用户评价组和对光环境进行测试组三方面的技术力量组成来评价。国标GB/T51148-2016《绿色博览建筑评价标准》的评估，则是通过设计评价和运行评价两项内容进行考核。目前国外的美术馆照明质量评估基本以主观评估为主，没有统一的客观量化评价指标。从方法上我们认为一级博物馆的评估方法较为全面系统，它涉及某个博物馆各项综合业务的方方面面，内容广泛，覆盖面大，主观评估的方式是采取专家组打分的形式进行操作，客观评估则是通过采集业务资料的具体参数进行量化评估，考察的内容与方式，虽然与我们研究单一的美术馆照明质量评估不同，但主观评估与客观评估的方法可以借鉴也较为科学。国标GB/T12454-2017《光环境评价方法》对于专业领域的测评有很大帮助，在主观评估方面新增加了对用户的评价。让用户组进行客观评价，用户的情况即馆方业务人员的自我评价会直接反映现实，会增加评估结论的科学力度。另一个国标GB/T51148-2016《绿色博览建筑评价标准》的评估方法，分设计评估和运行评估两项内容，运行评估也是对馆方业务工作的评估，反映着管理水平，对于我们评估工作的具体参数设计也有借鉴作用，尤其对老馆的改造在照明质量评估方法上更适合，我们也一并吸收借鉴。

学习与借鉴只是手段，要找到适合自己的研究方法才是关键，经过我们反复斟酌，最后课题组确定评估方法（图1）为运营评估（现场访谈采集各项数据与馆方自主评估结合），主观评估（二维码与纸质问卷），客观评估（现场测试），最后在三项评估内容基础上，进行总评估（整理综合报告进行专家论证）。贯彻综合考核与实地测量相结合的原则。实地预评估采取专家带队，与课题组专业人员相搭配的形式来完成各项数据的采集工作。

图1　评估实施方法解析图

在各项评估指标收集整理回来以后，再运用对应的各项技术指标进行量化评估，最终撰写出综合报告，并在此基础上由带队专家根据现场考核情况和评估的各项技术指标进行专家点评做出科学的结论。

我们在运营评估上结合了客观数据的采集工作，增加了馆方自我评估的内容，通过问卷形式，和课题组访谈形式来完成任务，通过上述工作完成后，就可以较清晰地了解到该馆的照明运营管理水平，技术指标得出结论。通过标准体系可以引导馆方提高对照明业务工作的管理认知水平；主观评价是对"观众的照明质量满意度评估"，通过5个典型场馆的选取，让馆方推荐2个有代表性的展陈空间和3个非陈列空间，用简短的问卷和扫

描二维码相互配合的形式，进行现场观众照明满意度采集，让馆方可以迅速了解到观众对该馆照明现状的满意度情况；客观评价即"现场测试数据的采集工作"，通过预先设计的采集数据形式，用规定好的统一仪器设备进行采集与测试，借助技术团队的力量，对美术馆进行量化数据的采集，每个馆要进行陈列空间（常设展、临时展览），非陈列空间（大堂序厅、过廊和辅助空间）5个空间的数据采集；客观评估我们要求统一使用推荐的测试工具来测量，在专业技术人员的操作下现场采集各项技术指标。总评估是在各项评估指标的基础上进行的综合测评，由带队专家在运用评估、主观和客观评估的分值上给出评估意见。评估意见也由博物馆、美术馆专家和照明专家发挥各自不同专业背景知识给出不同专业角度的评价。

另外，我们将美术馆照明质量的评估制定工作规划了动态评估体系，除了确定各项评估指标，我们还制定了各项评估指标的权重比，规定了评估的规则，完善了评估的标准文件。同时，我们还提出了预评估的专家库建设意见，以便为今后推广和运行标准打下人才基础，从而完成可持续的动态评估标准体系。新标准的应用范围。在此基础上，我们围绕这"三个目标中心"进行了评估的实施计划。①制订试评估细则和评估指标体系；②建立评估团队，预设评估专家库成员；③依据评估细则进行评估；④制定试评估调研报告，完善评估方法细则与评估体系草案，引导标准今后的运行方式。

（三）具体操作模式构思

我们的研究工作开展是采取整体"倒推论证"的模式。此操作模式可行性强，符合当前我国美术馆的发展现状。如果我们按常规标准的设计模式来做一个新标准，执行起来会比较困难，很有可能会使文件成为收藏品，放置在各馆的档案室无人使用，不利于各地方美术馆的推广与应用。因此，我们采取先预设标准草案，让草案制定工作走在前面，先不考虑它的全部合理性，从经验中提炼元素，再从实践中找寻问题做完善工作，即先制定《美术馆照明质量评估指标体系》和《美术馆照明评估方法细则》两个基础文件，呈现出一种可以拿出来使用的标准文件进行操作实施。当然前期方案，课题组专家集思广益，在收集和整理了当前国内外相关领域研究成果的基础上，才归纳总结出方案文件。之后，我们经过第一轮应用试评估调研，小范围来验证其可行性，首选了中国美术馆、江苏省美术馆、广东艺术博物院进行前期试评估，用我们团队优势力量来开展研究工作，经第一轮预评估工作，发现了一些草案中存在的问题来统一解决，并组织了工作会议，借助团队力量完善草案编制，经第一轮修正方案。对3家美术馆的预评估"试水实验"，让我们解除了对草案可行性的顾虑，增强了信心。随后，遴选全国40余家美术馆进行第二轮预评估调研，

预评估范围覆盖全国 11 个省市与地区，其中北京市（11所）、上海市（7 所）、天津市（1 所）、广东省（8 所）、辽宁省（5 所）、江苏省（3 所）、浙江省（3 所）、山东省（2 所）、湖北省（2 所）、陕西省（1 所）、四川省（1所）。预评估总量接近我国现有美术馆总量的 1/10，囊括了全部重点美术馆 13 家和其他特色美术馆，大范围预评估让验证工作在标准可行性与实操性上积累了经验。经过这次大范围预评估，初步掌握了当前我国美术馆整体照明水平，也了解了馆方需求（图 2、3）。

图2　广州艺术博物院调研评估现场

图3　中国美术馆调研评估现场

四　建立评估指标的依据

我们对美术馆的照明质量评估分三项评估内容，运营评估、主观评价、客观评价，而运营评估则是对馆方照明业务上的评估，此评估内容可以全面地反映出一个美术馆的整体照明业务水平和对照明质量的执行程度与科学管理水平。我们所进行的量化评估也有助于今后更多美术馆增强对照明业务的重视程度。主观与客观评估从场馆空间的功能上来划分陈列空间和非陈列空间两大类型。陈列展览是美术馆有别于其他场所的重要标志，对其进行客观数据采集和主观评估是重点，我们在草案设计的指标权重比方面会高于非陈列空间的比值。另外，对非陈列空间的评估也是有价值的，它承载着美术馆的

公共职能，反映着整个美术馆的照明质量，起着不可小觑的辅助过渡、平衡亮度比的作用，尤其它在观众的视觉舒适度要求上起调节心理满意度的重要作用。因此，我们设计各项评估指标对这两个区域采取不同形式地评估方式，力求能通过权重比来反映主次关系，平衡整体照明质量水平。

（一）归纳评估美术馆照明质量的一级、二级指标

我们对美术馆照明质量的评估，是从运营评估、主观评价、客观评价三个方面来设计。一级指标和二级指标的设计也是围绕这三项内容来丰富。首先是这三项内容的一级指标划分，也最为重要，具有照明质量评估导向的作用。二级指标是对一级指标进一步的详解与补充，在权重比的划分上起重要的指引作用。

这里只解析对主观评价的一级、二级指标的设计思路。光作为视觉传达的工具，它的照明质量，直接会反映着观众的视觉舒适水平。主观评价是观众对美术馆整体照明的视觉印象和心理感受，是一个美术馆作为公众服务机构对公众服务水平的客观反映，体现着"以人为本"的设计构思。

我们对主观评价的各项指标设计时，按照美术馆的主要功能空间来划分，分陈列空间和非陈列空间。陈列空间的照明质量一级指标着重评估科学与艺术，以及观众心理感受三个方面。经我们课题组反复研讨，最后决定对展陈空间照明质量的评估，一级指标定为四条　①展品色彩鲜艳度；②展品细节清晰度；③光环境的舒适度；④整体照明艺术表现力（图 4）。展陈空间的照明影响着

色彩鲜艳	舒适度
细节清晰	艺术表现

图4　陈列空间主观评估指标4个维度的评价

观众欣赏作品时的心理状态，反映着他们对美术馆的喜好程度，照明质量的优劣也决定着他们的主观感受。设计上我们用简单而直观的方式进行文字表述，让普通观众能迅速反馈出他们对美术馆照明质量的直观感受，也可以轻松地获取信息。期间我们还针对不同应用场景的观众，分别设计了问卷和二维码两种调查形式进行主观数据采集。对于"非陈列空间"的一级指标选取，重在观众的视觉舒适度和照明设计的艺术性表现（图 5），"非陈列空间"不强调照明设备的先进性，防止馆方过渡投入高端产品的错误导向，用昂贵的灯具设计"非陈列空间"，我们认为也是一种资源浪费。从评估指标上，仅强调舒适度和艺术性方面的内容。

<table>
<tr><td>舒适度</td></tr>
<tr><td>艺术表现</td></tr>
</table>

图5 非陈列空间主观评估指标
2个维度的评价

（二）指标建立的依据

1. 主观评估指标体系——一级指标选取依据

美术馆照明包括陈列照明和非陈列照明，为了更好地服务观众，了解观众在参观时的感受，设计了主观评估评价体系。为保证评价指标有普适性，选取参观者，而不是有组织的专业人士，保证参与评价场所能够反映出美术馆的真实照明现状，在前面提到的五个功能区域作评价。对展品颜色、形态和材质表现力及空间环境是照明效果艺术性、舒适性综合考量，选取展品色彩鲜艳度、展品细节清晰度、光环境舒适度和空间照明艺术喜好度四项一级指标作为主观评估指标。① 展品色彩鲜艳度是展品色彩主要特征，是传达展品信息的重要组成部分。能否忠实地呈现展品颜色，并向观众传达准确的色彩信息，是展览照明的基本要求。光源颜色对展品颜色表现有影响作用，不同光源基调，如暖色或冷色，都能对观众情绪与展览氛围有影响，考虑光源色和色彩表现力对展品和视觉心理作用，从展品色彩真实感度和光源色喜好两个二级指标考核。② 展品细节清晰度是指光对人眼观看展品细部及边界的清晰程度的考核。衡量展览照明条件下，展品特征表现程度和观众获取展品的形态、色彩、质感和工艺等信息的难易程度，能够让观众比较容易地观察和了解到展品特征信息。观看展品时，能全方位地传达细节信息给观众，从展品细节表现力、立体感表现力、展品纹理清晰度和展品外轮廓清晰度四个二级指标考核。③ 光环境的舒适度是衡量观众在美术馆各功能空间光环境下，转换视觉舒适程度的考核指标。光存在的状态、明亮程度及大小范围、色温基调等与人的视觉和感官有着密不可分的依存关系。光的亮度和色彩对人视觉功能起重要影响作用，好的光环境能够提升参观者的视觉兴趣和色相心理。这个指标是考核照度合理性、亮度水平、光色方向性对观众视觉作业难易程度和满意程度评价指标。从展品亮度接受度、视觉适应性、视觉舒适度（主观）和心理愉悦度四个二级指标进一步考核。④ 空间照明艺术喜好度是展陈照明特有的塑造"语言"，对美术馆建筑和环境产生作用，光影能勾画出空间形体、空间层次和意境，表达出展览的内在精神，营造出恰当的环境氛围。非陈列空间照明也是塑造建筑本身和不同功能空间的有力工具，一方面通过照明与空间不同主题功能的结合，充分体现建筑和主题空间表达的内在感染力，另一方面通过光的影响作用，使观众视觉和心理与周边建筑产生互动体验。用光艺术的喜好度

和感染力喜好度两个二级指标具体考核。这里仅对主观评估做介绍，其他内容后续展开。

五 明确工作要点，建立反馈机制

（一）新标准编制要点与难点梳理

评估工作需要正确引导，在编制规范草案中，我们着重梳理导向问题，突出重点和主次关系。不仅强调美术馆的照明实用功能，还要强调展品保护，同时，还强调照明对观众观赏的表现效果，确保经济效益与可持续发展双向的引导，以实现合理设计的目标。首先要明确对美术馆的照明质量的评估，尤其对陈列空间的评估，保护展品依然要放到评估工作的第一位，尽可能地保护展品避免损伤和褪色现象。在客观评估的指标设计上严格限制其参数指标。例如像照度、年曝光量，光谱分布图（紫外、蓝光），以及红外温升等用光安全的指标归入用光的安全整体评价体系中，并赋予用光安全的分值在总评估40%的权重比，凸显其重要性。另外，我们还强调美术馆的照明对观众舒适度的影响作用，将观众主观评价列为一大类指标进行单独评估，同时，强调收集数据的全面和真实性，样本采集量每项考核内容不少于20人为底线的要求，尽可能采集不同类型人群与不同年龄层次的观众信息，用客观数据反映真实情况。实际在预调研中，我们的统计数据已远远超过这个统计量，如红砖美术馆由于馆方大力支持，采集观众的主观评估数据达到186份。从指标的设计上引导馆方加强对观众视觉感受的重视，进而全面提高整个美术馆照明业务水平和对公众的服务质量。

另外，注重难点和现实问题，① 技术问题，诸如蓝光问题、色彩不一致问题、频闪问题、谐波问题，还有在色彩还原方面，对红色R9的还原值等设计与评估方法，皆属于前沿照明研究领域的学术问题，是伴随着LED新型光源的运用出现的指标问题。② 防止规范设计上的技术要求与现实工作的脱节，如现行GB/T23863-2009"博物馆照明设计规范"主要是针对传统的博物馆光源来制定的，对LED产品的各项技术指标在参数设计上无标准可循，又无现行技术指标做参考，会导致标准制定中的盲动和不知所措现象。新标准的内容设计就是围绕解决一些实际应用问题来展开。我们采取先预设标准值在评估中反馈问题，调整方案，还有新增加了6项实验工作，从采集各项光源技术指标、视觉心理实验、光品质实验、光致损伤性实验、眩光模拟实验、书画作品观众喜好度实验，配合我们的基础调研数据采集，进一步完善标准指标的设计工作。③ 对美术馆照明质量的评估，突出业务管理的考核，通过访谈和问卷的形式设计，直接影响馆方对照明业务工作管理上的重视，在评估指标设计上，让馆方加强像照明产品有无日常维护经费预留，有无人员维护和照明产品登记等指标，潜意识地引导馆方对照明日常工作的管理，使其科学化、常态化，解决他们对照明工作无序的管理。

（二）标准编制反馈机制

整个标准制定工作，采取的是不断反馈的机制，从标准草案拟定各项指标开始，我们用理论研究与实证结合同时进行。一方面通过研究梳理理论，作为最初制定各项指标的基本，征询课题组专家们的意见，逐一完善草案内容设计。在通过小范围的实验进行修正，如对观众问卷的设计上，我们在中国国家博物馆举办的"伦勃朗和他的时代"展览中，试邀请了馆方一些工作人员充当观众进行问卷合理性实验。在具体物理指标设计中，像眩光程度的指标描述，观众难以理解，还有对色温偏好等级的设计，皆属于专业术语，我们根据实验工作反馈出的问题进行草案调整。在前期预评估中，对3家美术馆试运行了标准草案，通过3个团队反馈，像计算评估方法不合理、不能取得令人满意的分值等问题，我们重新修改，逐步完善分值的指标设计，尤其在对全国42家单位大规模预评估期间，我们也同样采用了此方法，如用二维码采集观众数据，听取了专家徐华先生的建议，从

文字上简化，去除繁杂内容，让非专业观众能清楚地回答问题，还有新添加说明性文字内容，让普通观众无障碍答卷。反馈机制使我们不断地完善内容，将研究工作顺利开展（图6~9）。

六　结束语

尽管我们有良好地愿景，但研究工作还会存在各种疏漏问题，目前仅是阶段性成果展现，依然需要长时间的研究与梳理，才能不断地深化该评估草案的设计。我们新增加的向美术馆引荐照明评估人才，将其当成一项体系内容来设计，方便推出美术馆照明质量评估标准后，工作上无人才支持。同时，我们也希望通过课题的研究，让社会各方意识到照明评估工作的重要性，用科技的手段来管理，摒除以往盲目与冲动带来的不利影响，用专业的评估体系来推动我国美术馆的照明发展，实现预期目标，推动全国美术馆整体照明质量的新变革。

图6　课题组第一次工作会议现场

图8　采集各项光源技术指标的实验

图7　课题组在浙江省美术馆调研座谈

图9　视觉生理实验

[1] 参考2017年度文化部艺术司财务统计报表。

以光的名义

程旭

美术馆照明的建筑师怎么思考问题呢？对建筑设计的理解和概念又怎么找到对应答案呢？这就应该从概念设计草图谈起。回到原点，我们通常在建筑设计师的草图中能精确地找到建筑空间的受光面，也可以看到设计师对日照轨迹的记录和计算方法，总项目中对照明的考量占工程总量很大比重，甚至影响到美术馆建筑主体的构造和材料以及使用安装。很多美术馆建筑概念草图中甚至把受光带用黄色重点标出，随着结合功能深化和设计展开，也许施工方案已看不到阳光的轨迹和变量，但最终方案中一定要有白天和夜间照明的两张基本效果图，也就说明了一座美术馆的诞生和改造都与照明设计密切关联。

一　美术馆照明的语境和表情

以建筑师的眼光看美术馆照明，整个美术馆建筑内外空间必然是艺术视觉空间的统一体。很多美术馆的建筑师都善于用光塑造空间，光不仅仅是用来照明展品，在设计中还可以塑造空间的形体和传达信息。现代建筑技术拓展了建筑空间界面内外光的用途，甚至用光来展示表达抽象或具象的人文思想，从这个立场进一步去解读一座美术馆，观众立刻就能读懂它并接受它。

翻开西方美术馆和国家画廊史，著名的大英博物馆、卢浮宫、大都会博物馆画廊的屋顶是自然光玻璃长廊（图1），夜间开放时使用煤气瓦斯灯解决照明。1851年英国万国博览会的水晶宫才给公共设施采光带来了一种全新的革命，白天光线充足，夜间金碧辉煌。1889年，巴黎万国博览会上爱迪生的电灯泡照亮埃菲尔铁塔全身。20世纪末，针对19世纪末的博物馆展厅照明改造工程开始，至21世纪初，大部分世界殿堂级博物馆照明更新改造工程已近尾声，其中最著名的就是大英博物馆玻璃公共中庭和图书馆照明及外窗自然光改造（图2）。1853年修建的英国V&A博物馆，由周鍊团队负责展厅照明改造，玻璃通廊光控工程代表了科技前沿。这样看，世界顶级博物馆美术馆已率先走出了"黑屋子"，改造升级到LED照明与自然光交响的新时代。

图1　卢浮宫历史画廊

图2　大英博物馆改造玻璃顶

"让光来做设计"是贝聿铭先生的一句名言，也是一种美术馆的审美信念，他认为让光来做设计给工作和研究方法都带来了质的飞跃。卢浮宫玻璃金字塔不仅是指路的坐标和明亮的接待大厅，用现代透明玻璃建筑与历史上厚重的宫殿对话，也改善了夜间广场总入口的昏暗。在连廊内庭院上装配控光装置玻璃顶，形成天光为主的"玻璃庭院"，为了达到传递漫射光的最大效果，展厅一层的建筑门窗随之去掉，由此获得广场式的通畅空间，展厅仅在采光通透功能一项上，效能就明显提升（图3）。贝先生退休后继续以光作为媒介，还创作了天光充足的苏州博物馆、京都 MIHO 美术馆、卡塔尔伊斯兰艺术博物馆（图4）。

图3 卢浮宫雕塑庭院自然光改造

图4 京都MIHO美术馆大堂空间

1900 年建成的，作为巴黎标志建筑的万国博览会车站，经意大利建筑师盖·奥伦蒂（Gae·Aulenti）改造后，一座陈列法国近代艺术的"奥赛博物馆"诞生，络绎不绝的观众感受到了原工业遗产的光彩，宽大车站在自然光下获得了"城市广场"的寓意。公共空间强调了顶部天窗柔和的自然光与人工照明的交织，二者形成曼妙和谐的光线，将旧车站改变为高 40m、宽 38m、纵深 140m 的世界上最大的艺术"容器"。设计师坦言，大空间衬托出装满宝藏的航船，正扬帆起锚，在水岸之下的塞纳河倒影显得更加绚丽。人们一走进这一被称作雕塑走廊的空间，就会被它的魅力所吸引（图5）。随后，她又被邀将洛杉矶的一座图书馆改造为旧金山亚洲艺术博物馆，此项目令全世界所注目，第一次将古代遗产建筑安置于全免震平台上，用现代科技避免地震灾难，同样是"用光来做设计"，在照明设计中，实现了将自然光和人工照明混合的设计构想。

图5 奥赛博物馆改造采光

图6 蓬皮杜艺术中心建筑模型

另一处规模较大由法国建筑师完成的巴黎国立自然博物馆改造项目，结合"游行的行列"动物展主题，依然将自然光改造作为重点，而且在超大型展厅上空搞出"随光而变"的控光电动板，进行早期的原创实践。此前让·努维尔设计的巴黎阿拉伯文化中心，门窗上安装了阿拉伯图案的电动光圈；理查德·罗杰斯和伦佐·皮亚诺设计的蓬皮杜文化艺术中心，最大的特点是透明建筑和艺术展厅，继承了 1851 年伦敦世博会的"水晶宫"思想，一个新型模数装配文化建筑又一次走在世界前沿（图6）。

美国大都会博物馆的历次扩建工程，基本就是玻璃建筑工程，但对展厅中的文物照明都经过了控光装置设计；对面的古根海姆博物馆的螺旋体喇叭筒全归功于建筑师赖特，中庭自然采光调动了空间的内核，把观众提升到顶层参观旋转而下，改扩建后又将办公区和库房搬入在圆筒形建筑后侧的长方形建筑中，不过最近又准备大改造提升，其中两碗"方便面筒"对扣方案很有新意，而另一款"螺旋体"方案在圆筒上顺势加倍提升，博物馆容积扩大不止一倍，纽约人很期待后者。美国自然博物馆的顶层展厅改造，外加全透明的玻璃天文馆（ROSE CENTER），好评如潮，以此展厅原形为题材还诞生了家喻户晓的好莱坞大片《博物馆奇妙夜》。无论是纽约 MOMA 现代艺术馆银调子，还是金贝尔美术馆的金调子，全世界都在改善博物馆美术馆用光的质量，探索美术馆建筑内部的用光质量，尽可能改善到最大的通光量。

苏州博物馆的栏栅格自然光走廊是建筑大师贝聿铭设计的优秀作品，建筑设计考虑到小件展品不便于展示的因素，而设定了连续不断的展厅空间。设计突出了自然光漫射和反射功效。在静谧的园林中欣赏展品更有回家的真趣，即便是下沉办公区和图书馆还设计出一个满足自然光的内庭院，这样给美术馆设计师带来不少启示。

综上可以看出美术馆的光是有表情的，它的空间表情都借助于墙体来表达。美术馆里通常设计出一个昏暗的环境，而投射到作品局部的光带显得格外引人注意。事实上，这是策展人精心安排的指引作用，并且当人们向它走去时，光亦自然地变化，在不同的角度踱步，随之获得展品在空间里的性格（图7）。

图7　加拿大文明博物馆采光

在此期间，还诞生了第一批现代美术馆建筑师和展览设计师，其作品都在这场世界范围的改造运动中，成为独树一帜的城市坐标，打造了地域文化符号，大大提升了城市美术馆的艺术空间对公众的影响力。

二　美术馆空间内的展品叙事

建筑师黑川纪章对南京艺兰斋美术馆方案有明确表述："建筑作品的核心内容还是表现作品的展出作用，留给观众城市记忆，而不是建筑本身的伟大。"我们看到卢浮宫分馆、MIHO美术馆、浙江省美术馆、苏州博物馆、六朝博物馆等一批新馆建设，从建筑构造学出发，提炼出城市文化空间符号，正如毕尔巴鄂美术馆的建筑象征着待出港起锚远航的航船，体现了以造船工业闻名的工业城市以文脉传承。在雕塑般的钛金属表皮闪烁的背后，极其丰富多变的内部空间从而也使展览充满了活力。

光影下的世界是美妙的，人类对光有着与生俱来的感情。光的神奇作用在于它的存在使万物具有了生命的活力。光线是视觉的媒介，它对展示陈列的效果和整体气氛的烘托有着最直接的影响。光是创造视觉空间界面的重要手段，是观赏展示的前提。观众只有感受到空间

不同光亮的变化，才能领略到展品在空间内的丰富内涵。因此说光设计可决定展品的展示效果，照明艺术创造也将影响空间设计的整体美学效果。

在纯美艺术空间内，光是一种极具表现性的媒介，其作用犹如教堂洗礼瞬间冲刷心内的灵魂。通过不同的色温色差，它可以让艺术品的形态质感充满变化，并且极富有艺术气息和表情，其感染力唤起观者的向往，从而达到让展品"活起来"的目的。

故宫去年举办的"历代青绿山水特展"，是院藏"千里江山图"，修复后第一次公开"晾画"。在LED照明控制的50lx低照度的环境下，观众鱼贯而入，随着脚步移动，同一件精美的艺术品在不同的色光下会呈现出让人惊奇的微妙变化，仿佛面对千里江山的大自然感受。光作为特殊的材料丰富了作品的语言。因此，对特殊展品的重点照明并不是仅仅解决"亮度"问题，而是选择最能体现展品魅力的光线、亮度、颜色与角度来烘托它们，表达它们，更好地帮助观者理解展品信息。由于古代书画年曝光量限制在3000小时，恰到好处地运用光学语言、烘托气氛、创造意境，感染观众情绪，提高了"陈列语言"的表现力。也许等到来年才能再见到国宝真迹，这种悠长的回味正是城市博物馆记忆的最深刻之处。

中国美术馆的改扩建由清华大学建筑设计研究院中标，一层把漫射天光引入六大展厅作为改造的总目标，扩充北厅书店和贵宾厅，达到总平面利用率最大化，二层再增开两翼库房为展厅，主楼外东路办公用房变为咖啡厅、文创空间和博物馆商店。项目负责人庄惟敏院长表示，本次改造不仅引入天光折射进展厅，也将传统照明升级为LED照明系统，通过专业照明，提升了美术作品的表现力，很明显，光环境改造设计是美术馆改造的核心。在光的引导下，阅读表现作品空间的是不可缺少的。

水乡乌镇的木心美术馆，侧重诗人手稿文献展的体验过程。就职于贝聿铭建筑事务所的林兵和冈本博负责这座美术馆的建筑设计。方块建筑群漂浮于湖面，联想水乡人家，一座长桥联络起诗人作家与世界的情感，建筑尺度在体量上全无压迫感，散发出内敛的骨气。美术馆在精巧的空间转换中把光控用到极致。建筑群内凡亮区都耐人寻味——大堂、办公室、商店、咖啡厅、两个阶梯休息厅等。这些空间一端开口，利用园林借景，寓意深刻；转入到暗区展厅，全部配置低照度LED光源，使参观者即刻领悟到手稿文献的珍贵——它们是有生命的，它们需要呵护。镇馆文献"狱中手稿"体现了木心用生命换来的思想表达的权力，当观众聚焦在用12彩色水笔写满自己的思想的小半页纸上，无不联想到狱中的求生与信念，因双面汉字小到难以辨认，累积成册破译和编辑工作还在继续，这份遗存是特殊年代造就的"生命档案"。来自法国展览总设计师法比安用亚克力玻璃夹住文献手稿，形成两面看的特展墙，并配以背景

文字注释。木心先生旧友陈丹青任馆长，监制策展是极为苛刻的，特别是照明方案，一切按照国际文献展最高等级标准执行。出色的用光正是木心美术馆沟通展品与观众的媒介。

改革开放30年，我国官方新建和改扩建了一批美术馆，如南通博物苑、北京画院、中国画研究院美术馆、徐悲鸿纪念馆、南京市美术馆、齐白石美术馆、潘天寿美术馆、韩美林美术馆、何香凝美术馆、关山月美术馆；包括海峡对岸的张大千美术馆、台北历史博物馆、中台北美术馆、中台山佛教博物馆、集美博物馆新馆以及开放不久的台北故宫南院等。城市博物馆美术馆作为公共教育平台，发挥了巨大作用。值得注意的是，不少美术馆都将画家作品创作的画室"原始光线"作为陈列的一部分，把艺术场景纳入个性化的展示舞台。

三 美术馆照明是心灵沟通的方法

请专业的照明家来解决表现作品设计的光和形的问题，照明灯具在博物馆空间里的位置很明显，博物馆的灯具设计师与博物馆的建筑师的沟通是至关重要的。在法国博物馆界，陈列会议参会主体是建筑师、展览设计师和照明师，其重视的程度可见一斑。因为法国博物馆明确抓住了最后一环，即博物馆光的审美表达。对比之下，我们只有在开幕前的工作界面上可以看到照明师在升降梯上，对照作品的要求，调出自己的感受。显然我们认为这是设计流程中的边缘环节，也是电工应该起到的一种工作职能。这是我国博物馆照明工作的一大误区。

路易斯·康说过"设计空间就是设计光亮"，在"光的容器"内难度最大的是对心灵沟通的信仰，美术馆照明如何落实在空间中呢？

2008年，由日本建筑师矶崎新设计的中央美术学院美术馆，体现出精打细算高度集成化。集约型配置贯彻到各项使用功能中，这是习惯于岛国资源利用最大化所致。大堂入口迎面可见贯通上下的巨石块，上书馆名"中央美术学院美术馆"，在顶棚漫射光的作用下强化了纪念碑的仪式感，另一处黑色巨石，设立在顶层最大展厅的尽头，更有教堂般气质，不禁想起一句名言，建筑是石头的史诗。如果你以为是室内装饰所致，其实不然，这里寄托着建筑师的梦想，即把艺术空间以信仰空间来对话，艺术即信仰。两处的光线都来自顶棚自然光，但横纵方向给我们心理体验有很强的变化。入口预示序曲铺垫前奏，而顶层即把艺术推向高潮，建筑为作品和观众的艺术审美旅程画上一次完整收获的句号。建筑师把艺术创造寄托在这样的精神空间里，旨在你心里记住了什么，信仰了什么，收获了什么？它们都得益于精心安排朝圣般充满艺术精神的内弧空间，以及延伸到天顶的光线，另一处亮点是报告厅外的大阶梯和呈喇叭状开口的咖啡厅，叫人每一次都始终期待着落日余晖下金色光

影和景观感。

798工业遗址改造中的尤伦斯当代艺术中心改造最为出色。该项目由法国建筑师让·米歇尔·威廉穆特（Jean-MichelWilmotte）担当，他擅长博物馆空间改造，是荷兰阿姆斯特丹皇家博物馆改造中标者。因与贝聿铭大师合作卢浮宫的改造而闻名。在内部装饰上，他采取了区别于周边大多数画廊的设计，使用了大量现代感十足的白墙和简洁的线条，赋予工业遗产以宫殿的贵族性格，技术节点上，运用电脑控制技术调和自然光和人工光，达到灯光随着阳光自动调节，可减少对照明光的依赖。它独特的智能设备系统主要包括调光系统和展厅的地面出风系统。当太阳升起，调光百叶会随着日光慢慢张开，光线被高窗吸纳入展厅，并在整个空间中漫射开。法国建筑师称，由于改造成本，这种全体控光系统美术馆在全球也不多见。随着柔和的折射光线以及照明系统，同时脚下传来柔和的清风，仿佛徜徉在艺术的海洋中。整个电系统采用不间断UPS供电及双向24小时不间断电措施。为了使展品更好地保存，空调系统为温度自动感应控制，保证了艺术中心展厅内部恒温恒湿的环境。整个建筑内外都有严密的安防和保安措施，保证展品的安全。这一切都为了营造一个可以完美呈献给观众的当代艺术空间（图8）。

图8 尤伦斯当代艺术中心的光控改造

何香凝美术馆是个充分运用自然光的展馆，这也是它与周遭美术馆建筑采光最大的区别，通过采用侧窗、高侧窗、顶窗等采光方式，使得空间光线充足且自然。不管是中庭、大堂、过廊、楼梯等公共区域，即便到了地下办公的非展陈空间，都对自然光线有很好的运用，对于绿色节能的美术馆建筑设计都给未来新馆建设起到很好的借鉴作用。

何香凝美术馆公共空间和一层建筑展陈空间特别强调照明引入自然光的舒适效果，白天开放，便可以让整体光环境显现出一种名人故居纪念馆的优雅视觉印象，尺度亲切宜人，仿佛回到主人的家里作客。美术馆开放时持续到五点，夜晚常举办沙龙活动，从馆方日照自然

光与展厅人工光数据上可以反映出，在公共空间与展厅人工照明光的反差比较大，如果举办光影数媒临展，常需要遮光用门帘封闭出暗室，造成观众进入后的视觉不适应，应适当增加照明补偿，混合光照明在针对文物表现力和色彩还原上，可友善提升照明品质，如能结合人工智能调配光泽。根据天光的时间变化，解决设计问题。

四 美术馆照明思想的创新与实践

往往建筑师的设计作品思考会定位于城市角度这个基本点上，其考量空间维度会远超照明师的范畴。当我们行走在卢浮宫金字塔展厅入口改造中，会理解到它是巴黎由皇宫改造成迎接人民的新地标。在奥赛博物馆大厅一层的中轴线上等待朋友时，你就会明白这里就是城市广场，脚下原来就是著名的巴黎世博会车站，如今工业遗址改建成为"欧洲最美丽"艺术圣殿。

同样安藤忠雄设计的大阪飞鸟历史博物馆以建筑空间封闭留给考古现场，而把所有建筑有自然光位置都留给了图书馆、书店、餐厅和办公区，而设计核心则聚焦在唯一让天光沐浴的古塔上，再看作家司马辽太郎故居纪念馆两层楼收藏书架的解决方案，明确接收到引入侧天窗的自然光渲染，安藤忠雄每一次对光的设计都会在该地区中引起不小的反响，其设计意义都远远超出了照明本身。

"让文物活起来，把文物的背后信息告诉给观众"，是习总书记视察首都博物馆北京通史陈列时发表的讲话，该展厅设计借助建筑空间与照明塑造光线互为支撑，互为作用，用"同心圆"构筑了一个文化都城，北京通史陈列概念中标者是 RAA 团队，设计过美国犹太人浩劫纪念馆，在著名的"人像塔"光井中，创意出用光把无数家庭融化在蓝天里的变化过程。

设计方案报告中这样写道，纳粹拍摄的新闻影片中截取的静态画面和连续镜头。展厅还开放式地陈列了实物碎片，并尽可能避免使用玻璃柜保护触摸体验的力量和对简单的、日常用品的强调有助于传达那种难以想象的对大屠杀的恐怖，一个茶叶过滤器、一个生锈的牛奶罐（里面装着反抗者藏着的地下报纸）、一堆剪刀、厨房用品，突然间，历史变成了现实。

这个旅程似乎是从黑暗空间中开辟出来的，在展品照明上，灯光和阴影所做的贡献一样多。混凝土的本质色彩钢架上巨大的厚玻璃板、倾斜的物体和变化不定的走廊，都促成了体验的特征。参观这个博物馆的观众一开始排队进入，然后分组进入一个模拟的工厂内部是黑色的电梯。到达第四层，就在电梯门将开启的时候，会传来美国士兵的电子声音，他们在解救集中营里被关押的人，这种语气预示着将会发生的场景："你无法想象，那样的事情不会发生。"当门打开，从地面到天花板都布满了照片，那些是当时盟军进入集中营时看到的场景，一堆堆正在腐烂的人群。"我们需要找到一些概念框架。"

美国 RRA 规划与设计总裁阿佩尔巴姆说："使人们在潜意识中研究罪恶的脸孔，在最初的时候，他们还不能理解这些证据的意义。"[1] 在参观开始时，观众将手持一张像护照一样的卡片，上面讲述了每个受害者的故事。隔断第三层的"人像塔"成为一个关键的瞬间。参观者依靠一个连着三层楼面的桥进入这里，顶光射入井底，照亮了成百上千张肖像。在进入上一层之前，参观者会看到一排字幕解说：这里是 Ejszyszki 村的人们，这个村庄位于现在的立陶宛。在旅程的最后阶段，观众会返回穿过"人像塔"到达底层。这里，字幕记录着，一个屠杀小组在两天内将这个村里的人全部杀光（图9）。

图9　犹太人浩劫博物馆光塔

光仅仅局限于建筑照明及其装饰功能的时代正在逐步成为过去的回忆。现在，需要我们重新回味、研讨与确定"光与建筑"的定义及其内涵——"光"成为地球表面建筑、城市与宇宙星空对接的时空隧道；"光"作为从建筑到城市的信息载体，将建筑完全融入城市的"光环"；人类的工程师在积极改造之后，"光"也唤醒沉睡千年的经典建筑，沉淀历史光荣与梦想的一砖一石在一线光影中倾诉尘封岁月的故事；"光"重新启迪人类生活空间的理性与尊严，回归人类对于生存空间原始而又超越的梦想（图10）。

本文把建筑师的以"光"作为媒介的建筑概念草图都作为研究的对象和参考，聚焦法国自然博物馆的"游行的行列"、MIHO 美术馆"桃花源记"的创意构想、美术馆中光影动态等多样的美术馆建设工程，我们体验到

图10　卢浮宫庭院内伊斯兰艺术馆正安装顶棚控光装置

"光"可以改变建筑的属性，空间容量在光的界面增值延伸、形态构成由光的链接千回百折。因此，从草图到方案，"光"是孕育美术馆建筑生命的摇篮。

五　结语

美术馆的设计师是建筑空间的使用者，他们仅对室内、展品感兴趣，而场馆建筑空间构成都交给建筑师完成。此种"回避"方法已经远远满足不了当下美术馆策展的需要，回顾中国美术馆举办第一次"中国首届人体艺术大展"，用"禁止调头"的装置符号警示中国当代艺术之路曲折艰难，几十年的探索，发展到故宫"千里江山图"特展的山水广场造景，设计师们通过调动"光"让空间变得好用起来的思考，也让美术馆的"光"设计越来越深刻。

光对于美术馆建筑的形成及其意义正在由纯粹"照明"转入"采光"，太阳能演变为新型绿色低碳建筑材料，并结合支撑建筑结构、建筑设备及其建筑能效，为美术馆建筑并网发电。从毕尔巴鄂的古根海姆到巴黎路易威登基金会美术馆，回眸美术馆建筑师的照明路径展望未来，将是21世纪建构"非建筑"美术馆建筑体系中最有益都市的实践。

信息化高度集成的今天，以光的材料构成建筑的多变的艺术空间模式与形态，以光名义将建筑与街道、广场、公园公共设施以及社区广场和文化空间等城市元素，与自然有机和谐地融为一体，成为当下美术馆照明升级的中国创造和中国方案。

[1] David Dernie, EXHIBITION DESIGN, Laurence king Publishing, 2012.

"光"释陈列艺术

索经令

光是万物得以显现并被赋予生命的神奇物质。光给我们的视觉提供了支持，并为我们的生命延续提供了能量。人的视觉感知是一个复杂的综合系统，可以分为生理感知和心理感知，二者均与光的分布有着密切的关系。光与影的相辅相成构成了千变万化的可视世界，同时也给我们带来了丰富多彩的视觉体验。

在陈列艺术中，光与影均是不可或缺的。有了光，便有了形状，有了色彩。阴影则导致物体出现明暗的变化，从而形成物体的体积感和立体感。所以针对不同的场景或展品，用光来表现并使之达到了明与暗的平衡或者说是和谐的状态，便能给观众呈现出舒适的观展环境。

以下就展览中的光的塑造、光的选择和展品的塑造三个方面分别阐述。

一 光的塑造

人对光的感知由两部分构成，视觉和视知觉。视觉是收集信息，是客观的；视知觉是依靠生物本能、已有的视觉经验在大脑中对收集到的信息进行判断，这种方式由于个体差异而带有主观特征的差异性。特定的光的形态，除了光本身的表现，还可以传达出不同的象征意义。例如，同样是阳光，黎明的曙光带给人新生事物的希望感，而夕阳西下则让人感到旧事物的漫漫逝去。这些光形态的象征意义带给我们的是主观的心理感觉，是通过文字描述、视频影像或者其他一些途径学习得到的表达默契。所以视觉、艺术感知能力和知识修养等是带给不同人不同感觉的基本因素，也就导致可能相同的光和光场景带给我们的感受却不尽相同。归根结底，照明工作者具有的上述几个方面的能力，会给我们带来不同的光环境作品。

光的塑造包括对光本身的塑造和对光场景的塑造。对光的塑造主要是对光的形态、颜色进行处理和选择。对光的塑造最常用的就是灯具，灯具是用于控制、分配光的器材。通过在灯具中附加不同的反射、折射和散射等配件，按照效果的要求提供出多变的出光形态。按光

的形态可分为集中的光、漫射的光；按光的形状可分为圆形的光、方形的光、椭圆形的光等。集中的光具有方向性，能够产生比较强烈的照明效果，漫射的光不具有明显的方向性，能够产生比较柔的照明效果。光的颜色根据效果的要求也可有多种选择，暖白色、冷白色、中性色、日光色等。不同的光形态和不同的光颜色组合，给我们在选择光的时候提供了更多的可能性。光场景的塑造是指通过光与不同的材料和形体的结合，给观众传达特定含义的意象。

陈列展览中光环境的塑造，包括空间的塑造和展品的塑造。空间的塑造是指利用光来表现空间元素，并借此来契合人们对空间功能的体验期望。展品的塑造是个体的表现，空间个体的表现要在空间整体的架构下进行，是在满足整体表现要求下的个体表现。由于每一个个体可以是独立的、不同的，所以其表现的形式也是各不相同。如何表现、表现作品的哪些特征和特点，表达出什么样的作品内含，很大程度上取决于不同的人对作品的理解。所以，陈列中光的表现形式反映着照明从业者对陈列的空间和作品的理解。

二 光的选择

用光来诠释陈列艺术离不开照明光源，包括自然光和人工光。由于自然光随时间和气候的变化而呈现出多变性，所以在很多时候并不适合作为陈列照明。而人工光由于其稳定的光输出、灵活的安装方式、多种的光输出等优点成为展示照明的首选。在此探讨的主要是人工光，主要从技术、保护和经济环保性三个方面来选择光源。

（一）技术要求

指陈列用光对能够提供光的设施的各种技术要求，主要包括人工光源和灯具的技术参数和性能等。对市场上的各种光源和灯具的技术参数、性能和优缺点等因素有比较系统和全面的了解，才能在实际的使用过程中做到有的放矢，从性能、效果、费用等各方面综合比较，

选择最适合的产品。对于陈列展示照明，一般需重点考虑以下几个方面的内容。

1. 光源的显色性

显色性是陈列照明选择光源的重要衡量指标，是能否将展品的色彩真实呈现的重要参数。光源所包括的光谱越完整，显色性就越好，对展品色彩的还原能力也就越强。GB/T 23863-2009《博物馆照明设计规范》中对显色性有如下要求："在陈列绘画、彩色织物以及其他多色展品等对辨色要求高的场所，光源一般显色指数（R_a）不应低于 90；对辨色要求不高的场所，光源一般显色指数（R_a）不应低于 80。"一般显色指数（R_a）是光源对国际照明委员会（CIE）规定的第 1～8 种标准颜色样品显色指数的平均值。由于是平均值，所以就有可能在某个颜色上比较差，会被其他颜色比较好的显色指数所掩盖，因此在某些时候还要对特定颜色的显色指数做出具体要求。

2. 光源的色温

光源的色温的直接表现就是光线的颜色。色温主要影响两个方面，一个是色彩的表现，另一个是氛围的营造。不同色温的光对色彩的表现也不一样，低色温的光适合表现暖色系展品，高色温的光适合表现冷色系展品。这是由于展品表面的颜色取决于展品的光谱反射率和光源的光谱发射率，如果展品的表面光谱反射率和光源的光谱发射率一致，那么此时色彩的呈现最真实。由于色温直接影响人对环境的感受，所以色温的选择对塑造展览氛围很有帮助。一般来讲，在照度水平较低时，采用暖色的光人会感到舒适；而在要求高照度时，选用冷色光照明可获得舒适的效果。

3. 灯具的性能

灯具是提供照明最常用的设备，在陈列照明中，灯具的安全性、操作方便性和功能的多样性是选择灯具时要综合考量的。灯具的安全性包括灯具出光对文物的安全性、灯具与供电导轨或固定结构的结合牢固度、灯具附件与灯体固定的牢固度等。操作方便性指灯具与供电导轨固定和拆装难易程度、调整灯具水平和垂直角度的灵活性、灯具附件配件与灯体拆装的难易程度等；功能的多样性是指灯具能否单独调光、能否统一调光、能够调节出光角度大小、能否增加防眩光遮光罩等各种配件。优越的灯具性能会给我们提供了更多的选择性，从而提供更多照明效果的表现性。

（二）保护要求

对照明的保护要求，是展览照明必须要考虑的重要内容。展览中使用的光源（包括自然光源、人工光源等）所产生光学辐射，都会对展品造成一定损害。为了减少光学辐射造成的损害，要对照明中的紫外辐射含量进行限定、对展品的照度和敏感展品的年曝光量进行限制并尽量减少红外辐射含量。

紫外辐射不仅严重危害有机高分子材料类光敏性文物展品（如纸制品、丝织品、棉麻制品等），导致展品褪色、发黄、翘曲、糟脆，另外其对铜、铁、银等金属类文物的氧化、锈蚀破坏也相当严重。因此 GB/T 23863-2009《博物馆照明设计规范》中有明确限定"7.1 应减少灯光和天然光中的紫外辐射，使光源的紫外线相对含量小于 $20\mu W/lm$"。

可见光作为提供人类视觉的能量形式，能够激发热效应和化学效应，导致对展品的损害。在对展品进行照射时，为减少其对展品的损伤，一般根据展品的类型，来限制照射到展品上的可见光的数量，主要的限制参数包括照度和曝光量。JBJ66-2015《博物馆建筑设计规范》中对藏品的照度和曝光量有明确标准，现摘录规范中的表如表 1 所示。

表 1　展厅展品照度标准值

展品类型	参考平面及其高度	照度标准值（lx）	年曝光量（lx·h/a）
对光特别敏感的展品，如织绣品、国画、水彩画、纸质展品、彩绘陶（石）器、染色皮革、动植物标本等	展品面	≤ 50（色温 ≤ 2900K）	50000
对光敏感的展品，如油画、不染色皮革、银制品、牙骨角器、象牙制品、竹木制品和漆器等	展品面	≤ 150（色温 ≤ 3300K）	360000
对光不敏感的展品，如铜铁等金属制品、石质器物、宝玉石器、陶瓷器、岩矿标本、玻璃制品、搪瓷制品、珐琅器等	展品面	≤ 300（色温 ≤ 4000K）	不限制

红外辐射是热辐射，其热效应一方面能使被照射的文物展品表面温度急剧上升，产生内应力，使之出现翘曲、龟裂、开裂现象。另一方面为化学效应提供动力，加速文物展品的破坏进程。对于红外辐射，现行规范中并没有明确的数值限定，但在为展品提供照明时还是要考虑最大可能地减少其含量。

（三）经济环保性

虽然相对于展品保护和照明效果，经济性和环保性并不是展览照明考虑的重点，但是在国家对节能减排以及环保日益重视的情况下，在满足保护和效果的前提下，可以综合考虑灯具的性价比、发光效率、后期维护管理、初始费用投资等因素，尽可能选择发光效率高的光源和灯具。同时，注意运营维护、后期管理也是节约的重要保证。

三　展品的塑造

展览用光是艺术和技术的结合。首先要充分理解展品，包括展品的物理构成（形态、色彩、质感、工艺特征等）以及展品的内涵（历史背景、用途或创作者的想法等）。如何来表现作品，很大程度上取决于调光者对展品的理解和认知。所以，不同的人，表现的立足点不同，表现的效果也就不同，故有呈现出展览效果的多样性。也可以说是照明工作者用光对展品进行了重新解读和诠释，是用光对展品的表现进行了"再创作"。

在实际的应用中，不同类型的展品，其光表达方式也不尽相同。从视觉上的表现，用光准确表现展品的特征；从专业参观者的需求上来表达，表现作品的制作工艺特点；从心理上表达，表现展品的意境。能将展品的意境表达出来，就会使原本静止的展品，充满了灵动，被注入了生命力。所以光的作用在此就能体现出来了，这是照明从业者的理想和追求目标。下面就依照塑造展品的不同层次（形、神、意）来分别阐述。

（一）形

"形"是塑造展品的基础，主要是指构成展品外观表现的各种特征。照明工作者通过观察展品的形态，思考照明切入点，让展品的上述特征明确而清晰地表现出来，使观众能够获得对展品的正确认知和理解。

①展品形态的塑造。展品的形态主要包括展品的轮廓、构造和细节等。通过光，塑造出品的轮廓、立体感和细节特征，将展品形态特征清晰而准确地表现出来。

②展品色彩的表现。展品的颜色组成同样是构成展品本身的重要特征，所以用光时，要将展品各部分的颜色真实地表现出来。

③展品质感的表现。展品的材料和表面肌理决定了展品的质地表现，通过用光将展品本身的材质、纹理、质地等真实地呈现出来。

④展品制作特征的表现。通过光将展品的制作工艺特点展现出来，特别是针对需要特殊展示或要强调某一工艺的文物（例如，青铜器上的铸造痕迹、玉器上的加工痕迹等），为专业人士的研究提供视觉上的便利，同时也可以让观众从另外的角度来欣赏展品。

《走进养心殿》展览中展出的铜镀金镶嵌料石累丝长方盆玉石石榴盆景，制作工艺复杂，色彩丰富。盆景造型别致，用金属和宝石仿造自然植物，制作出蜿蜒的枝杈、盛开的花朵和石榴（图1）。展览中采用光纤灯照明从不同角度进行照射，光与影在此将树枝盘曲的姿态表现

图1　《走进养心殿》展中展出的盆景

出来。在注重明暗关系对比的同时，考虑到盆景所用材料和制作工艺较为繁复，比如花朵是由各种宝石和金丝镶嵌而成，在布光时有重点地让观众可以看清这种精致细微的加工工艺。该盆景主要的颜色是金色、红色、绿色等低波段光谱，而较低色温光源的选用，能够提供更多数量的相近波段的光，尽可能表现出清宫陈设盆景的璀璨夺目和奢华质感。

（二）神

"神"是指表现出展品的神态、神韵。利用光影、明暗对比将展品的神韵表现出来，给展品增加灵动性和生命力，让展品带给观众更深层次的心理享受。

《天路文华——西藏历史文化展》中展出了阿底峡大师像。阿底峡大师是历史上宣传佛教的一位重要人物，佛教学术成就很高（图2）。展览照明中使用卤素光源的光纤灯，从左、右、前、后几个方向上对大师像进行定向照射，利用光线的微妙变化进行调光，表现出展品形态。同时，突出大师的面部表情和神韵，特别是在大师像高挑的眉与低垂的眼帘之间构造出柔和的光影线条，使观众感受到其面部神态的安详和无限的智慧。

（三）意

"意"是指展品通过与场景相结合营造出的意境。通过光的效果，将展品的内涵、展览的主题思想等有机地结合起来，经过空间构成、辅助场景和灯光效果等手段，令观众体会到展品的艺术韵味或意义，甚至是心灵的震撼。

《南海遗珍——西沙华光礁沉船宝藏展》中复原主要

图2 《天路文华——西藏历史文化展》展出的铜鎏金阿底峡大师像

模拟瓷器散落在海底的情景（图3）。通过将打捞出的瓷碗、瓷瓶、瓷罐放置在海沙上或半埋在海沙里，配合珊瑚、海龟、海螺、贝类等海底生物。同时，利用明暗的变化模仿出太阳光透过水面产生的光影婆娑的效果，共同营造了海底场景。在此场景中，展品、场景和照明设计相融合，使观众仿佛置身在海底注视着这些珍宝。

总之，照明工作者都在根据自己对展览主题、对展品的理解，利用光对展览的光环境进行营造，从视觉和精神层面上对展品进行重新创作。所以，利用光来表达的效果，是仁者见仁，智者见智的事情，并没有严格的评判标准。但是为了能够更好地利用光这根画笔，每一个照明从业者都要不懈地加强自己在美学、艺术、哲学等方面的学习，提高自身素质，只有这样，才能为观众不断地呈现出更好的"光效"作品。

图3 《南海遗珍——西沙华光礁沉船宝藏展》中复原出瓷器散落在海底的场景

故宫展厅光环境营造之路

孙淼

自清末以来紫禁城宫苑之内已经有了电灯，1914 年故宫向公众开放时却并未在展厅中引入人工照明，这种情况一直持续到 20 世纪 80 年代，彼时大部分展厅仍然依靠的是自然光，独特的光环境有别于任何一家现代博物馆。

最近十余年来，故宫开始注重展厅光环境的营造，然而传统木结构空间转变为展厅要同时解决几个问题，建筑历史氛围的还原、各类文物的诠释、为观众服务等等。实现这些目标还要有一个共同的前提，就是可移动文物与不可移动文物的双重保护。如此复杂的环境下完成高质量的照明设计，对于任何一个博物馆的展览团队都是一个巨大的挑战。

与欧洲的皇宫相比，故宫在建筑结构和文物收藏方面都有很大的不同，可借鉴的国外经验很少，只有在摸索中不断总结经验。本文对近些年故宫展厅光环境的探索进行了梳理和分析，从原状模拟、空间氛围、文物叙事、保护利用四个角度切入，通过具体案例分析解读，来展现一个完整而真实的营造过程。

一　原状与原创

宫廷原状是故宫作为遗址博物馆的最大特色。与国外的皇宫不同，由于木建筑结构的特殊性，自然光在今天依然扮演着主要角色。生活起居的房屋空间十分方正朴素，装饰隔断与家具、陈设才是最精彩的部分。它们在日光的照射下，不断变换姿态，构成原状陈列最真实动人的场景。

大部分博物馆为了保证文物展示的理想效果，完全隔绝了自然光，如果故宫也完全采用人工照明则会令古建与文物呈现出另一番景象，显然并没有体现应有的特色，因此是否能在展厅中创造一种自然光与人工照明混合的光环境，最大程度地还原室内原貌，这是故宫设计师一直在探索的课题。

保和殿东庑作为展厅使用已有很多年的历史，2008 年又经历了一次改造，举办名为《宫阙述往》的展览，以宫殿建筑为线索，讲述紫禁城内的典章制度与日常生活。设计师以西六宫原状为参照，尽可能尊重原有建筑、白墙、灰砖、没做任何的遮掩、修饰。黑与白构成了展览的主色调，展柜是斑马灰，比墙面颜色稍重，而展板表面绒布的灰色又略浅一些，显出丰富的层次。绒布的肌理效果与砖墙相互映衬，由于观众的触摸每天都在发生微妙的变化。展示墙采用了仿紫檀木的边框和裙板，与传统内檐装修色彩产生联系，给人温暖的感觉。

按照这一思路，最终设想的光环境也要尽可能接近历史氛围，真实表现立面材料的质感，还要达到文物展示的要求。控制好自然光并不容易，所有窗户均朝西开，日光很不稳定，上下午的差别非常大，紫外线很强。设计师采取了一个巧妙的办法，窗户的下半部用防紫外线的遮光卷帘，保护了文物又避免展柜玻璃产生眩光。上半部用半透明卷帘，自然光在室内形成柔和的漫反射。天花板照度最高，向室内迅速衰减。内部展示区又增加了一道半透卷帘，第二次阻隔自然光，使得下午自然光最强的时候室内也不至于过亮。这样的设计虽然没有经过精确测算，但保持了室内与室外的联系，让人感到舒适，同时也没有影响文物展示，基本达到了预期的效果（图 1）。观众欣赏完色彩饱和绚丽的太和殿之后步入展厅时，激动的心情会逐步平静，慢慢沉浸在对往事的回忆中。

图1　《宫阙述往》展厅效果图、西六宫原状与实景

二 空间与氛围

为展示故宫丰富的古代书画收藏，2005 年武英殿被改造为书画馆。时年正值古建全面大修，展厅都在陆续进行新一轮的现代化改造。由于纸质展品的特殊性、室内光环境不得不整体降低照度，最终的目标依然是在突出建筑特色与文物精准展示之间寻找平衡。

正殿照明以展柜为主体，4m 高的展示面为环境提供了基础光环境，观众很容易将视线集中在柜内的展品上，这是空间构建的第一个层次。

前殿隔断用的半透明织物丝印上了文渊阁御制诗，朦胧的效果使得对面的景观若隐若现，增加了前殿空间的亮度，也避免环境光过强而在展柜内产生眩光。过廊"宫灯"造型简洁，工艺却十分复杂，盒子里集中了六盏灯具，前期与多个厂家进行合作试验，为地面、天花、墙面提供了不同效果的照明。"宫灯"表面的材料也是十余种布料反复比对之后选定的，在纹理、透光性、色彩方面都达到最初的设计构想。

原始建筑作为第三个空间层次，彩画被均匀且柔和地洗亮，而斗拱则被窄角度射灯突出体量感，使观众能清晰地看到修复后的建筑结构与装饰图案。此外，休息椅下部藏有荧光灯，使地面有微弱的反光，有效降低了柜内与展厅环境的亮度对比，也为观众提供了舒适的休息环境（图2）。

图2 武英殿书画馆

午门是故宫最大的临时展厅，可以适用不同类型的展览需要，相比专题展馆，灵活度更高，可发挥的余地更大。在做《兰亭特展》时，设计师在照明方面也做了很多新的创意，以塑造"文人雅集"的氛围。整体环境照明沿东西轴线设计了四个节点，分别是"墨池"、"兰亭景观"、"禊赏亭"以及"书写兰亭"地台，与对应展览四部分内容相对应，用射灯强调这四个区域，给观众提示。事实上，由于展厅四周都有 4m 高的沿墙展柜，已经提供了基本的环境照明。因此仅仅向地面投射照亮这四个节点即可满足功能，无需添加太多的灯具。

兰亭景观是整个展览的亮点，因此照明方面也做了精心的设计。当时选用 ERCO 最新 Optec LED 系列洗墙灯，色温 3000K。通过计算，三只宽角度射灯完全可以将 8m 宽、6m 高的景观墙体照射得柔均匀，干净利落。墙的最亮部分集中在中部靠上的位置，至底部略有衰减，给人一种天光倾泻而下的感觉，观众站在近前也会觉得很自然。还有一只窄角度的投射在亭子前的展柜上，作为重点照明，照度比墙面略高，这样空间的层次与氛围感就被勾勒出来。"墨池"、"书写兰亭"地台并没有加射灯来照亮，而是做成灯箱的形式。自发光的"墨池"水面感比较明显，同时相应降低了亮度，与兰亭景观有明显的反差，避免喧宾夺主。展厅地面用喷绘地贴做了流水画面，贯穿展览始终，辅以局部照明之后明显增强了导引作用，也为观众展现了曲水流觞的空间意向。

三 文物与叙事

照明对文物的阐释是展览视觉效果的核心部分，看似简单却并不容易。因为这不仅仅依靠硬件与经验就可以解决，还需要设计师对展览内容的把握，具有相当的艺术修养。抓住文物最动人的部分并用照明手段加以渲染，当然有时也会带有很多个人色彩并且出现意想不到的效果。

《明永乐宣德特展》的佛教造像部分是展览的高潮。青海瞿坛寺的菩萨像造型优美，工艺精湛，代表了永宣时期最高水平的铸造工艺。红色背景墙气势宏大而厚重，没有多余的装饰恰恰反衬出造像的精雕细琢。现场的灯光调试经历了很长时间，设计师不断做减法，最后只保留了四盏灯。背景墙上映出菩萨清晰的身形，没有丝毫多余的阴影。此外，菩萨的面部被一只窄角度射灯稍微提亮了一些，引导人们欣赏那亲切自然的神态，安静而祥和。

除了真实的文物照明以外，展览中莲花与茶花的视觉主题还以光为载体"雕刻"在不同的界面上，这也算是对永宣官样图式在不同类别器物上反复出现的一种回应。入口与出口的正上方用灯光投射出两种图案，与米色的背景墙放在一起并不觉得突兀，隐约浮现的花纹与暗花甜白釉瓷器表面的感觉很像，纯净又不乏内涵。避风阁的发光缠枝莲不仅尺度被放大，有很强的冲击力，还兼有环境照明的功能。最出彩的一笔要属在展厅中央地面上投出的画面。几乎每个观众都要走上前来挥挥手，当意识到灯光是从天花照射下来时，更要多停留一会儿，让光影投在自己身上，互动的乐趣很快传递给周围的人，为展览增添了活跃的气氛（图3）。

《天子万年——清代万寿盛典展》是一个与宫廷历史

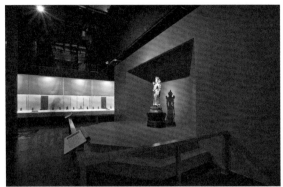

图3 茶花、缠枝莲图案投影与瞿昙寺菩萨造像

图4 《清代万寿盛典展》

上的陈设都变得越来越清晰，好像镜头由远及近，告诉观者大宴即将开始。此时展厅中奏起了宫廷音乐，气氛被烘托到极致。色彩、灯光、音乐共同勾勒出一幅宫廷筵宴的生动画面（图4）。

一些小型学术展览并不以热闹华丽吸引眼球，但同样可以通过照明手法营造戏剧化的场景，引导观众沉浸其中。例如在延禧宫展出的《汉魏碑刻特展》，这是一个民国时期的库房建筑改造而成的展厅，空间低矮狭长。设计师在一层中部依靠天花与东西两侧墙面搭建成一个并不真实的武梁祠场景。整体结构因为展厅的局限将石室原有的坡顶改为平顶。三个界面均印制了武梁祠的拓片，两个侧墙的画面完全忠实于原始祠堂。场景中间有一条长凳，被天花投下的一束光照亮。当观众坐在长凳上注视墙面的时候，有趣的一幕就此出现，这里借鉴了戏剧舞台上表现时光倒流的手法。头顶的灯光使周围变得相对较暗，人们仿佛一下子回到过去，回到黄易探寻到武氏祠的那一刻，体会他当时的心情，灯光的处理在此处起到了至关重要的作用（图5）。

图5 《汉魏碑刻特展》中的武梁祠场景

有关的主题展览，其设计理念就是以拍电影的方式为观众解读清代皇帝庆寿的盛大场面。照明在场景中扮演了极为重要的角色，不仅仅要烘托氛围，还要以动态的形式讲故事。

"影片"一开始就把观众带入久远的回忆中。进入序厅，正中的"五蝠捧寿"点明了主题，作为故宫建筑的延续，"菱花窗"排列四周。透过花窗，观者可欣赏到万寿图精彩的局部画面，当洗墙灯光逐渐减弱，墙面会渐渐浮现出数百个发光的"寿"字（源自《万寿生生图》）。第三单元两侧展出的都是进献的寿礼，根据类别、用途分成几组，具有很强的序列感。一道道红色垂纱将这一狭长的空间分割开来，好似宫中一扇扇大门，其上还印有斑驳的金色寿字，体现出岁月的痕迹。地面上投影灯映出朦胧的寿字图案，引导观众前行，两侧悬挂的黄色帷幔，高低错落，背后隐约透出灯光，像夜晚紫禁城里的点点灯火。

朝贺之路的尽头便是乾清宫。万寿筵宴是整个庆典活动的最高潮，展厅的最后再现了乾清宫内的寿宴场面。灯光在此处作了特别的设计，突出场景的层次与筵宴的过程。在背景逐渐变暗的同时，大宴桌开始被照亮，桌

作为过渡，展览中还设计了一段插曲。观众欣赏完一层的展品要往二层走的时候隐约能看到楼梯间的墙上有一扇"窗"，里面透出微弱的灯光，只是它的位置太高无法看清窗后的景象。待到登上二层，回头望去，"窗"内是一位文人的画像，彬彬有礼、面带微笑，好像坐在书斋之中与观者遥遥相望。这个人就是黄易。始终未曾露面的主角就这样的方式于不经意间登台亮相了。

四 保护与利用

2015年，故宫展厅又迎来了一次大规模升级改造，随着技术的进步、理念的更新，故宫表现出比以往更为开放的姿态，与各专业领域人士合作，探讨对于古建和文物双重保护的可能性。慈宁宫室内光环境成为一个研究课题，为雕塑馆的设计与建造打下坚实的理论基础，这在故宫尚属首次。

慈宁宫内部空间通过自然光呈现给观众，而陈列文物需要更多的人工光来表达，我们要做的是在保护光敏感文物（如彩绘泥塑、陶俑）的前提下，找到自然光与人工光的平衡。这一次探索集中了各方力量，设计出一

图6 慈宁宫雕塑馆

个更为合理的实施方案。

展馆筹备期间，故宫与清华大学合作，进行长时间的采光模拟与测试。由于不同季节自然光的照射强度与角度差别很大，因此获取大量数据进行分析是必要的前提。最终的方案是要将自然光透过率控制在20%以内，既保留与室外的联系，又能满足文物保护的需要。

照明设计的难点主要有两个，一是要订制门窗玻璃，这些玻璃首先要有足够的强度保证展厅安全，同时要能过滤掉紫外线、降低透光率、视觉上接近传统的窗户纸效果。我们与多个厂家反复实验，最后研制了一种夹胶玻璃，基本满足这些要求。第二个问题是精确控光，采用特制的LED灯具，通过计算将灯具数量降到最低，以减少曝光量。在不能破坏古建筑天花板的情况下准确定位与安装灯具都是极大的挑战。除此之外，网格系统的架设采用了碳纤维材料，这在博物馆行业也极为少见，重量仅为同体积钢材的五分之一，荷载能力却是钢材的4～5倍。为保护古建，灯架系统采用了双层抱箍结构，

既保证了稳定性，又最大限度地减少对木结构房屋的影响（图6）。

慈宁宫雕塑馆之后许多研发的成果已经在其他展厅广泛推广，比如仿照窗纸效果的特制玻璃。尽管古建筑空间的利用有诸多困难，但每一次展厅改造之后，光环境品质都有很大提升，更重要的是对于古建和文物的保护标准也同样有了大幅提高。短短数年间，故宫与国外一流博物馆在照明技术方面的差距正越来越小。

木结构建筑转变为展厅又要满足现代博物馆的需求，对于故宫展陈来说极具挑战性。多年来，故宫一直在寻找一条适合自身情况的道路，而照明尚属一个年轻的领域。或许没法找到一个标准化的模式，在所有展厅中普及，本文中的案例也依然存在各种各样的问题。但不可否认，故宫正以积极的心态去面对挑战，努力将劣势转化为优势，这注定是一个漫长的过程，但终将会逐步构建出具有故宫特色的更加完善的展厅光环境。

LED器件技术发展助力博物馆、美术馆照明提升

林铁

LED 器件技术近些年取得了长足的进步，业界开发出包括高密度级（High Density Class）LED 技术和卓越光品质（Premium Colour）LED 技术在内的新型技术，使得包括光效 lm/W、光输出 lm、显色性（包括了显色指数 R_a、红色显色能力 R9、色彩保真度 Rf 等参数）、特殊色点、色容差 SDCM、色偏移 Colour Shift、中心光强 CBCP、光束角控制等都有大幅改进。通过结合领先 LED 器件技术和专业照明灯具设计，将能够极大帮助提升博物馆／美术馆照明的用光的安全、灯具与光源性能、光环境分布、电费节约等。

一　LED光效提高用光的安全并减少电费开支

光效是 LED 器件是最为重要性能指标之一，对于博物馆／美术馆照明同样有着重要意义。首先，博物馆／美术馆照明每年开灯的时间都很长。每天从开馆到闭馆大多在 8 个小时甚至更长，且全年仅周一闭馆。高光效可以带来显著的电能节约，减少电费的开支；再者，LED 虽然是冷光源，但它同样存在散热的问题。高光效可以使得电能更多地转换为光，而不是热，这样对于有效地控制展品的表面温升，减少额外热辐射，符合对展品的保护，提高用光的安全有着重要的帮助。

美国能源部于 2016 年 6 月发布固态照明研发计划（图 1），从计划中我们看到能源未来发展的趋势，在 25℃和 35A/cm² 输入电流密度条件下，荧光转换型（Phosphors Converted）LED 器件商业化量产光效，2017 年目标为冷白光 194 lm/W、暖白光 164 lm/W，长期目标均为 255 lm/W [1]。

主流的白光 LED 器件技术是基于蓝光 LED 芯片与黄色荧光粉，所以博物馆／美术馆照明在采用 LED 灯具时，不可避免地要考虑蓝光对于展品的影响。相比较而言，暖白光中的蓝光含量要低于冷白光中的蓝光含量。从而暖白光 LED 器件光效的提升，对于同时满足用光的安全、照明效果所要求的亮度／照度、电能节约等都有着重要

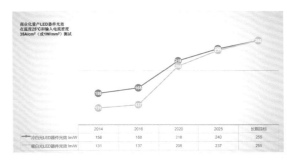

商业化量产LED器件光效
在温度25℃和输入电流密度
35A/cm²（或1W/mm²）测试

	2014	2016	2020	2025	长期目标
冷白光LED器件光效 lm/W	158	188	218	240	255
暖白光LED器件光效 lm/W	131	137	208	237	255

图1　LED器件光效提升趋势

的意义。

关于如何取得光效的提升，衬底材料是其中关键的一步。碳化硅 SiC、蓝宝石 Sapphire、硅 Si 作为目前商业化的主要三种技术路线，各有所长和其劣势（图 2）。如果从取得的光效性能而言，无疑碳化硅 SiC 技术路线有着天然的优势。相比于其他两种衬底材料，碳化硅 SiC 材料和氮化镓 GaN 材料的晶格匹配度更高，从而使得输入的电流更多地转换成光。这样的话，一方面，光效得到了提升；另一方面，散热问题也进一步得到解决。

与此同时，LED 芯片技术也在实现着它的代际提升（图 3），正装结构 LED、倒装结构 LED、垂直结构 LED、

图2　LED衬底材料技术对比图

使得在有限的芯片面积内得到更多的光输出，电流扩展性更加均匀，不断地提高着光效水平。

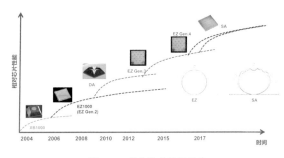

图3　LED芯片技术代际提升

二　卓越光品质Premium Colour提高灯具与光源性能

显色性是博物馆／美术馆照明应用中对于灯具与光源性能的重要指标，包括了显色指数 R_a、红色显色能力 R9、色彩保真度 R_f 等参数，用以表征光源颜色还原能力以及对特殊艺术表现效果，对某色彩进行艺术加工的效果。

显色指数 R_a 和红色显色能力 R9 等，在照明行业中广泛应用，是国际国内标准和技术规范中用于评价光品质的重要依据。一般而言，显色指数 R_a 数值越高，对于颜色的还原能力越好，这样能够更清楚和精准地展现细节，帮助提高展品细节清晰度的展示。而红色显色能力 R9 对于提高展品色彩鲜艳度等会有不错的效果。

然后，近年来随着 LED 固态照明的发展，原有评价体系的缺陷逐渐凸显出来，在很多情况下 R_a 值并不能与一般观察者的视觉评估相匹配。通俗而言，将高数值和低数值同时放置在一起比较时，人的肉眼看上去，有时可能还会觉得低数值的实际效果更好。

针对这一现象，科学家们做了大量的研究。北美照明工程学会 IES 提出了 TM-30 这一新的评价体系，作为现有评价体系的重要补充。在新的评价体系中，颜色测试样本由原来的 8 种或 14 种变化为 99 种，且此 99 种测试样本在颜色空间中均匀分布，光谱波段分布均匀，且选自客观存在的物体颜色，具有更好的代表性。R_f 色彩保真度和 R_g 色彩饱和度则是这一评价体系的两个重要评价依据，色彩保真度 R_f，用于表征 99 个标准色在测试光源照射下，与参考光源相比的相似程度。100 代表完全相同，0 代表差别很大；色彩饱和度 R_g，代表 99 个标准色，在测试光源下与参考光源相比，饱和度的改变。100 代表饱和度相同，大于 100 表示光源可以提高颜色的饱和度，低于 100 则代表颜色的饱和度在测试光源下较低[2, 3]。

从 DLC V4.0 版技术规范（2016 年 6 月）开始，首次鼓励广大制造商提供 R_f 和 R_g。而国际照明委员会 CIE 于 2017 年发布了了新的技术报告《CIE 224：2017 CIE 2017 Colour Fidelity Index for accurate scientific use》。TM-30 及 R_f 和 R_g 参数正越来越成为除 R_a 和 R9 之外，评价显色性的重要补充依据[4]。

LED 业界根据这一重要趋势，相应开发出卓越光品质 Premium Colour 技术（图 4）和 COB 器件，能够同时提供非常出众的 R_a、R9、R_f 指标，更好地满足博物馆／美术馆照明的需求。

此外，特殊色点也是这两年 LED 器件领域热议和

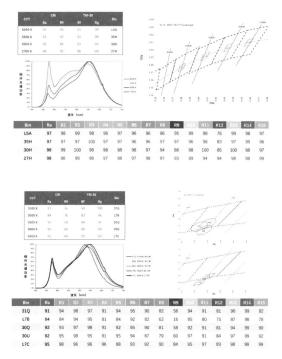

图4　Premium Colour技术提供的LED器件出众显色性指标图

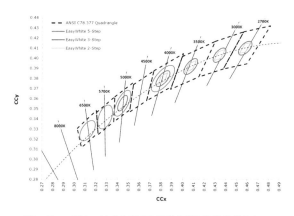

图5　Easy White技术实现LED器件窄至2步色容差SDCM

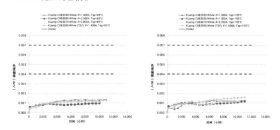

图6　Premium Colour技术实现LED器件很小色偏移Colour Shift

争相开发的技术，针对不同的应用场合和照射环境需求，定制开发相应色点的 LED 器件，满足相应的光色要求。优化设计的卓越光品质 Premium Colour 技术包括了 Specialty 特殊色和 Fidelity 高色保真度／高显色指数产品选项，能够提供 L7B(适合浅色系列照明，颜色明艳、干净)、L7C（适合深色系列照明，色彩饱和度高，扩大视觉冲击力)、L5A（呈现亮白色，适合和 3000K 一起使用，增加对比度)、30U（色点更白皙，适合一些体现运动、时尚、年轻的场所)、27H、30H、30Q、31Q、35H 等丰富色点选择，在实现卓越光色的同时，提供优异的性能和显色指标[5]。

同时，博物馆／美术馆照明对于灯光的光色一致性要求也很高，相关的指标参数为色容差 SDCM。色容差 SDCM 代表了光源发出的光谱与标准光谱之间的差别，数值越小，则差异越小。目前，LED 业界通过 EasyWhite 等技术，可以实现最低至两步。麦克亚当椭圆色容差 SDCM，这样能够实现光源在同一产品批次内和不同产品批次间的光色一致性（图5）。博物馆／美术馆既可以在展品展示时获得优异的一致性，同时在需要更换灯具时，也不必为批次内和批次间的光色差异所困扰。

此外，卓越光品质 Premium Colour 技术还可以带来很小的色偏移 Colour Shift，实现光源在工作寿命范围内和工作温度范围内优异的光色一致性（图6）。这样就能够降低灯具在温升或者长寿命工作后，出现色彩的偏移，影响展品展示的照明效果。

三 高密度级LED器件技术提升光环境效果

基础科学的进步，带来了技术路线的发展。"高密度级（High Density Class）LED 技术"于 2013 年提出和发展，超越了原先的"照明级（Lighting Class）LED 技术"，在非常小的封装体内，得到出众的性能。"高密度级 LED 技术"在 COB 器件上的应用，能够在更小发光面 LES 内，实现更高的流明输出和中心光强 CBCP。

随着对于照明空间整体美感的要求越来越高，照明灯具也正在朝着小型化的趋势发展。原有体积庞大的灯具在空间中显得突兀，影响空间整体美感和整体空间照明艺术表现，已不再能够满足对于追求美感和艺术表现的需求。通过采用高密度级 LED 器件，在实际的应用中，我们可以开发出更小尺寸的灯具，并实现更小的光束角，同时实现更高的性能和更好的光环境效果。

以荣获 2014 Lighting for Tomorrow（由美国照明协会 American Lighting Association／ALA、美国节能协会 Consortium for Energy Efficiency／CEE 等共同举办固态照明大奖的高密度级 COB 小型化轨道灯为例（图7），采用了高密度级 COB 的轨道灯，在仅相当于 MR11 的尺寸内，实现了相当于 100W PAR38 的流明输出。高密度级 COB 重新定义了照明的性能、尺寸、成本、

并且帮助开发出之前不可能实现的新型照明解决方案。

小角度设计和高中心光强 CBCP 在照明应用也非常重要，这可以帮助对展品进行精准的配光。不同光束角是构建灯光层次感的有效方式之一，同时匹配不同体形大小的展品。高中心光强 CBCP，则能对展品实现重点突出效果，同时结合通过精准的控光技术，能够严格收缩副光斑，对光斑形状进行修饰，以达到干净无瑕的光照效果，令整个光环境整洁大气，提高用光的艺术表现和感染力。

获胜者

小型化高密度级轨道灯

Cree, Inc.

设计者：David Cox 和 Paul Scheidt,LC

这一小型化轨道灯采用了科锐高密度级 LED 阵列，在仅为 MR11 的尺寸内，提供相当于 100W PAR38 的性能。

这一设计提供了出众的光束和非常好的显色指数 CRI。该设计采用通用输入电压。

评审团意见：

这一设计具有吸引力，在很小的尺寸内，提供优异的性能和柔顺的光束。

通过采用这一设计，将帮助轨道灯方案实现升级。

图7 高密度级COB器件提供优异性能且实现小型化

现有的 LED 器件和照明技术水平都还有很大的提升空间，我们通过持续创新，可以取得更多的科技进步和性能提升，实现更好的光，助力不断提升博物馆／美术馆照明。

[1] U.S. Department of Energy, Solid-State Lighting R&D Plan, 2016.

[2] CIE 224: 2017 CIE 2017 Colour Fidelity Index for accurate scientific use, 2017.

[3] 杭州远方光电信息股份有限公司，CIE 2017 色保真度指数出炉，对显色指数 CRI 的替代还在研究中。

[4] DesignLights Consortium™ Product Qualification Criteria (FINAL 6/1/2016) Technical Requirements Table, V 4.0, 2016.

[5] 童敏、林铁，商业照明 COB 器件技术发展，《中国照明电器》，2017 年 11 月第 11 期，P32 ～ 35。

博物馆与美术馆照明技术与发展趋势

伍必胜

近年来，LED技术突飞猛进，在博物馆与美术馆照明领域，新建的馆毫无疑义地会选择LED灯具，旧馆改造也会如此。但是，就在六年前，市场上博物馆应用LED照明产品不会超过10%。晶谷照明在2012年推出全系列博物馆美术馆照明产品，当时拜访工程公司、馆方等不下50家，但得到的评价几乎都是负面的。① 灯具的发光、色彩还原度不够，很多馆方认为，与卤素灯比其光色不舒服。② 同一批灯的光色也有差别，结果是同一个空间打出来的光不一致，但是这些问题在传统照明根本不存在，大家难以接受。③ 为了LED照明技术发展，当时有很多室外项目强推LED产品，由于技术不成熟，用了一段时间就坏了，结果产品给大家的印象是散热不过关，容易坏，常维修。④ 成本高，初始投入费用居高不下。短短几年，以上问题全部迎刃而解，而且这种改变是颠覆性的。以前各个空间多种灯具光源并存，譬如陈列区用卤素灯，展柜或公共区用节能灯，大厅用金卤灯，但现在已经全部换成LED（图1）。博物馆、美术馆照明全面进入LED时代，未来LED将大行其道。在LED如火如荼的今天，人们不禁要问，LED之后，用于博物馆照明会是什么？

图1　专业LED导轨灯

图2　LG超薄OLED光源
（摘自http://www.lgdisplay.com/chn/product/oled_light.jsp）

一　未来面光源的主要替代者OLED

最近市面上有很多曲面电视，无边框可折叠手机等，这些都应用的是OLED技术。

OLED（Organic Light-Emitting Diode）是什么呢？它俗称有机发光二极管，又称有机发光半导体，具有自发光的特性，采用非常薄的有机材料涂层和基板，当有电流通过时就会发光，最大的特点有以下几点。

① 非常轻薄（图2）。由于其发光原理的不同，OLED是采用多层非常薄的有机材料涂层涂覆在薄基板上，当电流通过时，有机材料就会发光，由于这些涂层都是微米级，所以整个产品非常薄，发光部件一般不到1毫米。

② 可弯曲、可涂敷于任何柔性薄膜、镜片、基板等（图3）。现在全面屏手机，曲面电视，大多采用。由于轻薄而且透明，当涂覆于玻璃上，就变成了发光镜子或玻璃。如普通的梳妆台一般都会配上镜前灯，但用OLED技术就很简单了，直接在镜子的上部涂上OLED就能发光了。

在博物馆与美术馆，很多展柜需要面光，现在的做法是在柜顶做灯带或者灯管，再盖上压克力形成面光。但是用OLED技术就很简单了，直接在展柜玻璃上涂OLED层，通电就成了面光源，平时不用时它就是透明的。

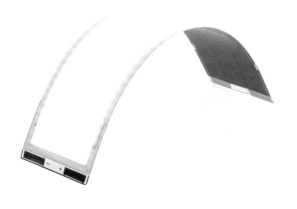

图3 超薄与可弯曲
（摘自http://www.lgdisplay.com/chn/product/oled_light.jsp）

③ 蓝光成分低（图4）。LED虽然无红外，紫外辐射，但是蓝光成分高，对于展品保护还是有影响。OLED在这方面就非常优秀了，蓝光成分非常低，极大地保护了展品。

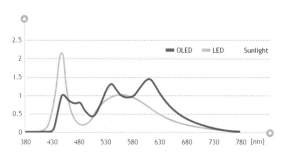

图4 太阳光、LED、OLED光谱比较图
（摘自LG Display 2016 OLED产品宣传册）

由于这些优势，OLED用于博物馆美术馆陈列区与库房（图5），会比LED更好。但是从发展来看，它还有缺点，基本与早期LED出现的问题雷同，包括以下几处。

① 色温不精准，有些漂移；② 发光效率有待提高；③ 初始成本投入成本高。

图5 OLED在展陈空间中的应用
（摘自http://www.lgoledlight.com/product-display-lighting/）

目前，主要限制OLED应用的瓶颈是成本与光效，但在显示领域，它已经绽放异彩。据报报道，苹果手机的部分新机型，采用的即OLED屏（图6）。在未来OLED技术突破会不断加快，相信在博物馆与美术馆空间会频繁看到它的身影！

图6 OLED应用于手机
（摘自http://www.lgdisplay.com/eng/product/mobile）

二 未来点光源的主要替代者激光

OLED虽然轻薄，光谱成分理想，但我们还是要清醒地认识到，它是一种面光源，发光强度低，无法达到重点照明的要求，而这仍是LED的强项，我们也许会看到面光源及环境照明OLED越来越多，但重点照明领域，LED照明仍旧占据绝对统治的地位，几乎无法撼动。

那么，LED在重点照明领域是否无可替代。2016年6月25日，中村修二在成都全球创新创业交易会上，向媒体表示，未来十年内激光照明将会代替LED照明，原因是它的效率比LED更高，投射更远、体积更小、结构更紧凑。这给激光照明带来了非常大的想象空间。目前，激光单色性很好，没有LED的光谱那么宽广，但是在亮度上，LED完全无法与之相比。

由于激光的方向性很强，亮度要比LED大很多。一旦研发出可用于高显色的白光，它将轻易地实现远处布灯，近处控光，也就是说我们可以将发射器放在离场景很远的地方，然后在被照射物不远处设置光学器件，通过光学器件配光，投射到展示物上，达到照明效果，完美实现"见光不见灯"。

未来场馆激光照明示意图，如图7所示。

激光发出的几乎是平行光，这种光易于控制，通过光学配件能方便地实行光形改变。

传统灯具与LED要做出平行光，需要非常复杂的光学器件，而激光能轻易实现这一要求，对于博物馆美术馆空间要求的精准照明，这是一个突破。

在照明行业，一些厂商已经开始激光照明的概念设计。一些汽车品牌的新概念产品，开始使用激光照明，譬如宝马新七系。作为全新第六代车型，采用了蓝色激光大灯（图8）。它具有照得远、体积小、穿透

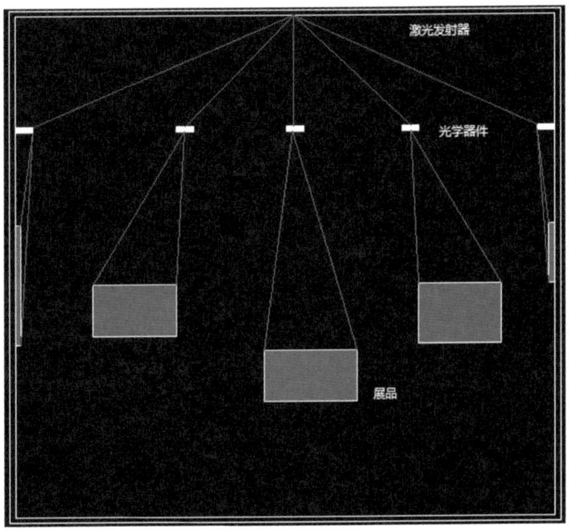

图7　激光灯示意图

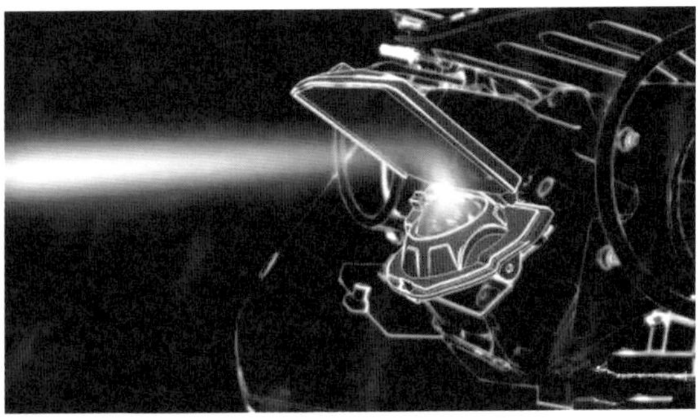

图8　激光车灯

（摘自http//mp.weixin.qq.com/s/B7ccqkrNO2SlGhuli3A3Jw）

力更好的强大优势。

三　LED技术更新与跨界

　　新的技术发展，使我们在博物馆与美术馆照明方面看到了更多的可能，但是LED技术本身，也会有很多的变革，主要表现于以下方面。

　　① 灯具稳定性提高，随着电子部件技术的成熟，更高效、寿命更长。以前的难以达到标称寿命，主要是瓶颈在于电子器件与散热，现在散热技术成熟，LED芯片的耐热性也提高了，稳定性随之大大提高！常用的博物馆美术馆品牌灯具，寿命达到三五万小时已经没有问题。

　　② 光色更稳定一致. 芯片色容差通常三到四步，部分专用芯片色温差值控制在50K以内，色容差甚至达到2SDCM，完全可以与卤素灯媲美。

　　③ 色彩还原性方面，LED照明灯具的显色指数达到了90，部分达到了97。

　　④ 光学技术发展得到了长足的进步，以前的重影、聚光不足等已经完全解决，如今专业博物馆美术馆灯具厂家推出的变焦灯具，给灯光调试带来了极大的便利。

　　除此以外，它的技术还在进步。

　　① 全光谱照明光源推出，国外芯片厂商推出模拟太

图9　模拟太阳光的LED产品

（摘自http//mp.weixin.qq.com/s/-zJRgClM_RoSxiS-0qK6fg）

阳光的光源，它从根本上改变了LED照明技术，将最接近太阳光的LED产品推向市场，其光谱与太阳光几乎一样。在今年的德国照明展上，已经出现了应用产品，如图9。

　　② 交流直接驱动LED和高压LED芯片技术，这个技术说起来有点抽象，具体参考（图10）。

　　两款路轨灯，都是一个灯型，但右边的产品在接轨道的地方有个大盒子，这里面装的是电器，而左边没有盒子。如果交流驱动及高压LED技术成熟了，所有的LED灯具都不需要这个盒子了。在LED灯具日益小型化的今天，电器的简化，将使灯具应用更便利。

图10　高低压芯片灯具电器盒大小比较

　　③ 调节与变化。自从LED变焦灯推出以来，我们可以灵活地变化亮度和光斑大小，但如今这种变化越来越多，如晶谷照明推出的遥控灯（图11），可完全实现亮度、光斑大小、水平转动、垂直转动、色温的随意变换。

　　从目前来看，它的尺寸还有点大，随着技术的发展会越来越小，到时使用会更方便。

　　④ 与其他的技术的整合应用，如无线电充技术，这是一种无线电能传输技术，在一个电子展看到无线电充装置，带动在金鱼缸里的LED灯具照明。现在这个技术已经能实现十几瓦灯具的无线电充，当然传输距离还是个问题。若能突破，在博物馆美术馆的展柜，场景复原空间等，省却空间布线，空间会更清爽。

图11 遥控灯

四 LED技术与IoT（物联网）

除了这些变化，LED美术馆照明技术与物联网（IoT）也会结合得越来越紧密。

在过去很长的一段时间里，照明还仅停留于亮度变化，LED灯具出现以来，照明控制变得十分丰富，主要表现在以下方面。

1. 响应时间（不同光源产品，从接通电源到发光的时间段）。节能灯：十秒级，频繁启动影响寿命。卤素灯：十秒级，响应时间较快，开关对于灯具影响小。陶瓷金卤灯：冷灯启动分钟级，热启动十分钟级。LED灯具：秒级，它的表现非常优秀，而且频繁开关对于灯具无任何影响。

2. 调光与控制，LED兼容多种方式，如可控硅、0/1-10V、Dali、DMX等，通过系统灵活调节亮度、光色等。目前的技术发展很快，控制越来越丰富，主要表现以下方面。

① 无线控制应用越来越广泛；

② 控制终端更加多样化，如电脑、手机、APP等；

③ 控制界面简化，与物联网技术结合，实现远程管理与深度学习。

3. 在实际应用中博物馆美术馆智能控制，主要分以下三类。

① 以KNX或BUS系统为框架，实现楼宇整体控制，将灯光、视听设备、监控、空调电器等全部纳入；

② 以DALI为框架，主要对照明系统实行控制，同时纳入感应、窗帘、电器等控制；

③ 通过无线控制，采用zigbee+wifi的模式，对部分展馆，区域实现无线控制。

三种都有应用，后面两种使用得越来越多。这种智能控制将与智慧博物馆的整个系统兼容，增加学习功能。如今这个系统中智能照明、智能导览、AR/VR等子系统是独立的，随着物联网技术推广应用，通过智慧博物馆的大平台，嵌入各子系统，实现深度学习，将迎来真正的"智慧博物馆"。

五 博物馆、美术馆照明与光通信技术（LiFi）

最后，我们谈谈可见光通信（LiFi）。随着无线通信技术的快速发展，WiFi技术已经普及。而它所承载的电磁波频段频谱资源稀缺，无法满足日益增长的数据通信要求。光通信技术LiFi的出现，为数据传输提供了一种更为安全、高速、稳定的解决方案。

LiFi就是把LED灯变成"路由器"。它利用灯具发出的可见光进行数据传输，运用已铺设好的照明灯具（如LED灯），植入一个微小的芯片，通过改变光线的闪烁频率（一种肉眼觉察不到的高速闪烁信号）进行数据传输，只要在室内开启电灯，无须WiFi也便可接入互联网。

飞利浦在法国房地产投资公司Icade的办公室进行LiFi技术测试。LiFi通过灯光扩展互联网，使用LED，通过光波传输数据，速度高达每秒30Mb（信息来源电子产品世界 http://www.eepw.com.cn）。

比利时库尔提乌斯博物馆，通过应用LiFi技术，让游客在灯光下，实现上网、参观导览、信息推送等。馆长Mr.Gary对这项目新技术大加赞赏，他认为博物馆的人机交互设备应该越现代越好，以更好地去适应各个阶层的游客和观众。据传其信息传输速率是WiFi的150倍。（信息来源 https://www.rtl.be/info/index.htm）

博物馆与美术馆照明设备，已经不只是用于照明，它成为一个信息传输中心，为智慧博物馆带来更多想象空间。

让文物活起来，好灯光会说话！
——埃克苏"安全、还原、舒适"博物馆照明新理念

韩天云　苏打明

图1　优秀文物照明效果示例

图2　文物的保护性照明示例

2014 年 2 月 25 日，习近平总书记在北京市考察文物工作中强调，"让文物说话、把历史智慧告诉人们，激发我们的民族自豪感和自信心""让收藏在博物馆里的文物、陈列在广阔大地上的遗产、书写在古籍里的文字都活起来"。

博物馆的丰富展品代表着一个民族的文化遗产，承载着这个民族的认同感和自豪感，代表着这个国家悠久历史文化的"根"与"魂"。随着我国博物馆事业的蓬勃发展，越来越多的博物馆展览展示对专业的博物馆照明技术和产品提出了更高的要求，在博物馆照明设计中，应秉承"安全""还原""舒适"的照明设计理念，更多地应用现代光学、电子和智能技术，在更好地保护文物的基础原则上，通过合理运用光与影的变化，营造出赋有生命、充满活力、感觉逼真、整体优化的照明效果（图1），以呈现和还原展品的历史文化底蕴和艺术造诣，为观赏者提供一个舒适的优质光体验环境，用好灯光让博物馆里的文物活起来。

一　安全

国家文物局党组书记、局长刘玉珠在 2018 年两会期间强调，文物安全是文物工作的底线、红线和生命线，文物安全工作永远是零起点。他表示要紧扣文物安全工作负责链条，既要明确地方政府的属地原则，也要明确主管部门承担的主体责任。

在文物安全保护方面，最容易被忽视的就是对展示中文物的照明保护。在博物馆展示照明设计中，如何安全保护不可再生、独一无二的珍稀展品是博物馆展示照明的首要课题，照明设计和技术必须优先保护展品安全，控制和减少光对展品材料、颜色、质地等方面的损害。博物馆展陈中，展品是博物馆一切行为的中心，策划、装修、布展、照明、开展、撤展等所有过程都围绕珍贵的展品而设置（图 2）。博物馆展陈设计和博物馆照明设计必须优先处理好安全保护展品和更好展示展品之间的矛盾。

（一）博物馆照明灯具本身的机械和电气安全

博物馆照明应选用取得国家质量安全认证的照明灯具和系统。照明灯具本身安全包括两个部分。一是机械安全，灯具从安装到拆卸应方便、快捷、稳固，不得有跌落等危险；二是电气安全，灯具为带电载体，电气需符合电工安全规范，无触电、起火、散热通风等隐患。

（二）防止红外线的热效应和紫外线的化学效应

灯光中的红外线辐射的存在会引起展品表面温度的升高，导致展品的热胀冷缩，加速展品的老化速度，增加材料的干燥程度，使之易脆，有可能使文物表面发生

翘曲和龟裂现象。

灯光的紫外线会引起展品表面产生化学反应，造成博物馆展品的老化，如褪色、色变、质变等，可见或隐性的损害，而且无法通过保护手段恢复。对于博物馆和美术馆照明，IESNA96规定，建议光源的最大紫外线含量为75μW/lm；CIE2003的技术报告则建议光源的最大紫外线含量为10μW/lm。

（三）控制最高照度水平

为了展品的安全，在博物馆照明设计中，展品的照度应当维持在满足观众欣赏展品的照度水平上，因为当博物馆用可见光来确定照度水平的时候，实际上光损害来来包括可见光在内的全光谱辐射。国际博物馆协会推荐，对高度和中度光敏感展品的最高照度应置于50lx～100lx，而对低度光敏感展品的最高照度应置于200lx～400lx，对轻度光敏感展品也应当控制在这一水平上，没有必要使用太高的照度以避免意外的光损害。

因此，博物馆照明灯具必须具备操作方便的调光功能，妥善地解决博物馆照明场景中不同展品应用不同照度水平的问题，而智能照明系统，让灯光管理更加人性化和科学化。

（四）建立光敏感展品"光预算"管理制度

"光预算"是指假定展品在某个照度水平上可以持续展览的时间，超过这个时间，展品将遭受明显的损害，不能再继续展出。

根据光的相互作用原理，光对展品的损害来源于照度和光照时间的组合作用，一个展品在50lx的照度下，持续照射10小时造成的光损害，与在500lx照度下，持续照射1小时造成的光损害是一样的。降低光对展品的损害，不仅要控制照度水平，而且更重要的是管理累积照明时间。

光损害不只来自红外线和紫外线，长时间照射可见光也会对文物产生不可逆转的损害，控制文物和艺术展品的年度总曝光量，是协调保护与展示的重要手段。博物馆也应当对展品灯光的年曝光量进行控制，建立健全光敏感展品的"光预算"制度。

（五）运用博物馆智能照明

博物馆照明安全的基本原则就是用可以欣赏展品的最低照度水平，照射最少的时间。智能照明系统的使用，能够有效地实现灯具使用时间的智能化控制，让场景灯光的切换变得极其灵活，在博物馆照明设计中得到越来越广泛的应用。

智能照明系统可根据不同的展示要求对博物馆照明环境进行调整与切换，可以实现单灯或多灯分组开关、亮度手动或自动调节、场景设置、定时开关、红外线探测、照度感应、移动感应、集中监控、能耗管理、遥控操作、远程操作等多种照明控制任务，极大地方便了博物馆的照明管理和对展品的精确照度和曝光量控制。

二　还原

博物馆展品是研究古现代文明的重要文物，展品每一处的细节都具有不可估量的价值，忠实还原展品的材质、色彩、技术、纹理，通过多层次、有对比的有序灯光配置，准确再现文物历史地位和艺术价值，体现博物馆策展的核心竞争力，也是博物馆照明的核心任务。然而，照明灯光还原质量不同、色温选择偏离、灯光布置不当等，会导致映入观众眼睛的文物外观及色彩偏色、含混、黯淡等，与原本相比造成大量原本视觉信息的失真。

（一）高显色性灯光

博物馆照明是技术与历史、艺术、美学、生理学、心理学的交叉工程，照明质量必须通过被照展品，显示展品材质、形状、颜色和光学特性来评价照明质量。灯光的显色性直接影响着展品色彩的色调和饱和度的表现，高显色指数的灯光可以更加真实地还原呈现历史文物的原貌、色彩，将文明真实地呈现在观众眼前，在博物馆灯光设计中，对于陈列绘画、彩色织物、多色展品等对辨色要求高的场所，应采用一般显色指数（R_a）不低于90的光源做照明光源；对辨色要求一般的场所，可采用一般显色指数不低于80的光源做照明光源。灯光准确的色相和高饱和度对于展品的研究和鉴赏至关重要，低显色性的光，会造成偏色和色相缺失，导致文物展品信息不能完全解读。

随着博物馆照明对光质量要求的不断提升，一般的显色指数（R_a）评价方法已经不能适应，国际照明协会发布的IES-TM30光质量评价方法，引入夫勒特利指数Rf和色域指数R_g，更全面地满足博物馆对高度还原展示的需要。

（二）选择合适的色温

博物馆照明设计中，场景气氛的塑造以及展品色彩、材质的呈现显得尤为重要。博物馆展厅最基本的视觉感受就是由灯光的色温带来的，2700K～3500K的色温通常被称为"暖白"，3500K～4100K色温被称为"中性白"，而4100K以上色温被称为"冷白"。灯光的色温真切地影响观众对空间和环境的感受，也直接地影响参观者对文物和艺术展品全面的理解和认知。博物馆为了保护文物和艺术品，往往会被迫采用低照度，这样会极大地影响展品显现的色彩。因此，在灯光色温的选择时，并不是简单地采用艺术家起初创作时的环境色温。

色温的选择通常由策展人和展陈设计师确定，基于他们对展览空间、主题和展品的深度理解，需要注意的是，不同材质、不同类型、不同颜色的文物展品，以及不同风格的艺术作品，都有最适合的色温，同时不同国家，不同民族也可能都有不同的色温偏好，例如，研究表明，对于富含紫色和蓝色的风景画适合用3600K～3700K色温的灯光。

色温对展览的作用如此重要，所以在博物馆照明灯具的选择中，要注意灯具的光色一致性和稳定性，高质量的灯具会选择散热优异，色温稳定的光源，再加上先进的光学技术、散热管理和电子系统，会最大程度地避免灯光的色温漂移。

（三）多角度精准配光

在博物馆和美术馆展览中，展品的布展形式、形态和体量多种多样，通常需要极窄光束、窄光束、泛光、大泛光、椭圆形泛光、洗墙等多种角度和光型，博物馆照明灯具应当灵活适应，根据不同展品布展需要，以不同角度的灯光达到最好的展示效果，更好地勾勒出展品的细节，让展品栩栩如生（图3）。

在垂直墙面展品照明时，应注意展品与光型之间的配合关系，除非特意设计，小型展品不宜使用过大角度的光型，造成光斑过大，展品周围的展墙过于明亮，限制了观众对作品的欣赏；而对于大幅展品，如果使用的光束角过小，在画幅上的照度不均匀，也会使观众不能全面领会作品的精髓。

理想的博物馆照明灯具应具备各种光型之间的自由便捷切换，加上调光功能，既能满足博物馆不同展品的照明要求，整体上适应整个展厅的照度水平，又能减少

图3 精准配光文物照明示例

博物馆灯具储备，节约成本。

（四）展现效果与投光角度和高度

博物馆照明中灯具的安装位置十分重要，会直接影响展览效果。因灯具安装位置不同，形成5个投光角度：正面、侧面、顶部、背面、45度侧面，这些投光角度各有特点，也可以组合使用。灯具的安装高度也直接影响到投射在展品上光斑的大小和强度，例如一个6度光束角的灯在3m处形成30cm的中心光斑，而在5m处就是54cm的中心光斑，强度也会降低65%（图4、5）。

博物馆展览一般由三种形态组成，场景、立体和平面展品，博物馆照明设计中通常采用一般照明与局部重点照明相结合的手法。比如对于立体的展品，通过定向照明和漫射照明的结合来勾勒细节；对于一些大型三维展品，用定向照明和反光照明从两侧投射，造成不同程度的阴影，突出立体感。展陈照明应通过不同的亮度对比，明暗搭配，光影组合，折射出文物富有立体感的戏

图4 展现效果与投光角度和高度关系示意图

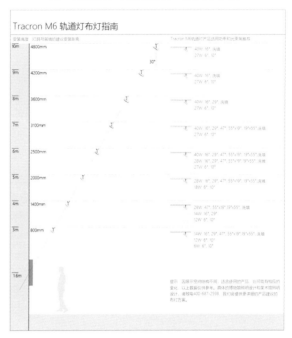

图5 展现效果与投光角度和高度关系参考数据

剧化艺术效果，利用灯光赋予文物生命活力，逼真呈现，引人入胜。

（五）展柜照明让珍贵文物浮现眼前

形式多样的博物馆展柜拉近了珍稀展品与观众的距离，我们得以贴近地欣赏人类历史文化的灿烂创造。博物馆展柜分为墙体通柜（书画柜）、五面柜、四面柜、平面柜、龛柜，照明分为柜内照明和柜外照明，由于博物馆展柜玻璃的反光和透光，使得展柜照明的灯具布置需要格外注意观众的感受。① 墙体通柜，书画柜，主要用来展示中大幅书画作品，一般采用内部照明的方法，在柜体顶部安装照明系统，洗墙照明和重点照明相结合；② 五面柜，四面独立柜，根据展品的大小，宜采用内部照明和外部照明相结合，外部照明应充分考虑展柜玻璃的反射和透射；③ 平面柜和龛柜由于可以采光的玻璃位置和观赏位置冲突，一般采用内部照明（图6）。

展柜内部空间狭小，灯光角度，位置更需精心布置，

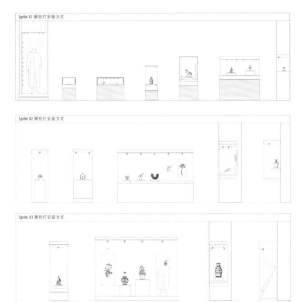

图6 多形式的展柜照明示意图

突出重点，精彩毕现。

三 舒适

博物馆已逐渐成为人们休闲娱乐，开展社会教育的经常去处。因此，在提供丰富展览的同时，给观众创造良好舒适的视觉光环境，也是博物馆室内灯光设计的一大要点。

眩光是博物馆照明设计重要考虑的因素之一，照明灯光中要注意避免眩光的存在，另外还要注意展品的明亮对比度、均匀度等，在光和影以及亮度的平衡中寻找视觉的最佳舒适点（图7）。

1. 直接眩光和一次反射眩光的消除

直接眩光由于灯光或从窗户入射的阳光投射方向太过逆向平行于观众的视线，也可能是因为灯具的配光问题，造成大量杂光溢出，同时如果灯光垂直超过45度投向墙体上部，也会形成一次反射眩光，另外，展厅中反射率高的展品，也会在展厅中形成高亮区域，对临近展品的观赏形成类似眩光的影响。

直接眩光的消除，要统筹整个展览空间布局，展线形式，参观路径，选择合适的光束角合理排布灯具的投

图7 直接眩光和一次反射眩光的消除照明效果示例

光方向；预测和采取措施控制太阳光的射入数量和方向；采用自带防眩罩、防眩网的灯具。

2. 二次反射眩光的避免

二次反射眩光是指观众或其他物品在光泽面（如展柜玻璃或画框玻璃）上产生的映像，妨碍了观众对展品的观赏，有时由于眩光的影响，观众需要尝试变换位置才能看清楚展品信息。例如，对镶嵌在玻璃框中的油画或表面有光泽的展品，在观众的观看方向出现光幕反射，观众和环境中的影子与玻璃背后的油画交互干涉，尤其值得注意的是博物馆地板的影响，地板的反射会在不同的光环境下形成不同程度的二次眩光。

避免二次眩光首先要降低照度比，减少大面积高亮区域，其次要注意灯具的投射角度不要大于45度。

3. 均匀度、溢出光和退晕

博物馆照明设计规范，对展品照明的均匀度提出了要求，对于平面展品，最低照度与平均照度之比不应小于0.8，但对于高度大于1.4米的平面展品，要求最低照度与平均照度之比不应小于0.4。展品区域外的光称为溢出光，光斑边缘光强逐渐消退称为退晕。减少和控制溢出光的干扰，将观众的注意力完全集中在展品（图8），优异的退晕效果也会使光斑边缘的余光逐渐消退，避免

图8 均匀度、溢出光和退晕的照明效果示例

形成照度对比强烈的"窑洞现象"，形成对整个展览环境的光视觉污染。

光斑在展品照度完全均匀分布，更好的呈现展品的整体形态和细节，美术灯就是极端的例子，采用切光投影的方式将光线均匀的投射在画幅里，没有任何溢出光，营造出画作自发光的震撼效果。

4. 视觉适应

根据博物馆照明设计规范，展品的亮度应高于背景亮度，亮度比要控制在合理的范围内。亮度过高的区域将成为眩光源，造成视觉困难，影响细节观看。对于陈列特殊感光展品的区域，当整体照度较低的时候，要求对视觉适应有所考虑。接近这些区域的时候，需要提供视觉过渡。

5. 摄影友好型照明设计

随着自媒体时代的到来，观众社交网络分享已成为社会趋势，博物馆照明应当利用大众传播的力量扩大博物馆和博物馆展览的影响力。故而应充分考虑观众的拍摄需要，建设摄影友好型展览，首先，要合理安排展览空间布置，确保不会造成拍摄的观众滞留拥堵，而危及文物安全；其次，每一个展品、展台、展柜、展厅的照明设计非常重要，要避免照明灯具的灯光在手机或相机拍摄时产生频闪，频闪产生的波纹严重影响成像质量和效果，影响观众的参观体验；第三，在灯具的投射方向和位置要精心布置，布置重点展品和场景的照明时，要注意照度合理分布，重点突出，使环境有利于自动对焦手机或相机快速锁定焦点位置和调整曝光量值，以达到准确和高质量的拍摄效果。

6. 灯具与建筑的契合

作为展览场景中组成元素之一，灯具不仅仅为展览提供照明，同时构建博物馆展览的风格基调，博物馆专业展览灯具应当具有独特的设计元素，在表现展示主题的过程中，灯具的外观工业设计应当与展览的风格相协调。环保与简约已成为当代建筑设计的潮流，极简、夯实、融科技与艺术于一体的埃克苏博物馆照明灯具与现代建筑风格高度契合，与建筑空间和展览空间融为一体、用优质的灯光为观众讲述博物馆国宝的动人故事。

结语

让文物活起来，好灯光会说话！好的灯光加上合理的照明设计，就像给每件文物配上了解说员，将其中蕴含的历史传奇娓娓道来，更加引人入胜，高质量的博物馆照明是对博物馆展品色彩、形态、材质和故事全面的艺术表达。

随着中国特色社会主义进入新时代，我国社会主要矛盾已经转化为人民日益增长的美好生活需要和不平衡不充分发展之间的矛盾，博物馆在践行社会主义核心价值观、构建中华文化传承体系、促进中华传统文化创造性转化和创新性发展、加强文物保护利用中，通过更多、更高质量的展览让文物来说话，让历史来说话，增强文化自信，激发人们为实现中华民族伟大复兴而拼搏的雄心壮志。"安全、还原、舒适"博物馆照明新理念，在我国博物馆装备中必将发挥越来越重要的作用。

浅谈博物馆照明的隐光技术

毛正良

博物馆，一个汇集陈列人类文化遗产的公共机构、一艘满载人类前进步伐的星辉大船、一道历史不断迈进的深深车轮辙印。在博物馆馆藏日益丰富、国民素质改头换面的今天，博物馆建筑功能越发完善，参观博物馆的人数与日俱增，无论是使用者还是设计方，都对博物馆的光环境有了更高的要求和更多的冀望。

技术的革新需要辨明方向，溯本清源。那么我们在这里对博物馆照明产品做出更多的审视，一款优秀的博物馆照明灯具应该具备哪些优质的特性呢？

当然有很多，比如光斑的完美塑造，色彩的逼真演绎，灵活的转向调节，便捷的附件搭配，可靠的光线防护等等。

在这里，我们着重聊聊一项容易被忽视却对观展体验至关重要的评价指标——灯具防眩光性能。

大部分博物馆展陈空间采用照明灯具的形式是轨道射灯，方便调整灯具位置和投射方向。但相比一般室内的嵌入式下照筒灯，轨道射灯这种倾斜的投射角度，暴露在空间里的安装方式，加上展出陈列布置的复杂多变，极易在使用者的视线中产生高亮度的视觉亮点，从而影响使用者的观展体验。

过往相当多的博物馆案例中，博物馆展陈空间里的射灯往往是通过外部加装遮光板，或者表面安装蜂窝格栅等类似配件，来减少眩光发生的概率。

这种手法可以说是简单粗暴，其弊端近年来也越来越被诟病。遮光板给灯具平白增加了尺寸，影响美观，且会对光斑的形状造成一定损害。而蜂窝格栅这类配件，在较高距离外防眩效果有限，并会较大幅降低灯具的光通量输出。这样设置的轨道灯具尺寸较大，附件较多，成本相对较高（图1）。

有没有一种精致的解决方式，既不让灯具外观变得拖沓臃肿，也不影响出光效果，能真正意义上实现灯具自身隐光。

在此介绍一下 WAC LIGHTING 推出的 SUBROSA® 隐光技术，以及已应用这项技术的 FALCON II 系列轨道射灯。

SUBROSA® 隐光技术。该技术是 WAC LIGHTING

图2　SUBROSA®反射器的效果演示图

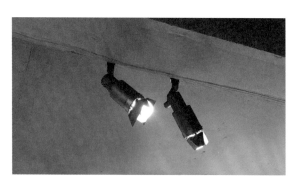

图1　遮光配件影响灯具外观

图3　SUBROSA®反射器的效果图

为酒店照明产品开发，其技术核心在于，光源发出的光线经 SUBROSA® 反射器，反射后的光路被控制在设计的截光角之内，从而使容易被观测到的反射器表面不会对人眼造成高亮度反光。反射罩整体发光柔和，达到防眩效果（图2、3）。

这里我们来剖析一下 SUBROSA® 反射器的设计。反射器的入光口和出光口均为圆形，反射器的内侧面为反射面，反射面面曲线方程为：$X_j=[3D\tan\theta(2D_j/N\tan\theta]/[\tan(\theta-j\theta/N)+\tan\theta]$；$Y_j=X[\tan(\theta-j\theta/N)]$；其中，以入光口的一个切点作为原点，反射罩体水平放置；X_j 表示横向方向，Y_j 表示纵向方向，θ 为防眩角度，D 为入光口的直径，N 为出光口的直径的等分数量，$j\in(0,N)$。在满足这样的关系式的前提下，能够有效把反射罩上发出的光控制到不进入防眩角以内，反射面上的光均匀而不刺眼，在防眩角度范围内无眩光，详细图解见图4、5。

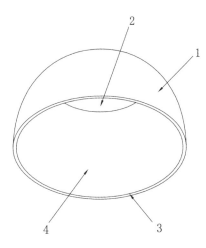

1-反射罩体　　2-入光口
3-出光口　　　4-反射面

图4　反射器结构图

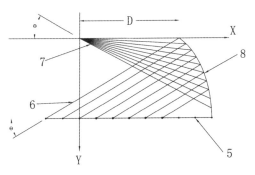

5-等分点　　6-平行连接线
7-等分线　　8-截面曲线

图5　反射器设计分解图

当然，一项新的实用新型专利技术的发明最终都将服务于实际应用。我们先来看看 SUBROSA® 隐光技术在实际案例中的使用效果，参考图6、7。

图6　SUBROSA® 隐光技术首次运用在博物馆展示照明

图7　眩光控制极佳示例

故宫博物院慈宁宫项目，迄今最成功的博物馆展示照明之一，照明设计由周錬大师以及清华大学建筑学院张昕工作室主持，WAC Lighting 首次将专利 SUBROSA® 隐光技术运用在博物馆展示照明中，绝佳的眩光控制，为博物院营造了舒适的光环境。不仅文物精髓得到了淋漓尽致地展现，这座历史建筑本身的稳重感、厚重感与历史感，也完美传达给了每个观展者。这就是博物馆展示照明设计的新境界，灯具隐光技术的典范，是 WAC Lighting 博物馆展示照明一直以来不懈的追求。

在领略了 SUBROSA® 隐光技术带来的视觉盛宴后，我们再来认识下，在此技术基础上，结合模组化设计思路衍生而出的防眩性能极其优异，拓展性灵活方便的博物馆轨道射灯——FALCON II（图8）。

这款轨道射灯具相比以往传统射灯具有两大特点。第一，使用者能够根据实际需要灵活选择不同的光学配件以获得不同的灯具性能；第二，这款产品搭配了基于我们之前介绍的SUBROSA®反射器技术而开发的防眩光模组。

关于配件更换的设计上，我们将灯具的钣金件与防眩光罩支架之间留有间隙，可以根据实际需要放置不同的光学配件。例如，当基础防眩模组实现的性能效果满足要求时，间隙内无须放置其他光学配件；当需要更优的防眩光效果时，在间隙中放置蜂窝格栅；当需要获得更优质的光斑时，在间隙中放置磨砂玻璃、布纹玻璃等能够起到混光作用并将光线小幅度扩散的光学配件；当需要良好的防尘效果时，在间隙中放置清玻璃等防止外界灰尘进入内部污染透镜的光学配件。灵活的设计让使用者能够根据实际需求选择在间隙中设置不同的光学配件以获得不同的灯具性能（图9）。

关于这款产品的防眩设计可以从两方面说明。

第一，尽管这款产品十分纤薄，灯身厚度仅4cm，但每个光源模组都自带相当大的截光角（约35°），这使每个光源模组在观展者正常视线内的投影面积尽量减小，从而减少了直接眩光产生的可能性。

第二，这款产品搭载的核心光学技术——SUBROSA®隐光反射器，能将最显眼的灯具表面的亮度降至最低，只

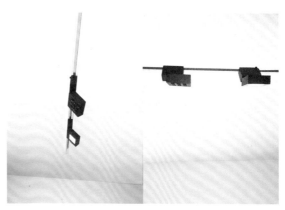

图10 FALCON II轨道射灯与一般轨道射灯的眩光对比图

要排除正面直视灯具的投射方向，从其他任意角度观测，你都会惊奇地发现，这款产品提供优质的照明光线，与此同时，自身却消隐无迹（图10）。

FALCON II在完美实现隐光的前提下，本身造型也别具一格，外观线条简洁精致，同时也涵盖了多种功率，配光，专利铰链设计，灵活加载其他光学配件进行调整优化、满足现场灯光调试的自由性，可以预见，这种防眩技术将是未来博物馆照明灯具设计的潮流和方向，这种新的隐光设计理念也将在博物馆照明领域大放异彩。

图8 FALCON II轨道射灯

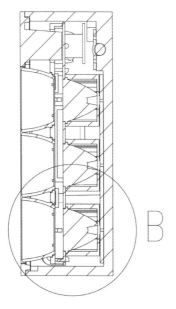

图9 光学配件更换灵活

附件　课题研究其他背景资料

一　课题研究工作现场资料

(一)课题研究进展工作会议与合影

2017 年 7 月 2 日在海南省博物馆召开课题启动会专家合影

2017 年 7 月 2 日在海南省博物馆召开课题启动会现场

2017 年 10 月 10 日在北京清
控人居光电研究院召开第一
阶段工作会议现场

2017 年 10 月 10 日在北京清
控人居光电研究院召开第一
阶段工作会议合影

2017 年 9 月参加英国伦敦
"第一届国际博物馆照明高峰
研讨会"的专家合影

潘路主任与课题组艾晶、党睿、姜靖等人在中国国家博物馆召开实验交流座谈

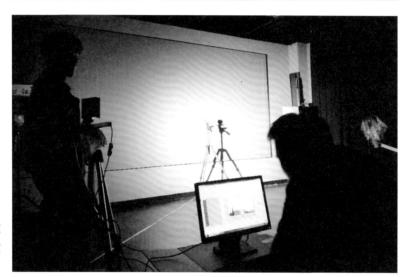

2018 年 4 月 2 日课题组专家刘强在武汉大学主持光品质实验现场

2017 年 10 月 10 日在清控人居光电研究院进行模拟试验

2017 年 11 月 12 日在中国国家博物馆进行视觉健康舒适度实验现场

课题组艾晶、蔡建奇、姜靖
与招募的视觉舒适度实验志
愿者们合影

2018 年 3 月 28 日在中国美
术馆召开课题中期汇报合影

2018 年 3 月 28 日在中国美
术馆召开课题中期汇报现场

（二）在全国开展实地预评估调研工作

课题组技术人员在上海美术
馆现场进行工作探讨

何香凝美术馆樊宁主任与调
研组专家程旭、汪猛及主要
成员俞文峰等合影

红砖美术馆副馆长李振华与
调研组专家艾晶、郑志伟等
合影

山东美术馆牟维与调研组专家焦胜军及
技术人员合影

课题组专家党睿、索经令与馆方领导及
技术人员在陕西省美术博物馆合影

课题组专家党睿、颜劲涛及成员郑春平
等与天津美术馆馆长马弛座谈

课题组专家常志刚、牟宏毅、艾晶与成
员洪尧阳等在四川美术馆合影

调研组专家艾晶、荣浩磊、刘强、高帅等与武汉美术馆领导合影

课题组专家张昕、颜劲涛在中国美术馆与技术人员合影

调研组专家陈开宇与馆方领导、技术人员在深圳美术馆

课题组专家张昕与技术人员在苏州美术馆调研现场

越众历史影像馆黄丽平馆长与调研组专家程旭、汪猛及主要成员俞文峰和技术人员合影

课题组专家徐华、骆伟雄和主要成员胡波及技术人员在广东省美术馆合影

课题组专家徐华、骆伟雄和主要成员胡波及技术人员在广州美术学院美术馆与馆方合影

课题组专家施恒照、颜劲涛与主要成员吴海涛及技术人员在上海油画雕塑院美术馆调研现场

课题组专家汪猛、程旭与主要成员伍必胜等在木心美术馆合影

课题组专家罗明、姜靖、吴海涛等在浙江省美术馆调研现场

课题组专家罗明与成员姜靖、翟其彦等在中国美术学院

课题组专家胡国剑、林铁、姜靖等在上海民生现代美术馆合影

光之变革

调研组专家邹念育、主要成员郑春平等
在大连中山美术馆交流

调研组专家邹念育、林晖等在鲁迅美术
学院美术馆访谈

调研组专家艾晶、荣浩磊、刘强、高帅
等在武汉美术馆交流

调研组专家艾晶、荣浩磊、刘强、高帅
等在湖北省美术馆测试现场

照明质量评估
方法与体系研究

调研组专家邹念育、颜劲涛等在辽宁省
博物馆合影

调研组专家邹念育、颜劲涛等在辽宁省
美术馆访谈

调研组专家艾晶、陈开宇、程旭、索经
令、郭宝安等在尤伦斯当代艺术中心与
馆方合影

课题组专家邹念育、林晖与主要成员郑
春平等在鲁迅美术学院艺术博物馆合影

课题组专家陈同乐与原喜玛拉雅美术馆王
南溟馆长现场交流

课题组专家胡国剑、林铁与成员姜靖等在上海
民生现代美术馆调研

课题组专家陈同乐、林铁与成员黄秉
中等在喜玛拉雅美术馆合影

课题组专家邹念育、林晖与课题组技
术人员在大连中山美术馆合影

课题组专家陈同乐、施恒照与成员洪尧阳等在龙美术馆合影

调研组专家汪猛、程旭与主要成员俞文峰等在何香凝美术馆进行访谈

课题组专家胡国剑、林铁与成员金绮樱等在上海美术馆现场

课题组专家蔡建奇、高飞、刘晓希与成员伍必胜等在今日美术馆现场

项目特约人员姚丽、高帅等在江苏省
美术馆调研合照

项目组专家陈江、索经令与成员洪尧阳
等在珠海古元美术馆交流

课题组专家常志刚、艾晶、牟宏毅与成
员洪尧阳等在四川美术馆工作

课题组技术人员在中国美术学院美术馆
做准备工作

课题组技术人员在山东美术馆进行现场
照明数据采集

调研组专家程旭、王超等在清华大学艺
术博物馆观看课题研究数据的采集

调研组专家汪猛、艾晶、刘晓希、孙淼
与成员郭宝安等和北京画院美术馆馆长
吴洪亮先生合影

调研组专家艾晶、程旭、荣浩磊及主要
成员高帅、王超、张勇等与清华大学艺
术博物馆领导合影

调研组专家索经令与成员郑志伟等在深
圳关山月美术馆

调研组专家艾晶、胡国建与主要成员金
绮樱等在余德耀美术馆交流

二 课题研究相关信息表

参与调查的美术馆样本清单（按首字母排列，总共42家）

美术馆名称	主观测评样本数	客观测量空间数
北京画院美术馆	91	5
北京民生美术馆	23	5
北京时代美术馆	36	9
大连中山美术馆	121	5
故宫博物院	13	1
广东省美术馆	62	4
广州美术学院美术馆	65	5
广州艺术博物院	42	5
中国国家博物馆	84	7
何香凝美术馆	120	10
红砖美术馆	186	5
湖北省美术馆	74	5
江苏省美术馆	98	5
今日美术馆	56	1
辽宁省博物馆	105	5
鲁迅美术馆学院美术馆	113	5
木心美术馆	49	9
清华大学艺术博物馆	82	12
山东省美术馆	7	5
陕西省美术博物馆	45	4
上海当代艺术博物馆	84	7
上海民生现代美术馆	83	3
上海徐家汇龙美术馆	75	4
中华艺术宫（上海美术馆）	68	6
上海喜玛拉雅美术馆	84	4
上海油画雕塑院美术馆	32	8
上海余德耀美术馆	69	3
深圳市关山月美术馆	23	3
深圳市越众历史影像馆	109	7
四川省美术馆	37	5
苏州美术馆	60	5
天津美术馆	51	5
武汉美术馆	134	5
烟台美术博物馆	45	3
尤伦斯当代艺术中心	90	9
中国美术馆	41	8
中国美术学院美术馆	96	6
中央美术学院美术馆	73	6
珠海市古元美术馆	73	5
合计	2799	214

项目预评估计划分工对应专家统计表

分工序号	全国美术馆	联系人	对应专家与成员名单	预评估时间
一组	北京画院美术馆	郭宝安	孙淼、汪猛、刘晓希	2017 年 11 月 22 日，12 月 27 日，分 2 次
	珠海市古元美术馆		陈江、索经令	2017 年 12 月 28 日
	上海徐家汇龙美术馆		陈同乐、施恒照	2017 年 12 月 26 日
	中国国家博物馆		蔡建奇、艾晶、姜靖	2017 年 11 月 11 日
	四川省美术馆		常志刚、牟宏毅、艾晶	2017 年 1 月 30 日
	尤伦斯当代艺术中心		陈开宇、索经令、程旭、艾晶	2017 年 1 月 25 日
二组	中国美术馆	俞文峰	张昕、颜劲涛	2017 年 9 月 1 日
	中央美术学院美术馆		常志刚、李晨	2017 年 12 月 12 日
	中华艺术宫（上海美术馆）		陈同乐、胡国剑、林铁	2017 年 12 月 1 日
	何香凝美术馆		汪猛、程旭	2017 年 1 月 5 日
	深圳市越众历史影像馆		汪猛、程旭	2017 年 1 月 4 日
	中国美术学院美术馆		罗明、翟其彦、姜靖	2017 年 11 月 29 日
	山东省美术馆		李跃进、焦胜军	2017 年 12 月 13 日
三组	湖北省美术馆	郑春平	荣浩磊、艾晶、高帅、刘强	2017 年 1 月 17 日
	天津美术馆		党睿、颜劲涛	2017 年 1 月 11 日
	武汉美术馆		荣浩磊、艾晶、高帅、刘强	2017 年 1 月 18 日
	北京时代美术馆		颜劲涛、张昕	2017 年 12 月 28 日
	烟台美术博物馆		程旭、焦胜军	2017 年 12 月 8 日
	大连中山美术馆		林晖、邹念育、王志胜	2017 年 1 月 16 日
	辽宁省博物馆		邹念育、陈开宇、王志胜	2017 年 1 月 17 日
	鲁迅美术学院美术馆		林晖、邹念育、王志胜	2017 年 1 月 15 日

四组	江苏省美术馆	伍必胜	陈同乐、姚丽、高帅	2017 年 10 月 10 日
	上海余德耀美术馆		胡国剑、艾晶	2017 年 11 月 21 日
	今日美术馆		蔡建奇、高飞、刘晓希	2017 年 11 月 28 日
	木心美术馆		程旭、汪猛	2017 年 12 月 13 日
	北京民生美术馆		索经令、周红亮	2017 年 1 月 16 日
	红砖美术馆		艾晶、郑志伟	2017 年 12 月 1 日
五组	浙江省美术馆	吴海涛	罗明、翟其彦、姜靖	2017 年 11 月 21 日
	上海油画雕塑院美术馆		施恒照、颜劲涛	2017 年 12 月 13 日
	苏州美术馆		张昕、汪猛、姜靖	2017 年 11 月 30 日
	南京书画院（金陵美术馆）		陈同乐、姚丽	2017 年 11 月 29 日
六组	上海民生现代美术馆	林铁	胡国剑、姜靖、林铁	2017 年 12 月 5 日
	上海当代艺术博物馆		施恒照、孙淼	2017 年 12 月 14 日，12 月 27 日，分 2 次
	上海喜玛拉雅美术馆		陈同乐、黄秉中	2017 年 12 月 26 日
七组	广州艺术博物院	冼德照	程旭、曹传双	2017 年 12 月 1 日
	深圳市关山月美术馆		索经令、郑志伟	2017 年 12 月 27 日
	陕西省美术博物馆		党睿、索经令	2017 年 12 月 14 日
	深圳市美术馆		陈开宇、郑志伟	2017 年 12 月 28 日
八组	广州美术学院美术馆	张勇	徐华、骆伟雄	2017 年 12 月 7 日
	故宫博物院		徐华、高飞、孙淼	2017 年 1 月 4 日
	广东省美术馆		徐华、骆伟雄	2017 年 12 月 8 日
	清华大学艺术博物馆		荣浩磊、王超、高帅、艾晶	2018 年 1 月 24 日

＊预评估计划共42家

课题进程中相关工作会议信息表

时间	地点	会议名称	主题	参会人员	参会人数	会议主要工作
2017 年 7 月 2 日	海南省博物馆	2017 年度文化行业标准化研究项目"美术馆照明质量评估方法与体系的研究"启动会	项目启动会	中国照明学会、中国博物馆陈列艺术委员会代表、课题组专家及项目组成员	20 余人	1. 课题负责人介绍项目基本情况，专家讨论项目重点及难点 2. 听取博物馆美术馆 LED 照明设计应用准则的工作汇报
2017 年 9 月 20 日	英国伦敦 UCL 大学	英国伦敦第一届国际博物馆照明高峰研讨会	讨论近年来世界各博物馆照明最新研究与应用成果	伦敦大学、布莱顿大学、牛津大学与照明学会、联合主办、来自世界 20 个国家的博物馆照明领域专家学者	200 余人，课题组艾晶、罗明、刘强、翟其彦、王建平等参会	1. 围绕"案例分析"、"光色和视觉"、"光致损伤"、"政策标准"等四个议题展开 2. 罗明做"博物馆 LED 照明的光色质量"口头报告，课题组负责人艾晶及课题专家刘强、翟其彦的三篇相关论文进行了海报宣传
2017 年 10 月 10 日	北京清控人居光电研究院	文化部行业标准化研究项目"美术馆照明质量评估方法与体系的研究"第一期阶段工作会议	第一阶段工作汇报，解决课题实验工作难题	中国博物馆协会领导、中国照明学会领导、特邀专家、课题组成员、支持单位代表、媒体代表	40 余人	1. 三家美术馆实验性评估汇报 2. 对 4 个课题实验室工作启动计划 3. 实地调研经验交流与演示
2018 年 3 月 28 日	中国美术馆	文化部行业标准化研究项目"美术馆照明质量评估方法与体系的研究"中期成果汇报会	中期成果汇报会	中国博物馆协会领导、中国照明学会领导、部分美术馆的领导、特邀专家、课题组成员、支持单位代表、媒体代表	50 余人	1. 与馆方沟通反馈意见 2. 测试评估结果分析 3. 草案实施问题展开
2018 年 8 月 28 日	内蒙古博物院	"光之变革"——2018 中国博物馆照明技术交流研讨会	课题成果交流汇报会	中国照明学会室内委员会成员、特约博物馆、美术馆专家、中国博物馆陈列艺术委员会代表、课题组成员	100 人左右	会上，以"光之变革"为题探讨我国博物馆、美术馆光环境的设计与技术发展，并实地考察内蒙古博物院和内蒙古美术馆
2018 年 11 月 28 日（预计）	中国国家博物馆	文化部行业标准化研究项目"美术馆照明质量评估方法与体系的研究"结项汇报会	结项汇报会	文化部科技司领导、验收专家和课题组成员	20 人左右	全面汇报课题研究成果，并接受文化部和验收专家们的评估

课题研究在期刊上发表情况表

论文名称	作者	发表时间	字数统计	期刊名称	备注
探讨我国博物馆照明设计的发展与方向	艾 晶	2017 年 8 月	约 8000 字	照明工程学报	中国照明学会主办
博物馆展览中的照明设计探讨	索经令 倪 翀	2017 年 8 月	约 10000 字	照明工程学报	中国照明学会主办
博物馆 LED 照明的显色质量对绘画作品的视觉影响	翟其彦 罗 明	2017 年 8 月	约 7000 字	照明工程学报	中国照明学会主办
博物馆典型光源对中国绘画有机颜料的色彩影响	党 睿 谭慧娇 原 野 刘 杰 王 楠	2017 年 8 月	约 5000 字	照明工程学报	中国照明学会主办
艺术场馆照明中光源色温的选择及其对艺术作品的影响	刘宏剑	2017 年 8 月	约 4500 字	照明工程学报	中国照明学会主办
基于模拟实验的博物馆、美术馆照明应用评估方法探究	高 帅 荣浩磊	2017 年 8 月	约 5500 字	照明工程学报	中国照明学会主办
2017 年文化行业标准化研究项目"美术馆照明质量评估方法与体系的研究"正式启动	艾 晶	2017 年 9 月	约 1000 字	照明人	全国高级照明设计师同学会主办
如何评价美术馆高品质用光——未来美术馆照明质量的走向	艾 晶	2017 年 9 月	约 1900 字	照明人	全国高级照明设计师同学会主办
美术馆照明进入行业标准研究阶段	崔 波	2018 年 4 月	约 900 字	中国文物报	

网络媒体报道情况表

媒体	报道名称	日期
搜狐网	2017 年文化行业标准化研究项目"美术馆照明质量评估方法与体系的研究"正式启动	2017 年 7 月 10 日
文博在线	2017 年文化行业标准化研究项目"美术馆照明质量评估方法与体系的研究"正式启动	2017 年 7 月 11 日
阿拉丁照明网	"美术馆照明质量评估方法与体系的研究"正式启动	2017 年 7 月 13 日
中国路灯网	"美术馆照明质量评估方法与体系的研究"正式启动	2017 年 7 月 15 日
中国 LED 照明网	"美术馆照明质量评估方法与体系的研究"正式启动	2017 年 7 月 15 日
中国灯具网	"美术馆照明质量评估方法与体系的研究"正式启动	2017 年 7 月 15 日
文博在线	英国伦敦"第一届国际博物馆照明高峰研讨会"摘要	2017 年 9 月 20 日
文博在线	"第一届国际博物馆照明高峰研讨会"在英国伦敦召开	2017 年 11 月 4 日
搜狐网	英国伦敦"第一届国际博物馆照明高峰研讨会"摘要	2017 年 9 月 20 日
东南网	"第一届国际博物馆照明高峰研讨会"在英国伦敦召开	2017 年 9 月 25 日
搜狐网	如何评价美术馆高品质用光——未来美术馆照明质量的走向	2017 年 10 月 16 日
中国国家博物馆官网	如何评价美术馆高品质用光——未来美术馆照明质量的走向	2017 年 10 月 16 日
中国照明网	"美术馆照明质量评估方法与体系的研究"第一阶段工作会议在京举行	2017 年 10 月 16 日
阿拉丁照明网	"美术馆照明质量评估方法与体系的研究"第一阶段工作会议在京举行	2017 年 10 月 16 日
文博在线	如何评价美术馆高品质用光——未来美术馆照明质量的走向！	2017 年 10 月 17 日
设计师（照明设计师交流中心）	未来美术馆照明质量的走向！	2017 年 10 月 17 日
机电之家——中国机电行业门户网站	"美术馆照明质量评估方法与体系的研究"第一阶段工作会议在京举行	2017 年 10 月 17 日
搜狐网	论美术馆的"品光用光之道"——"美术馆照明质量评估方法与体系的研究中期成果研讨会综述"	2018 年 4 月 2 日
照明人	文化部行业标准化研究项目"美术馆照明质量评估方法与体系的研究"中期成果汇报会圆满结束	2018 年 4 月 2 日
中国国家博物馆官网	文化部行业标准化研究项目"美术馆照明质量评估方法与体系的研究"中期成果汇报会圆满结束	2018 年 4 月 2 日
云之光	全国各大美术馆的馆长们到底关心照明什么事	2018 年 4 月 2 日
国家文物局	美术馆照明进入行业标准研究阶段	2018 年 4 月 2 日
中国文物报	美术馆照明进入行业标准研究阶段	2018 年 4 月 3 日
中国社会科学网	美术馆照明进入行业标准研究阶段	2018 年 4 月 3 日
北京国博文化遗产研究院	美术馆照明进入行业标准研究阶段	2018 年 4 月 3 日
机电之家	美术馆照明进入行业标准研究阶段	2018 年 4 月 3 日
中国文物信息网	美术馆照明进入行业标准研究阶段	2018 年 4 月 17 日
中国国家博物馆官网	美术馆照明进入行业标准研究阶段	2018 年 4 月 17 日

三　课题参与人员名单

（一）项目组专家（按姓名拼音顺序排列）

艾　晶

女，中国国家博物馆副研究馆员，2017 年度文化行业标准化研究项目"美术馆照明质量评估方法与体系的研究"负责人。中国照明协会室内照明专委会委员，北京照明学会设计委员会委员，"照明工程学报"特约审稿专家。设计过获得"全国十大精品奖"展览项目《周恩来诞辰 100 周年》、《百年中国》，参与国家重点项目《古代中国基本陈列》、《纪念十一届三中全会胜利展开 20 周年》、《建党 80 周年图片展》等展览。负责过 2015 年度文化部科技创新项目"LED 在博物馆、美术馆的应用现状与前景研究"，组织实施了对全国 100 家重点博物馆和美术馆调研，发表论著 60 余篇，主编专著《光之变革》2 套丛书。参编了"美术馆照明规范"等标准项目。

陈同乐

男，研究馆员，现任江苏省美术馆副馆长、中国博物馆学会陈列艺术委员会副主任、中国国学中心展陈艺术顾问、文化部优秀专家、中国历史博物馆艺术顾问、《陈列艺术》杂志执行编辑、南京艺术学院特聘教授，从事博物馆陈列艺术的研究和工作。曾主持设计、参与南京博物院、山西博物院、甘肃博物馆、中国珠算博物馆、中国民族工商业博物馆等大型陈列展览。设计作品曾获全国十大陈列精品奖、最佳形式设计奖，原为南京博物院陈列艺术研究所所长。

陈　江

男，现任海南省博物馆馆长兼中国（海南）南海博物馆馆长，研究馆员，历任国家文物进出境审核海南管理处主任、南京博物院陈列艺术研究所所长、文化交流中心主任等职务。长年从事博物馆展陈工作，先后主持策划了南京博物院、海南博物馆的百余个展览。其中《大海的方向——华光礁 I 号沉船特展》荣获第十届（2011～2012 年度）全国博物馆十大陈列展览精品奖。先后发表学术论著 50 余篇，著作 30 余册，多次取得学术成果奖项，并荣获文化部优秀专家称号等多项荣誉。

常志刚

男，现任中央美术学院建筑学院副院长，教授，博士生导师。北京视觉艺术高精尖创新中心常务副主任、国际媒体建筑学会·中国主任、中国绿色建筑与节能委员会委员、中国照明学会常务理事、中国美术家协会会员、国家自然科学基金项目同行评议专家、北京照明学会副理事长。

蔡建奇

男，中国标准化研究院视觉健康与安全防护实验室主任，副研究员。主要从事光健康——光致人体生物机理影响的研究工作。曾承担国际、国家级科研项目 5 项，省部级项目 4 项，获得省部级科技进步奖 7 项，主持起草国际、国家、行业、团体标准 12 项，发表论文 20 余篇，已授权或公开专利 17 项，获得"中国轻工业十二五科技创新先进个人"、"第三代半导体卓越青年"等荣誉。

陈开宇

男，中国地质博物馆展览艺术研究室处长，研究馆员。1990 年开始从事博物馆陈列设计工作，清华大学美术学院艺术硕士。主持中国地质博物馆新馆、首都博物馆新馆、大庆油田历史陈列馆、中国工业博物馆等陈列设计，并曾多次主持国家大型成就展展区艺术设计。获"全国博物馆陈列展览十大精品奖"和"最佳设计奖"。先后担任新中国 60 周年国家大型成就展艺术顾问、上海世博会中国国家馆艺术顾问、全国一级博物馆现场考核评审组长。现为中国博物馆协会陈列艺术委员会副主任、北京工业大学艺术设计学院兼职教授。

程　旭

男，副研究馆员。从事博物馆陈列工作 30 年，多次主持国家大型成就展展区艺术设计，曾任首都博物馆通史陈列设计负责人，策展中国工业博物馆、开滦国家矿山遗址公园博物馆、北京铁路博物馆等多项陈列设计，并获"全国博物馆陈列展览十大精品奖"。参与博物馆专业多项国家课题。出版《世博与日本》等专著，参与编辑《中国博物馆建筑与文化》、《中国博物馆建筑》、《为博物馆而设计》等，发表学刊论文 50 篇。现为中国博物馆协会陈列艺术委员会副秘书长、北京博物馆学会设计专业委员会副主任。

党　睿

男，天津大学建筑学院博士生导师，建筑技术科学研究所副所长，科技部核心专家库成员、中国照明学会委员、天津大学城市照明分院副院长。主持科研课题 12 项，其中"十三五"国家重点研发计划课题 1 项、"十三五"国家重点研发计划子课题 1 项，科技部国际合作计划 1 项、国家自然科学基金项、省部级课题 5 项、其他课题 3 项。获得 9 项国家发明专利、中国照明学会学术贡献一等奖、2 项天津市科技进步奖，高等教育"十二五"国家级规划教材 1 部，发表论文 41 篇。

高　飞

女，现任中国照明学会专职副理事长、中国节能协会理事、中国政府采购、科技部专家库专、中国照明学会《照明工程学报》编辑工作委员会主任及副主编、中国照明学会科普工作委员会副主任、中国农业照明委员会副主任、《中国照明工程年鉴》执行主编等职。组织参加多项国家发改委绿色照明项目及中国科协、北京市发改委项目。发表文章多篇，是《中国照明工程年鉴》、《中国照明工程规划与设计案例精选 2014》等著作编委之一。

胡国剑

男，博士，现任瑞国际照明设计运营总监、香港大学访问学者、IALD 专业会员、中国照明学会室内照明专委会委员、上海市照明学会第九届理事会咨询委员会会员、基于视知觉理论的博物馆室内展陈照明设计研究负责人、国家文物局文物保护科学和技术重点课题《博物馆室内展陈照明的视知觉评价实验研究》负责人。有 15 年照明设计及项目管理经验，上海自然博物馆、上海当代艺术馆、深圳两馆主创设计师。带领团队屡次荣获 IES 国际照明委员会奖、LIT 奖、中照奖、亚洲照明设计奖等国内外知名奖项。荣获 LDA 2018 年度照明设计奖"40 under 40"设计师个人奖。

罗　明

男，博士生导师，浙江大学光电学院"千人计划"教授、英国利兹大学访问教授、国际照明委员会(CIE) 副主席。1986 年获得英国布拉德福德大学颜色科学博士学位。迄今在颜色科学、影像科学和 LED 照明方面发表论文 600 余篇。Springer 2016 年出版的《颜色科学与技术百科全书》总编，影像科学学会 SI&T 及颜色科学学会 SDC 的会士，在颜色科学与技术领域获得了多项奖项。获得国际颜色科学学会颁布的"AIC 2017 Judd 颜色科学成就奖"。

李跃进

男，中国人民革命军事博物馆展陈设计部部长，研究馆员，全军文博系列高级职称评审委员会委员、中国博物馆协会理事、中国博物馆学会陈列艺术委员会主任。国家社会科学艺术基金评审专家，长期从事博物馆陈列艺术设计的创意规划，陈列方案设计、施工计划与组织。完成多项国家级、全军级大型主题展览的设计，多次担任地方纪念馆等陈列工程艺术总监和艺术顾问。主持完成多项部队军史馆的陈列工程。参与和主持设计的数项陈列设计，获"中国博物馆十大精品陈列奖"、"最佳形式设计奖"。

李 晨

男，研究生，高级信息管理师，现任中国文物报社期刊编辑中心副主任、《中国博物馆》编辑部主任、中国文物学会法律专业委员会副会长、中央文化管理干部学院客座教授。曾任中国博物馆协会综合协调部副主任、中国文物信息咨询中心发展部副主任、文化部全国美术馆藏品普查工作办公室副主任等职。曾先后参与国家一级博物馆评估指标体系设计、全国美术馆藏品普查标准编制等多项文化部、国家文物局重点研究项目。著有《博物馆常用合同概论》、《国宝星散复寻踪——清宫散佚文物调查研究》（合作），并发表多篇学术论文。

林 铁

男，毕业于英国伦敦大学玛丽女王学院（Queen Mary, University of London），材料学工学硕士学位。曾就职于国家半导体照明工程研发及产业联盟和中国科学院半导体研究所。现任 Cree 科锐中国市场推广部总监，主管 Cree 科锐在中国大陆地区的公共关系、媒体传播、活动推广等工作。同时，兼任中国照明电器协会常务理事／光电器件专业委员会副主任、中国照明学会理事／半导体照明技术与应用专业委员会副主任、上海市光电子行业协会副会长等。

荣浩磊

男，现任北京清控人居光电研究院有限公司院长、北京清城同衡照明设计院有限公司院长、教授级高工。清华大学毕业，主要研究方向为光环境，涉及城市照明规划、建筑采光与照明设计、景观照明设计等应用领域。首届中国城市规划青年科技奖获得者，国家标准《城市照明规划规范》的主要编制人。主持了多项城市及大型景观照明设计。多次在国际会议上受邀做主题报告，在国家级刊物上发表论文多篇。

索经令

男，首都博物馆陈列部副主任。北京机械工业学院工业自动化专业，研究方向为展览电气与照明，电气专业高级工程师技术资格。作为首都博物馆展览电气和照明方面的专业技术人员，参与了馆内近几年绝大部分临时展览的制作、实施。发表《博物馆陈列展览中的照明设计》、《博物馆临时展厅的电气设计》等多篇文章。

施恒照

男，照奕恒照明设计（北京）有限公司总经理／设计总监，台湾中原大学室内设计系助理讲师，台湾铭传大学建筑系客座讲师，中央美术学院照明设计系客座教授，四川美术学院照明设计系客座教授，清华城市规划院设计研究所照明设计研究所高级顾问，国际照明设计师（IALD）专业会员，北美照明协会（IES）专业会员，亚洲照明设计师协会（AALD）常务委员，国家一级照明设计师。在照明行业超过十五年的从业经历中，在美国、中国台湾和大陆地区设计和参与范围广阔的各种项目。

孙 淼

男，故宫博物院展览部副主任，副研究馆员，文学博士学位。2004 年进入故宫博物院从事陈列展览工作。曾主持设计《石渠宝笈展》、《兰亭特展》等多项展览。2012 年获得利荣森交流计划资助，赴美国弗利尔美术馆进行四个月的访问交流。先后在《故宫博物院院刊》、《紫禁城》、《室内设计与装修》、《照明设计》、《中国博物馆》等期刊发表多篇文章，讲述对于当代博物馆的思考以及设计实践中的心得体会。

汪 猛

男，北京市建筑设计研究院副总工程师，教授级高级工程师。从事建筑电气设计工作逾 35 年，作为设计负责人完成了数百项工程设计项目，数次荣获国家优秀工程设计金奖及詹天佑土木工程大奖。

曾执笔《建筑照明设计标准》、《城市夜景照明设计规范》等多项国家及行业标准。自 1996 年开始参加照明行业学术活动，现任中国照明学会副理事长、室内照明专业委员会主任，2011 年获国际照明委员会特别表彰。

徐 华

男，清华大学建筑设计研究院有限公司电气总工程师、教授级高级工程师、注册电气工程师、国家照明设计师高级考评员。中国照明学会副理事长、北京照明学会理事长、中国勘察设计协会建筑电气工程设计分会副会长。参编《体育建筑电气设计规范》、《城市景观照明技术规范》、《绿色照明工程技术规程》、《建筑智能化系统设计技术规程》、《建筑物供配电系统谐波抑制设计规程》、《户外广告设施技术规范》；主编《照明设计手册》第三版、《教育建筑电气设计规范》，发表论文 30 余篇。

张 昕

男，清华大学建筑学院院长助理，副教授，博士。主要研究方向为建筑光环境设计策略、中国传统建筑光环境保护、绿色照明。剑桥大学马丁中心访问学者、清华大学建筑环境检测中心光学检测室主任、中国照明学会理事等职、《照明设计》（中文版）副主编。主持设计首钢冬奥组委办公区、上海国家会展中心、第十四届威尼斯双年展中国馆、上海世博会万科馆、故宫博物院雕塑馆及倦勤斋、南京大屠杀史实展等知名项目。

邹念育

女，日本国立东北大学工学博士，大连工业大学教授，光子学研究所所长。从事光源与照明的教学与科研工作。亚洲照明大会常务组织委员会成员、中国照明学会学术委员会副主任及国际交流工作委员会副主任、中国电工技术学会半导体光源系统专委会副主任、辽宁省照明电器协会副理事长。承担国家"十二五"科技支撑计划项目等多项课题，获中国照明学会照明教育与学术贡献奖 2 项，荣获全国模范教师称号。任《半导体照明材料》主编和《半导体照明概论》副主编。

（二）项目组特约人员（按课题工作任务量排序）

高 帅

男，北京清控人居光电研究院有限公司 副总工、北京照明学会科普教育工作委员会委员、北京照明学会青年工作委员会委员。参与武汉两江四岸夜景照明、长沙湘江两岸夜景照明等项目；参与课题基于量化控制的照明设计技术服务平台建设等多项研究。

刘 强

男，武汉大学印刷与包装系副教授，工学博士，有机化学博士后。主要研究方向为光品质评价与应用，目前累计主持国家级、省部级等项目6项，参与各类研究项目10余项。累计发表三大检索学术论文30篇，申请发明专利20余项。

姜 靖

中国国家博物馆副研究馆员，学术论著 20 余篇，2013 中国国家博物馆与德国国家博物馆青年学者交流项目组长。参与美术馆照明质量评估方法与体系的研究工作。

颜劲涛

男，就职于中国美术馆展览部设备组，中国照明学会中级照明设计师，多年从事博物馆、美术馆的照明设备布置研究，参与中国美术馆多个大型展览的照明设计和布展。

刘晓希

女，博士后，中国传媒大学讲师，中国照明学会室内照明专业委员会委员、北京市照明学会科普教育工作委员会委员，主持国家自然科学基金青年项目"媒体立面照明控制指标的定量化研究"。参与 2015 年意大利米兰世博会中国馆照明设计等项目。

王志胜

男，大连工业大学副教授，硕士生导师，主要学术研究方向为照明工程设计、城市景观照明、博物馆照明和安全性照明评测。曾主持或参与多项国家级、省部级和市级课题，在国家级核心期刊上发表论文 10 余篇。

骆伟雄

男，广东省博物馆艺术总监、陈列展示中心副主任。自1988年始任职于广东省博物馆从事展览设计工作多年，关注博物馆展览策划和陈列展览设计的发展，以及新技术的应用和创新。主持设计全国十大精品"异趣同辉——清代广东外销艺术精品展"。

姚　丽

女，在读博士，南京艺术学院人文学院展示设计课程教师，参与南京地铁一号线南延线艺术品照明项目。曾获2013"永隆·星空间杯"江苏省室内设计、陈设设计银奖。参与2015年度文化部科技创新项目"LED在博物馆、美术馆的应用现状与前景"。

林　晖

男，现为海南省博物馆陈列部主任、副研究馆员。主持完成"龙行天下——四川自贡侏罗纪恐龙展"等十多个展览的形式设计，并参与"大海的方向——华光礁1号沉船特展"和"南溟泛舸——南海海洋文明陈列"工作，分别荣获第十届和第十五届全国博物馆十大陈列精品奖，发表论文10余篇。

王　超

男，现任中国文物报社融媒采编中心副主任、副编审，曾参与中央文化产业发展专项资金项目"文博在线——文博数字化传播与服务平台建设"，国家一级博物馆定级评估和运行评估，中国博物馆十大陈列展览精品推介，民办博物馆规范化建设评估等项目。

牟宏毅

男，在读博士，中国照明学会专家委员会专家，中国照明学会咨询委员会秘书长，北京照明学会环艺委员会秘书长，中央美术学院建筑光环境研究所执行所长，致力于城市照明规划设计20年。

周红亮

男，北京周红亮照明设计有限公司创始人，高级照明设计师，《照明设计》杂志编委，中国照明学会照明设计师委员会委员，北京照明学会环境艺术照明专业委员会委员。照明设计作品多次获大奖。

焦胜军

男，国家高级照明设计师，齐鲁工业大学艺术设计研究院照明分院院长，中国照明学会咨询委员会设计师交

流中心常委，山东省照明学会副秘书长专家委员会副主任，山东省《城市环境照明工程规范》主要起草人。荣获2010～2011年度全国"杰出设计师"等称号，照明设计作品和论文多次获奖。

翟其彦

男，在读博士，主修信息工程（光电）。参与"多尺度照明光色质量指标"、"色适应转换算法更新"、"不同空间频率和色品的色对比响应函数"等多个项目工程，在中外期刊上发表论文十余篇。

曹传双

男，云知光创始人，曾供职于ZUMTOBEL集团英国THORN公司8年，在博物馆照明应用领域有丰富的项目经验，参与毛主席纪念堂照明改造、首都博物馆新馆、中国美术馆等多个展陈空间照明项目。

郑志伟

男，三色石照明设计院合伙人及设计总监，同济大学照明设计高级研修班特聘讲师，曾主持设计完成银川美术馆、湖南电视台新台址等标志性项目。

（三）项目主要人员

俞文峰

深圳市埃克苏照明系统有限公司系统工程师，获发明专利2项，实用新型专利多项，曾参与中国人民革命军事博物馆、中国（海南）南海博物馆等国家级博物馆照明项目的工程设计及实施。

郑春平

华格照明灯具（上海）有限公司全国博物馆渠道销售经理，中国照明学会室内照明专业委员会委员。参与故宫博物院、国家博物馆、中国人民革命军事博物馆等大型博物馆、美术馆项目。

汤士权

汤石集团创办人，2017年成为仅六家灯饰企业通过的"中国出口质量安全示范企业"之一。完成了台北"故宫博物院"、中台世界博物馆等多项指标项目。

伍必胜

晶谷（科技）香港有限公司设计总监，国家注册高级照明设计师，阿拉丁照明网顾问。申请国家专利20多项，完成中国版画博物馆、中国华侨历史博物馆等地市级馆近百个。

胡　波
佛山市银河兰晶照明电器有限公司总经理，国家注册高级照明设计师，国内多个一级博物馆和欧美博物馆的设计与实施技术顾问，研发的 LED 产品曾获得国际大奖。

冼德照
广州市三信红日照明有限公司创始人，参与设计和实施多个国家一级博物馆，还多次参与世博中国馆及威尼斯双年展等国内外项目逾 400 项。

吴海涛
赛尔富电子（中国）公司总经理、浙江大学工商管理硕士，擅长博物馆美术馆照明产品及智能系统设计研发，曾参与故宫博物院、中国人民革命军事博物馆等项目。

黄秉中
欧普智慧照明科技有限公司应用设计部高级经理、国家注册高级照明设计师，案例涉及多个领域，擅长将照明设计与技术的结合，实现整体照明解决方案设计。

张　勇
佛山市银河兰晶照明电器有限公司市场总监，国家注册高级照明设计师，国家高级摄影师，国家高级古建营造师，参与杭州 G20 峰会、厦门金砖峰会等项目实施。

郭宝安
汤石集团北京分公司总经理，在西班牙、意大利等进口灯具品牌工作多年，为客户提供专业照明解决方案。至今在汤石公司配合完成海澜马文化博物馆、西夏博物馆等项目。

后记

艾晶

目前，我国美术馆发展迅速，展览形式多样，与博物馆在展览照明形式、内容上存在差异。基于我国缺少关于美术馆照明的标准研究，如何评价美术馆的照明质量，目前在国内仍是一项空白。项目组承接了 2017 年度文化部行业标准研究项目"美术馆照明质量评估方法与体系研究"，将制定和推出美术馆照明质量的评估标准，这对于加快我国美术馆行业的整体建设，淘汰劣质照明产品，将发挥重要作用。研究围绕当前我国美术馆照明质量现状展开。项目启动后对全国 42 家单位开展了预评估工作，集结了 22 位来自全国博物馆、美术馆及照明领域知名专家带队工作，16 位业界专家进行专业支持，10 余家文博单位和 10 所全国重点高校配合研究，2 家国家重点实验室与 9 家照明企业积极参与，让我们在短短两年时间内攻克难关，最终完成了这项由 400 余人参与的全国性研究计划。目前，工作基本结束，经整理各项研究成果，集结沥心之作呈现给广大读者，以展示当前我国最具影响力的一批照明专家关于美术馆照明质量评估工作的最新研究成果。现回顾整个课题的开展历程。

首先，在设计构思阶段，我们始终围绕"三加二"思想来构思。①谁来用此标准？他们什么情况下用此标准？②谁人来做评估？这些人做评估用什么方法？③在美术馆用此标准适合吗？推广它有无价值？

谁来用此标准？解决的是为谁的问题。我们为美术馆馆方来设计标准毋庸置疑，但应用范围必须明确，也就是什么时候用此标准？我们立项目的旨在加强我国美术馆照明质量的管理，规范美术馆的照明科学化运营。因此，我们规划新标准的应用范围为照明施工合格验收评估、照明改造提升计划评估、日常美术馆照明业务管理评估。确定应用点就可锁定应用范围，再围绕"三个中心目标"来制定各项评估内容。怎样用此标准？解决应用问题，设计评估体系和评估专家库以及推荐管理标准的方法，为日后运行标准奠定基础，建立一套完善的标准评估体系。后围绕"三个目标中心"确定了评估组织方式，制订试评估细则和评估指标体系；组建了评估团队，设计了评估专家成员库；依据评估细则进行评估；制定试评估调研报告格式，完善评估方法细则与评估体系草案，来引导此标准实施应用。

什么人来做此评估？这些人做标准评估合适吗？什么人来做是课题组成员组建的大问题。经我们筛选提出符合"美术馆照明质量评估"资格的专家，并推荐这批专家组成评估专家库人选，让他们在参与标准制定过程中，熟悉标准细节内容和运行情况，以便日后胜任评估工作。资格认证主要基于参与过文化部课题"LED 在博物馆、美术馆的应用现状与前景研究"项目的人员，其中以李晨、伍必胜、陈同乐、常志刚、李跃进、徐华、荣浩磊、施恒照、陈开宇、程旭为主。研究工作很大程度上具有继承性和延伸性，两年的团队合作令大家彼此熟悉。另外，考虑到专业背景和方向，我们又新吸纳了 10 余位专家，包括陈江、罗明、汪猛、张昕、高飞、索经令、蔡建奇、党睿、孙淼、邹念育、胡国剑、林铁等，专家成员增至 22 位。他们分别是来自全国照明领域及博物馆和美术馆、科研院所、高校等多学科的知名专家。他们积极参与标准研究工作，为研究计划完成奠定了基础。考虑前期研究计划需要进行大量的数据采集工作，为确保短时间内能完成工作计划，我们新增加了专家人选，高帅、刘强、姜靖、颜劲涛、刘晓希、王志胜、骆伟雄、姚丽、林晖、王超、牟宏毅、曹传双、周红亮、焦胜军、翟其彦、郑志伟协助全国 42 家单位的预评估工作，每位专家至少承担 1 ~ 3 项调研任务。在人员搭配上，由于采集大量实地调研数据来验证标准合理性，需要一批技术人员做支持，多位企业负责人，俞文峰、郑春平、汤士权、伍必胜、胡波、冼德照、吴海涛、黄秉中、张勇、郭宝安协助完成此项工作。从 2017 年 10 月 10 日开始，由博物馆、美术馆专家和照明专家联合带队与企业技术骨干通力合作，在 80 天时间里，以饱满的热情和奉献的精神，完成各项预评估工作。这种合作方式具有很强的标准推广价值。我们用先行实验的方法，提前培养了一批"美术馆照明质量评估"的人选，规划了颁布标准后的推广应用、后期维护，以及人才储备方案。

在美术馆用此标准适合吗？推广它有无价值？课题开展通过与被调研美术馆馆方的访谈得知，长期以来美术馆的照明工作主要参照博物馆照明标准来开展。但博物馆与美术馆业务有很大差异性，在实际应用中，美术馆的实际工作往往找不到依据，在技术指导上无过多参考价值。从调研预评估的 42 家单位访谈中反馈出一个信息，就是馆方很支持我们的研究工作，积极配合。他们纷纷表示，随着我国美术馆行业不断壮大，确实需要国家来制定和出台一系列带有专业性的行业规范来指导工作。另外，大多数美术馆在照明方面不太专业，对照明质量要求并不高。课题的研究工作给他们带来了必要的指导和帮助，尤其集结了诸多业内专家亲自参与和带队指导，难能可贵。他们欢迎课题组尽快制定评估标准，并逐步将其推广。在此本人代表课题组全体成员向支持我们的馆方与领导表示感谢！

其次，谈一下我们研究的重要环节，整体进程采取"倒推论证"过程，考虑到按常规标准流程来制定标准，执行起来有困难，需要一个被大家认知的过程，而照明属于科技领域，科技的发展日新月异，时间就是生命与效率，如果放置一段时间才被人使用，那标准的推广与使用价值也会大打折扣。因此，我们采取先预设标准草案，让制定标准工作走在前，不过多考虑其合理性，而是在实践中验证和完善。我们先制定了《美术馆照明质量评估指标体系》和《美术馆照明评估方法细则》两份基础文件，展现一种可以拿来使用的操作模式，不考虑标准规范的体例问题。当然前期方案是通过课题组专家核心的力量来设计，李晨、荣浩磊、罗明、蔡建奇、党睿、陈同乐、徐华、张昕、索经令9位专家给予了很大帮助。他们的献计献策为标准制定提供了重要支持。另外，胡国建、高帅、索经令、姜靖在收集和整理国内、外相关领域研究资料方面，也提供了参考依据。在大家共同努力下完成了这两部标准草案的制定。随后，我们完成了第一轮应用标准的实验工作，先缩小范围来验证它的可行性。首选了中国美术馆、江苏省美术馆、广东省艺术博物院进行试评估，以团队优势力量来开展实验工作。张昕、荣浩磊、程旭三位担当第一轮预评估工作的指导，伍必胜、俞文锋、冼德照技术协助，由他们最初将草案中的设计问题查找出来。为应对难题，课题组召开了"第一次阶段性工作会议"，在清控人居光电研究院举行，大家集体探讨解决问题，完善了标准草案的设计缺陷。通过工作会议的研讨和3家美术馆预评估"试水实验任务"，我们初步掌握了一些关于标准草案可行性的依据，也增强了完成后续研究工作的信心。随后，我们遴选了全国40余家单位进行第二轮预评估工作，范围涉及全国11个省市与地区，总量接近我国现有美术馆总量的1/10，囊括了所有重点美术馆和地方特色美术馆。大范围的预评估工作，让我们掌握了当前我国最好一批美术馆的照明现状。这些资料的采集将成为检验标准合理性的依据，确保设计定位与时俱进。

此外，在计划进程上，项目周期为两年。我们用了近5个月时间进行前期方案设计，其中包括了用80天时间开展全国性预评估实地调研，先后两轮完善标准草案。尽管时间短，课题经费仅4万元，但我们有众多支持单位和专家愿意无私奉献与支持，是他们对我国美术馆照明事业的热爱，才让我们得以顺利完成此项研究。之后我们用大量的时间，集中整理后期数据，完善标准。本书是我们最重要的研究成果。另外，在研究中，我们还采取现场评估与实验室模拟相结合配套方案，用实验室的模拟形式再次检验指标，弥补现场调研条件复杂造成的研究局限。2018年

3月28日，课题组在中国美术馆召开了中期汇报会，特邀中国美术馆副馆长谢小凡、天津美术馆副馆长卢永琇、广州艺术博物院副馆长梁丽辉、红砖美术馆副馆长李振华面对面交流。截至当前，很多馆方在调研工作结束后，已经开始对场馆进行照明改造和升级，其中深圳美术馆在我们征询调研报告反馈意见时，还专门发函告知，他们依据调研报告和专家意见进行了照明改造，这是对我们工作最大的肯定与支持。大量实地评估工作，为今后新标准在各地推广和应用打下坚实基础，这也是我们采取"倒推式"研究方案的初衷。

在研究中，我们也发现一些问题，即我国美术馆普遍存在对照明工作不太重视的现象，专业化道路方向不明显，包括一些大型博物馆、美术馆依然缺少资金和专业人才，在照明施工与设计和业务管理方面存在诸多问题。本书展示了我们的研究成果，可以帮助大家了解我国美术馆照明的重要性，普及一些博物馆、美术馆的照明相关知识。最后，再次感谢所有协助、合作单位领导们的大力支持，特别是文化部艺术司领导的指导，吴为山、陈岩、张悦先生的帮助，使调研顺利完成。另外，还要感谢课题组所有专家与成员的共同努力。本书是我们课题组即《光之变革——博物馆、美术馆LED应用调查报告》之后，推出的又一本《光之变革》系列丛书，希望广大读者喜欢。

2018 年 6 月 1 日